中国环境战略与政策研究丛书

环境经济政策研究

Research on Environmental Economic Policy

生态环境部环境与经济政策研究中心　编著

中国环境出版集团·北京

图书在版编目（CIP）数据

环境经济政策研究/生态环境部环境与经济政策研究中心编著. —北京：中国环境出版集团，2019.11
ISBN 978-7-5111-4148-4

Ⅰ．①环… Ⅱ．①生… Ⅲ．①环境经济—环境政策—研究 Ⅳ．①X196

中国版本图书馆 CIP 数据核字（2019）第 239471 号

出 版 人	武德凯	
责任编辑	宾银平	葛 莉
助理编辑	史雯雅	
责任校对	任 丽	
封面设计	艺友品牌	

出版发行	中国环境出版集团	
	（100062　北京市东城区广渠门内大街 16 号）	
	网　　　址：http://www.cesp.com.cn	
	电子邮箱：bjgl@cesp.com.cn	
	联系电话：010-67112765（编辑管理部）	
	010-67113412（第二分社）	
	发行热线：010-67125803，010-67113405（传真）	
印　　刷	北京建宏印刷有限公司	
经　　销	各地新华书店	
版　　次	2019 年 11 月第 1 版	
印　　次	2019 年 11 月第 1 次印刷	
开　　本	787×1092　1/16	
印　　张	32.25	
字　　数	606 千字	
定　　价	156.00 元	

前　言

环境经济政策是指按照市场经济规律的要求，运用财政、税收、价格、收费、金融、信贷、保险、贸易、交易、采购等经济手段，调节或影响市场主体的行为，以实现经济发展与生态环境保护相协调的政策手段。环境经济政策的本质是通过市场机制纠正环境问题的外部不经济性，使外部成本内部化，其核心思想就是由政府给外部不经济性确定一个合理价格，给市场经济主体施加一定的经济刺激，从而促使人们主动而不是被动地保护环境，最终达到改善环境的目的。与命令-控制型政策对污染者的外部约束相比，环境经济政策是一种内在约束力量，它允许污染者选择以最低成本实现环境效果，具有增强市场竞争力、促进环保技术创新、降低环境治理与行政监管成本、兼顾公平与效率等优势。我国运用环境经济政策保护生态环境已走过了近40年的历程，综合运用财政、税费、价格等多种方式，在排污收费、环境税、排污权交易、绿色信贷、环境污染责任保险、绿色贸易、环境价值评估与核算、生态补偿等方面进行了有益探索和实践，环境经济政策逐渐成为我国环境管理中不可或缺的重要手段，对我国污染防治和生态环境质量改善发挥了应有的重要作用。

党中央、国务院高度重视环境经济政策，推动经济政策在我国生态环境保护领域得到全面快速发展。党的十七大报告明确提出，"要深化对社会主义市场经济规律的认识，从制度上更好发挥市场在资源配置中的基础性作用""完善反映市场供求关系、资源稀缺程度、环境损害成本的生产要素和资源价格形成机制""建立健全资源有偿使用制度和生态环境补偿机制"，一系列重大战略部署和要求有力地推动了我国环境经济政策的制定和实施。党的十八大强调"更大程度更广范围发挥市场在资源配置中的基础性作用",明确提出"深化资源性产品价格和税费改革,建立反映市场供求和资源稀缺程度、体现生态价值和代际补偿的资源有偿使用制度和生态补偿制度""积极开展节能量、碳排放权、排污权、水权交易试点",为我国环境经济政策全面深化、细化发展提供了重要战略思路和方向。党的十九大则进一步要求"使市场在资源配置中起决定性作用",并突出强调要"加快建立绿色生产和消费的法律制度和政策导向,建立健全绿色低碳循环发展的经济体系""构建市场导向的绿色技术创新体系,发展绿色金融,壮大节能环保产业、清洁生产产业、清洁能源产业""建立市场化、多元化生态补偿机制",对我国环境经济政策的进一步丰富、发展和完善做出了更加系统全面的部署安排。《中共中央 国务院关于全面加强生态环境保护 坚决打好污染防治攻坚战的意见》突出强调了"健全生态环境保护经济政策体系",从资金投入、转移支付、生态补偿、价格、财税、补贴、信贷、债券、基金、保险等多个方面对建立健全环境经济政策提出了明确要求,将有力推动我国环境经济政策发挥更大作用。

生态环境部环境与经济政策研究中心(以下简称"政研中心")一直关注和研究环境经济政策,在财政、税费、价格、绿色信贷、环境污染责任保险、环保投融资、生态补偿等领域较早开展了研究,主持开展环保公益项目"我国环境经济政策总体设计与示范研究"等重大研究课题,为生态环境部和地方生态环境部门制定和实施相关环境经济政策提供了重要的科学依据和技术支持服务。多年来政研中心在各类学术期刊、报纸等发表了许多与环境经济政策相关的学术论文和政策文章,为环境经济研究和政策制定实施提供了一定的学术贡献和技术支持。政研中心在环境经济政策领域的学术贡献和研究成果主要为:

一是研究领域覆盖环境经济政策的各主要门类和领域。政研中心一直将环境经济政策作为其重要研究领域,开展了百余项重要研究课题,发表学术和政策类文章涉及财政、税收、价格、投融资、绿色信贷、保险、生态补偿、绿色消费以及生态环境价值评估与核算等诸多方面,对推动政策创新和实践产生积极影响。

二是全面系统提出"十三五"我国环境经济政策发展的总体思路、重点方向和任务。针对我国环境经济政策调控作用有限、基础不牢、保障不够等突出问题，研究提出"十三五"环境经济政策总体上应从三个方面重点推进：完善并创新激励政策，让保护环境的活动和行为有利可图；强化约束惩罚性政策，让污染环境的活动或行为付出相当的成本和代价，让市场真实反映环境价值和使用成本；建立和完善经济领域的绿色调控政策，使贸易、金融、消费等经济行为有利于环境保护。

三是持续深入开展绿色金融前沿性和实用性政策研究。2006 年起政研中心开启了绿色金融政策研究先河，研究具有探索性和前瞻性，产出了一系列重要成果，为决策部门提供了有力支持。研究领域涉及金融领域的多个方面，主要为绿色信贷、环境污染责任保险、碳金融、绿色发展基金以及绿化长期资本等，成果大多基于金融基础理论，结合环境管理实际需求，在构建绿色金融政策体系、激活绿色信贷、推动环境污染责任保险改革等方面提出了系统的思考与建议，许多政策建议被高层决策部门采纳。

四是较早涉足环境税等环境经济政策重要领域。早在 20 世纪 90 年代，政研中心就发表了环境税、可持续生产与消费、环保产业政策等重要领域相关论文，其视角具有前瞻性和引领性，许多观点目前依然具有重要参考价值，在业内产生积极影响。

五是在经济学定量评估及生态环境价值核算等领域产生重要影响。政研中心高度重视经济学评估方法的研究和应用，在相关领域也发表了许多有一定学术价值的研究成果。李金昌早在 20 世纪 90 年代就对环境价值的概念进行阐述，其《环境价值及其量化是综合决策的基础》一文阐述了环境价值的基本概念，以及环境价值的计量方法，对在损益分析、资源核算、环保计划以及环境管理综合决策中如何应用环境价值及其量化进行了详细的论述。夏光 1995 年发表了《中国环境污染损失的经济计量与研究》成果，结论表明：1992 年中国环境污染造成的经济损失值约为 986.1 亿元，年损失值约相当于 1992 年 GNP 的 4.04%，研究成果在业内产生重要影响。此外，政研中心在行业分析、政策评估中运用投入-产出模型（IO）、一般均衡模型（CGE）、成本效益分析（CBA）等方法也取得诸多成果，为政策决策提供了重要支撑。

2019年是政研中心成立30周年。我们以此为契机，梳理了政研中心多年来在环境经济政策领域的重要研究成果，精心挑选了59篇具有典型性的文章结集成册，按照环境经济与政策，财政、税收与价格政策，环保产业与投融资政策，绿色金融政策，环境价值评估与生态补偿政策，绿色消费政策等归类为六个部分，以供交流分享。本论文集以摘录为主，试图勾勒出政研中心在环境经济政策领域的研究历程，但由于论文集篇幅有限，许多重要文章未能摘录其中，受限于当时水平和认知，有些表述或结论与后来情形也可能并非完全一致。政研中心裴晓菲、沈晓悦、黄德生、冯雁、郭林青、尚浩冉等参与了本论文集的设计、整理、编辑和校核工作，因时间仓促，纰漏或不当之处在所难免，敬请广大读者批评指正！

编　者

2019 年 9 月

目 录

第三篇 环保产业与投融资政策

第四篇 绿色金融政策

第五篇　环境价值评估与生态补偿政策

第六篇　绿色消费政策

第一篇
环境经济与政策

中国可持续发展的环境经济政策①

夏　光

可持续发展要求在各国经济和社会的各个方面进行重大的政策变革，以达到既取得良好的经济增长，又维持人类赖以生存的资源和环境基础的目标。这一变革对中国这样人口众多且又处在迅速发展和变化时代的发展中国家而言，尤为重要，因为中国的可持续发展不仅关系到中国自身在长远未来的前景，而且也对地区和全球的可持续发展具有影响。

本文主要讨论中国可持续发展中的环境经济政策问题，目标是对中国正在执行的环境经济政策有一个系统的考察，并按可持续发展的原则提出政策改进的可能选择。

一、中国的环境经济政策

环境经济政策是指立法机构和政府部门制定的以经济刺激为手段，使政策对象改变其经济行为，达到保护环境目标的一系列法律和行政规章的总称。因此，环境经济政策具有间接性、灵活性的特点，有利于协调环境保护与经济发展的矛盾。它与可持续发展的原则是一致的。

中国的环境经济政策可以分为以下几类：

第一类，由环境保护部门执行的政策，包括：（1）排污收费；（2）排污许可证；（3）"三同时"制度；（4）生态环境补偿费。

第二类，由产业部门执行的政策，包括：（5）矿产资源补偿费；（6）土地损失补偿费；（7）城市建设中的环境保护投资；（8）废物回收利用优惠；（9）育林费；（10）林业基金；（11）行业造林专项基金；（12）造林、育林优惠贷款。

第三类，由综合管理部门执行的政策，包括：（13）城镇土地使用税；（14）耕地占

---

① 原文刊登于《经济研究参考》1996 年第 151 期。

用税；（15）城乡维护建设税；（16）资源税；（17）资源综合利用免税；（18）综合利用利润留成；（19）企业更新改造中的环保投资；（20）清洁生产；（21）环境保护产业；（22）有益于环境的财政税收政策；（23）环境保护贷款。

从以上分类可以看出，由环境保护部门执行的环境经济政策主要是对环境污染进行控制，由综合管理部门和产业部门执行的政策侧重于促进自然资源合理利用和生态环境的保护和恢复。

中国最早实行的环境经济政策是从鼓励对废弃物资进行回收利用开始的，这在50年代初期就形成了一套管理办法。但真正意义上的以保护环境为直接目的的环境经济政策，应该是1978年开始实施的排污收费。从那时起，中国发展和完善了各种环境经济政策，直至形成一个包括污染防治、生态保护和资源合理利用在内的环境经济政策体系。

中国从20世纪80年代初期开始的市场化改革为环境经济政策的发展创造了适宜的条件，大部分环境经济政策是在这个时期制定和实施的。这一过程符合环境经济政策的本质要求，因为一个运行良好的市场体系，是价格信号发挥作用的基础条件。

环境经济政策在中国环境保护管理中发挥了重要作用。第一，通过实施环境经济政策，逐步强化了全社会特别是企业的环境意识，使环境和资源的价值直接反映到生产者的经营活动之中，有利于克服把环境视为免费物品而过度利用的现象。第二，环境经济政策作为一种利益调整的手段，初步反映了国家（或全社会）作为环境资源所有者的产权利益，从而保障了环境资源在整个经济循环中的优化配置。第三，通过环境经济政策为控制污染、恢复生态开辟了关键性的资金来源，这一点对于正处在工业化初级阶段，各方面都急需资金的中国尤为重要。中国现在每年用于环境污染防治和城市环境建设的资金为250亿～300亿元，大部分都是通过环境经济政策而筹集。第四，环境经济政策为建设中国环境管理能力做出了贡献。在中国，基层环境保护管理机构通过环境经济政策而筹集到自身建设和发展所需的经费，使实施进一步的环境经济政策获得了组织能力上的保证。

二、排污收费：中国环境经济政策的典型

排污收费是中国环境经济政策中实行时间最长、相对比较成熟的一项，在这里作一个特别分析。

在20世纪70年代末期，中国借鉴国际上"污染者付费原则"，开始实施排污收费，根据这一政策，一切向环境排放污染物的组织，应当依照政府的规定和标准缴纳一定的费用，以使其污染行为造成的外部费用内部化。现在，排污收费制度已经建立了一套相

对完备的法规政策体系，包括 4 部国家法律的确认、国务院的 2 部专门规定和 12 项补充规定。

排污收费政策具有以下特点：①收费地域广，收费项目多。全国各地均实行该项政策，收费项目包括污水、废气、固体废物、噪声、放射性物质等，共 5 大类 113 项污染物，在世界上可能是收费项目最多最全的政策。②对大部分项目实行超过排放标准的才收费，只有对废水、SO_2 等少数项目实行只要排放就收费。③收费纳入财政预算，具有"准税"性质。

排污收费制度的基本原则是：①缴费后不免除排污者治理污染和赔偿损害的责任。②强制征收。逾期不交的，每天增加滞纳金 1%。③累进收费，从开征的第三年起，每年提高征收标准 5%。④新污染收费从严，对 1989 年后新出现的污染源加倍收费。⑤对污水，排污费和超标排污费同时征收。⑥排污费可计入生产成本。⑦专款专用，80%可用于补助污染源进行治理，20%可用于补助环境保护部门自身建设。⑧有偿使用。从排污费中提取一定比例的资金，设立污染源治理专项资金，委托银行贷款使用。

为了执行排污收费制度，各级环境保护部门已经建立了遍及全国的 1 600 多个环境监理机构，拥有监理人员 2 万余人。

排污收费制度实施以来，收费户数逐步增加，收费总额亦不断上升。

排污收费制度加强了企业管理，促进了污染治理，相对于有限的资金，取得了一定的环境效益、经济效益和社会效益。1979—1994 年，排污收费累计用于治理污染的资金为 118 亿元，占全国同期工业污染治理资金的 15%；在一些大中城市，这一比例达到 30%～40%。同时，排污收费制度也促进了环境管理能力建设，到 1994 年，排污费中累计用于发展环保事业的资金达 45 亿元，其中用于补助环境监测仪器设备购置和业务活动的经费 31 亿元，用于环保宣传教育、人才培训等 14 亿元。

三、中国环境经济政策的改革和发展

（一）经济体制改革与环境经济政策

中国正在经历深刻的经济体制改革，环境经济政策必须适应这种变化而进行必要的调整和完善。应该说，市场取向的改革为环境经济政策更好地发挥作用提供了舞台。如果在建立现代企业制度、构造宏观经济调控体系的过程中把环境经济政策纳入其中，则将降低执行这些政策的成本。为此，在设计和制定环境经济政策时，应使之与经济体制改革保持一致方向，例如，配合税收、财政政策改革而提出环境税；配合宏观投资体制改革而设立鼓励进行环境保护投资的机制；配合产业调整政策而发展清洁生产和绿色产业等。在这个时候，对经济体制改革的关注和研究，变成了对环境保护政策进行研究和设计的前提条件。

也是从这一点看，关于环境经济政策的研究和制定，也就不再只是"环境保护部门"一家的事情，它应该是各个部门共同努力、互相参与的一项工作。在环境问题受到越来越多的关注的今天，经济改革的目标体系和政策制定过程中更多地反映环境方面的信息和要求，是非常必要的，也是必然的。

（二）可持续发展与环境经济政策

按照可持续发展的要求，环境经济政策的最终目的是要使环境的真实价值在经济活动中得到反映，从而使环境作为一种自然资源满足人类长远和持久的发展需要，因此，环境经济政策的主要作用应该是激励政策对象采取有利于环境的行为。但是，对于处在不同发展阶段的各国来说，达到这一目标的时间是不相同的。对于发展中国家而言，首先需要的是获得大量用于环境治理和环境管理的资金，这一需要在很长一段时间内主要通过执行环境经济政策而实现。因此，环境经济政策将作为聚敛和配置资金的手段而发挥作用。对于中国，这一过程也是明显的。按照中国经济和社会发展计划，1996—2000年，用于环境保护投资将达到 4 500 亿元。这样大量的资金，一部分来自国家财政，一部分来自国际资金，但大部分将来自环境经济政策。

随着可持续发展战略逐步成为国家宏观战略的重要原则，环境经济政策也将由配置资金的功能，更多地转向行为激励的功能，并最终成为经济发展政策的一部分。《中国21 世纪议程》指出：要研究并试行把自然资源和环境因素纳入国民经济核算体系，使有关统计指标和市场价格较准确地反映经济活动所造成的资源和环境变化。按照这一要求，中国环境经济政策的改革和发展方向，不是追求政策数量的增加，而是注重其实质的深化。当国民经济核算体系中比较充分地反映了环境信息时，环境经济政策就成为了可持续发展政策的一部分。

沙尘暴原因背后的原因——关于内蒙古锡林郭勒盟农业与环境政策体制的调查[①]

胡　涛　孙炳彦

　　沙漠化是当今我国最重要的生态环境问题之一，是我国人民经济社会发展的心腹大患。沙尘暴是沙漠化的一种表现形式，自 1993 年以来，沙尘暴造成了巨大的生态环境灾难和社会经济损失。年复一年，沙尘暴愈演愈烈，2000 年 4 月 6 日，已接连发生的大风扬尘和沙尘暴天气再一次光顾了内蒙古、陕西、山西、河北、北京和天津等北方地区，沙尘暴肆虐之处，大气能见度降至 1 km 以下，局部地区能见度甚至不足百米，强劲的西北风把黄土高原部分地表土带到了东部上海等地上空，横扫了大半个中国。国家领导高度重视这一问题，朱镕基总理及国家有关部门领导均亲自到内蒙古等地考察、指示，锡林郭勒盟及浑善达克沙地由此而为众人所知。今年 3 月中旬，沙尘暴再次袭击了北方大部分地区，造成了相当的危害。

　　防沙、治沙，在西部地区进行林草植被建设，毫无疑问，是十分重要的，意义也是十分明确的。然而，防沙、治沙，进行林草植被建设并不仅仅是单纯的科学技术问题，更涉及政策与体制原因。换言之，政策与体制，是影响林草植被建设的深层次的重要问题，是造成沙尘暴原因背后的原因，也是过去研究工作中的难题和极为薄弱的问题。

　　因此，去年 8 月，我们亲自到内蒙古锡林郭勒盟，对沙尘暴情况进行了深入调查。本调查研究报告基于调查的基本情况，分析、揭示政策与体制对沙尘暴带来的严重影响。

一、锡林郭勒盟及浑善达克沙地的基本情况

　　锡林郭勒盟（简称锡盟）位于内蒙古自治区中部，是距离首都最近的草原牧区。总面积约 20.3 万 km^2，总人口 92 万，其中农业人口 57.3 万，但农业耕地面积很小，不足

① 原文刊登于《环境决策参考》2000 年第 6 期，并在国家环保总局首届优秀调研报告评选活动中被评为优秀调研报告。

总面积的 2%，绝大部分是草原牧区。锡林郭勒草原是欧亚大陆草原延伸于我国境内的东翼，地处温带半干旱地区大兴安岭南部向内蒙古高原东部的过渡地带。境内东部为草甸草原亚带，面积为 3.1 万 km²；中部为典型草原亚带，面积为 6.8 万 km²；西部为荒漠草原亚带，面积为 3.05 万 km²，沙地面积为 6.62 万 km²（占总面积的 33.6%）。

全盟草原退化、沙化严重。1985 年全盟退化草地面积为 1.44 亿亩，占 2.95 亿亩草地总面积的 48.63%，1999 年内蒙古自治区林勘院根据卫片估算，全盟退化草地面积为 1.92 亿亩，占全盟草地总面积的 64%（以上材料来自锡盟 2000 年 5 月 23 日汇报提纲，事实上，目前在锡盟没有不被利用的草地，没有不被超负荷利用的草地，没有不退化的草地，只是退化的程度不同而已）。1999 年与 1984 年相比，植被覆盖率由 35.5%降到 27.2%，牧草平均高度由 40.9 cm 降到 26.1 cm，平均每亩产草量由 33.9 kg 减少到 21.24 kg。沙漠化土地以浑善达克沙地为主。

浑善达克沙地东西横跨锡盟中南部 1 市、1 县、6 旗，行政区域总面积 12.82 万 km²，占全盟的 63%，总人口 56.07 万，占全盟的 61%，农业人口、农业劳动力、国内生产总值分别占全盟的 56%、57%、61%。浑善达克沙地在锡盟内的面积为 5.8 万 km²，占全盟土地面积的 28.6%，主要分布在典型草原区南端，并与荒漠草原区相连，其中沙漠化土地面积 3.88 万 km²，占沙地总面积的 54.6%。浑善达克沙地处于中纬度西风带，属于中温带半干旱、干旱大陆性气候。冬季漫长寒冷，夏季短暂温热；干旱少雨，年降雨量大部分地区为 200～350 mm，年蒸发量在 2 000～2 700 mm 之间，为降雨量的 6～10 倍；风大沙多，风速多在起沙风速以上，大风日数占全年的 40%～50%，7、8 级大风日数为 80 天左右；植被群落结构简单、种类少，以耐旱的草本和沙生灌木为主；土壤质地疏松，大部分偏沙，内聚力弱，易于风蚀沙化。总之，浑善达克沙地气候条件恶劣，为西伯利亚冷空气南下主要经过地区，全年多风，本地区存在大量第四纪沉沙质积物，为形成沙地提供了充分的物质基础。春季、冬季植被干枯、地表裸露，而这个季节缺雨少雪，气候干旱多风，4—5 月大风日数达 30～50 天，干旱与大风同时出现，使过牧草地、耕地、半固定沙地及其他裸露地在风力作用下发生严重风蚀沙化。

浑善达克沙地位于京、津地区上风方位，距离京津地区 180 km 左右，是形成京津地区沙尘暴的主要沙源（据调查，2000 年 4 月 6 日发生了一次沙尘暴——如本文前述，但在 4 月 8 日又一次出现大风天气时，由于浑善达克地区有小量降水过程而没有出现沙尘暴，这一现象足以为证）。

浑善达克沙地生态环境急剧恶化：

1949—1995 年，浑善达克沙地中沙漠化面积由 2.6 万 km² 增加为 3.1 万 km²，平均每年扩展 103 km²；

1987—1999 年，浑善达克沙漠中流动沙地由 1.2 万亩增至 10 万亩，年均增加率为 62.6%；半固定沙地由 64.1 万亩增至 118.7 万亩，年均增加率为 7.1%；而固定沙地在 12 年间减少了 63 万亩，年均减少率 0.5%；

50 年代，浑善达克沙地的草场草高为 50～100 cm，盖度在 80% 以上，干草亩产为 250～300 kg；90 年代，草场草高降为 20～40 cm，盖度在 40% 左右，干草亩产为 50～100 kg；另外，草场植物种类变劣。

从后面的分析我们将知道：现行政策与管理体制是造成浑善达克沙地生态环境急剧恶化的深层次的原因。

二、农业政策是导致沙尘暴的重要原因

长期以来，考虑到粮食安全等因素，我国主要实行自给自足的农业政策，只有少量的粮食进口。不仅在全国范围内要实现自给自足，而且各个地区都被要求尽可能地实现自给自足。不仅种植业，而且畜牧业、养殖业都必须生产出尽可能多的农畜产品。在锡林郭勒就具体体现为扩大耕种面积与增加畜牧头数，由此而导致了过垦、乱垦、过牧，进而使得土地退化，遇到适当的气候条件就会产生沙尘暴。

（一）现行的种植业政策引导过垦、乱垦

尽管锡盟农业在产业结构中所占比重不大，农业耕地面积不足总面积的 2%，但是自给自足的农业政策导致了大规模的草原开垦，由于缺乏灌溉、施肥等农田基本建设，采取广种薄收，致使垦荒地肥力、产量迅速下降，耕种几年后就撂荒废弃，出现土地风蚀沙化。

中华人民共和国成立以来，锡盟有四次大开垦：第一次是中华人民共和国成立初期，大量移民进入锡盟南部几个旗，全盟人口、城镇人口和农区人口分别比中华人民共和国成立时增加了 10%、45% 和 13%（具体人口数见表 1），当时为了解决移民吃饭问题，政府鼓励开垦荒地，实行按地亩补助的政策，耕地面积在 1951 年至 1952 年的一年时间内增加了 64 万亩，是上年的 124%（具体人口数见表 2）。第二次是 1958 年至 1961 年的大开垦，当时的政策是大跃进夺高产、夺丰收，仅 1959 年至 1960 年新增开垦耕地面积 216 万亩，是上年耕地面积的 157%（资料来源同上）；第三次是 1966 年至 1976 年，"文化大革命"时期大搞建设兵团，提出"牧民不吃亏心粮"的口号，新增耕地 80 万亩，在这次调查中，我们发现在锡盟草甸草原和典型草原的过渡带，仍有开垦情况（专栏 1）；第四次是改革开放后，大搞开发区热，（特别在东乌珠穆沁旗一些草甸草原开垦不少）。

在过去相当长的时间里，在锡盟，"以粮为纲"的政策效果是虽然不鼓励开垦，但不制止开垦，对于农牧交错区的农牧民来说，耕地连着草原，需要开垦就开垦，谁也不管，谁也说不清楚。至1999年，全盟有耕地447万亩（卫片数字），占总土地面积的1.47%，当年播种面积349万亩，有235万亩耕地、撂荒地严重沙化，需要退耕还林还草。

表1 主要年份人口数

年份	全盟	其中：		
		城镇人口	农区人口	牧区人口
1949	205 249	18 782	108 615	77 852
1952	226 982	27 318	122 378	77 286
1957	317 201	57 346	166 384	93 471
1965	484 165	99 703	210 282	174 180
1970	591 448	113 770	246 032	231 646
1975	705 862	160 227	280 092	365 542
1978	745 499	171 398	296 471	277 630
1997	919 769	320 893	321 880	276 996

表2 全盟及农区面积（三次大发展的情况） 单位：万亩

年份	全盟总耕地面积	其中：农区					
		合计	太旗	多伦	蓝旗	白旗	西苏
1951	2 693 000	1 770 178	1 036 037	383 998	108 000	216 143	26 000
1952	3 331 000	2 247 308	1 354 000	470 160	140 000	222 148	61 000
1959	3 793 591	2 355 520	1 402 678	493 737	151 259	221 783	86 073
1960	5 950 883	2 913 728	1 580 629	620 770	220 000	237 371	247 228
1966	3 069 368	2 735 660	1 537 159	673 712	157 218	259 571	108 000
1976	3 861 053	2 770 684	1 478 812	761 857	150 698	262 594	116 723

注：根据内蒙古自治区锡盟农林水利处农业科1986年12月编的《锡盟农业统计资料（1949—1985）》整理。

锡盟主要种植小麦、莜麦、油料、马铃薯、蔬菜等。1999年，粮食单产每亩116 kg，总产2.39亿kg。总体上看，从20世纪80年代到90年代，锡盟每年需要3亿kg粮食（80年代需要3亿kg，90年代后，虽然人口增长了许多，但是人民膳食结构发生了变化，每人一个月已经不需要过去15 kg粮食了），锡盟是缺粮地区，平均每年缺少1亿kg粮食左右（按绝对量计）（由于调配品种，其中调入粮食需要更多一些，如大米，同时还需要调出当地产的杂粮，调入扣除调出大致为1亿kg）。

专栏 1　锡盟金长城附近贡格尔草原开垦情况

　　根据克什克腾旗自然保护区书记额尔登敖其尔介绍：在克什克腾旗与锡盟交界处的草甸草原和典型草原的过渡带，估计开垦有 30 万亩左右。开垦单位是两个：其一是原北京军区后勤部下属的白银库伦军马场，20 世纪 70 年代末开始开垦 1 万多亩，到 80 年代扩大到 10 多万亩，直到 90 年代中期；其二是锡盟农牧局下属的白银希勒牧场（原农垦兵团 31 团 11 连、12 连）开垦约 20 万亩，目前还在继续开垦。（此事锡盟农业局常科长认为军马场和兵团开垦面积与原来已经开垦面积相比在缩小，因为军马现在不多了，很多农垦兵团战士现在也大多返城了）。

锡盟金长城附近贡格尔草原开垦情况

　　另外，目前的耕作制度需要改革。目前是秋天翻地，春天耕种（这也是上级的检查指标，看翻了多少地），结果地表裸露时间很长，加上这个季节缺雨少雪，干旱与大风常常同时出现，裸露地表在风力作用下发生严重风蚀沙化。

（二）现行的"头数"畜牧业政策引导超载放牧

　　中华人民共和国成立后，在突出战略防御的年代里，畜牧业成为一种在行政干预下的、依靠觉悟、依靠体制完成的计划经济，属于战略防御以外的产业。尽管当时生产靠计划，产品交给国家统购统销，畜牧业经济政策对草地生态环境产生的负面效应在一定范围内，但是以牲畜头数作为唯一的计划指标和统计指标无时不在引导政府去发展牲畜头数。改革开放以后，保留了以牲畜头数作为唯一的计划指标和统计指标，以至于国家提出速度经济变为效益经济后，一些上级领导对于基层干部的考核，仍旧不看牧民的实际收入增长了多少，而看牧民的牲畜头数翻了几番。尽管国家制定了《草原法》，提出了以草定畜，不准过牧超载的法律，但以牲畜头数纳税的方式（据了解，目前，绵羊每年每只收取税费为 4～5 元，山羊每年每只收取税费 11～13 元。牛、马等大牲畜也收取一定的税费）软化了法律效力，地方政府为了考虑牧业税的税收，没有下大力气制定与生态适应指数相适应的控制牲畜数量的地方性法规。1996 年后，区领导到盟视察工作后，针对锡盟牧区贫困户达小康问题，取消了盟里在 1989—1995 年提出的稳定发展阶段中的"稳定"两字，提出"双增双提阶段"（即增草增畜、提高质量提高效益），在实际工作中只落实了增加牲畜这一个方面（表 3）。在此期间，大力鼓励养畜大户，选人大代表、评劳动模范等都是养畜大户，到 1999 年，牲畜发展到 1 800 万头（只），大大超过了草原生态环境的承载能力。

表 3　全盟历年牲畜（大小牲畜，不含猪）数　　　　单位：头（只）

年份	全盟	其中:	
		大	小
1949	1 462 518	380 388	1 082 125
1952	2 482 761	544 326	1 938 435
1957	3 847 190	770 530	3 076 660
1965	7 718 416	1 472 918	6 245 498
1970	5 900 505	1 287 593	4 612 912
1975	7 087 324	1 676 550	5 410 774
1978	4 498 430	1 022 303	3 476 127
1985	6 433 309	1 359 579	5 073 730
1997	10 471 136	1 282 171	9 188 965

注：根据锡盟统计局 1998 年编的《锡林郭勒统计年鉴》整理。

与 50 年前相比，每个羊单位占有草场减少了近 60 亩（内蒙古林勘院资料，2000年 4 月 23 日）。在调查中我们发现，锡盟正蓝旗乌日图塔拉苏木乌兰嘎查梅尚恒家 360亩草场承包，有 270 个羊单位，平均 1 个羊单位只有 1.3 亩草场。据了解，这种过牧超载情况在正镶白旗、镶黄旗为数不少。有的家庭甚至 1 亩草场 1 个羊单位。

三、与市场经济不相适应的资源环境管理体制导致了草地退化

目前的草地与水（包括地面水与地下水）资源环境管理政策不能与市场经济相适应，管理职责不清，管理效果差，因而导致并加剧了草地退化。本次调查由于时间匆忙，对

水资源管理没有进行深入的调查，下面主要讨论草地资源的环境管理政策。

（一）过牧是由于不彻底的产权变革而导致的草地的公共产权悲剧

锡盟从 1985 年开始，实行牲畜作价归户、草牧场家庭承包的"畜草双承包"制度。但是，在实际生活中，牧畜很早就作价归户了，草并没有承包下去。据我们调查，直到 1997—1999 年牧区草场基本上承包到户。实行草牧场承包后，草牧场相对狭小、沙化严重的白旗、蓝旗、太旗，1999 年与 1989 年相比，10 年间牧业年度牲畜总头数分别下降了 4.9%、3.5% 和 39%（太旗 27 万人口中，主要是农业人口，没有草场）。但是，草场承包落实的太晚了，结果不彻底的产权变革使牲畜很快增加，草场是公共资源，"不吃白不吃"，出现了放牧无界、使用无偿、建设无责的短期性经营行为，出现了"大户占小户的草场""富户占穷户的草场"等不正常现象，有文化的、胆子大的牧民很快就富了起来，牧场受到掠夺和破坏。另外的结果是抢着打草（准备牲畜寒冷季节食用），原来大致在 8 月打草，现在 7 月就已经开始打草了，而大部分草种在 7 月还没有长成，而且 7 月高温，打下的草还容易腐烂，这样打草场也受到了严重破坏。为什么草场承包的贯彻执行延续了 15 年？通过调查研究，我们认为：牧民过去过游牧生活，牲畜承包容易接受，在牧畜很早就作价归户后，由过去 100 个羊单位发展到 2 000 个羊单位的牧户不是少数；而对于草场承包则不容易接受，"鞭子一打，想到哪就到哪"，而且牧民也不会草地管理。近年来，为了落实草场承包，盟里提出具体需要落实"双权一制"（即所有权、使用权、责任制），但是具体的政策没有跟上去，有一些有草场没有牲畜、草场多牲畜少的家庭，出租草场收钱，实际的草场经营者仍旧在采取掠夺式的方式经营草场，草场承包没有收到预期效果。

此外，当地牧民还缺乏市场经济意识，有饲养长寿羊的习俗。纯朴善良、缺乏商品意识和市场经济头脑的草原牧民，对于牲畜具有特殊的感情，绝大多数牧民以牲畜多为财富，存在着惜售现象。突出表现为在出栏的肉羊中大多数是成年羯羊和淘汰母羊。这种长寿牲畜对草原畜牧业的危害比自然灾害还要厉害。过一个冬春，一只羯羊体重降低 10 kg，相当于 75 kg 优质青干草所换来的热量。达茂旗牧民达林太对于长寿羊和羔羊出栏经济进行了对照，9 月羔羊需要干草按 250 kg（每千克 0.2 元）计，需要支出 50 元，而 6 岁羯成羊月需要干草按 45 kg（每千克 0.2 元）、72 个月计，共需要支出 648 元。其他税费、生产资料更新折旧等支出及肉、毛等产出差别不大，结合其他投入产出计算，9 月羔羊出栏每只净赚 140 元，6 岁羯成羊出栏每只净赔 527 元。这就是目前牧民有羊没有钱的主要原因。既然出栏长寿羊会赔钱，为什么牧民还不破产呢？主要原因是长寿羊最大消耗支出是草的开支，而天然草是国家的，是公共性资源，没有进行有偿使用，现在盟里每亩只收取 0.1 元的草地费，实际上是一种草地管理费，并不是天然草的价钱。

由于没有彻底的产权变革，目前锡盟的畜牧业仍旧属于小生产自然经济范畴，缺少一些如同"草原兴发""伊盟羊绒厂"等畜产品加工企业去引导牧民进入市场；也没有畜产品加工企业参照外地"企业+农户"的经验，搞一些"公司+牧户"，以期风险共担，利益共享。使得原本思想十分僵化的牧民在大市场面前无所适从，牧民的产品卖活畜的多，转化加工的少；本地销售的多，跨区域销售的少，产品内在优点难以体现，滞后于现代人的消费需求。种种原因，使得产业起步阶段资本积累无力，资本援助缺少环境氛围。最终的结果，只能是拼资源、拼草场。

（二）缺乏有效的草原建设监督管理

现行的草场管理部门是畜牧局草原站。现行国家有关政策多是关心牲畜头数，很少过问"草"长得怎么样。主要体现在草原建设经费、管理经费很少，使得草原建设管理工作受到很大影响。比如，在 20 世纪 80 年代初曾发生大面积鼠害，1987 年到 1989 年飞机灭鼠，鼠害基本上得到控制，到 1994 年至 1995 年，得到彻底控制。近年来，草原鼠害泛滥，据草原站领导提供情况，由鼠害使草地退化面积已经达到 7 000 万亩左右。今年发生了历史上罕见的严重蝗灾，受灾面积达 1 亿亩，其中 3 500 万亩为严重灾区，每平方米有蝗虫 100 只以上，有的地方 1 m² 有 300 多只蝗虫。现在治虫灭鼠成本高了，经费少了，今年全盟整个草原 3 亿亩只有 32 万多元经费，平均每 10 亩草地 1 分钱，灾情这样严重，一年胜似一年，直接用于鼠虫害的经费没有了，有一些变相的经费，如治沙费、生态费等，草原部门用不上。农业上出现了飞蝗是政治问题，要根治，草原出现了土蝗，没有人过问。

目前，草场承包中规定草原监理站每年每亩收取 0.1 元草原管理费，上缴财政后，其中 80%用于草原建设，其他部分用于站的自身建设。现在用于草原建设的部分基本上用作村民小组发工资。草原监理队伍没有国家预算，吃防火经费，无法进行草原保护。

此外，现行的草原法缺乏可操作性，如果发现了挖中草药破坏草场，草原部门只能没收工具，没收药材，扣留车辆，受到围攻时，也只能是"打不还手"，无法强化监督管理力度。草原法中规定的行政处罚条例实施标准，即破坏草场按破坏面积计算，罚款200～2 000 元/亩，但实际工作中，农户在草原上多开垦了土地，是否属于破坏草原？如果属于破坏草原，这种破坏面积如何进行准确计量。

（三）管理部门职责混乱

有关部门反映，近几年，有的地方防疫费和牧业税统在一起，收税的时候防疫费按牺畜头数一次收回，防疫工作因而有时也就不做了，使得牧民对基层科技人员失去信任。以牺畜头数纳税的方式使基层苏木政府失去其应有的职能作用，变成了一个税务所，一年所有工作都是围绕数羊、收税展开的，而科学饲养方式、管理方式、家畜改良、种子工程不予推广实施；新兽药和畜牧业机械得不到适时的推广应用。上级布置到基层的科技工作大多由畜牧部门去完成，而畜牧部门点多面广，很难全面顾及，只好找几户愿意合作的牧民做一些工作，应付上级部门的检查验收。缺少科学技术做指导的畜牧业生产，必然加重草场的负担。

　　从体制安排上看，草原环境资源管理职责不清晰，处于多头管理状况。如前所述，在赤峰市克什克腾旗与锡盟交界处的草原被原北京军区后勤部下属的白银库伦军马场和锡盟农牧局下属的白银希勒牧场开垦一例，草原部门应当管但不能管，环境保护部门也不知道该如何管。这种现象屡见不鲜。

四、生态建设的投资管理机制导致了林草植被建设缓慢

　　锡盟是我国最大的草原牧区，全盟草地面积 19.7km^2，占全盟土地总面积的 97%，其中可利用的草场为 18.4km^2，牧草总储量 52.02 亿 kg。

　　在锡林郭勒调查期间我们算了一笔账：多年来，草原建设建成了 60 万亩人工草地、3 700 万亩围栏和半人工草地、40 万亩高产饲料地，三项工作在 1985 年至 1999 年共增草产量 22 亿 kg；另外，全盟可食草场面积由 1985 年的 2.67 亿亩减少到 1999 年的 2.2 亿～2.3 亿亩，天然草场的可食草产量由每亩 50.3 kg 下降到 30.2 kg，共减少草产量 48 亿 kg。这样，一方面草产量减少了，另一方面牺畜大幅度增加，1985 年全盟大小牺畜 6 433 309 头（只）（锡林郭勒统计年鉴，1998，锡盟统计局），1999 年发展到 1 800 万头（只），将近增加了 2 倍。草地建设速度赶不上草地的退化速度。

　　生态建设的投资机制是导致生态建设速度缓慢的最主要原因。

　　原来草原建设经费与草原保护经费均由业务部门（区畜牧厅、财政厅）下达到盟畜牧局、财政局，再下达到盟草原站，由盟草原站分配到旗县草原站，使用情况由上级监督检查。1989 年后，实行"资金跟着项目走，项目跟着技术走"，在实践中，第一步做到了，第二步没有做到。整体上看，资金增加了，但是资金渠道由国家农业开发项目办（财政部内）到了盟农牧局农业开发项目办，由项目办直接通过项目到了牧民手中。由于项目办不懂技术，草原建设保护投资效率很低。比如达茂旗牧民达林太反映内蒙古包头地区，为加强牧民单体的抗灾能力，政府搞了不少系统工程，但实践中可操作性差。地区搞了"五配套"的小草库伦，政府每年拨款，收效甚微。尤其是在干旱没有电的地

方，效益很难巩固；在降雨量 200 mm 以下的地区，蒸发量数倍于降雨量，用小喷灌提水浇地往往因上蒸发、下渗水，产出的草连油钱也赚不出来。再加上农牧民种植具有盲目性，又没有配套的饲料加工企业及储草设施、青贮设施，各个独立的小农牧户在正常年景产出的草售不出去，烂在地里，只有等到灾年狠狠地赚一次。由于管理工作与实际工作脱节，加大了对于天然草地的掠夺。

生态建设项目的投资缺乏科学的论证。最近，落实退耕还林还草，就存在着一个地区综合考虑的问题，比如这个地区林种多少？草种多少？灌木属于林口管理，还是属于农口管理？退耕后种柠条（一种灌木，需要经过 5 年保护后才能被利用）合适？还是种多年生牧草（第二年就可以有效益）合适？等几个层次的问题需要考虑。由于经费主要由林业口下来，因此，如何发挥行业投资的综合效益，实施综合生态系统管理，需要从体制和制度上解决。这种情况具有普遍性，在内蒙古其他地区，我们也听到类似的反映：国家的畜牧业投资用于发展畜牧业，如配种等，不是草原建设投资，草只能靠天然生长，目前，基层项目基本上是从林业口下来的，林业投资不能种草，而当地主要应当用于草原建设和草场保护。

目前，投资来源上的问题是投资渠道过于单一，主要以中央财政为主。没有充分调动地方投入和民间投入的积极性。这个问题的弊端不仅是中央财政有限，影响投资力度；更重要的是如果不发挥地方、民间投入，就会培养"等、靠、要"的思想，而且缺少了地方、民间对于投资效益的关注，在资金使用的监督管理上也会乏力。

目前，在资金监督管理中的问题是缺少有效的监督管理机制。首先没有独立的第三方审计，所以项目管理的透明度不高，人大、政协、群众团体、新闻媒介无法实施有力的监督；自上而下的监督管理中也缺乏激励机制。其结果很有可能出现这样一种现象：上面的投资方与下面的执行方成为一个利益共同体。

另外，地方政府作为目前的生态建设项目的执行方，也有可能造成一系列问题。其中最主要的问题是项目费用被挤占挪用。新闻媒体常常披露的我国某某项目经费被大量挪用的报道，其主要原因就在于此。

上述种种原因导致了生态建设项目的投资效率低下，"年年种树不见树""年年种草不见草"。植树变成了"植数"。

五、农民实施退耕还林还草的社会经济可行性分析

农民是实施退耕还林还草项目的主体。调查中发现目前退耕政策不容易落实：一是退耕后粮食如何送到牧民手里？如何保证生活所需要粮食的数量、品种、质量，特别是

粮食品种？如何防止层层克扣？牧民居住特别分散，运输问题如何解决，特别是大雪天？如何保证按时送到牧民手里，一天不吃饭也不行，范围又是哪样大（老百姓欢迎这项政策，主要是因为政府给 100 kg 粮食，因为这 100 kg 粮食靠种是种不出来的，但是能有多少。今年大旱，从哪儿保质保量保证时间地送去粮食，最后的结果可能是谁有谁先吃，谁没有谁吃不上）。二是退耕后干什么？不仅是吃饭问题，还有发展问题。三是如何保证不复垦和不继续开垦？比如在草甸草原种地，由于地力条件好，第一年可以不需要施肥（成本低，很受开垦者的欢迎），以后进行轮作，到每亩产百十多斤的时候，周围又有地，而且耕地与草场相连，继续开垦，除了卫片可以知道，谁还能知道？四是退耕还林还草，政府之所以欢迎主要是欢迎钱。技术、种子从哪儿来？另外，国家能拿出多少钱？这个政策将持续多长时间？

目前，的确有退耕还林还草的情况，但这是在今年大旱的情况下实现的（专栏 2）。

专栏 2　西苏旗新民乡退耕情况

该乡位于锡盟西南端西苏旗的南部，与乌盟接壤。年降水量不足 240 mm，地下水资源十分贫乏，不宜种粮食，牧业收入大大大于农业收入。该乡在 60 年代由乌盟大批农民移民进入后开始开荒，当时粮食紧张，不种不行。现在有 403 退耕户，应退 30 000 多亩，目前已经退了 14 300 亩（已经种草）。农民愿意退耕还林还草，因为现在草价每斤 0.3 元（锡盟北部草价每斤为 0.02 ~ 0.03 元），而粮食价格每斤只有 0.4 ~ 0.5 元，而且养殖牲畜也比较省力。

六、结论

长期以来，与环境政策不协调的农业政策导致了植被退化很快，生态建设的投资机制导致了生态建设速度缓慢。这两方面的综合结果是：生态建设速度与植被自然更新速度之和小于植被退化速度，所以近年来植被严重退化，导致了今天沙尘暴的产生。

进一步的思考，我们提出以下两个问题：

现行的农业政策已经给当地的环境带来了巨大的负面影响，而中国加入 WTO 后根据我们的承诺，粮食的进口是必然的结果。因此，从环境角度考虑，我们是否有必要调整或者修改我们现行的过分倚重粮食生产立足国内的农业政策？

虽然中央已经规定坡度在 25°以上的耕地都必须退耕还林，但是鉴于内蒙古草原过垦所带来的沙尘暴等巨大环境影响，是否有必要对所有草原上的耕地都退耕还草？

西部地区环境政策适用情况与政策需求调查报告①

夏　光　裴晓菲

在中央作出西部大开发的战略部署后，研究制定相应的环境保护政策就成为一项重要而紧迫的工作。在这个过程中，必须首先了解和评价现行环境保护政策在西部地区的适用性，再在此基础上了解和掌握西部地区对环境保护政策的需求。为此，前不久我们在开展西部大开发环境保护政策研究中，对西部地区环保部门的领导同志进行了一次"西部地区环境保护政策适用情况与政策需求"的问卷调查，西部地区12个省、自治区、直辖市环保局长亲自答题并写下了许多重要的意见。现将调查过程和结论总结如下。

一、调查问卷内容设计

这次问卷设计了两方面内容：①现有环境保护政策在西部地区的适用情况；②西部地区对环境保护政策的需求。这里所说的"环境保护政策"分为环境管理政策、环境经济政策、环境技术政策、环保产业政策和其他政策等几大类。请西部地区 12 位省级环保局局长根据实际工作经验，对这些政策在西部地区的适用性进行打分，必要时作出说明，并对西部地区需要哪些环境保护政策提出意见。12 位局长都认真作了政策评分，大部分局长还对得分进行了说明。我们计算了各项政策的平均分，并把说明意见综合归纳在一起，结果如下。

---

① 原文刊登于《环境保护》2002 年第 4 期。

二、调查结果

（一）对现行环保政策适用性的评价

详见表1～表5。

表1　环境管理政策适用性评价

序号	政策名称	平均分	说明
1	"三同时"制度	4.92	适用性很强，应扩展到生态建设方面
2	环境影响评价制度	4.67	同上
3	污染事故报告制度	4.67	应突出重大污染事故，制定详细标准
4	排污申报登记制度	4.58	适用性强，应从立法上进一步强化此项制度
5	环境保护目标责任制	4.50	关键是改革干部考核制度，建立重大责任追究制度
6	将环境保护规划纳入国民经济和社会发展计划制度	4.50	应注重落实，制定明确的指标并加强监督检查的力度
7	自然资源开发建设环境管理制度	4.33	制定相关法律，赋予环保部门统一监督管理的法律依据
8	限期治理制度	4.25	缺乏强制性手段
9	生态保护"三区"推进战略	3.92	"三区"划分后没有投入，缺乏激励和扶持办法
10	污染物总量控制制度	3.75	需科学确定总量，并且与总量收费相配合才有效
11	企业"关停并转"制度	3.75	有的贫困县关停了就没有企业，受地方政府阻碍
12	城市环境综合整治定量考核制度	3.58	考核指标太多，执行起来有难度，应突出主要指标
13	创建国家环境保护模范城市	2.92	西部地区由于环境本底值很高，不易达到。总局应针对不同地区制定不同标准，实行分类指导

注：（1）分值含义：5=非常适用；4=适用；3=基本适用；2=基本不适用；1=不适用。
　　（2）"说明"一栏综合了各位局长的意见，下同。

表2 环境经济政策适用性评价

政策名称		平均分	说明
排污收费制度		4.42	应尽快按总量收费并实行排污权交易
财税政策	废物综合利用税收减免政策	4.17	制定废物利用的目录表和减免幅度
	污染企业搬迁改造厂址有偿转让政策	3.92	除污染企业搬迁本身对环境保护贡献很大，没有规定转让资金的数量及如何使用，实施难度很大
金融信贷政策	对未执行环评和"三同时"的项目以及国家明令禁止或不符合环保规定的项目、企业不予罚款	4.25	政策很好，但缺乏具体的办法，难落实。这一政策环保部门缺乏有效的手段，既不管指标，银行也没有具体的任务和责任，环保部门控制不了，也无法考核
	对促进环保、有利于改善环境的企业或产品予以积极贷款	4.17	同上
	对重点环保项目予以贷款支持	4.17	同上
环境保护投入政策	生态破坏的恢复费用由开发者承担	4.50	效果很好，应进一步加强查办手段
	收费、财税和金融等政策实施要有利于环境保护投入	4.42	出发点很好，应有具体的措施来约束以实现这一目标
	工业污染防治资金由企业自筹	3.92	对困难的企业治污资金很难落实到位，影响污染的治理，应有具体的帮助办法
	中央和地方政府帮助和督促老工业城市和国有大中型企业逐步还清环境欠账	3.92	应有具体的政策和强有力的督查办法才行
	环保公益项目的建设资金由各级政府统筹解决	3.58	没有明确的要求，因此在财政困难的地区环保资金基本上没有，越是基层越难落实到位
	城市基础设施建设由城市政府组织建设	3.50	缺乏硬性的要求，在财力紧张的情况下，大多难以落实。也可以考虑市场运营方式来建设

表3 环境技术政策适用性评价

政策名称	平均分	说明
综合技术改造防治污染的政策，如企业主管部门在编制技术改造规划时，必须提出防治污染的要求和技术措施等	4.50	应对企业技改新建项目"三同时"一样有严格明确的要求，技改必须把治理污染作为重要内容和目标
煤烟型大气污染防治的技术政策，如大力推广蜂窝煤等型煤，逐步限制原煤散烧等	3.58	西部相当一部分地区的老百姓无清洁燃料，型煤在产煤区难以推广，很多县没有型煤厂
水污染防治技术政策，如向乡镇企业转让生产技术应同时转让废水处理技术或负责废水处理技术指导等	3.42	缺乏督查的有力手段和责任追究

表4　环保产业政策适用性评价

	政策名称	平均分	说明
促进环保产业发展的政策	建立环保产业发展专项资金	4.33	思路很好，有待落实
	组建产业协会	4.17	同上
	在产业政策调整中优先发展环保产业的政策	4.17	思路很好，但更多地依赖于政府的重视程度，无具体的约束力
	将环保产业推向市场，平等竞争，优胜劣汰	4.0	属新兴产业，初期需要扶持和保护，方向值得肯定

表5　其他政策适用性评价

政策名称	平均分	说明
环境与发展综合决策机制	4.58	方向和思路均很好，应建立实施的保障体系
公众参与环境决策和环境监督	4.58	同上
企业环境管理体系认证（ISO 14 000）	4.50	同上
推行清洁生产	4.42	同上
产品的环境标志	4.25	同上

（二）西部地区对环境保护政策的需求

详见表6。

表6　西部地区对环境保护政策的需求

序号	政策类型	平均分	说明
1	参与西部大开发的战略规划、经济发展计划等重大政策等决策过程	4.92	参与决策和增加环保投入被认为是解决西部地区环境问题的关键
2	增加西部地区的环境保护投资	4.92	同上
3	参与西部地区经济结构调整，从环境保护角度提出意见和要求	4.83	实际上也是保证环保部门有参与决策的权力
4	强化环保部门权限，加强环境保护执法	4.75	"加强执法"需求大于"立法"需求表明现有法律法规执行不力
5	增加国家、东部地区、国际上对西部地区环境保护的支持	4.75	环保基础设施和能力建设是重点
6	保证西部地区有特殊的环境保护立法权	4.33	主要是赋予环保部门生态环境监督管理的法律依据
7	动员社会力量（企业界、非政府组织、个人等）参与环境保护	4.33	缺少参与渠道和保障措施
8	其他（请列出） 建立绿色GDP考核指标 建立区域环境补偿机制		将环境成本纳入国民经济考核体系，区域补偿机制可以调动西部地区干部群众生态建设和保护环境的积极性

注：分值含义为5=急切需要，应尽快出台；4=很需要，应加紧制定；3=有必要，可逐步制定；2=一般，可暂缓；1=没必要。

三、现行环境保护政策在西部地区总体上是适用的

在所有各类环境保护政策中，除环境管理政策中的"创建国家环境保护模范城市"一项外，其余都得到肯定或基本肯定，这说明总体来看，我国现行环境保护政策在西部地区有较好的适用性。对创建环境保护模范城市，西部地区由于自然条件的限制，环境本底值很高，按照"国家环境保护模范城市"所列指标，有些指标（如总悬浮颗粒物）很难达到要求，影响了西部地区城市创建环境保护模范城市的积极性。

1. 环境管理政策适用性较好，不同政策的适用性差异较大

环境管理政策在西部地区适应性较好，发挥作用较大。在政策效果上，工业污染防治的政策要好于生态环境保护的政策，老的环境政策（"三同时"制度、环境影响评价制度等）要好于新的环境政策（城市环境综合整治定量考核制度和创建国家环境保护模范城市等）。

2. 环境经济政策可以施行，作用有待加强

环境经济政策在西部地区都可以施行。其中，效果最好的为排污收费制度，其次为金融信贷政策和财税政策，环境保护投入政策效果最差。环境经济政策存在的问题包括：由于宣传力度不够，财政、税务部门颁布的新税减免、实行零税率、免增值税、进口税优惠等政策，很多企业甚至环保部门了解不多。另外商业银行实行自主经营，在一些环保项目上，金融信贷相关政策也难以落实。环保投资的筹集渠道单一，投资的行为方式和管理方式严重滞后于社会整体的市场化进程等。

3. 环境技术政策有适用性但效果较差

虽然环境技术政策在西部地区可以施行，却是5类环境政策中效果最差的，说明环境技术政策在西部地区还需要做较大改进。一是缺乏有效的监督检查和责任追究手段。如对结合技术改造防治工业污染的政策，应该参照新建项目"三同时"一样有严格明确的要求，技术改造必须把治理污染作为重要的内容和目标。二是由于西部地区经济发展水平较低，一些政策还难以实行或达不到政策设计的预期效果。如为控制煤烟型大气污染，要大力推广型煤并逐步限制原煤散烧。但是由于西部地区相当一部分老百姓没有清洁燃料，很多县没有型煤厂，在产煤区用型煤还难以推广。因此，急需针对上述问题寻找一些替代政策。

4. 环保产业政策适用性好但落实不够

现行的促进环境保护的产业发展的政策在西部地区都是可行的，但需要提高落实程度。局长们认为，建立环保产业发展专项资金的思路很好。在产业政策调整中优先发展

环保产业也更多地依赖于各级政府的重视程度。由于西部地区环保产业发展尚处于起步阶段，目前还不能完全依靠自身发展壮大，一定时期内还需要得到政府的扶持与保护。

5. 引导性的环境政策得到较高认可

调查中，我们列举了 5 项预防为主的非强制性环境政策（综合决策、公众参与、ISO 14000、清洁生产和环境标志），这 5 项政策的平均分比前 4 类政策都高，这表明西部地区可以接受比较超前的环境政策。西部开发中，西部地区可能跨越"末端治理"的老路，更早地进入预防为主的阶段。从国际上环境政策的发展历程来看，环境政策的制定可以分为两大类：第一类是针对污染物控制的政策，如控制大气污染的烟气脱硫设施政策。第二类是以预防为主的政策，如清洁生产。早期的环境政策基本上以第一类为主，随着科学技术的进步和更复杂环境问题的产生，第二类环境政策在环境保护中发挥着越来越重要的作用。

四、在环境政策需求方面，综合决策和环境投入最为突出

通过调查，所列的 7 项环境政策西部地区都很需要。此外，局长们还补充了"建立绿色 GDP 考核指标"和"建立区域环境补偿机制"等政策。

1. 对"参与西部大开发的战略规划、经济发展计划等重大决策过程"需求非常迫切

局长们对参与西部大开发的战略规划、经济发展计划等重大决策过程的重要作用十分重视，认为参与重大决策，特别是参与产业结构调整，有利于把一些能定在西部地区的高新产业吸引过去，淘汰一些规模小、污染严重的企业。"这是解决西部地区环境问题的关键，环保部门应当参与决策，提出意见，形成西部开发的各个领域整体政策。"参与重大决策过程，关键是要保证环保部门有参与决策的权利，目前综合决策在西部地区进展不明显，关键是要在保障措施上有所突破，建立切实可行的综合决策及其考核奖惩的体制。

2. "增加环保投入"是最普遍的政策要求

在西部大开发中实现环境保护跨越式发展，必须解决环保投入问题，这是西部地区最强烈的政策要求之一。"没有投入就不会有跨越"，几乎每位局长都强调"要下大决心加大投入"。有的强调"要建立有效、可靠的投入机制，要有具体的渠道和督查手段，落到实处"。关于增加环保投入的方式，主要是依靠制定政策，开辟多渠道的资金来源。有的提出，在西部大开发中，国家应增加对环保系统的专项补助经费。青海、西藏等省区提出应建立长江、雅鲁藏布江等江河源头保护基金。贵州省建议国家设立环境保护行

政执法专项资金，并增加对西部重点工业污染源污染防治资金的投入。

3."强化环保部门的执法权力和执法权威"是重点需求之一

西部地区环保部门认为处罚权力不足是现行环保法规未能很好贯彻执行的主要原因。环保部门能行使环境行政处罚的只是警告、数额有限的罚款、责令停止生产和使用某些产品、责令重新安装使用环保设施等，但是如果企业不服从环保部门的行政处罚，继续违法生产使用或拒不重新安装使用，则只能等到行政复议期满，行政处罚生效后，申请人民法院强制执行，这就可能已对环境造成了不可弥补的损害。又如限期治理、责令关停等，必须由相应的人民政府发出命令，过程比较长，环保部门受到的掣肘比较大，法律规定的执法权力打了折扣。环保部门对非法所得及非法财物无权没收也影响到环保部门执法权威。总之，环保部门执法地位不够有力是一个很大的制约，因此西部地区希望政府赋予环保部门必要的管理权力和执法权力，强化或"硬化"环保部门的权威，这应该是西部大开发环境保护的重点政策之一。

4.迫切需要加强西部地区环境保护能力建设

西部地区另外一项比较迫切的政策需求是加强环境保护能力建设。各地普遍希望借西部大开发之良机，把环境保护能力切实加以改善，真正在能力上有所"跨越"，否则，政策再多也无人操作。关于如何改善环境保护能力，除希望国家和东部地区给予支持外，还要求国家制定专门的环境保护能力建设政策，包括在西部环保机构设置方面提出明确的目标要求等。新疆维吾尔自治区提出，在西部大开发中，将集中一定财力，改善环境监测和装备条件，实现部分地区空气质量自动监测，并建立生态环境监测指标体系。

5.对"动员社会力量参与环境保护工作"寄予较大希望

在西部地区，一直以来公众参与等社会性环境政策总体上不占太大位置，但在这次进行的环境政策需求调查中，西部地区普遍对"动员社会力量参与环境保护工作"寄予了很高的希望，局长们对此类政策赋值较高，将其视为新的环境政策的实施途径，同时也指出目前缺少参与渠道和保障措施。这说明社会力量在环境保护中的作用和潜力正在得到重视和开发，也说明西部地区可以接受比较超前的环境政策。

6."制定对西部地区环境保护的外部支援政策"居于重要地位

在西部地区的政策需求中，对于国家支持、东西互助提出了很多希望，主要反映在以下方面：①政策倾斜，国家对西部地区不要按照东部地区的标准来要求西部地区，避免"一刀切"；②计划倾斜，在分配污染物排放总量时，应考虑西部地区经济发展和环保投入承受能力，不能要求西部与东部承担相同的污染物削减义务；③投入倾斜，在安排环境能力建设时，应更多地考虑西部地区的困难，尽可能把有限的资金补助给西部地区，起到雪中送炭的作用，尽快加强西部地区环保部门的管理和执法能力；④项目倾斜，西部地区作为资源输出地承担着更多的结构型污染，污染集中，治理困难，应该考虑在西部地区安排一些由国家投入的污染治理项目，解决一些突出的环境问题；⑤财政倾斜，西部地区输出了大量能源和资源，把生态破坏和环境污染留给了自己，应该在环境保护方面也考虑用财政转移支付的手段，对西部地区进行环境保护补偿；⑥对口支援，东部地区帮助西部地区加强能力建设，培训不同层次、不同类型的环境管理和技术人才，东西部之间环保部门工作人员定期交换岗位，东部地区向西部提供环保器材等。

环境优化经济发展的机制与政策研究[①]

周国梅　唐志鹏

我国是目前世界上最大的发展中国家，为了解决贫困问题和提高人民的生活水平，我国还必须保持一个较高的经济增长速度。这就要求我国要确保同时达到两个目标：既取得经济的快速增长，又保持环境质量的稳定甚至提高。为了达到这两个目标，我国必须全面贯彻落实科学发展观，改变粗放型增长模式，改善环境质量，重新定位环境与经济之间的关系，充分认识到环境保护优化经济发展的功能，加快推动环境保护的历史性转变，走一条新的绿色发展道路。

一、波特假说与环境优化经济发展的相关理论

20 世纪 80 年代以来，美国实施严厉的环境管制政策。美国环境管制改变了许多行业的市场结构，一些资本有限的中小企业由于达不到法定的污染排放标准而被迫倒闭，市场份额的配置格局大大改变。由于建立新厂需要巨额的环境设备投资，使潜在的竞争者进入市场的行为受到限制。传统的新古典经济学认为环境保护所产生的社会效益必然以增加企业的私人成本，降低其竞争力为代价，其中隐含的社会福利与私人成本之间的抵消关系会对一国的经济发展带来负面的影响。

而美国著名经济学家波特（Porter，1991）教授首次提出环境保护能够提升国家竞争力的主张。1995 年，波特和林德（Porter and vander Linde）进一步详细解释了环境保护经由创新而提升竞争力的过程，这一主张被称为波特假说，波特假说的内涵主要包括以下几个方面：

---

① 原文刊登于《环境保护》2008 年第 20 期。

（一）环保与竞争力不一定相互抵消

传统经济学认为，环境保护造成经济的沉重负担，引起社会福利与私人成本之间的抵消。波特认为，将环保与经济发展视为相互冲突的简单二分法并不恰当；严格的环保可刺激企业从事技术创新，并借以提高生产力，有助于国际竞争力的提升，两者之间并不一定存在抵消关系。波特还指出，只有在静态的模式下，环保与经济发展的冲突才不可避免，因为在静态模式中，企业在技术、产品和顾客需求等维持不变的情况下进行成本最小化决策，一旦额外增加环保投入，必然会造成企业成本的增加及市场竞争力的下降；但是，近二三十年来，国际竞争力早已不是静态模式，而是一种新的建立在创新基础上的动态模式。具有国际竞争力的企业并不是因为使用较低的生产投入或拥有较大的规模，而是企业本身具备不断改进与创新的功能，竞争优势的获得，也不再是通过静态效率或固定限制条件下的最适化来形成，而是通过创新与技术进步来提高生产力。因此，波特认为实施严格的环境保护不仅不会伤害国家的竞争力。反而对其有益。

（二）以动态观点分析环境保护与竞争力的关系

波特认为，传统经济学之所以反对其观点，是因为其对企业竞争模式的假设与现实不符。传统经济学假设企业处于静态的竞争模式，而实际上，企业处在动态的环境中，生产投入组合与技术在不断变化，因而环境保护的焦点不在过程，而在最后形成的结果，必须以动态的观点来衡量环境保护与竞争力的关系。波特指出，企业在从事污染防治过程中，开始可能因为成本增加而产生竞争力下降的现象，尤其是在国际市场上面对其他没有从事污染防治的国外企业，更可能表现出暂时的竞争力劣势。但是，这种情况不会永远不变，企业技术等条件的进步将促使其调整生产程序，利用新技术提高生产效率，进而提高生产力与竞争力。环保通过引发企业的创新，最后会达成降低污染与增加竞争力的结果。因此，波特认为设计适当的环保标准会激励企业进行技术创新，创新的结果不仅会减少污染，同时也会达到改善产品质量与降低生产成本的目的，进而增加生产力，提高产品竞争力。

（三）政府扮演的角色

长期而言，尽管环境保护会为企业带来正面效果，但由于企业面对短期成本及技术创新费用的递增，会产生不确定性与悲观的心理预期，加上信息的不完全，导致企业忽略此投资机会，而没有作出真正最优的决策，需要借助政府管制来刺激企业从事创新。波特指出，只有在静态模式中，企业追求利润最大化的行为才能实现，而在现实中的动态竞争模式下，由于技术的不断变化，潜藏着无限创新与改进的空间，加上信息不对称及企业组织中管理无效率等问题，都使得企业很难作出真正最优的决策。一旦企业改进了技术并加强内部管理，企业就会获得更大的效益。政府的角色即在执行严格的环保标准，促使企业了解潜在的获利机会，改进生产组合，从而作出真正利润极大的最优决策。

（四）适当的环保标准

适当的环保标准能够促使企业的创新，而适当的环保标准至少应具备以下功能：①显示企业潜在的技术改进空间；②信息的披露与集中有助于企业实现从事污染防治的效益；③降低不确定性；④刺激企业创新与发展；⑤过渡时期的缓冲器。总之，一个经过适当设计的严格环保标准，能使企业从更新产品与技术着手，虽然有可能会造成短期成本增加，但通过创新而抵消成本的效果，将使企业的净成本下降，甚至还有净收益。

二、环境优化经济发展的实例与机制

企业对于环境管制带来的环境标准通常会采用三种反应策略：一是逃避型。这类企业认为环境标准会提高成本，尽量逃避环境管制制定的标准，如果本地环境标准较高，会转移到环境标准相对较低的其他地方生产。二是跟随型。这类企业认为环境标准带来的成本是非生产性的，虽然也会调整自己行为以适应管制的环境标准避免受到惩罚，但没有动力和积极性去做得更好。三是领先型。这类企业认为环境标准虽然会增加企业成本，但同时会提高原材料和能源的使用效率，有利于降低企业成本，同时防治污染使企业获得新的市场支持，未来会获得市场领跑者地位，因此这类企业积极进行污染防治，努力达到更高的环境标准。

从发达国家经验来看，有国际竞争力的公司并不是投入成本最低或规模最大的公司，而是具有不断创新能力的企业。设计合理的环境标准可以为企业提供技术进步的信息，对企业有一定引导作用，形成促进技术进步的压力，激励企业创新。通过对创新的激励，严格的环境标准有助于提高竞争力。波特和林德在研究影响创新技术供给和需求因素的基础上，通过案例证明了严格的环境管制可能会激发企业创新的动力。例如，由于臭氧层的破坏日益严重，国际社会要求逐步取消臭氧层破坏物质 CFCs 的生产和使用，在这种情况下，美国杜邦公司制订了进行 CFCs 替代物的研制和生产的计划，这个计划使杜邦公司处于 CFCs 替代物的研制和生产的前沿，使公司在国际竞争中获得了明显的优势。又如美国环保局制定的"绿灯项目"是一项节能项目，企业自愿参与项目，进行高效照明、加热、冷却系统的改造。在两年间，80%的企业收回了投资。在制定的这个项目中，企业作为项目的成员并很快从中收益，这项节能项目也很快得到推广。另外，严格的环境标准还有助于企业在市场上居于"领跑者"的地位。随着人们对生活质量要求的提高，"绿色产品"市场不断扩大，"领跑者"易于占领更大的市场份额。例如，德国率先推出了回收标准，这使得德国企业率先发展了不少包装的产品，而这种产品在市场上大受欢迎。

再看国内另一个实例，我国改革开放初期引进国外汽车生产线时，为了节省成本，对尾气排放标准没有要求，甚至省去了汽车尾气处理设施。在提高人民生活水平的同时也造成了严重的空气污染。国家制定了严格的尾气排放标准之后，尤其是从 2005 年起在北京实行欧Ⅲ国际标准之后，推动汽车工业不断改换生产线，客观上使我国的汽车工业保持着国际领先水平。现在我国已经从技术落后的汽车进口国转变为与国际环保标准接轨的汽车出口国。这就是环境保护对经济发展的作用和贡献的有力佐证。

波特假说为分析环境管制与竞争力的关系提出了新的视角，从动态的角度，指出环境管制能促使企业创新。它驳斥了传统观点静态的分析框架，认为除了管制法规在一段时间内保持不变外，所有的一切都是在不断变化之中，管制与竞争力"双赢"的机会已经耗尽是错误的，环境管制能促使企业挖掘未发挥的潜力，使企业从创新中受益。我们更应该意识到提高环境标准其中存在的潜在机遇和积极效应。提高环境标准，促使环境优化经济增长的积极效应主要体现为以下几个方面。

首先，环境污染造成的经济损失和健康损失是巨大的，环境投资的主要收益就在于改善环境，减少环境污染的损失。现有使用的方法无法直接测量环境的收益，只有将避免的损失作为其收益，实际上由于环境的外部性，其真实收益远远大于避免的损失。

其次，加强环境管制有利于改进技术，加大资源的利用效率，促进资源合理配置，提高经济效率。技术进步是经济增长的内生变量，环境管制有助于刺激环境革新和清洁技术的产生。这些技术进步通过提高投入品的使用效率产生经济效益，因此环境管制不仅不会给国民经济带来损失，还可能促进经济增长。

再次，环境税作为环境管制的主要手段之一，可以逐步取代传统所得税作为主要财政来源。由于传统所得税是就业者的劳动收入和企业的经营收入，会抑止就业和投资。以环境税取代所得税既有利于环境质量的改善，也有利于促进就业和投资的增加。

最后，环境管制带来的环境投资不仅促进环保产业的发展，还有刺激市场需求，拉动经济增长的作用。如 20 世纪 70 年代日本环境投资大幅增长，极大地刺激了日本经济增长，日本环境厅认为高强度的污染防治投资在一定程度上刺激了社会需求，支持可投资和就业。

三、环境优化经济发展的制度安排与政策建议

经济增长不是环境保护的天然盟友，但也不是必然的敌人，关键是选择何种发展模式及其相关的制度安排。未来的经济增长不能建立在环境继续恶化的基础上。因此，在环境保护工作中，要全面贯彻落实科学发展观，实现我国经济又好又快地发展，就需要充分认识到环境保护对于经济发展的优化功能，在经济的宏观调控中可采用环境保护的手段，控制"高环境污染、高资源消耗"产业的过快增长；通过环境保护措施加大落后产业的退出机制；政府要制定严格的环境保护标准，并且严格执行；创新机制促进企业主动实施技术创新以符合环保标准；同时经济发展水平的提高也为国家采取严格的环境保护措施提供了经费投入的保障与能力的提升。通过实施一系列措施，将"波特假说"中环境保护优化经济发展的目标在我国变成现实。

（一）产业结构的调整和优化

发达国家环境质量的改善在很大程度上应归功于产业结构的优化。目前我国至少可以考虑在以下几个方面对产业结构进行调整和优化，促进生产污染强度的降低。一是要应积极促进第三产业的发展。第三产业不仅在吸收就业上具有巨大潜力，还是污染强度相对较小的产业，可以通过发展第三产业降低传统工业的污染。二是要在全球制造业向中国转移的过程中，中国应谨慎选择具有比较优势的产业，从较高技术起点起步，发展我国制造业。例如，在发展小汽车生产上，鼓励发展电动汽车代替燃油汽车。在引进外国技术设备时，应优先选择高效率的清洁生产技术。三是要优化产业组织和规模结构。在制造企业的规模上，我国大企业不够大、不够强，控制市场能力低，生产经营规模上与发达国家的差距很大。因此，我国应遵循生产要素聚集的市场规律，有目标的吸引那些具备产业带动优势和有产业关联效应或配套协作功能的项目进入园区，形成完善的产业集群，并进而发展成大企业集团。四是要大力发展环保产业。环保产业在产生经济效益的同时还能产生巨大的环境效益，在发达国家已经是一个重要的新兴产业，对于防治污染和保护生态提供重要的技术支撑。

（二）转变经济增长方式，发展循环经济

循环经济把生产活动组织成一个"资源—产品—再生产资源—再生产品"的循环流动过程，使得整个经济系统从生产到消费的全过程基本上不产生或者少产生废弃物，最大限度减少废物末端处理。发展循环经济可以在以下几个层面开展：一是清洁生产，最

大限度减少生产中原材料的消耗，不用或少用有毒有害的原材料，尽量不排放或少排放废弃物。二是在工业集中地区、经济开发区积极发展生态工业，实现区域或企业群的资源最有效利用，废物产生量最小，甚至零排放。三是在区域和社会层面发展循环经济，建设资源节约型和环境友好型社会。

（三）建立新型环境治理结构

改革和创新环境治理体制，提倡环境管理向环境治理转变。传统意义上我国的环境管理体制，政府处于主导方，负责收集污染信息，发出削减污染指令和对违反者进行处罚，而污染者处于被动方，在政府压力下被动进行削减。这种单方面的"自上而下"的管理方式一方面使管理信息只注重管理者意愿的表达，而忽视管理对象意愿表达，使管理缺少民主参与；另一方面使管理资源的配置难以优化，被管理者的要求无法得到满足。在这种管理模式下，环境管理部门需要付出高昂的执行和监督成本。新的治理理念中，良好的治理不再仅仅取决于政府的权力和权威，而更多地依赖于各种利益相关者的参与、协商和共同行动。在促进环境目标的实现过程中，单独依靠政府的作用是不够的，应设计适当的机制，建立社会环境管理体系，在政府和私人部门之间建立良好的伙伴关系，促进各种社会力量包括新闻媒体、民众的参与。发达国家将环境治理的思想应用于环境管理的实践，为我们在环境治理上提供了借鉴。我国目前社会公众参与环境管理的主要途径仅限于向环保局进行环境举报，应充分发挥被管理者的主动性及自愿行动的环境治理要求，建立社区代表和环境管理者以及企业管理者一起参与环境政策的协商方式。

（四）建立有利于环境保护的科技创新与支撑体系

技术创新和扩散是增长的发动机，是通向经济增长和高质量生活的道路。技术变革带来新的生产能力，实现人与自然和谐发展的关键因素。目前我国绝大多数环保企业的科研、设计力量薄弱，而且技术开发的投入不足，不能形成以企业为主体的技术开发和创新体系，这使得国内许多环保企业的产品技术含量低。从表面上看，研发力量不足、投资少是造成我国环保产业的技术含量低、产品质量差的原因，但从更深层次讲，错误的市场需求信号才是造成这种问题的真正原因。由于我国的排污收费标准和环境违法的处罚力度低，企业的违法成本低，许多企业对于环保产品和环保技术的投入更看重价格，他们安装污染防治设施不是真正要减少污染，而是为了应付检查。这样的需求结构鼓励生产低端产品的小厂纷纷上马，大量质量低甚至不合格产品进入市场，而技术含量高、质量好的产品反而找不到市场。这种"劣币驱逐良币"的市场不能形成对技术进步和吸引投资的激励。

为了让环境科技体系的发展尽快实现对国民经济的优化增长，首先需要严格的环境管制，制定实施严格的环境标准，同时加强环境执法与监督，给市场提供正确的信号；其次，要求政府加大对环境科研的投资支持，鼓励环境科技的市场化，促进环境技术开发和应用研究；再次，要建立和完善各级环保技术交易和成果推广中心，同时鼓励企业建立自己的技术开发中心，形成市场、科研、推广一体化的技术进步机制；最后，广泛开展国际环境技术合作，加快环境友好技术向中国转移，这不仅有助于全球的环境保护，也有助于全面提升我国的环境保护水平，真正实现环境保护优化经济发展的目的。

推动环境经济政策做强做实①

沈晓悦　贾　蕾

党的十八届三中全会审议通过了《中共中央关于全面深化改革若干重大问题的决定》，指出经济体制改革是全面深化改革的重点，核心问题是处理好政府和市场的关系，使市场在资源配置中起决定性作用，更好地发挥政府作用。当前我国环境保护面临着前所未有的挑战和机遇，在国家经济体制改革的大形势下，充分认识环境经济政策在环境管理中的关键性作用，抓住机遇，积极推动环境经济政策做强做实意义重大。

一、我国环境经济政策调整环境与经济利益关系的作用尚未充分显现

"环境经济政策的本质是通过市场机制纠正环境问题的外部不经济性，使外部成本内部化。从总体看，我国经济政策仍处在探索阶段，在调整环境与经济利益关系的作用方面较为有限，一些根本性因素制约了环境经济政策的发展。"

环境问题究其本质是经济结构、生产方式和发展道路的问题。环境经济政策的本质是通过市场机制纠正环境问题的外部不经济性，使外部成本内部化，其核心思想就是由政府给外部不经济确定一个合理价格，给市场经济主体施加一定的经济刺激，从而促使人们主动而不是被动地保护环境，最终达到改善环境的目的。

与命令-控制型政策对污染者的外部约束相比，环境经济政策是一种内在约束力量，它允许污染者选择以最低成本实现环境效果，具有增强市场竞争力、促进环保技术创新、降低环境治理与行政监控成本、兼顾公平与效率等优势。

我国利用市场手段保护环境已走过了 30 多年的历程，在排污收费、排污权交易、绿色信贷、绿色贸易等方面进行了有益探索和实践。环境经济政策逐渐成为我国环境管理不可缺少的重要手段。

---

① 原文刊登于《中国环境报》2013 年 12 月 20 日。

然而从总体看，我国环境经济政策仍处在探索阶段，在调整环境与经济利益关系的作用方面较为有限，一些根本性因素制约了环境经济政策的发展，主要有以下突出问题：

一是环境经济基础尚不完善，市场配置资源的决定性作用难以发挥。产权理论、外部性理论是环境经济政策的基础，建立产权明晰、定价合理的资源环境价值体系是环境经济政策的重要内容和基础。

在产权方面，我国环境资源市场以公共所有、政府管制模式为主，存在资源环境产权不明晰和市场运行效率低等问题。至于环境产权目前尚没有清晰的概念，普遍认为对于环境这种无形之物可以无价或廉价获取，于是环境产权成为一个被忽视的问题，更没有相关制度设计。

在定价方面，公共定价对环境成本考虑不足，主要资源环境产品定价，如水、电、煤、气等的定价依据仍然是生产成本，主要关心的是价格变动对生产成本和消费水平的影响，以及企业能够获得的利润。在大多数情况下，资源环境产品价格尚未完全真实地反映长期环境损害和环境恢复成本，以透支环境的方式提供公共服务。这样的价格机制无法激励环境治理和改变生产者、消费者破坏环境的行为。如果这些重要的基础性制度尚不完善，由此建立和发育起来的其他环境经济政策，如排污收费、排污权交易、生态补偿等都成了无源之水。正因如此，很多环境经济政策失去了配置资源的功能，成了变相的政府管制。

二是政策目标缺乏持续性和稳定性，影响政策执行效果。目前，我国环境经济政策大多仍处于探索和试点研究阶段。迄今我国所有的环境经济政策类别中，除了排污收费已成为较为规范的制度外，生态补偿、排污交易、环境责任保险等政策虽已探索较长时间，但仍处于试点阶段。国家层面出台的政策基本上是指导性的，多以"意见"形式出现，地方出台的相关文件也多采取"暂行办法"的形式，主要是为了引导和规范政策试点，很少纳入地方法规之中。

由于试行政策的适用性、政策推行条件以及配套需求等仍需探索，试行中的环境经济政策目标存在不确定性和稳定性，政策的有效性难以保证。例如，国家关于取消"两高一资"产品出口退税的政策在经济不景气时面临挑战，在行业协会的游说下有些产品出口退税得以恢复。

三是政策调控力弱，市场失灵难以克服。环境经济手段发挥应有作用必须满足一个基本前提，就是企业超标排放所支付的环境保护补偿费用必须大于企业因逃避环境责任而取得的非法收入额度。具体来说，只有当环境处罚或收费的额度超过其因减少环保投入所节省下来的货币价值时，环境管理的经济手段才能真正发挥作用。而当排污费低于边际治理成本时，企业不会主动采取任何污染治理措施。

我国现行排污收费制度只是为环境资源的使用设立了一个较低的费用门槛，只要支付一定费用，使用者就可以相对"自由"地享用环境资源。因此这一制度不能约束使用者对公共物品的使用权，无法克服"市场失灵"问题，从而导致排污收费的政策绩效很低，一些企业宁缴超标排污费也不愿治理污染。

四是法律和市场机制不健全，政策实施存在天然障碍。长期以来由于我国法制不够健全，管理中较多采用行政手段，以行政代替法律干预市场的现象较为普遍。在法律不健全、市场机制不完善的情况下，环境经济政策很难通过自身力量去真正构建市场，形成交易和激励。一些环境经济政策强行出台，必然存在天然障碍，一旦政策推行出现问题，高度集权的公共政策执行体制就容易导致政府在实行环境经济刺激手段时对市场进行过多行政干预。

例如，我国从20世纪90年代初开始，在多个城市尝试了排污权交易试点工作，但国家法律和政策对排污权无明确认定，缺乏系统的排污权交易指标核定方法来确定二级市场上可交易的排污指标，许多交易都是在政府一手干预下进行的，难以体现出环境资源稀缺性和真实成本。

二、法制和市场机制是做强做实环境经济政策的前提和保障

要让环境经济政策真正在环境管理中发挥出合理配置资源的关键性作用，必须满足以下前提条件：

一是严格的法律。市场经济本质是一种法制经济，环境经济政策只有在相应的法律保障下，才具有合法性和权威性，才能保证公平的竞争环境，因此法律基础是环境经济政策的生命线。

二是完全的市场经济体制。环境经济政策是政府通过经济刺激手段，向受控对象传递市场信号。要有效实施环境经济政策，首先要明晰产权关系、向市场发出正确的价格信号，因此，要创建并推动环境经济政策，必须基于市场经济规律，摆正政府与市场的关系，保证市场公平竞争，防止行政过度干预导致市场扭曲。

三是政府部门的配合。环境经济政策更多体现为财税、金融、价格等政策调整，因此，环境经济政策的创新和完善离不开政府各相关部门以及政府与企业、公众的协调与配合，任何一个部门都无法单独将环境经济政策做大做强。

四是必要的技术支持。环境经济政策要实现其调控和配置资源功能，需要以成熟的配套技术为基础，其核心是要算清账、定好价，明确环境损害成本，明确如何避免罚小于过、奖小于功，让经济杠杆撬动市场。

三、以体现环境有价为目标做强做实环境经济政策

"做强做实我国环境经济政策的核心目标是要探索环境成本内部化的途径，弥补传统的市场经济及经济法制的缺陷，推动在生产、分配、流通、消费的全过程实行对环境资源有偿使用。"

按照党的十八届三中全会深化经济体制改革的总体要求，做强做实我国环境经济政策的核心目标是要探索环境成本内部化的途径，弥补传统的市场经济及经济法制的缺陷，推动在生产、分配、流通、消费的全过程实行对环境资源有偿使用，解决经济不环保、环保不经济的环境保护市场失灵问题，体现环境有价。为此提出以下建议：

第一，应加快完善环境经济政策基本制度。当前，要在党的十八届三中全会的大背景下，抓住市场机遇，积极构建充分体现环境资源价值的环境经济政策体系。一是要加快探索建立环境产权制度。考虑到水、空气等环境要素所有权难以界定，我国可基于环境容量和地区环境承载力，建立以法定排污许可证为载体的污染物排放配额制度，以污染排放配额占有权、使用权为主要规范内容，探索构建环境产权制度。二是应进一步深化环境资源价格改革机制。在脱硫电价补贴、重点行业阶梯电价政策及水价政策等基础上，推动环境收费制度改革和电价改革，加快建立稀缺性资源定价政策。结合环境税试点进展，继续改进环境税方案设计，继续推进环保相关的资源税、所得税、增值税、消费税等税种的绿化改革。

第二，着力强化逆向约束政策，让污染企业付出真实成本。环境经济政策对企业行为具有逆向约束作用，在充分发挥市场对资源进行最优配置的基础上，要通过政策规范和引导，将资源环境成本价值尽快纳入企业总成本中，使企业的开发和生产行为充分考虑环境因素，使环境成本内部化。在政策完善中，一是要按照党的十八大提出的实施最严格环境保护制度的要求，针对排污收费标准低于污染治理成本的状况，结合当前环境污染形势和总量控制需求，利用好环境费改税机遇，较大幅度提高排污收费（税）标准，扩大污染物种类。二是针对流域、重要生态功能区、自然保护区、矿产资源开发、资源枯竭型城市，开展生态系统有偿服务与生物多样性经济价值评估研究。以内化相关生态保护或破坏的外部成本为依据，合理确定补偿标准，拟定补偿技术指南，逐步构建生态补偿机制和政策体系。三是扩大消费税征收范围，提高税率。将目前尚未纳入消费税征收范围的资源性、高能耗、高污染的产品，如含磷洗涤剂、车用铅酸蓄电池、高毒性农药化肥、含挥发性有机物家装建材等纳入消费税征收范围。计税方式应从对生产环节计征改为在批发或零售环节计征，应从价内计征改为价外计征，引导消费者自愿购买节能

环保产品。四是加快建立贸易与环境协调发展的政策体系，进一步强化"两高"和资源性产品出口高关税和取消出口退税政策。

第三，积极挖掘政策潜力，让环保企业有利可图。当前国家不断加大环保力度，随着国务院印发《大气污染防治行动计划》以及水和土壤污染防治工作不断深入，法律等命令控制型政策的强制约束力不断增加，企业治污积极性和主动性明显提升，节能环保产业面临重大发展机遇，环境经济政策应做出积极反应并向市场发出正向的激励信号，让企业在节能环保中有利可图。为此，应进一步挖掘政策潜力，创新政策设计。一是建立有利于环境保护的财政转移支付制度。在财政转移支付中增加生态环境影响因子权重，对环境质量改善、生态建设良好的地区加大财政转移支付力度。二是要以强化法律监管为基础，加快完善排污有偿使用和交易制度。应通过排污许可证将排污和交易指标法定化，明晰使用权，实施公平交易。三是完善各类财政激励政策，完善资源综合利用等增值税优惠政策，包括调整和完善相关资源综合利用产品的优惠范围和目录，根据需要合理制定一些新的优惠政策。允许企业将污染治理费用计入成本，对重污染企业退出给予减税、免税、土地、金融支持等方面优惠。

第四，用环境要求来绿化重要经济政策。应从更高、更广的视角看待环境经济政策，将经济政策的绿色化作为环境经济政策的重要内容，体现以环境保护优化经济发展目标。为此，要建立促进经济绿色发展的体制机制，建立包括资源环境要素的市场经济制度，形成有利于环境保护和资源节约的价格、财税、金融、土地等方面的经济政策体系。一是要推动取消农药、化肥以及农膜等不符合环保要求的增值税优惠政策，对不易造成土壤污染的有机肥等农资产品给予优惠政策。二是加大对金融机构的绿色引导，实施绿色信贷，建立银行绿色评级制度，完善上市公司环境信息披露机制，建立环境违法上市公司退市机制。三是强化政府绿色采购，将环境标志产品纳入政府强制采购目录，以消费端绿色要求倒逼生产端绿色转型。

"十三五"时期我国环境经济政策创新发展思路、方向与任务[①]

原庆丹　沈晓悦　许　文　贾　蕾　杨姝影

杨小明　文秋霞　李丽平　王　遥

党的十八届三中全会做出了全面深化体制改革的重大战略部署，提出要紧紧围绕使市场在资源配置中起决定性作用深化经济体制改革，环境保护对经济社会持续健康发展具有重大作用，应该成为全面深化改革的重点领域和突破口。"十三五"时期是我国全面建成小康社会目标的最关键时期，面对当前环境保护依然严峻的紧迫形势，在依法治国的总要求下，积极谋划"十三五"时期环境经济政策创新发展思路，发挥其"四两拨千斤"作用具有重要意义。

一、"十三五"我国环境经济政策创新发展总体定位

（一）按照国家经济体制改革总体要求确立

环境经济政策发展方向。党的十八届三中全会明确指出经济体制改革是全面深化改革的重点，核心是处理好政府和市场的关系，使市场在资源配置中发挥决定性作用和更好发挥政府作用。市场决定资源配置是市场经济的一般规律，健全社会主义市场经济体制必须遵循这条规律，着力解决市场体系不完善、政府干预过多和监管不到位问题。

深化经济体制改革的基本方向是市场化、法治化和民主化，其目标是建立健全社会主义市场经济体制，深化经济体制改革要处理好三大关系：一是政府与市场、社会的关系。未来改革的方向首先是要划清政府与市场的边界，是市场机制能解决的，政府就不要干预，当市场失灵时，或市场解决不了的问题，如公共产品的提供，外部性等，就需

[①] 原文刊登于《经济研究参考》2015 年第 3 期。

要政府来解决。二是价格与规制的关系。在资源环境保护领域我国存在严重的市场失灵现象，资源低价，环境廉价，企业排污成本过低，成为污染问题难以从根本上解决的最主要原因。我国要素市场上尤其是资源性产品的许多价格，由政府直接定价或指导定价，改革就是要通过合理定价、市场竞价，将外部化的资源环境成本内部化，真实反映市场供需、稀缺和外部性。三是公共产权与私人产权关系。产权制度是市场经济的重要基础。我国现实中遇到的一些问题都直接或间接与产权有关。按照《宪法》及《物权法》规定，我国的土地、矿山、森林、湖泊、海滩等都实行公有制，属于全民或集体所有，归为公共产权。但如何让市场主体，包括企业和个人来公平且有效使用这些公共资源，是一直未能很好解决的一个问题，以致出现机会不均、分配不公，以及资源浪费、环境破坏等现象。

"十三五"期间，破解阻碍经济结构调整和经济发展方式转变的体制障碍将成为我国经济体制改革的重要方面，加快财税体制改革、加强资源环境产权制度探索和价格形成机制改革将成为加快促进经济发展方式转变的重要内容，环境经济政策创新要以此为着力点，重点从经济学的外部性、外部性对资源配置的影响以及外部性内部化手段等，探讨利用经济手段，解决我国长期以来"资源低价、环境廉价"的不合理现象，让绿色环保企业获得更好收益，让"两高一资"企业或产业付出成本和代价的途径。

（二）将破解"资源低价、环境廉价"难题作为创新突破点

党的十八届三中全会审议通过的《中共中央关于全面深化改革若干重大问题的决定》明确提出建设生态文明必须建立系统完整的生态文明制度体系，用制度保护生态环境。要健全自然资源资产产权制度和用途管制制度，划定生态保护红线，实行资源有偿使用制度和生态补偿制度，改革生态环境保护管理体制。长期以来，我国环境保护实行以行政命令为主导的政策体系，面临着政策执行成本高、财政压力大、政策执行效率偏低和政策效果难以长期维持等问题。为此，针对当前我国环境管理的新形势和新特点，推动环境经济政策创新，具有重要现实意义。

当前困扰我国环境管理的突出问题是环境执法成本高、违法成本低，致使排污企业宁愿违法排污、缴纳罚款，也不愿意进行污染治理。其背后的主要原因就是长期以来，我国环境成本没有外部化，"资源低价，环境廉价"。因此，环境经济政策创新要探索环境成本内部化的途径，弥补传统的市场经济及经济法制的缺陷，推动在生产、分配、消费、交换的全过程实行对环境资源有偿使用，使外部不经济性内在化，体现"环境有价"。

（三）构建政府、市场和公众三位一体合力推动的环境经济政策创新体系

政府在环境经济政策创新中应发挥引领和指导作用，政府应积极制定和创新环境经

济政策，建立反映市场供求关系、资源稀缺程度和环境损害成本的资源性产品的价格形成机制，健全污染付费制度，在政策实施中，政府应是裁判员，而非运动员，对于实践证明市场已经能够有效配置资源的领域，政府应当审慎介入，减少行政手段对市场价格和运行秩序的干扰，造成不公平。因此环境经济政策离不开政府的强力推行以及对市场的规范和监督。

除了政府主导之外，还要加强公众参与力度。应为此制定有效和完备的环境经济政策体系创新的公众参与制度。我国政府信息公开条例已公布施行，这在我国政府决策和政策法规制定的科学性、民主性上是一个质的飞跃，在制定和修订环境经济政策时，需进一步贯彻落实条例，及时制定切实可行的具体措施，将会极大提高环境经济政策的公众参与程度，确保环境经济政策推行阻力大大降低。

在环境经济政策创新中，政府、市场和公众三者缺一不同，三者必须有机协调与相互配合，构成三位一体的合力。

二、"十三五"我国环境经济政策创新发展总体目标

国家经济体制改革要解决的核心问题是处理好政府和市场的关系，使市场在资源配置中起决定性作用和更好发挥政府作用。到 2020 年在重要领域和关键环节改革上要取得决定性成果。在党的十八届三中全会精神指导下，"十三五"我国环境经济政策规划的根本目的在于按照国家经济体制改革总体目标和要求，推动环境经济政策的完善与创新，其核心就是要以市场经济基本理论为基础，以资源环境有价和污染者付费原则为根本，解决经济不环保、环保不经济的环境保护市场失灵问题。

根据上述目标，"十三五"环境经济政策总体上应从三个方面重点推进：一是完善并创新激励政策，让保护环境的活动和行为有利可图；二是强化约束惩罚性政策，让污染环境的活动或行动付出相当的成本和代价，让市场真实反映环境价值和使用成本；三是建立和完善经济领域的绿色调控政策，使贸易、金融、消费等经济行为有利于环境保护。

三、"十三五"我国环境经济政策创新发展的主要方向和任务

我国环境经济政策创新是伴随着我国经济体制改革的不断深入、法制化进程不断加快以及环境管理要求不断提高而逐步推进的一项长期任务，结合当前我国环境经济政策的运行效果和未来我国环境经济政策体系建设总体目标要求，我国环境经济政策创新和

完善将是一项系统工程，需要多方面的努力，"十三五"应当从以下方面入手。

（一）加快建立一批基础性环境经济政策

根据环境经济学基本原理，通过明晰环境产权、完善资源环境定价机制，构建环境经济政策得到发育和成长的市场基础，让市场反映真实环境价值。

1. 明确界定资源环境产权概念，以排污许可证为载体建立污染物排放配额管理制度

（1）明确界定资源环境产权。资源环境产权是指行为主体对某一资源环境拥有的所有、使用、占有、处分及收益等各种权利的集合。因此，资源环境产权具有整体性、公共性、广泛性等特征。一般情况下，政府作为公众的代理人，履行管理、利用和分配资源环境的权利，以最大限度地保证自然生态环境的良性循环和公平分配。资源环境产权不仅包括投入经济活动的矿产、森林、草原等自然资源，也包括水、空气、湿地等环境要素。一般来说，对于像水资源、清洁空气资源、污染物排放权、碳配额等自然资源产权比较难以清晰界定。对于这种情况，不应过分关注环境资源的所有权问题，主要从占有权、使用权角度去确定。环境产权的实质是对环境资源的使用权，与自然资源权存在区别。环境产权（排污权）并不是指企业拥有污染环境的权利，而是由环境资源的产权主体分配给企业的有限制的污染排放权（耿世刚，2003）。也就是说，环境产权属于环境资源使用权，即人们对环境容量的使用权。

（2）建立法定化的排污许可证制度，明晰企业排污权限。我国可基于环境容量和地区环境承载力，建立以法定排污许可证为载体的污染物排放配额制度，以污染排放配额占有权、使用权为主要规范内容探索构建环境产权制度。应通过法律规范排污许可证制度，明确未取得排污许可证的排污者，不得排放污染物。排污许可证的持有者，必须按照许可证核定的污染物种类、控制指标和规定的方式排放污染物。

2. 按照国家经济体制改革总体要求，推进完善资源性产品价格形成机制

按照国家深化经济体制改革总体要求，建立健全能够灵活反映市场供求关系、资源稀缺程度和环境损害成本的资源性产品价格形成机制，促进结构调整、资源节约和环境保护。继续推进水价改革，推行大用户电力直接供电和竞价上网试点，完善输配电价形成机制，改革销售电价分类结构。积极推行居民用电、用水阶梯价格制度。进一步完善成品油价格形成机制，理顺天然气与可替代能源比价关系。适当提高资源税负，完善计征方式，将重要资源产品由从量定额征收改为从价定率征收，促进资源合理开发利用。

（二）重点强化一批约束类环境经济政策

针对当前我国企业环境违法成本低、排污收费低难以体现污染治理成本并抑制企业排污行为，致使企业宁交排污费也不运行污染治理设施等突出问题，从推进环境税费改革、提高资源环境产品价格、强化环境责任保险等方面加大政策力度，体现出环境经济政策约束力和调控力，纠正政府失灵。

1．加快推进环境税和资源税改革

（1）适时开征独立的环境税，扩大征税范围，提高税率。针对现行环境税收中直接针对污染排放的调节税种缺位的问题，有必要实施环境税费改革，选择防治任务重、技术标准成熟的税目适时开征环境税。环境税一方面要基于现行排污费的规定，率先对二氧化硫、氮氧化物、化学需氧量、挥发性有机物等主要污染物进行征收，提高税率水平，并考虑将二氧化碳排放纳入环境税征收范围，在"十二五"期间出台独立型环境税税种的基础上，扩大征收范围，提高税率。随着条件的成熟，最终将具备条件的排污收费类别全部纳入环境税范畴。

（2）完善资源税政策。应完善资源税费征收办法，使其体现资源稀缺性。应税的范围包括石油、天然气、煤炭、金属矿产、其他非金属矿产品及盐等，应根据资源稀缺程度确定税额水平。具体而言，一是在现行对油气实行从价计征的基础上，扩大从价计征办法的实施范围，对煤炭等部分矿产品实施从价计征改革；二是适度提高部分矿产品资源税税率，如提高稀土的资源税税率，保护资源和加大调节力度；三是深化资源税费制度改革，协调资源税与矿产资源补偿费等收费的关系。

（3）实施阶梯排污收费标准，扩大征收范围。为鼓励低标准排放，惩罚超标准排放，督促排污单位加大治污减排力度，根据污染物排放情况，可探索实施阶梯式差别化排污收费政策：污染物实际排放值低于规定排放标准50%的（含50%），按收费标准减半计收排污费；污染物实际排放值在规定排放标准50%~100%（含100%）的，按收费标准计收排污费；污染物实际排放值超过规定排放标准的，按收费标准加倍计收排污费。同时应扩大排污费征收划清范围，研究将挥发性有机污染物等纳入征收范围，对已开征的二氧化硫、氮氧化物、COD和氨氮等污染物加大征收力度。

2．深化消费税政策改革，消费者应承担污染成本

（1）进一步扩大消费税征税范围，应逐步做到"两高一资"终端消费品全覆盖。现行消费税已对其中的成品油、小汽车、摩托车、实木地板、木制一次性筷子等消费品进行了征税和调节，但总体上不能满足促进可持续消费的需要。为了更好地加强税收对可持续消费的调控，还有必要扩大消费税的征税范围。对此，"十二五"规划纲要在涉及

税制改革和完善的内容中指出："合理调整消费税征收范围、税率结构和征税环节。"《关于 2012 年深化经济体制改革重点工作的意见》中也明确指出要"研究将部分大量消耗资源、严重污染环境的产品纳入消费税征收范围"。

应将目前尚未纳入消费税征收范围的资源性、高能耗产品和污染性产品纳入消费税征税范围。其中，资源性产品可以在现行成品油、实木地板、木制一次性筷子的基础上，进一步对一次性塑料制品和包装材料等资源性产品进行征收；高能耗产品可以在乘用车和摩托车的基础上，进一步对超过能耗标准（环境标志标准）的家用电器、除乘用车和摩托车之外的机动车进行征收；在现行环保部发布的《高污染、高环境风险产品名录》中，合理选择适合征收消费税的部分污染性产品进行征收，主要包括电池、含磷洗涤剂、剧毒农药和化肥等。

在扩大消费税征税范围后，建议在消费税中设置专门的资源产品税目、高能耗产品和高污染产品税目，将相关产品分别纳入上述三个税目中，并实行相对同一的征税办法。其中，资源产品税目适用于大量消耗资源性质的相关产品，高能耗产品税目适用于严重消耗能源的相关产品，高污染产品税目适用于严重污染环境的相关产品。

（2）提高消费税的税率水平。合理设计新纳入消费税征税范围的产品税率水平。对于扩大征税范围后纳入消费税的资源性、高能耗和高污染产品消费税税率水平的设计，应该满足以下几个方面的要求：一是需要通过征税提高资源性产品的使用成本，起到一定程度的节约资源和保护生态环境的作用；二是需要通过设置高能耗和高污染产品与低能耗和环保产品之间的税负差别，使高能耗和高污染产品的生产成本要高于低能耗和环保产品的生产成本，使得低能耗和环保产品在市场竞争中具有优势。同时，还需要进一步压缩高能耗和高污染产品的利润空间，使得高能耗和高污染产品无利可图或只能获得微利。这样，才能起到通过市场机制来淘汰这些产品的作用。三是根据不同产品在相关标准或指标上的差距设置差别税率。四是资源性、高能耗和高污染产品税率水平的设置，还需要考虑社会公众的收入水平和可接受程度等方面的因素。

以污染性产品为例，在基本设计原理上，需要取得污染性产品与环保产品之间的价格差异情况，从而能够通过对污染性产品的税率水平设计，来实现征收消费税后的污染性产品在价格上相对于环保产品缺乏优势。例如，对于农药，根据低毒环保农药的生产成本高于高毒农药的程度，通过征收相应水平的消费税，来弥补两者的价格差距。同时，还需要根据这些污染产品的不同环境损害程度，设置差别税率。环境损害程度越高，消费税税率设置应越高。

3. 继续加大关税和出口退税政策调控力度，严格控制"两高一资"产品出口

（1）实施环境保护边境调节税。对于符合我国加入 WTO 议定书附件 6 可以征收出口关税的产品，继续征收最高限额 40% 的出口关税；对于不符合征收出口关税的产品改征出口环节环境边境调节税，用于控制温室气体、治理污染、提供公共环境服务。

（2）进一步调整我国资源性产品出口限制政策。对我国经济发展重要且国内比较缺乏的可作为原料的废旧资源可通过进一步提高关税等措施限制其出口。

（3）加大力度深化污染性行业出口退税政策。"降低和取消出口退税"作为贸易领域的辅助性环保政策手段，对于绿化我国国际贸易具有一定的政策效力，应加大实施力度。建议取消钢铁制品、铁合金、生铁、化学肥料等行业的出口退税；而对汽车行业保持较高出口退税。保持对煤、石油、天然气、石油煤炭产品、黑色金属等行业产品继续实施零出口退税率，并保证完全取消矿物质、纺织、服装、皮革制品、纸制品、化工橡胶塑料制品、其他矿产品、其他金属、金属制品、其他机械及设备和电力 11 个污染性部门产品的出口退税。

4．加快推动环境污染责任保险，让高风险企业付出应有成本

（1）应以制定《环境损害赔偿法》为重点，完善环境损害救济法律制度，从而强化企业环境损害赔偿责任。同时，加快环境污染责任保险"入法"，明确企业投保和保险公司承保的责任和义务，建立、完善保险市场的监管机制和技术标准，营造有利于环境污染责任保险的市场环境。

（2）根据企业环境风险，合理厘定保额和保费。应尽快出台高风险企业强制保险政策指导意见和实施细则，明确高风险企业范围、划分依据和标准，明确投保程序和要求。同时研究制定对环境友好企业投保的优惠政策，如给予保费优惠、优先获得各类环保专项资金支持等，积极扩大自愿投保企业数量。可借鉴安全责任保险经验，推行购买环境污染责任或缴纳环境风险抵押金并行制度，强化企业环境风险责任。

（3）强化环境风险管理，完善和健全环境污染责任保险基础性工作。环保部门应研究制定相关环保标准和指南，如污染损害赔偿标准、环境风险评估通用准则、污染场地清理标准和指南等，在此基础上分阶段、分类提出重金属、危险化学品运输、危险废弃物处置等行业的适用标准和指南，使环境风险评估、污染损失赔付、污染场地清理等有章可循，有标准可依，同时从环境风险管理的角度，加强对保险产品的评估与审核，保证保险产品切实起到环境风险防范的作用。保险公司应积极研究开发适合国情的多样化的环境污染责任保险产品，以满足不同行业或企业的风险管理需求。

（三）着力提升一批激励类环境经济政策

制定和实施环境经济政策的最重要目标之一就是利用"无形之手"实现资源有效配置，激发市场各利益主体主动治理污染，保护环境，其中最核心的目标在于让环保"优等生"受到奖励，让"进步生"得到激励，让环保产业成为有利可图的朝阳产业。

1．积极建立支持环境保护的税收政策

（1）完善增值税政策。一是取消农药、化肥、农膜等不符合生态保护要求的增值税优惠政策，对不易造成土壤污染的有机肥等农资产品给予优惠政策；建议成立政府主导、各部分参与，以农民利益为主的综合农协，制定相关政策扶持综合农协进入生态农产品的流通领域获取流通利润，通过流通利润来补贴生态农业生产；综合农协提高了农民的组织化，降低成本和促进相互监督。增加对有机肥料购买的补贴，对有机肥购买、销售环节实行适当比例的补贴，同时严格有机肥补贴的准入标准，禁止以次充好，贴牌销售有机肥的情况。同时加大对一些大型的养殖业小区进行有机肥料制备的资金补贴。二是完善资源综合利用等增值税优惠政策，包括调整和完善相关资源综合利用产品的优惠范围和目录，根据需要合理制定一些新的优惠政策；三是结合营业税改征增值税的改革，合理设计有关节能环保服务产业的税收优惠政策。

（2）完善企业所得税政策。一是适时调整和完善现行相关优惠政策，包括调整环境保护、节能、节水项目所得税优惠政策的适用条件等；二是根据节能减排的发展状况和企业的实际需要，适时修改和调整现有优惠政策所涉及的相关优惠目录，尽快出台配套办法；三是根据节能减排的形势需要，适时修订企业所得税法，制定新的绿色企业所得税优惠政策；四是考虑到目前我国环保企业中，所得税是主要税种，税率为25%，优惠政策主要为"三免三减半"，这对于投资回报相对较低、回报期限较长的环保产业来说，作用并不明显。尽管《中华人民共和国企业所得税法》有对国家需要重点扶持的高新技术企业采取15%的企业所得税税率的规定，但环保企业大部分属于中小企业，只有少数可以获得高新技术企业资格，绝大部分企业可望而不可即。为此，建议比照高新技术企业所得税的征收标准，环保企业所得税减按15%的税率征收。

2．进一步加大绿化财政支出，提高支出效率

一是按照合理优化财政支出结构的要求，环境保护财政支出规模的绿化方向为：在逐年加大环境保护财政支出的绝对规模的同时，还需要提高环境保护支出占财政支出的比重。应参照支农支出、教育支出和科技支出等财政支出，对中央财政和有条件的地方财政明确环境保护支出的法定支出要求。即规定：国家逐步提高环境保护经费投入的总体水平；国家财政用于环境保护经费的增长幅度，应当高于国家财政经常性收入的增长幅度。全国环境保护财政支出应当占国内生产总值适当的比例，并逐步提高。二是从环境财政支出的具体内容和结构看，也需要区分未来环境保护的重点领域，调整财政在不同环保领域上的支出结构。具体来看，尽管其他一般环境保护领域也同样需要增加财政投入，但对于环境保护的重点领域，包括废气、污水、重金属等危险废物的污染防治，重点污染物（二氧化硫、氮氧化物、COD 和氨氮）的污染减排，农村环保、生态环境保护和二氧化碳减排等项目，相对于其他一般环保领域来说，财政投入力度要更大，增速要更快，提高其占环境保护财政支出的比重。

3. 完善资金机制及相关政策，加大生态补偿力度

一是解决生态补偿的政策缺位。目前的生态补偿机制在补偿范畴上、补偿内容上都存在政策缺位。生态补偿在内容上应该包括四个方面的内容，由此派生出四个方面的政策组合，形成完整的生态补偿的政策体系，任何一方面的政策缺位都会影响其目标的实现。在国家层面建立生态补偿专项资金，目的之一就是要在一个大的框架下，完善政策体系，首先在补偿范畴上，将矿产资源开发的"历史欠账"、将具有生态功能的灌木林和一些未能认定的生态林纳入国家生态补偿的范围；其次，在补偿内容上，除了对生态修复和保护的直接成本进行补偿，也要根据财力逐步加大对机会成本的补偿。二是整合现有中央层面的各类具有生态补偿性质的财政资金，提高资金的使用效率。生态补偿的目的是通过调整生态保护相关利益者的经济关系，实现保护生态环境、维护生态服务的功能。而从当前的各项政策来看，由于政策资金散落于多个政策之中，而且涉及多个行政管理部门，导致政策资金分散，资金使用效率不高，因此通过建立新的生态补偿专项资金，整合现有相关政策，使得政策形成合力，提高资金的使用效率，能够更好地发挥生态补偿的政策效果。三是建立国家生态补偿专项基金。国家生态补偿专项资金的补偿范围应该包括以下几个方面：生态系统服务补偿中的森林生态补偿、草地生态补偿、湿地生态补偿、农业生态补偿；流域补偿中的大流域上下游间的补偿，以及跨省界的中型流域补偿；重要生态功能区补偿；资源开发补偿中的历史"欠账"。

4. 设立政府引导性环保产业发展基金

建立环保产业引导基金的目的是将一部分政府对环保产业的补贴，通过引导基金的模式来实现，起到"四两拨千斤"的作用。考虑到我国各地差异大，政府引导性基金可由地方政府主要设立，使其更能体现地方的特点，更具操作性。由此应将引导性基金的设立进一步落实到地方政府层面，中央政府可以对设立此类引导性基金给予一定比例的财政补贴。

（四）以环保要求绿化和调整一批经济政策

1. 健全财政转移支付制度，将环境因素纳入财政转移支付体系

环境保护转移支付对于平衡我国地方经济发展、财政能力造成的人均环境财政支出差异和环保能力，具有重要的调节作用。因此，必须尽快将环境因素纳入财政转移支付体系中，依靠中央创新财政转移支付制度，加大转移支付力度，科学处理地区间环保能

力差异。建议在财政转移支付中增加生态环境影响因子权重，增加对生态脆弱区域和保护效果良好区的支持力度，对工作不力致使生态环境质量下降的地区应减少或停止转移支付。按照平等的公共服务原则，增加对中西部地区的财政转移支付，对重要的生态区域（如自然保护区）或生态要素（国家生态公益林）实施国家购买等。还应加强地区间环境保护相关横向转移支付制度的建立。积极开展地区间单向支援、对口帮扶、双向促进等举措，并协调疏通不同地域、不同级别间财政关系，处理好跨流域、跨地区、跨行业间环境问题，才能建立起基于环境保护的横向转移支付制度。

2. 强化政府财政的环境保护支出责任，实施环保支出绩效审计与考核

应切实落实将资源环境指标纳入对各级政府和干部的考核。各级政府要将环境保护列入本级财政支出的重点内容并逐年增加，加大对流域区域污染防治、环保试点示范及环保监管能力建设的资金投入。建立政府环保投入绩效审计制度及评估方法，将环保支出绩效审计结果纳入各级政府和干部考核体系中，对环保投入过低、环保资金占用、挪用等将追究相应的行政或刑事责任，对领导干部实施离任环保绩效审计和责任终身追究制度。

3. 积极促进绿色消费信贷发展

全力发展消费金融，特别是开发有绿色概念的消费信贷，充分发挥金融对可持续消费的支持作用。消费信贷是指银行或其他金融机构采取信用、抵押、质押担保或保证方式，以商品型货币形式用于自然人（非法人或组织）个人消费目的（非经营目的）的贷款。消费信贷在我国经过多年的发展，目前基本框架正在形成，主要包括个人综合消费贷款，旅游贷款、国家助学贷款、汽车贷款和住房贷款等，除此之外还有个人小额贷款、个人耐用消费品贷款、个人住房装修贷款、结婚贷款、劳务费信贷以及以上贷款派生出的各种专项贷款。但与发达国家相比，依然存在很大差距，尤其缺乏促进节能减排方面的绿色消费信贷产品，今后要在此方面加强绿色金融产品的创新。一是利率方面：针对居民贷款购买绿色产品和服务，可享受折扣或较低的借款利率，且提供便捷的融资服务。如民用太阳能技术、民用生物质发电技术等。二是融资模式方面：要转变过去倚重于抵押品的融资模式，探索通过节能环保的预期收益抵押等方式扩大民用节能产品购买的融资来源。

4. 建立和完善绿色证券制度

一是环保要求不达标的退市制度。应该在未来的退市制度中加入环保条款，也就是说对于部分持续无法达到环保要求或者被勒令限期环保整改但仍然没有明显成果的上市公司实行强制退市。在建设退市制度的过程中应当充分考虑上市公司股东中小股东的利益，在退市制度中设置小股东利益保护机制。二是重大环境事件信息披露备忘录。证

券交易所应发布重大环境事件信息披露备忘录，强化重大环境事件的"及时发现、及时报告、及时披露"，不断提高上市公司环境监管的针对性和有效性。首先，需提高监察系统的预警和报警能力，并强化交易所和环保部门的内外联合监管，探索更有效的环境事件干预措施。其次，对于突发性较强且对市场有较大影响的重大环境事件，试点交易所网上实时披露方式，增强信息披露的及时性。同时，要积极适应稽查体制改革，加强与证监会有关部门的联系沟通，强化对重大环境事件的及时核查、及时报告和及时披露。最后，企业融资和再融资条件优惠。为了建立绿色证券市场，增加市场上绿色环保企业的数量，提高整个市场的绿色环保程度和比例，应该建立区别于一般企业的绿色环保企业上市条件。适当放宽对于其规模、公司存续时间、前期盈利等条件的规定，打通绿色环保企业的上市渠道。同样，对于已上市的绿色环保企业可以对其增发、配股等再融资行为降低门槛，促进其募集资金，扩大生产经营。当然，对于绿色环保企业融资和再融资条件的放宽，还有一个问题就是绿色环保企业的认定。我们也必须设立严格的绿色环保企业认定制度，发挥保荐机构和保荐人在其中的作用。

5. 深化和拓展非关税绿色贸易政策

（1）积极创新绿色贸易政策手段。绿化非关税手段。取消工业原材料的出口配额限制、出口经营权、最低出口价等政策，逐步转变我国出口管理模式。坚持治标与治本相结合，加快国内配套政策的制定和出台，尤其加快实施国内生产和消费环节征收环境税的措施，包括开征生产环节的高额超标排污费，确保我国的贸易限制性措施的内外一致性。建立绿色贸易合作机制。在多（双）边战略与经济合作框架下，建立绿色贸易合作机制，开展共同关注的相关议题研究，建立多（双）边互利共赢的共识，警示如将我国诉诸 WTO，将损害多（双）边已在环保方面形成的良好合作氛围。

（2）实行绿色贸易"组合拳"。建立出口环节的环保预审核机制。考虑针对贸易协定、贸易政策乃至具体订单等，实施不同层级的环评措施，并根据环评结论，实施分级分类管理。对行业、企业、产品等层次和原料、能源投入、生产加工、产品等环节的审核。海关进出口环节差别化管理手段。在海关出口环节，建议在海关报关单、装箱单及清单上均增加"预审核类别"一栏，按照预审核结果填写"禁止、限制、鼓励、允许"类别。要求海关严禁"禁止"类别出口；对"限制"类别，根据其对环境的影响程序，需要审核其提交的相关的贸易环评报告表或贸易环评报告书；对于"鼓励"类别，则予以通关的方便及退税优惠；"允许"类别出口产品则按照一般的通关程序予以对待。将企业、项目的环评批复文件作为出口的必备文件，缺乏的需要加以补办；环评时间超过一定时效的须提交附加的审核文件。

与其他国家签署绿色标识系统互认协议。将产品绿色标识作为预审核的评估依据。

我国现有的绿色标识系统包括绿色食品认证标志、有机食品认证标志、无公害食品认证标志、环境标志、能效标识等。建议将具有上述绿色标识的产品纳入优先允许出口产品分类中。

建议环保部、商务部及海关协商合作，将经过环保审核后形成的企业"绿（鼓励）""黑（禁止和限制）"名单，与海关已实施的"红""黑"企业名单相衔接，将环保部"双高"企业名录及环境违规企业名单纳入"黑"名单，予以通关限制；环境友好企业名单纳入海关的"绿"名单，予以通关便利；或按照海关的相应限制和优惠条例对待。

6. 逐步取消农药化肥补贴，调整补贴环节和对象

（1）取消对化肥生产补贴，完善农业补贴政策。一是取消对化肥生产的补贴。我国曾试图调整化肥生产补贴政策，但受多种因素影响并未得到真正实施。考虑到中国农业可持续发展及环境安全的要求，农业、工业和环保等相关政府部门应当密切合作，积极推动化肥生产补贴改革，通过取消政府对化肥生产的补贴，切实推动化肥的可持续生产与使用。二是支持有机肥产业化发展。增加农业生产补贴和完善农业补贴政策，激励耕作生产中以有机肥料替代部分化肥，减少农业面源（非点源）污染。要注重提高有机肥料的产业化生产规模，优先推动畜禽养殖的粪便综合利用，同时通过向农民提供技术支持和能力建设，提高肥料使用效率。三是鼓励畜禽养殖业规模化发展。合理改进现有的畜禽养殖补贴政策，根据"十二五"国家畜禽养殖业减排相关政策和技术规定，增加对规模化畜禽养殖场新建综合利用设施、污染治理设施按照治理效果和减排核查结果进行专项补贴，推动畜禽养殖业污染集中处理。

（2）逐步取消对农膜的增值税优惠政策。我国《固体废物污染环境防治法》第十九条规定"使用农用薄膜的单位和个人，应当采取回收利用等措施，防止或者减少农用薄膜对环境的污染"。而根据国务院发布的《增值税暂行条例》（国务院令　第538号）规定，农膜属免增值税项目，从减少污染，保护环境角度出发，建议对增值税优惠目录予以调整，将农膜从免税类别中予以剔除，充分考虑保护农民种田积极性要求，实施先减半征收再逐步过渡为全额征收。

四、"十三五"我国环境经济政策完善与创新路线图

"十三五"我国环境经济政策的完善与创新可分阶段推进：

第一阶段（至2017年）：为环境经济政策重点突破期。以现行环境经济政策的改革和完善为主要任务，加快改进和完善一批环境经济政策，特别是围绕大气、水等环境保护重点领域，加大重点政策改革力度，应在排污费改税等方面有所突破，加大征收力度，

同时加大涉及资源环境产权和资源环境价格的基础性政策研究，将试点多年并较为成熟的环境经济政策固定下来并推广。

第二阶段（2017—2020年）：环境经济政策全面提升期。按照市场经济规律要求，以"十三五"环境保护目标为总体要求，全方位加大环境经济政策完善和创新力度，突破环境经济政策制定的主要瓶颈，努力创新和全面提升一批环境经济政策，重点要建立基于资源环境产权的资源环境有偿使用制度和价格机制，使各类环境经济政策更加成熟和稳定，从而构成较为完善和成熟的环境经济政策体系。

第三阶段（2020年以后）：环境经济政策持续优化期。有环境保护就有经济政策，环境经济政策要随着环境保护工作重点与任务有所调整和持续改善。在此阶段，环境经济政策要进一步优化并随环境保护重点进行相应调整，使之不断完善和具有活力。

完善政策推进供给侧结构性改革[①]

孙炳彦

推进供给侧结构性改革是党中央、国务院作出的重大决策部署，是我国"十三五"时期的发展主线。当前，供给侧结构性改革的重点是去产能、去库存、去杠杆、降成本、补短板。在经济新常态下，发挥政策的导向作用，强化环境保护，有利于推进供给侧结构性改革，实现绿色发展。

一、改革政绩考核制度　避免政府过度干预

供给侧结构性改革的一个重点目标就是去产能。笔者认为，产能过剩的一个重要原因就是政府过度干预。以 GDP 为导向的政绩考核机制，鼓励地方政府增加那些能够更容易创造 GDP 或工业产值的项目和产业，造成很多地方存在大量低水平的重复建设，形成恶性竞争，使过剩产能扩张愈演愈烈。

针对以上问题，一方面，要改革政绩考核制度。GDP 是我国国民经济核算体系中的核心指标，通过 GDP 可以反映国家的经济发展水平以及变化情况，为制定经济发展战略目标、宏观经济政策和对外交往方针政策提供重要依据。过去的 GDP 核算体系没有将资源耗减成本、环境退化成本、生态破坏成本以及污染治理成本从 GDP 总值中予以扣除，不能真实、全面地反映国家的经济发展状况。2013 年 12 月，中共中央组织部发文规定不能仅仅把 GDP 作为考核政绩的主要指标。因此，应改进政绩考核制度，实行差别化考核。建议根据主体功能区划或生态功能区划，对于生态调节功能区或以生态用地为主的区域，突出考核生态环境保护。GDP 作为参考考核指标或只作为统计指标，不再进行考核。要推进绿色 GDP 核算，建立一系列资源环境核算体系（环境成本核算，容量、环境承载能力核算，生态系统生产总值核算以及资源循环利用核算等），建立起

---

① 原文刊登于《中国环境报》2016 年 6 月 14 日。

一套科学、完整、数据与标准能够对接的环境统计指标体系。通过推进绿色 GDP 核算，改革政绩考核内容，推进供给侧结构性改革在绿色航道中运行。

另一方面，要完善相关责任制度。要推进自然资源资产产权制度建设，健全反映资源消耗、环境损害和生态效益的生态文明绩效评价考核和责任追究制度。要探索编制自然资源资产负债表，并在此基础上对领导干部实行自然资源资产离任审计，完善生态环境损害责任终身追究制。要实行地方党委和政府领导成员生态文明建设"一岗双责制"，进一步推进国家环境保护督察制度。

二、完善环境经济政策　发挥市场的作用

环境经济政策是基于市场的一系列政策手段的统称，是从经济领域采取措施或利用经济手段调节人们的行为，产生有利于保护环境和可持续发展效果的政策，对于推进供给侧结构性改革将发挥多层面、多方位的作用。供给侧结构性改革的重点是要增加市场化制度供给，而不是政府干预的供给。因此，要完善环境经济政策，充分发挥市场的作用。

一是强化环境规划导向性。供给侧结构性改革的目标是创新发展动力，激活经济发展。只要是发展，就涉及规模、结构、布局、时序等问题。因此，要加强环境规划及相关体系研究，使其在综合决策中既可以独立体现自身规划特色，又能有机融入"多规合一"，为供给侧结构性改革期待的发展提供科学平台。

二是完善生态补偿机制。生态补偿是涉及社会利益调整的一种制度创新。供给侧结构性改革要求充分发挥市场在配置资源中的决定性作用，这个市场应当是体现生态系统服务价值、生态保护成本、发展机会成本的市场，能够实现公平交易的市场。因此，需要完善生态补偿机制。通过生态补偿机制，实现森林、草原、湿地、荒漠、海洋、水流、耕地等重点领域和禁止开发区域、重点生态功能区等重要区域生态保护补偿全覆盖，协调跨行政区流域上下游地区保护与发展的关系，通过供给侧结构性改革提供一个公平、健康的发展环境。

三是构建绿色金融体系。金融体制改革是供给侧结构性改革的重要组成部分。金融业作为服务于实体经济的主要动力，可通过投融资体制改革，通过金融产品和服务创新，支持供给侧结构性改革。要借金融体制改革和金融业发展之机，建立绿色金融体系。具体包括推广绿色信贷、建立环境保险制度、发展绿色股票指数、建立绿色债券市场及绿色发展基金等。通过构建绿色金融体系，引导和激励更多社会资本投入绿色产业。

四是开征环境保护税。税收是国家进行宏观调控的重要手段。在供给侧结构性改革中，要加强与环境保护有关的税费体制改革研究，通过环境保护课税降低资源的消耗速

度，促进生产和消费可持续。同时，增加政府财政收入，为保护环境提供资金支持。开征环境税与供给侧改革要求的减税不矛盾，可以倒逼企业实现转型发展。

五是加强市场化机制研究。要完善用能权、用水权、排污权、碳排放权等方面的制度建设，特别是推进排污权交易、碳排放权交易制度改革，提高企业为自身利益节约资源、减少排污的积极性。要推进政府和社会资本合作模式（PPP），用 PPP 模式撬动社会资本。探索培育资源市场，开放生产要素市场，使环境要素的价格真正反映它们的稀缺程度。通过市场机制的调节作用，引导生产要素优化配置，进而实现出清过剩产能、减少污染的双重效应。培育环境治理和生态保护市场，提升企业和公众的参与度。

三、优化产能布局 发展第三产业

对于淘汰过剩产能，《关于积极发挥环境保护作用促进供给侧结构性改革的指导意见》明确提出 6 项工作任务，包括加快清理整顿违法违规建设项目、推进取缔"十小"等严重污染企业、加速淘汰黄标车和老旧车以及优化新增产能布局和结构、促进企业加快升级改造、严格监督劣质煤炭的生产使用等，十分具体、明确，应当针对不同的任务，实施差别化的政策。

比如，对于过剩而不落后的优势富余产能，应当从优化产能布局入手，挖掘市场潜力，引导企业实施产能跨区域、跨国境转移和整合，寻求国内转移和国际合作。要完善生态功能区划有关工作，为优势富余产能布局调整提出指导意见。要加强"一带一路"等环境国际合作相关研究，寻求产能国际合作。

化解产能过剩的根本出路是加快产业结构调整和转型升级。消化过剩产能意味着就业承压，第三产业（特别是服务业）是未来主要的就业容纳器，推进第三产业发展本身也是供给侧结构性改革的重点内容之一。2015 年 11 月，国务院《关于积极发挥新消费引领作用加快培育形成新供给新动力的指导意见》以及国务院办公厅《关于加快发展生活性服务业促进消费结构升级的指导意见》提出重点消费领域，第三产业（特别是服务业）的发展迎来黄金机遇。要大力发展绿色消费，同时尽快研究如何加强第三产业环境管理。

2012 年，在国务院发布的七大战略性新兴产业发展规划中，节能环保产业居于首位。环保产业是绿色经济的生力军，是一个发展潜力巨大的产业市场。2015 年 6 月，国家发改委发布了新修订的《当前国家鼓励发展的环保产业设备（产品）目录》，鼓励发展七大领域、107 项产品。因此，要把发展环保产业提高到推进供给侧结构性改革的高度。同时，也需要特别注意环保产业自身也有产能过剩问题，要防止大量逐利性的社会资本借优惠政策涌入，引发恶性竞争。

第二篇
财政、税收与价格政策

用好财政资金是当前环保投融资机制建设的关键

——关于河北省大气污染治理投融资机制的调研报告[①]

沈晓悦　贾　蕾　杨小明

2014 年 10 月 23—24 日，环保部规财司与政研中心、对外合作中心组成联合调研组赴河北省石家庄市就大气污染治理资金需求与投入情况及投融资机制等进行调研。调研组分别在河北省环保厅与石家庄市环保局召开座谈会，听取了来自环保、财政、金融、工信等管理部门、金融机构及环保第三方服务机构和企业等方面的意见和建议。总体上看，河北省大气污染治理投入不断增加，资金管理方面平稳有序，为推动大气污染防治各项任务提供重要支撑和保障，同时资金缺口大、中小环保治理企业融资难、政府引导投融资机制有待建立等问题突出。

一、河北省大气污染治理投融资总体情况

（一）中央及地方财政资金支持河北省大气污染治理投入逐年增加

2014 年全省累计投入大气污染防治专项资金 49 亿元，中央资金 41 亿元，省级财政新增安排大气治理专项资金 8 亿元。中央资金中大气污染防治专项资金 33 亿元，国家发改委给予河北省大气污染治理打捆试点项目资金 8 亿元。其中包括淘汰黄标车、新能源汽车推广、化解钢铁产能、相关行业脱硫脱硝除尘项目、VOCs 治理、淘汰燃煤锅炉等 14 项治理项目和 9 项能力建设项目。以石家庄市为例，2012—2014 年度，全市共筹措各类财政资金 101.9 亿元用于大气环境治理。市县财政投入 72.6 亿元、中央和省财政投入 29.3 亿元。

---

① 原文刊登于《环境战略与政策研究专报》2014 年第 42 期。

（二）大气污染治理投入取得积极成效

化解产能方面，拆除 23 家钢铁企业高炉 21 座、压减炼铁产能 1 127 万 t、炼钢产能 836 万 t，有效鼓励钢铁过剩产能加快退出。新能源汽车安排 7.32 亿元。四大重点治理行业完成 52 台烧结机脱硫工程，关停淘汰 90 m^2 以下钢铁烧结机 94 台，完成 43 条水泥生产线脱硝工程和 30 家电厂 62 台 20 万 kW 以上燃煤发电机组脱硝工程。完成 49 家企业 94 条玻璃生产线煤改气、脱硝、脱硫工程。全省净削减 4 000 万 t 燃煤任务分解到各市。2014 年 1—8 月，全省 11 个设区市空气质量达标天数平均为 93 天，与 2013 年同期相比，全省平均达标天数增加了 8 天，重度以上污染天数平均减少了 8 天。全省 11 个设区市 $PM_{2.5}$、PM_{10}、二氧化硫、二氧化氮、一氧化碳、臭氧平均浓度同比分别下降 10.5%、9.3%、26.3%、2.1%、22.2% 和 12.0%。

（三）努力探索大气污染治理投融资模式并取得初步成效

第一，排污权交易取得初步成效。石家庄市排污权交易中心已在 2013 年 9 月 26 日挂牌成立，10 月开始，工业类新改、扩、建项目新增排污量已经通过交易有偿取得，截至 2014 年 9 月底共交易 158 笔，交易金额合计 390.28 万元，COD 交易量 422.309 t、NH_3-N 交易量 47.711 t、SO_2 交易量 131.49 t、NO_x 交易量 124.526 t。充分发挥了市场在资源配置中的决定性作用，拓宽了企业融资渠道。目前，排污权交易中心正在与银行系统进行协商，开展排污权抵押贷款相关工作。

第二，积极探索推进政府购买环境服务，加强污染治理设施运营管理。目前，石家庄市取得国家环境污染治理设施运营资质的单位共计 42 家，其中，取得大气类自动检测资质的有 14 家，取得除尘脱硫运营资质的单位有 5 家，2013 年度各运营单位上报的污染治理运行项目总数为 149 项。2014 年，石家庄市环境监测中心通过实施购买社会化服务，将 49 个空气自动监测站和 22 个水质自动监测站委托第三方机构进行日常运营及管理，不仅解决了环保部门人员、车辆、时间不足问题，而且还节约了财政资金。

第三，积极搭建绿色金融平台，提高部门间沟通协作效率。2007 年，中国人民银行石家庄中心支行与省环保厅、银监局、环保联合会共同成立了"河北环保联合会环保金融工作委员会"，建立了省级绿色金融推进平台，引导金融机构积极提供绿色信贷和绿色金融服务，支持绿色产业和绿色生态的发展；建立了"污染企业黑名单通报制度"；与环保部门建立信息沟通机制，依托人行征信系统，通报企业环境违法、处罚及行政许可信息，监测各银行对污染企业的贷款清收进度。

第四，积极出台促进大气污染防治的配套财政政策。近两年，石家庄市出台一系列政策，助推大气污染治理工作顺利实施。在控车方面，分年度制定出台《石家庄市提前淘汰黄标车财政补贴实施方案》，对 2013 年、2014 年提前淘汰黄标车的个人和企业车主，按不同车型分别给予 6 000～18 000 元不等的财政补贴。在压煤方面，出台一系列政策措施及实施方案，对拆除的分散燃煤锅炉给予 3 万元/蒸吨的补贴，对燃煤锅炉改为天然气锅炉的给予 20 万元/t 的补贴，对城乡居民推广使用洁净型煤每吨补贴 360 元，对城乡居民购置环保燃煤采暖炉按政府采购价格 80% 予以补贴等。在减排方面，出台《石家庄市 2013 年油气回收改造财政奖励补助实施方案》，对 14 座储油库、836 家加油站及 700 辆油罐车实施油气回收改造，改造完成、验收合格后，按照储油库 30 万元/座、加油站 2 万元/个、汽油回收型加油枪 4 000 元/条、油罐车 3 000 元/辆的标准补贴。在迁企方面，出台《关于中心城区工业企业搬迁改造和产业升级的实施意见》，通过"政府引导、企业主体、政策支持、市县配合、协调联动"，推动中心城区工业企业搬迁改造。在化解过剩产能方面，制定出台《河北省化解钢铁过剩产能奖补办法》，安排 8 亿元，鼓励和引导钢铁过剩产能尽快退出。制定出台《河北省钢铁水泥电力玻璃行业大气污染治理攻坚行动工程项目财政资金阶梯奖补实施办法》，安排 5.7 亿元，对钢铁、水泥、电力、玻璃四个高污染行业实行污染治理阶梯财政奖励制度，依进度快慢、分不同标准进行奖励，鼓励项目企业早完成、多受益。

二、河北省大气污染治理投融资存在的主要问题

调研发现，大气治理行动计划实施近两年来，全省大气污染财政专项资金存在支出进展慢、资金使用效率不高，环境治理社会融资环境差，中小型环保治理企业融资难（绝大多数环保企业属于小微企业）等问题，政府引导下多元化投融资机制尚未有效建立，在一定程度上制约了地方大气污染防治工作，主要问题如下：

（一）大气污染治理资金需求仍然巨大

以石家庄市为例，自 2012 年来，中央和省级在石家庄市治理资金投入逐年翻番，截至 2014 年，合计连续三年投入大气污染治理的资金总量为 101.9 亿元，然而，资金需求与投入之间的缺口仍然巨大（表 1）。

2014 年 8 月，河北省财政厅组织发改、环保、建设、工信、城管、园林等部门，从 8 个方面 33 个项目类别，对河北省石家庄市 2013—2017 年大气污染治理成本需求进行了测算。2013—2017 年五年内，石家庄市大气污染治理财政资金需求为 365 亿元（表 2）。

表1 石家庄市大气污染防治资金投入   单位：亿元

	投入		
	中央和省级	市县	合计
2012 年度	5	11.1	16.1
2013 年度	10.8	24.7	35.5
2014 年度	13.5	36.8	50.3
合计	29.3	72.6	101.9

表2 2013—2017 年石家庄市大气污染治理成本需求测算（财政资金需求） 单位：亿元

工作领域	项目类别	资金需求	合计
燃煤锅炉治理	淘汰燃煤锅炉	1.05	1.83
	燃煤锅炉改用清洁能源	0.28	
	燃煤锅炉脱硫和颗粒物治理	0.5	
工业大气污染综合治理	电力脱硫、脱硝、除尘	8.8	19.34
	钢铁行业除尘治理	3	
	水泥行业脱硝及颗粒物治理	3.43	
	重点行业挥发性有机物治理	3	
扬尘综合整治	城市绿化建设	87.72	102.73
	道路扬尘综合整治	15	
	建筑工地扬尘治理	0.05	
机动车污染防治	黄标车淘汰	9.83	32.73
	发展公共交通和推广新能源汽车	22.9	
优化调整产业结构	钢铁产能控制	31.32	156.34
	水泥行业落后产能	5.3	
	重污染企业搬迁	116.75	
调整能源结构	集中供热锅炉煤改气	17.24	19.34
	农村地区洁净煤改造	1.26	
企业技术改造及科技创新	园区循环化改造	14.71	21.42
	节能环保产业	6.71	
环保能力建设	环保能力建设	11.2	11.2
合计			365

（二）专项资金分散，污染治理资金有限

由于涉及大气污染防治的部门和领域较多，中央财政拨付的大气污染治理资金时常被地方各部门分割，最后到环保领域的资金量只为资金总数的 1/2。2013 年，中央拨付河北省大气污染治理财政资金 50 亿元，环保部门约 26 亿元。2014 年，第一批中央大气治理专项资金 33 亿元，环保部门约 16 亿元，主要用于污染治理和环保监管能力建设等

方面。总体来看，用于大气污染治理、减排、锅炉改造等方面资金偏少。

2014 年全省 49 亿元大气专项资金投入分散到近 20 多个项目中，其中新能源汽车推广资金安排 7.32 亿元，占总额的 14.9%；化解钢铁产能过剩 6 亿元，占总额的 12.2%，尽管这些都是大气污染防治的重要措施，但也是国家发展中要解决的长期性问题，如仅靠当前的大气专项投资无疑是杯水车薪。而现实中，发改部门已设可再生能源项目国家专项资金、合同能源管理财政奖励资金、节能技术改造财政奖励资金以及产业结构调整和技术改造专项资金等；工信部门有企业技术改造专项资金、工业转型升级资金等都与之相关，如何有效整合资源，提高资金有效性，避免条块分割亟待研究。

（三）治理资金缺口大与治理专项资金不叫座矛盾突出

根据河北省财政部门提供的数据，当前河北省大气污染治理领域投入逐年增加，2014 年全省大气污染防治专项资金达 49 亿元。然而，由于前期缺乏对大气治理工作的长远谋划，对大气污染治理重点领域资金需求不明确，国家资金拨付后，以层层切块下达为主，加上项目申请和执行门槛高、监管严，大量环保专项资金却少人问津。2013年河北省环保部门支配的 26 亿元资金下达后，在全省范围内项目申请数量不足 10 个，符合申报条件的大气污染防治项目少，县市区积极性不高，小项目多，不够资金支持条件和额度。由于严格审计和完成序时执行率的原因，省级财政只能将资金切块给地方，层层下放，最终资金使用的权利全都给予县级环保部门，这为县级环保部门带来了极大的财政资金风险。

（四）环保治理市场机制及投融资模式尚未建立

首先，当前河北省大气污染治理资金绝大多数来自财政专项，地方调动社会资本投入污染治理能力弱，尚未建立有效的市场机制吸纳社会资本参与治理。其次，当前河北省大气污染治理财政资金利用模式基本是以奖代补，这一模式无法调动企业积极性投入污染治理中。最后，金融机构及第三方治理企业由于市场尚不规范，污染治理价格及支付缺乏政策保障，环保部门监管不到位和治理效果评价缺乏依据，导致社会机构等无法有效参与到污染治理中。

造成这一问题的原因：第一，污染治理责任认识依然不清，污染企业认为增加成本的治污投入是政府强加的成本，而没有认识到这是企业内化污染外部性成本的必然要求，等着政府的资金来给自己治污，政府部门也想方设法给企业要钱治污。第二，企业的治理设施多是为了应付环保要求，在设施运营、治理效果上不重视。这也导致了治理行业鱼龙混杂、治理企业低价竞争的乱象频发。政府的引导性资金进入这样的无序市场无异于石沉大海，这一问题也影响着治理行业的健康发展。第三，治理领域缺乏公正高效的认证中介，治理企业和污染企业之间工程款支付扯皮现象严重，治理企业资金回笼存在障碍。

（五）中小微企业污染治理融资难

据河北省一项调研表明，小微企业融资需求强烈，资金缺口大。急需融资的企业占被调查企业的46.6%，需要融资的企业占42%。然而，融资难是中小微企业普遍面临的问题。一方面，河北省中小企业治理污染投入缺乏积极性。由于治污成本投入大，产生的经济收益小，外加监管不严格使其污染成本小于治理成本，因此导致其宁愿偷排也不愿治理污染，缺乏治污动力。另一方面，中小企业资产规模小，项目也较小，更多呈现多、散、乱的状态，又由于缺乏有效的资本抵押、资金担保，银行或金融机构融资风险大，加剧其融资难的困境。

造成这些问题的原因：第一，目前银行的融资主渠道作用有限，银行贷款对大型企业的覆盖率接近100%、中型企业80%，小微型企业0%～20%，而目前大多数环保治理企业属于小微型企业。第二，融资成本高，银行对小微企业贷款的年化利率普遍在10%～12%，农村信用社的贷款利率在13%～15%，小贷公司和民间借贷利率达到20%以上。第三，环保企业都是轻资产企业，以至于一方面企业的抵押资产不足，另一方面也很难在银行贷到足额的资金。

三、推动大气污染治理投融资机制的思考与建议

当前我国环保治理任务艰巨，不断加大环保投入并完善和创新环保投融资机制是当前和未来解决环境问题的关键所在。结合本次调研发现的问题，我们认为，要解决当前我国环保投融资方面面临的诸多难题，用好财政资金是核心和关键。财政资金支出稳定、持续，同时通过不断改革和创新其支出方式，可发挥其"四两拨千斤"的资金放大作用。为此，如何最大限度地发挥财政资金放大功能，提高资金有效性，引导和带动社会资本参与环境保护是亟待解决的问题，就此提出以下建议。

（一）全面并提前做好财政规划和资金预算，建立与治理目标和治理任务相匹配的资金投入机制

一是结合大气污染治理行动部署，进一步细致谋划大气治理的重点领域，做好财政规划和资金预算，应通过自上而下和自下而上方式，充分考虑地方污染防治实际需要，

明确财政资金重点投入领域和方向，避免专项资金预算及下达主要由上级机构动议或单方面安排式的做法。在此基础上，中央对地方环保专项补助资金应给予地方更多的资金使用自主决定权，从而提高资金使用的针对性和有效性。二是进一步落实中央财政资金的投入力度，明确投资额度，建立与治理任务、治理目标相匹配的资金投入机制，保证治理行动的顺利实施。三是应通过立法进一步厘清和明确中央与地方政府以及政府与市场主体在大气污染防治领域的权责划分，该由政府承担的责任，如环保基础设施建设、合法企业依规退出、跨区域大气污染防治以及环境监管能力建设等，政府应加大财政转移支付力度，同时强化地方在大气污染防治方面的属地责任，加大地方各级政府财政环保投入。

（二）改革财政资金投入方式，设立国家大气环境保护基金并创新财政贴息、担保和以奖代补等支出方式

财政资金是引导和带动大气污染治理市场的关键，因此提高财政资金的支出效率，放大其对其他资金的带动效果非常重要。为此，建议依托中央大气污染专项资金，设立"国家大气环境保护基金"。一方面，整合现有涉气环保、能源相关专项资金，作为中央层面大气污染防治的资金主渠道，重点支持大气污染防治中环保监管能力、环保基础设施建设、跨区域大气污染治理项目以及重点治理项目等纯公益性治理项目加大投资力度；另一方面，以地方为主探索建立政府引导性大气污染治理基金。对以市场为主的治理项目可通过财政贴息、财政担保、以奖代补等方式下达，从而提高资金使用绩效，让企业由现在的要我治污变为我要治污。可考虑在 VOCs 治理、机动车污染防治以及脱硫脱硝污染治理等领域，培育和扶植第三方治理市场，设立针对大气污染治理的政府引导性基金。由中央财政大气污染防治专项资金中安排专门资金作为种子基金，吸引投资机构共同设立资金池，重点支持大气污染治理相关重点领域的治理工程和服务、技术研发等，并聘请专业化资产管理团队和环保专家团队对基金进行运作和管理。

（三）积极探索建立吸引社会资本进入治污领域的"政银企保"合作长效机制

通过政策和机制创新，建立政府、银行、企业和担保机构等相互配合和共同参与的投融资长期机制。一是创新政府财政资金使用方式。可建立鼓励社会资本参与的环保基金模式，政府将一定财政资金注入基金，增加基金的信用额度，提高资金的引导能力，同时改变过去财政资金直接的投入作用，而增加财政资金的间接调控能力。二是完善相关绿色金融政策，鼓励银行及金融机构加大对中小微型环保企业的信贷支持。对这些环

保企业给予一定的税收优惠，进一步减轻其资金压力，同时降低中小型企业债券发行门槛，降低其在发行债券过程中的手续费用。根据目前大气治理市场化现状，建立环保债券型基金、股权型环保产业投资基金、环境治理项目风险投资基金、公益类政府投入周转基金等多元化的环保投融资方案，最终形成完善的环保投融资市场。三是按照依法治国总体要求，加大环保执法力度，强化企业治污责任，提高环保治理服务市场的内生动力。四是创新和完善环保投资风险担保机制，完善担保优惠政策，为社会资本参与污染治理提供保障。

（四）充分发挥财税政策驱动作用培育环保治理市场

通过财政贴息、低息、免息和税收减免等优惠政策扶持节能环保产品开发利用，设立大气污染治理科研专项支出，加快大气污染控制环保技术开发利用。利用财税手段实行严格的能耗和排放标准，有序淘汰落后产能，改造传统产业，加快高污染产业退出市场，推进环保产业结构优化升级。对积极治污企业，提供税收方面减免，增加企业治污的积极性；对企业环保融资利息进行一定额度补贴，并对积极尝试环保新技术治污的企业增加补贴力度，促使企业主动治污。

加快推进基于环境保护需求的财税体制改革[①]

杨姝影　赵雪莱　刘文佳

党的第十八届三中全会提出推进财税体制改革，强调抓住三个关键点：一是政府预算"更精"，二是税收调节"更强"，三是事权责任"更明"。对于环保领域来说，全面参与财税体制改革是做好做强环保的重大机遇。

本文建议，在财税体制改革整体框架下，以"基于环境保护需求的财税体制改革"作为一个相对独立的改革方向，以实现财税体制改革的"绿色化"。

一、推进基于环保需求的财税体制改革的重要意义

（一）基于环保需求的财税体制改革是实现整体改革目标的必然要求

多年以来，财政政策和货币政策是国家宏观调控的两个基本手段。刚刚闭幕的中央经济工作会议依然强调，做好 2014 年经济工作，必须继续实施积极的财政政策和稳健的货币政策，财税政策的关键性作用再次得到验证。

党的十八届三中全会通过的《关于全面深化改革若干重大问题的决定》（以下简称《决定》）将"深化财税体制改革"作为重大改革事项，在第五章专章阐述，并开宗明义指出："财政是国家治理的基础和重要支柱，科学的财税体制是优化资源配置、维护市场统一、促进社会公平、实现国家长治久安的制度保障。"

在市场经济条件中，财税政策是处理政府与市场关系的重要手段和关键桥梁。当前，政府部门已经无法像计划经济时期那样，直接用行政手段干预市场行为。但是政府承担着经济调控、市场监管、社会管理、公共服务四大职能，需要充分调动市场和社会资源，使得政府与市场、国家与社会在重要领域的关键措施上，方向一致、步调一致。而要实

---

① 原文刊登于《环境与可持续发展》2014 年第 6 期。

现这样的目标，就需要切实有效而又边界明确的制度手段，财税制度就是这样的手段。

政府通过税收集中一部分市场资源，形成财政预算，除了维持政府自身运转必要的支出外，大量资金"取之于民、用之于民"，直接改变社会的需求和供给，影响市场价格信号，对企业、民众的生产、消费预期产生引导、激励和约束作用。

财税体制改革需要实现多样化的目标。环境保护作为重大的民生，作为政府的基本责任，作为市场公平竞争规则的重要内涵，是改革中必须着重保障的和促进的。相应地，基于环境保护的财税体制改革将是今后改革的一个必然选择。

（二）政府财政支出是环保发展壮大的重要支撑和保障

从历史上看，我国环境保护的发展与国家财政投入有着正相关关系。中华人民共和国成立后以国家名义组织的第一项污染治理工程是北京官厅水库污染治理，主要资金来源就是财政投入。1976 年，国家就明确了由各级政府对"三不管"的污染治理项目进行保障，中央向地方提供环境保护补助投资。从此，财政投入一直是全社会环保投入的重要力量。政府利用财政资金开展环保技术、工程试点示范，对企业环境治理予以补助，既带动了企业环保投资，又彰显了政府治理环境的决心。

20 世纪 90 年代以来，中央和地方各级政府在污染治理、重大生态工程建设、基于环保因素的转移支付等方面加强投入，带动了全社会环保投资。1999 年，全社会环保投入占 GDP 的比例首次突破 1.0%。进入 21 世纪以来，财政投入的作用更加突出。2006 年，财政预算首次设立"211 环境保护"科目。从 2007 年开始，环保投入有大幅度增加。《国家环境保护"十一五"规划》首次以规划形式明确在"十一五"期间环保投资要占同期 GDP 的 1.35%。其中，环境基础设施建设、重点流域综合治理等主要以地方各级政府投入为主，中央政府区别不同情况予以支持。

也正是基于政府投入，环保队伍才真正发展壮大起来，环境执法监管体系才逐步建立和完善，对环境违法企业的惩处、对环境事故的防范和应对才逐渐落到实处。2007 年以来，各级政府环保能力建设资金超过数百亿元，在污染源监控中心、水质自动监测站、监管信息传输和分析平台建设，以及执法设备配备等方面取得长足进步，改变了过去"废气靠闻、废水靠看、噪声靠听"的被动局面。至此，地方政府对环境质量负责才不是一句空话。

但是，值得注意的一个倾向是，近年来，政府在保障环境保护投入的力度上有所减弱。2009—2012 年，大部分地区环境保护财政支出占财政支出比重呈下降趋势，其中，河北、内蒙古、山西、江苏、河南、贵州、云南、山西、青海的环保财政支出占财政支出的比重逐年下降。相比之下，呈稳定或增长趋势的地区只是少部分。

在严峻的环境形势下，政府财政投入的减少可能带来十分不利的反示范效应，对提高整个社会的环境意识和责任，乃至对国家加强环境保护的诸多举措都可能造成不利影响。

因此，专门提出基于环境保护需求的财税体制改革对于保障环保投入具有现实迫切性。

（三）税收制度是政府调整企业环境行为的"关键一招"

税收制度由于具有刚性、稳定性等突出特征，可以给予企业较为长期、持续的生产经营预期，因此在国际上被广泛用于调整市场主体的环境行为。其具体形式包括设立专门的资源环境税种、污染物税，以及在企业所得税、流转税种中纳入环境保护的内容。其中，设立独立的、以调控环境行为而非筹集资金为主要目的的环境税种，已经成为国际重要趋势。

国际上广泛采用的环保相关税收政策，主要作用在于通过税收制度的区别政策——"萝卜加大棒"，形成最直接体现环保要求的市场价格信号，给予企业明确的市场预期，让企业及时转向甚至掉头，让市场资源向环境友好的"市场洼地"集聚，让环境表现较差的企业降低市场份额甚至丧失竞争力。实践证明，这些措施的作用是显著的，对市场的影响也是平缓的。

特别应该强调的是，表面上，这些税收政策只是加强环境保护的手段，实际却反映了各个国家在处理环保与经济发展关系上的战略性思维。例如，日本在 2012 年开征碳税之前，用了十余年的时间，反复讨论碳税可能对整个日本经济带来的正面和负面影响，从行政部门，到产业企业界、公众团体，几乎"全民参与"讨论。像这样的税制改革过程，实质就是环境与经济关系再调整、再深化的过程，也是提高全民环境意识的过程。

在我国，税收政策在环保领域的运用也越来越广泛。在资源税、消费税、增值税、企业所得税、车船税等税种中，都有涉及生态环境保护的规定。

但是这些规定一方面分散在各种税种中，并没有形成较为体系完备的"绿色税收"制度，另一方面实施效果并没有完全达到政策设计的目标。例如，资源税名义上考虑了生态破坏，但较低的税率意味着其实质仍是调节地区级差为主，而非主要针对生态破坏，因此，对环境行为的调节力度很弱。消费税方面，国家多次提出，将大量消耗资源、严重污染环境的产品纳入消费税征收范围，但是一直没有重大突破。在增值税、企业所得税方面，虽然都有针对资源综合利用、环境保护项目等给予优惠的规定，但由于规定的条件过于苛刻，企业申请难度大，实际效果远未实现该税种的设计目标。关于专门的环境税，近年来，我国政府逐渐意识到其重要性，开展了相关研究，目前正在推进环境保护税立法工作。这项工作具有开拓性，如果运行的好，有望成为调整企业环境行为的支柱税种。但该立法推进缓慢，在税制构架等方面存在较大的争议。

二、基于环保需求的财税体制改革的基本思路

（一）以问题为导向，确定改革方向

要推进基于环境保护需求的财税体制改革，应以问题为导向。具体应着重考虑的问题如下：

一是从改革的动力机制上看：财税体制改革是否能以环境保护作为一个突破方向，以提高改革的效能，形成新的有效的制度成果，而且该成果可能成为下一轮改革的新起点或者内生动力？

二是从改革的综合配套上看：财税体制改革与环境保护体制改革是否具有互相影响、促进的作用，或者一方改革的滞后将成为"短板"，制约另一方面改革的推进？

三是从改革的推进步骤上看：在财税体制改革的什么阶段实现环境保护的融入？是财税体制先行推进，按照其自身发展规律初步形成改革成果后，再综合环境保护的需求，还是在改革推进之初或推进过程中，就将环境保护有机融入？或者按照不同任务分别采取不同的步骤？

四是从改革的具体任务上看：财税政策在环境保护的主要"欠账"有哪些方面，是在污染治理投资上，还是在环保部门能力建设上，或者是在体制机制上？哪些"欠账"政府有能力尽快"还"，哪些"欠账"还需要合适的时机才能还清？如何从制度层面避免不欠"新账"？分析这些问题，实质就是研究、揭示环境保护与财税体制的关系、互相作用规律，也就是为下一步实现两者的融合扫清认识上的障碍，形成基本共识，在此基础上许多对策将随之产生。

（二）"基层首创"与"顶层设计"并重，确立改革路径

尊重"基层首创"精神，一直是我国改革开放的重要"法宝"；"顶层设计"，则是新形势对改革的新要求。两者都是推进改革的重要路径，广泛的共识是，两个路径都很重要，应该兼顾、并重。具体到推进基于环境保护需求的财税体制改革，这两个路径具有各自的作用，不可偏废。

在强化政府基本环境责任的领域："基层首创"往往更切合实际。这些领域往往需要财政直接投入。基层政府及其部门处于"最前线"，对情况最熟悉、对问题最清楚、

对成效把握最及时，往往能够结合实际提出有用的"点子"，并能贯彻落实到位。对于基层的积极性和创造性，在改革中应该倍加珍惜，并给予其充分的作用空间。同时，通过建立有效的监管和约束制度，让这些基层首创的做法在合法合理的范围内实施，待其实践成熟后再按照程序上升为规范性的政策，甚至纳入法律法规。

在强化企业环境责任的领域："顶层设计"往往更为全面、科学。这些领域需要税收政策和财政资金发挥引导、杠杆作用，其着力点在于解决共性、关键性、全局性问题，让有限的政策与资金资源发挥最大效用。这就需要在切实掌握实际情况的基础上，全盘研判、提炼规律、抓住重点，也就是要强化顶层设计的作用。顶层设计的决策过程往往是广泛讨论、科学决策的过程，对于凝聚包括企业在内的社会共识、完善公平竞争的市场环境，具有重要意义。

在强化各方环境责任的领域：分类别推进改革，根据情况不同，或者以顶层设计为主，或者以基层首创为主。在这些领域，环境责任的主体是多元的，相对复杂，不仅包括政府、企业，也包括公众，例如绿色消费。一般的做法是政府通过顶层设计提出原则，基层根据实际情况进行创新，在磨合过程中实现"殊途同归"。例如利用消费税调整公共消费行为，顶层设计更为重要；而通过"绿色消费"进一步倒逼企业调整其采购、生产、流通等过程中的环境行为，基层首创则更为有效，因为针对不同地区、行业、特点的企业需要采取更为灵活有效的不同做法。

（三）以"负面清单"为抓手，实现重点突破

"负面清单"的做法是我国政府最近提出并不断强化的政策制定思维和方式。其实质在于厘清政府在保障市场竞争秩序时，用"负面清单"明确企业行为的边界，即哪些行为是禁止、限制的；"负面清单"之外的行为，则由企业在守法的前提下，按照市场规律自主选择，在这些方面，政府的介入应该慎重，否则往往造成"越位"和"错位"。

推进基于环保需求的财税体制改革，应该更多采用"负面清单"，以需求改革的突破点加快改革的进度、提高改革的绩效。具体表现为：

从多还旧账的角度看："负面清单"是亡羊补牢，为时不晚。环境问题的一些历史欠账往往与地方政府有关，是在一定历史条件下单纯加快经济增长的产物。对于这一大批成立时合法合规，但是不符合现有政策法规、应被列入"负面清单"的企业，应该综合利用财税等方面的政策，引导其通过转产、搬迁、升级等方式有序退出市场。对历史造成的环境问题，地方政府与企业应共同予以处理，"负面清单"在一定程度上厘清了双方的责任，而不是"一锅粥"，使得财税政策介入处理历史遗留问题有了基本的作用边界和实施重点。

从不欠新账的角度看："负面清单"发挥着先导作用，体现在环保上是一种更为规范、公开、稳定的市场准入机制。对于"负面清单"内的企业，除了从行政监管角度予以限制甚至淘汰之外，税收等政策的约束作用也十分重要。而对于"负面清单"之外的企业，财税政策可以在合理的范围内予以扶持。

从长效制度构建的角度看："负面清单"一方面在一定程度上抑制了地方政府或其部门在履行环境责任方面的"自由裁量权"，便于政府内部层级监督、社会监督的实现。另一方面，企业等市场主体也明确了自身环境行为不可逾越的边界，有利于提升全社会的环境绩效。在这样的条件下，财税政策的作用对象也更为清晰，既有利于顶层设计，也有利于地方在合理的范围内主动、积极、有效地发挥财税政策作用。

三、关于近期推进基于环保要求的财税体制改革的建议

建立基于环境保护要求的财税体制改革是一项长期的、系统性的工程，其中的一些基本问题、重大问题、关键性问题还需要深入研究。目前，建议结合《决定》的要求，在以下具体方面率先突破，积累经验，摸索规律。

（一）扩大基于环保需求的财政支出规模，改进支出方式

《决定》要求"改进预算管理制度"，审核预算的重点向支出预算和政策拓展，完善转移支付机制。

结合环境保护的需求，一方面，必须将环境保护作为预算管理和审核的重点，确保各级政府环境保护总体支出水平不断提高，即使财政收支增幅或者生产总值有所下降，环境保护支出也不应相应降低。

另一方面，提高转移支付中的环保权重。转移支付是指各级政府之间为解决财政失衡而通过一定的形式和途径转移财政资金的活动，是用于补充公共物品而提供的一种无偿支出。自 1994 年实施分税制以来，财政转移支付成为中央平衡地方发展和补偿的重要途径，但生态环境并没有成为财政转移支付的重点，不属于当前中国财政转移支付 10个最重要的因素之列。

针对这一问题，在一般性转移支付中，包括《决定》提出的重点增加"老少边穷"地区转移支付时，都应较大幅度增加环境保护的权重；同时清理、整合、规范环保相关专项转移支付项目，并在合理的范围内逐步取消地方资金配套。通过这些措施，使得有利于环境保护的转移支付具有稳定、可持续特性，便于地方政府长期规划、不断强化环境保护。

（二）明确各级政府基于环保需求的支出责任，强化生态补偿《决定》要求，"建立事权和支出责任相适应的制度"，适度加强中央事权和支出责任，进一步理顺中央和地方收入划分

结合环境保护的需求，借助这次改革，应该更多发挥中央在财力格局中的相对优势地位，通过跨区域重点环境保护项目建设、必要的转移支付等措施，强化对地方环境保护的财力保障。进一步加大中央政府在生态补偿转移支付方面的扶持力度，纳入一般转移支付，明晰和提高生态补偿标准，完善配套措施，确保环境资源损耗补偿真正落到相关区域、流域的民众手中。

同时，进一步完善"对口支援"形式的横向转移支付机制，包括根据《决定》"推动地区间建立横向生态补偿制度"的要求，建立基于生态保护的不同地方财力协调机制。许多研究表明，横向转移支付可以比较好地解决财力均等化和外部性的问题。通过横向转移支付，补偿因保护环境而发展权益受损的地区，增强其财力，激励其不断增加环保投入，形成良性循环。

（三）设立基于环保需求的支柱税种，加大调节力度

《决定》要求，"完善税收制度"，加快部分重点税种改革，规范税收优惠政策措施，"加快资源税改革"，"推动环境保护费改税"。

结合环境保护的需求，借助这次改革，应把环境保护税、资源税作为两大支柱税种，而且都应明确为地方税，为地方环境保护提供保障。

《决定》明确要求，把排污费逐步改为环境保护税，与企业排污行为挂钩，这是对企业环境行为最直接的调节制度之一。当前，应该尽快凝聚共识，以对企业环境行为影响最大的因素作为税制构建的基本内涵，加大调节力度。

资源税方面，虽然在 1994 年分税制改革后扩大了征收范围，但是仍然未将大量具有生态价值的水、森林、草原等资源纳入，这在一定程度上纵容了非税资源的过度消耗和浪费。对此，《决定》明确要求，"逐步将资源税扩展到占用各种自然生态空间"。按照这一精神推进改革，有利于把自然资源作为重要的市场要素，是企业需要缴税"购买"的一种"原料"，占用越多、成本越高，市场竞争力越差，以此有效抑制资源的滥用、生态的破坏。在资源税的改革中，还应进一步明确生态保护的政策目标。例如将矿产资源的开采行为和自然保护区的开发和使用纳入资源税范畴，并逐步提高其权重，符合"污染者付费"和"破坏者赔偿"原则。

（四）基于环保要求全面梳理税收制度，实现协调统一

《决定》提出了梳理税制的一个新角度，就是从直接税和间接税的不同功能入手，包括"逐步提高直接税比重"，简化增值税税率，把高污染产品纳入消费税征收范围。

结合环境保护的需求，全面调整目前的税制，可从两个方面着手：

一是直接税方面，以规范的、严格的税收优惠等方式，实现基于环境保护行为的差别税收政策。目前，企业所得税中有关于环境保护项目、设备、资源综合利用等方面的税收优惠政策。应该对这些政策实施的环境效益效果进行全面梳理，进一步加以规范，提高政策的针对性。同时，研究采取加速折旧、投资抵免、减计收入、加计扣除等多种间接税收优惠形式。

二是间接税方面，除了上述的设立环境保护税、资源税两大支柱税种外，在增值税、消费税等重点税种改革中，应扭转目前一个行业甚至一个产品"一事一议"这种不合理的方式，从环境保护的角度出发，提出"负面清单"和"一揽子"改革方案，从而更加全面地反映环境保护的需求。

论环境财政支出的范围与方式
——谁为环境物品买单[①]

朱 璇 肖翠翠 杨姝影

目前，学界普遍认为我国环保投入不足，不能达到控制污染和生态破坏的普遍要求，有必要建立环境财政体系，增加政府在环境保护方面的投入。另外，担负环境服务供给的私人部门（如供水企业）也不断表示收入过低，难以实现收支平衡，要求提高供给价格。面对供水价格的上涨，公众则表示不满。

以上矛盾都涉及一个问题，环境物品供给的责任问题，既环境物品究竟应当由谁来供给，政府、污染企业还是消费者？环保支出应当由谁来负担，财政、公众还是承担服务的企业？

看来，厘清环境物品的供给责任，分清政府、居民和企业在环境物品供给中的责任和定位是解决问题的关键，是结束争论，着手确定出资额度的依据。本文从环境财政的角度出发，通过界定环境财政支出的范围、额度和方式，来分清政府和消费者在环境物品供给中的责任与定位。值得注意的是，本文主要分析政府与消费者、污染者之间的供给责任，政府内部即中央与地方政府之间的环境财政分担机制不在讨论范围之内。

一、相关理论

（一）污染者付费理论

在涉及污染治理责任的分配时，学者们往往引用污染者付费原则，甚至有人将这种原则引申到污水处理、垃圾处理等生活污染物处理领域，认为生活污染物的处理成本也应当由居民来承担。下面本文通过对理论原文的解析来判断这种观点。

[①] 原文刊登于《环境与可持续发展》2014 年第 6 期。

污染者付费原则（Polluter Pay Principle）作为公认的原则得到确立是在《里约宣言》（Rio Declaration on Environment and Development）的发布。宣言的第十六条"环境成本的内部化"提出："国家机构应该努力促进环境成本的内在化，应用环境经济手段，使得污染者原则上承担污染导致的损失。（环境成本的内在化）应当适当考虑公众利益，并且防止国际贸易与国际投资的扭曲"。

污染者付费原则也被称为"扩展的污染者责任原则"（Extended Polluter Responsibility，EPR）。EPR原则是由瑞典政府在1975年首次提出的。当时，瑞典政府为了将处理废弃物的责任由政府转移到企业，要求产品价格中包含废物处理的成本。之后，经合组织（OECD）对EPR原则进行了界定："（EPR）概念要求制造商和进口商对产品的环境影响承担重要的责任。这种环境影响是指产品整个生命周期的影响，包括原料选用的影响，制造过程的影响，以及使用过程和丢弃后的影响。"

由此可见，污染者付费原则自始至终是与产品生产相关的，指向生产商和中间商等盈利机构的。对于消费者产生的污染，并不能轻易套用污染者付费原则。《里约宣言》在要求污染责任内在化时，也指明需要考虑公众的利益。美国环保局（EPA）也提出，污染者付费原则的应用应当有所限制，在饮用水和市政污水处理服务方面，政府往往提供补贴，不会对污染者征用全部处理成本。

（二）公共物品理论

萨缪尔森认为具有非竞争性（non-rivalness in consumption）与非排他性（non-excludability）的物品是公共物品，并且将物品分为纯公共物品与纯私人物品。在此基础上，巴泽尔提出了准公共物品的概念，认为它是纯公共物品与纯私人物品的混合。随着学者研究的深入，准公共物品又被区分为两类：一类是具有排他性和非竞争性的物品，即俱乐部物品或自然垄断物品；另一类是具有非排他性和竞争性的物品，即公共池塘资源或共有资源。下面对公共物品的性质进行说明，因为物品的性质与其供给方式是紧密联系的，这对后文分析公共物品的供给方式具有基础性的作用。

公共物品的非竞争性是指在给定生产水平下，一个人的消费不会减少其他人的消费，也被称为收益的不可分性（indivisibility of benefits）。公共物品的非排他性是指物品在消费过程中产生的利益不能被某个消费者所专有，若要限制其他人消费这种物品则代价太大。

在这两个特征中，非竞争性是公共物品的基本特征，非竞争性是由物品自身决定的。就取用水资源而言，当资源充沛的时候，取水是不具有竞争性的，一个人的消费不影响另一个人的消费；但当水资源不足的时候，一个人的消费就会影响另一个人消费的数量，因此消费就变成竞争性的。非排他性则是外生性的特征，是可以随着技术和制度而变化的。例如，在实施了取水许可之后，取用水资源就具有了排他性，未经许可的人不得消费水资源。

从供给的角度看，对具有非竞争性的物品收费是没有效率的。当物品供给充沛，增加一个人的消费并不影响其他人的消费时，收费将会减少潜在的消费者，使得社会总福利下降。

一些公共物品具有自然垄断的特性。竞争性市场的效率要求企业的技术表现出不变的或递减的规模收益，当某一行业在产出达到较高水平之后存在规模收益递增或成本递减情况时，就会形成自然垄断。而垄断定价不是按价格等于边际成本规则，垄断者可能通过限制产量以获得较高的价格。在具有排他性和非竞争性的公共物品供给领域，可能会出现自然垄断，如城市供水系统、城市燃气系统等，因而，这些领域的政府管制是必要的。

（三）新公共管理理论

"新公共管理"（NPM）是学者们对 20 世纪 70 年代末 80 年代初以来兴盛于英美等西方国家的行政改革活动和思潮的总结与归纳。新公共管理往往被认为是以下措施的组合：撤销庞大的政府机构，取代以小规模的分散机构；提倡政府部门间的竞争；提倡政府部门与私人部门间的合作；为政府行为提供更多的经济刺激。

学者们从不同的角度对新公共管理理论进行了研究：从市场与政府管理的角度，从政府公共功能的重新厘定角度，从公共管理运行机制的重构角度，从行政组织体制的创新角度等。本文从行政价值、政府功能界定角度和市场参与公共管理的角度论述新公共管理对公共物品供给的影响。

新公共管理提倡政府的效率理念。戴维·奥斯本和特德·盖布勒概括的新公共管理十项特征之一即"讲究效果的政府：按效果而不是投入拨款"。针对政府官僚主义和效率低下的问题，新公共管理提出效率应是政府运作的原则。撒切尔夫人领导的政府改革就将"3E"（Economy、Effectiveness、Effiency）作为政府管理的原则。针对政府管理效率低下的问题，新公共管理理论提出在准公共物品领域，由更有效率的私人单位提供公共物品。

新公共管理理论主张政府的管理范围应当限于其核心功能。传统的公共行政理论认为政府应该提供所有的公共物品，而新公共管理则将公共物品区分为两种：核心公共物品和混合公共物品。核心公共物品是只能由政府提供和政府生产的基本公共服务，混合公共物品则是可以由私人部门与非政府组织参与提供的半公共服务。新公共管理的新公共理念概念更为清晰地将政府的作用限定在核心公共领域，为整个社会提供导向功能和服务功能。

在缩小政府功能的基础上，新公共管理主张市场介入公共管理领域，推行公共服务管理的社会化，允许私人部门与非政府组织以市场竞争的方式，以商业化的运作手段提供混合公共物品。

因而我们可以看出新公共管理理论是从改革政府官僚作风，提高政府效率的角度提出由私人部门提供公共产品的。

二、财政支出的范围与方式

（一）财政支出的范围

我国实行社会主义市场经济体制，在市场经济体制下，市场在资源配置中起基础性作用，那么政府对经济活动干预的范围如何界定？这涉及财政支出的范围。

根据公共物品国家论，国家的职能即提供公共物品。由此可见，财政支出的范围即国家对纯公共物品和准公共物品的供给。企业的排放治理，在政府的管制要求之内的，已经由国家法律界定了产权，确立了治理责任，不属于财政支出的范围。

从资源配置的角度来说，政府从事微观经济活动的类型有三方面：第一，管制，即政府可以立法以调节支配商品和服务的产权制度；第二，规定价格，即政府通过征税或补贴改变交换的价格，以减少负外部性商品和服务的消费和供给，增加正外部性商品和服务的消费和供给；第三，生产，政府通过生产和服务来直接配置资源。

可以看出，这三种手段对应着不同的财政支出强度，直接生产手段强度最大，补贴次之，而对产权的管制则不涉及财政直接支出。一般来说，政府直接生产产品和服务的支出、政府向市场购买公共服务的支出，以及政府对某些产品和服务的补贴都在财政支出的范围内。

根据公共物品的属性和新公共管理理论的公共服务市场化要求，国家对纯公共物品和准公共物品的供给方式和干预力度是不同的。

纯公共物品或核心公共物品必须由政府来提供。由于纯公共物品的非排他性，例如修建大坝，显然无法排除某些受益者享受控制洪水的效益，向使用者收费是不可行的。由于纯公共物品的非竞争性，对其收费也是没有效率的。在这种情况下，为纯公共物品买单的必然是政府。

准公共物品可以由政府提供，也可以由私人提供，或者由私人提供并辅之以补贴。

对于具有排他性和非竞争性的公共物品，即具有自然垄断性质的公共物品，如果由私人部门提供，为保障其生产规模达到社会最优水平，政府应该提供补贴，同时为了防止垄断企业设置高价，政府应当对这一类准公共物品进行价格管制。

（二）财政支出的额度

按照财政支出的额度，财政支出可以分为财政全部负担与财政部分负担。财政的负担是指对于公共物品的供给成本，是由政府以税收收入负担，还是向特定消费者收费负担。财政的全部负担与部分负担是对公共物品的供给成本而言，并不影响其供给主体。换言之，公私合营的公共设施也可由政府全部负担成本，只不过一部分成本是以酬劳的方式支付给运营公司的。同样，政府直接供给的公共设施的成本也不一定是全部由政府负担的，例如国营的自来水厂的成本部分来自居民的水费。

财政全部负担是指财政负担公共物品供给的全部成本，包括建设成本和运营成本。财政部分负担是指财政负担公共物品供给的部分成本，其余成本以收费的方式向公民收取。财政与消费者之间的成本分担可以有多种组合，比如财政负担资本性成本，居民负担运营成本，或者由财政负担资本性成本和部分运营成本，居民负担其余运营成本。对于非竞争性公共物品，收费是没有效率的，只会排除潜在的使用者，造成效用的降低；对于竞争性公共物品，收费的有利的，可以减少拥挤，增加供给的总效用。

公共物品的属性是决定财政支出额度的依据，纯公共物品应当由财政全部负担，准公共物品可以由财政全部负担，也可以财政部分负担，视准公共物品的竞争性而定。

（三）财政支出的方式

按照公共物品的提供主体分类，公共物品的供给形式包括政府直接供给、政府投资委托私人运营和政府监管下的私人投资运营三种。

政府直接供给是指政府或其附属机构直接组织公共物品的生产，包括基础设施的投资、建设和运营管理。对于政府直接供给模式，财政支出既包括资本性支出，如购买土地和固定资产，也包括经常性支出，如支付人员工资、购买经营所需商品。

政府投资委托企业运营模式指政府负责基础设施的建设，保有基础设施的产权，但将其经营权通过合同委托给私人部门，例如污水处理行业的 TOT 模式。在这一模式下，财政支出不仅包括用于基础设施建设的资本性支出，也包括政府购买服务的支出，即对委托企业服务的支付。

企业投资及运营（BOT）是指政府通过契约授予私营企业以一定期限的特许专营权，许可其融资建设和经营特定的公用基础设施，并准许其通过向用户收取费用或出售产品以清偿贷款，回收投资并赚取利润；特许权期限届满时，该基础设施无偿移交给政府。在 BOT 模式下，政府并不对公共物品的运营企业进行支付，只是进行价格管制，控制其利润。因此，BOT 模式是政府对公共物品供给干预最弱的模式。

公共物品私人供给与政府供给之间的选择主要取决于效率原则。本着节约财政支出的目的，公共物品的生产责任应当由供给成本最低，供给效率最高的部门承担。在政府投资比投资商投资总额大，投资商的运营管理成本远低于政府管理的领域，建议将建设责任或运营责任交由私人部门处理。另外，公共物品的供给也要考虑安全原则，涉及国家核心利益的公共物品（如国防等），为保证国家的绝对控制权，一般不允许私人部门供给。

三、环境财政支出的方式

（一）环境财政支出的范围

根据财政支出以提供公共物品为目的的定位，本文识别出环境领域具有公共物品属性的产品和服务，环境财政的范围就是对这些公共物品的供给范围。同时，由于公共物品属性的不同（纯公共物品、准公共物品），其对应的财政支持强度和方式也不尽相同。下面按照公共物品属性从强到弱的顺序，论述各种环境公共物品的特点和财政支出方式：

1. 生态保护和生态环境修复领域的财政支出

本文认为，自然保护区管理、湿地保护、天然林保护和森林建设、区域性河流或湖泊的污染修复等生态保护或污染修复行动属于纯公共物品，应当由财政提供。一方面，生态环境的保护或修复的受益者具有不可分割性。湿地、森林、河湖等环境资源往往具有调节气候、改善水气循环、提供独特审美价值等全国性的使用价值，还具有存在价值。其受益者不局限于当地居民，不仅包括当代人，还包括未来世代，因而试图厘清受益者的范围并向其收费是不可能的。另一方面，生态环境的保护或修复具有消费的非竞争性，从生态环境的很多价值而言，如审美价值，改善气候的价值，其消费都不具有竞争性，因而以限制使用为目的的收费是无效的。

2. 环境相关基础设施建设与运营领域的财政支出

环境相关基础设施建设是指以提供居民生活必需的环境资源为目的，或以减少居民生活污染为目的的基础设施建设，例如提供饮用水服务和清洁能源的基础设施建设，提供污水处理和生活垃圾处理的基础设施建设。这类基础设施往往具有比较明确的受益群体，其受益群体是一个城市或一定区域内的居民，并且政府有能力对服务的提供设置一定关卡，例如限制对部分居民的供水、供气等。因而，环境基础设施建设不具有公共物品的排他性，是一类准公共物品。

对准公共物品的提供，政府负有一定的责任，但不一定采取政府直接生产的方式，可以采取政府投资、私人运营的方式或者在政府监控下的私人投资和运营，例如污水处理行业的 BOT 和 TOT 模式等。

准公共物品的提供是否应该收费，这取决于其是否具有竞争性。环境相关的基础设施一般提供了某种资源的使用，如水资源、天然气等，考虑到资源的耗竭性，应当对服务收取一定的费用。然而，收费的目的是减少资源使用量，刺激消费者减少效用过低的使用，而不是为了收回全成本。例如，对供水的收费，可以实行梯形水价，对超过基本用量的部分征收高费，减少奢侈性用水。

值得注意的是，基础设施建设往往是具有自然垄断的属性，如果由私人部门提供，政府必须进行价格管制和补贴。例如，在供水和污水处理方面，政府一方面对水价和污水处理费实行管制，另一方面对居民的使用进行补贴，保证居民基本用水的权利。

3. 对工业企业污染治理的补贴

按照污染者付费的原则，生产过程中的污染应该由厂商负担，但实际上政府也时常对污染者的治理提供补贴。这种补贴的目的是刺激排污者在满足政府管制之后，继续提高治理水平。例如对企业实施节能技术改造的补贴，对实施若干项重大节能技术改造的企业进行补贴，以及对企业节能节水的补贴等，对单位产品能耗或水耗处于先进水平的企业进行补贴。

值得注意的是，对工业企业补贴的目的必须是在企业满足环境管制要求之后，依靠经济刺激来提高企业对环境产品的提供，并不是为企业的全部污染治理成本买单。对企业的污染治理补贴也涉及贸易公平性问题，补贴过高会造成资本和贸易对局部地区的倾斜。根据 WTO《补贴与反补贴措施协定》对不可起诉的环境补贴的要求，资助数额在适应性改造工程成本的 20% 以内。

4. 对农业污染治理的补贴

严格来说，农业从业者也属于生产者，按照污染付费原则，其污染治理成本应当由农民负担，最终包括在农产品成本中。然而，我国农民一般属于低收入者，支付能力极差，无法负担农业污染治理的投入，其污染治理的成本在很大程度上应当有政府补贴。政府应当设立各种农业环境保护补贴，对农业技术推广的补贴、对农民实施最佳耕作技术的补贴、对使用有机肥的补贴、对建设畜禽养殖污染处理设施的补贴等。

（二）环境财政支出的方式

财政支出的方式按照支出额度分为财政全部负担和财政部分负担，按照公共服务的直接供给主体分为政府供给、公私联合供给和政府补贴下的私人供给。值得注意的是，财政负担的额度与公共服务的供给之间并没有一一对应的关系，财政全部负担并不意味着政府直接供给，相反也可以由公私联合供给，只是私人部门供给的费用由政府负担；财政部分负担也并不意味着公共物品必须是公私联合供给，也可以由政府直接供给，只是居民负担部分供给成本。

根据财政支出的额度和方式，结合环境物品的特点，给出环境物品的财政支出矩阵，如图1所示。以下对不同环境物品的财政支出模式进行阐述：

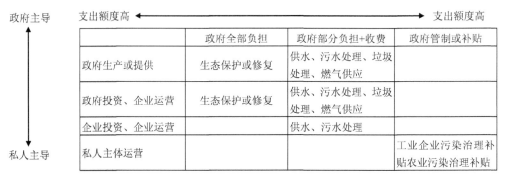

	政府全部负担	政府部分负担+收费	政府管制或补贴
政府生产或提供	生态保护或修复	供水、污水处理、垃圾处理、燃气供应	
政府投资、企业运营	生态保护或修复	供水、污水处理、垃圾处理、燃气供应	
企业投资、企业运营		供水、污水处理	
私人主体运营			工业企业污染治理补贴农业污染治理补贴

图1　环境物品的财政支出矩阵

（1）生态保护或环境污染修复的成本应当由财政全部负担，供给方式可采取政府直接提供或政府将服务外包给企业的形式。例如植树造林、河湖生态修复等工程中，在政府作出总体规划和设计的基础上，具体任务可以外包给环保企业执行。

（2）供水、污水处理、垃圾处理和燃气供应等基础设施的供应可以采取政府部分负担的方式，同时按照消费量向居民收费，刺激居民减少使用量。就供给方式而言，基础设施的供给可以采取公共部门直接供给的方式，也可以政府投资企业运营的 TOT 方式，对于供水和污水处理，目前我国也有一些采用 BOT 模式的案例。

（3）工业企业污染治理的责任主体是企业，政府的干预应当以管制为主，辅以补贴的手段。为了鼓励工业企业开展污染治理的技术研究，使用高于排放标准的先进的工艺或污染治理设施，开展自愿性的高于法律强制性要求的治理行动，可以由政府提供一定的补贴。

（4）农业污染治理的责任主体是农户，但是在目前农民收入、技术能力、组织水平都较低的情况下，政府应当提供较多的组织支持、技术支持和补贴。

四、讨论与不足

本文主要讨论了三个问题，第一，污染治理责任应由政府还是企业负担，对这个问题的回答是，在政府的管制要求之内的，应由企业负担，不在财政支出的范围之内；第二，特定环境物品供给的成本应当由全体国民负担还是由物品的消费者负担，这取决于物品的竞争性性质；第三，环境物品应当由国家直接提供还是私人部门提供，这取决于供给效率。

本文的不足在于，①对于环境物品应该做出更为细致的分类，讨论对其收费的合理性，私人部门供给的可行性；②对于环境物品供给的公私合营方式应当做更为详细的论述，应当进一步分析各种供给方式的优势和限制，应用到特定环境物品供给的可行性。

参考文献

[1] 陈恒明. 关于环保资金筹措的一定思考[J]. 污染防治技术，1999（12）.

[2] 孙童，等. 环境保护财政资金的使用及呈报现状探析[J]. 北方经济，2007（1）.

[3] 汤天滋. 环境财政：构建公共财政体制的突破口[J]. 财经问题研究，2007（9）.

[4] 马中，王耀先，吴健. 建立环境财政体系，增加环保投入是落实国务院《决定》的关键[N]. 中国环境报，2006-09-07（3）.

[5] Rio Declaration on Environment and Development，1992.

[6] OECD. "Extended Producer Responsibility" Project Fact Sheet. Environment Directorate，Paris，France，2006.

[7] EPA. Water and Wastewater Pricing：An Informational Overview[R]. 2003，Document No. EPA-832-F-03-027.

[8] Samuelson P A. The Pure Theory of Public Expenditure[J]. The Review of Economics and Statistics，1954，36（4）.

[9] Samuelson P A. Diagrammatic Exposition of a Theory of Public Expenditure[J]. The Review of Economics and Statistics，1955，37（4）.

[10] [美]曼昆. 经济学原理[M]. 梁小民译. 北京：机械工业出版社，2001.

[11] [美]埃莉诺·奥斯特罗姆. 公共事物的治理之道——集体行动制度的演进[M]. 余逊达，陈旭东，译. 上海：上海三联书店，2000.

[12] 郭庆旺，赵志耘. 财政学[M]. 北京：中国人民大学出版社，2003.

[13] Patrick Dunleavy，Helen Margetts. New Public Management is Dead：Long Live Digital Era

Governance. Journal of Public Administration Research and Theory，July 2006.

[14] 张康之. 论"新公共管理"[J]. 新华文摘，2000（10）.

[15] 李鹏. 新公共管理及应用[M]. 北京：社会科学文献出版社，2004.

[16] 从志杰. 当代西方国家政府公共管理职能的转型及启示[J]. 内蒙古大学学报，2002（9）.

[17] 郭庆旺，赵志耘. 财政学[M]. 北京：中国人民大学出版社，2003.

[18] 张睿. 关于自来水行业采用 BOT 融资方式的探讨[J]. 公共事业财会，2010（4）.

[19] 李丽平，毛显强. 中国自贸区谈判的环境与贸易问题分析[J]. 环境与可持续发展，2011，36（3）：31-34.

[20] 葛察忠，龙凤. 中国对外投资中的环境管理研究[J]. 环境与可持续发展，2011，36（3）：35-40.

[21] 许文. "十二五"期间环境税改革探讨[J]. 环境与可持续发展，2011，36（4）：27-29.

[22] 宋旭娜，王可，构建责任政府推进我国可持续政府采购[J]. 环境与可持续发展，2011，36（4）：30-35.

开征环境税的可行性探讨[①]

刘晓春　李玉琪

环境税在许多国家早已采用，而在我国还是个新的概念。环境税属于国家税收种类之一，它对一切开发、利用环境资源的单位和个人，按其对环境资源的开发、利用强度和对环境的污染破坏程度进行征收，或对保护环境的单位和个人，按其对环境资源保护的强度进行减免。"环境税"主要包括"污染物排放税""环境服务税"和"污染产品税。"

一、开征环境税符合中国的国情

"经济发展靠市场、环境保护靠政府"这是国内外解决环境问题的基本规律，无论是计划经济机制还是市场经济机制都是如此。行政手段主要包括环境立法、环境标准以及排污收费、环境影响评价等一系列政策。

采用环境税是最近几年来为了解决经济与环境的协调，使社会持续发展所采取的新举措。西欧国家首先开始，因为用行政手段解决污染问题，短时能见效益，但治标不治本！采用经济手段（如环境税）解决污染问题，是解决环境污染的重要途径。例如，一些发达国家对排放二氧化碳征收"碳税"，大大降低了二氧化碳的排放，有利于保护全球环境。瑞典主要通过经济手段控制 SO_2、NO_x、CO_2 的排放，已开始征收汽油、石油和柴油的环境税，CO_2 排放量并因此有明显下降。我国的大中型企业是环境污染的大户，设备陈旧，工艺落后，资源能源利用率低（仅为发达国家的 1/5～1/3），就在这种情况下，污染治理设施只有 1/3 运转，1/3 打打停停，1/3 不运转。这三个 1/3 说明，解决大中型企业污染问题是当务之急，解决环境问题单靠行政手段是不行的，必须采用经济手段，实施"环境税"是国外的成功经验，我们应该借鉴、学习和实施。

---

① 原文刊登于《环境科学动态》1995 年第 1 期。

二、开征环境税符合社会主义初级阶段的税收原则

税收原则包括稳定和合理两个方面内容。稳定，就是要求税收制度有利于保证财政收入有稳定的来源和增长，是国家经济和社会发展政策长期稳定的体现。污染税就是一种稳定的收入。污染环境，对经济和社会都会造成损害，对其征税不但体现了环境保护的基本国策，而且符合我国长远的经济利益。

环境问题不仅是社会问题，也是经济问题。环境问题是由经济发展造成的，同时它也会阻碍经济的发展。目前某些环境资源，例如水环境容量和大气环境容量已成为有限的并可以确切计算出来的了，不再是可以无偿取得而又不损害他人和自己利益的了。为了维持经济发展，人类必须付出代价来维护这些自然资源。这就好像一个工厂如果没有合理的折旧就不可能维持持续的生产一样。环境问题的解决也必须在经济发展中解决，特别是进入 20 世纪 90 年代，环境管理的观念发生了根本的变革，解决环境问题必须采用经济手段，已是大势所趋。

例如，1994 年 7 月我国淮河污染事件，直接经济损失达 2 亿多元，破坏了蚌埠等市的水源地，影响了人民生活和社会的稳定。国务院决定，淮河流域在 1994 年年底前关停 196 个污染企业；对所有污染严重的企业进行治理，采用经济手段，做到达标排放。许多事实告诉我们环境问题的解决要依靠行政手段也要靠经济手段。因此，征收污染税，不仅稳定而且符合经济发展的规律，是合理的。

三、环境税制体系的规范化

我国税制改革的五个基本原则是：

（1）有利于调动中央，地方两个积极性和加强中央宏观调控能力；

（2）有利于发挥税收调节个人收入和地区间经济发展的作用；促进经济和社会协调发展；

（3）有利于实现公平税负，促进平等竞争；

（4）有利于体现国家产业政策，促进经济结构调整；

（5）有利于税种简化、规范。

笔者认为开征环境税符合税制改革的五个基本原则，原因如下：

1. 加强中央宏观调控能力

当前，在我国国民经济运行中，环境保护不能完全靠市场机制去完成，而必须进行

国家宏观调控，税收因其同时具备法律地位和调节经济的功能，必然要成为社会主义市场经济中国家所要掌握的最主要的宏观调控手段之一。

目前，我国对环境保护投资使用分散，效益不高，对一些跨地区的敏感的重大环境问题无力整治。这种情况严重影响了环境保护工作的开展，成为经济持续发展的障碍。为了有效使用环境保护资金，控制环境污染和生态进一步恶化的趋势，设立环境税，由中央进行宏观调控是非常必要的。

2．有利于促进经济和社会协调发展

降低消耗是提高经济效益的主要目的之一，也是解决环境污染的重要途径。发达国家生产成本物耗仅占 40%～45%，而我国高达 80%～85%。以我国水平计算，物耗降低 1%，即可净增产值 30 亿元，工业劳动生产率提高 1%，即可净增产值 100 亿元。

经济的发展和环境保护的目标是一致的。实施环境税，对落后工艺、污染严重的企业征收"污染物排放税"，就是利用税收调节作用，促进经济和社会的协调发展。

3．有利于实现公平税负，促进平等竞争

我国一些乡镇企业、工艺落后，能源、资源浪费大，环境污染严重，如一些油漆厂、塑料厂等。一些国营大中型企业，技术先进，但由于一些众所周知的原因大中企业的油漆卖不出去，而一些乡镇企业产品畅销。对于这种情况，要进行综合治理，但其中之一是利用税收杠杆，对落后工艺征收环境税，只有这样才能促进平等竞争。并且给予一些企业进行清洁生产的导向。

4．有利于体现国家产业的政策，促进经济结构调整

通过征收环境税，将环境污染这种外在影响内在化到成本和市场价格中去从而借助价格机制控制污染。

环境税有三个优点：

（1）由污染者自我实施，因为一旦税率确定，污染者将自行在环境保护设备投资和纳税之间做出选择。

（2）能鼓励人们采用更新和更有效的污染控制方法，刺激企业降低控制污染的成本。

（3）这种税制将使污染控制达到所期望的水平，自动而无须通过费力的行政办法去给每一个污染者规定排放的限额。

利用税收这种经济杠杆，体现了国家产业政策，例如对清洁生产、清洁能源可以不收税、少收税，或免税，对污染严重的产品多收税，这样可以促进经济结构的调整。

四、开征环境税实际操作切实可行

有人认为："开征污染税实际操作尚有难度"，主要论点是："假如我国开征污染税，不考虑其他因素，仅以技术、管理而言，要投入大量人力、物力，而征收的税款可能远远少于应征数。"

污染税不同于其他的税种，例如，营业税，个人所得税、房产税、增值税……以上这些税种不用什么复杂的技术手段便可进行计算。污染税则不同，如 SO_2 要收税则比较复杂。

我国当前已经形成了环境监测系统和环境监理体系，这种体系要解决污染税的计算和征收已经不成问题。征收这种污染税，希望环境监理系统和税务部门相结合。

实施环境税是一项复杂的系统工程，要针对我国的主要环境问题，分期、分批，逐步推行，建议第一批先对氯氟烃（CFC）、含铅汽油征收污染产品税。发达国家 1996 年全部停止生产和使用 CFC，我国作为发展中国家，虽然有 10 年宽限期，仍必须尽快限制 CFC 的生产和使用，征收 CFC 污染产品税可以加快替代产品的开发和生产。

根据国外情况，结合我国的实际，CFC 污染产品税率可定为销售额的 10%～15%。

从我国目前情况来看征收污染产品税，例如 CFC，实际操作并没有多大的难度，也不会存在投入大量人力、物力的问题。

我国在环境管理中使用经济手段，除应设立环境税外，还有一种使用多年的排污收费制度，这种制度需要一些仪器设备进行监测，例如最近要推广的二氧化硫排污收费制度。我们建议实施"税""费"结合新机制。"费"主要由地方使用，"税"主要用于国家进行宏观调控。

因为环境税的实施，不仅涉及税务，环保，还涉及我国国民经济的持续发展。实施环境税是一项复杂的系统工程，建议逐步实施。

基于CGE模型的硫税政策环境经济效益分析[①]

赵梦雪　冯相昭　杜晓林　王　敏

据统计，中国 SO_2 排放量已超出大气环境容量的 80%[1]。SO_2 不仅严重危害人类健康，还会造成巨大经济损失。据世界银行[2]和解振华[3]估算，每排放 1 t SO_2 至少会造成 5 000 元的经济损失。在此背景下，2018 年 1 月 1 日，《中华人民共和国环境保护税法》正式施行，SO_2 作为应税大气污染物位列其中。虽然硫税政策的施行将对缓解 SO_2 污染起到积极作用，但同时对国民经济产生了一定影响。因此，量化评估硫税政策所带来的经济和环境两方面影响，对后续政策的完善及配套政策的出台具有十分重要的意义。

一、国内外相关研究综述

CGE 模型已被广泛应用于环境政策影响实证分析，很多学者利用该模型在环境政策制定及评估[4-6]、经济效益[7-10]、产业格局变化[11-13]等方面开展研究。比如 He[14]利用 1997 年中国投入产出表建立社会核算矩阵，运用 CGE 模型分析工业二氧化硫减排对经济的影响。马士国和石磊[15]以中国 2007 年投入产出表为基础数据，构建了 CGE 模型分析硫税对中国经济和产业结构的影响。王灿[16]等通过构建一个包括 10 个生产部门和 2 类消费者的动态 CGE 模型，模拟分析二氧化碳减排对中国经济的影响。Beck[17]等利用 CGE 模型，分析了加拿大不列颠哥伦比亚省的碳税政策。Guo[18]等基于 2010 年中国投入产出表，构建了静态 CGE 模型，分析中国实施碳税对碳排放、经济增长及大气环境带来的影响。虽然各专家学者进行了环境 CGE 模型的探索研究，但缺乏对于当前硫税政策的研究，不能为当前硫税政策提供及时、有效的支撑。

为进一步研究经济政策的污染减排效益，有学者在 CGE 模型之外增设环境排放方程，量化评估国民经济变化所带来的环境减排效益。如贺菊煌[19]、沈可挺[20]利用要素排

---

① 原文刊登于《环境与可持续发展》2018 年第 5 期。

放方程，基于静态 CGE 模型分析征收碳税对国民经济各方面的影响；王德发[21]根据不同燃料的消费量与其燃烧时大气污染物的排放系数计算大气污染物的排放量；Xie[22]和魏巍贤[23]将环境排放与经济活动的产品产出量或增加值量联系起来，得到活动与排放之间的线性关系。金艳鸣[24]应用 CGE 模型和要素+活动排放方程分析碳税/能源税的征收对经济和环境的影响。然而，既有的污染物排放方程一般将产业的总体排放视为其影响因素的线性相加关系，即要素使用量和生产活动水平，这种方式并不恰当，产业总体排放更适合被视为各产业部门能源使用情况和其生产活动自身这两方面因素复合影响下的综合产物，更适合采用非线性方程反映两因素之间的统计关系。因此，本文参考胡秋阳[25]的研究基础，基于全国 2012 年投入产出表构建了 CGE 模型，并通过非线性优化的环境排放方程，量化分析了硫税所产生的经济及环境效益，同时提出若干政策建议，为后续政策完善提供参考。

二、研究方法

（一）数据来源

本文 CGE 模型所需数据包括 2012 年社会核算矩阵表，以及各产业产值、能源消耗、二氧化硫排放等数据。具体包括：一是社会核算矩阵（SAM 表）数据来源于 2012 年国家投入产出表，由于农业源、工业源的 SO_2 排放途径不同，本文将投入产出表中的 42 个产业进行分类合并，分别为能源部门、高能耗高排放部门（以下简称"双高"）、低能耗、低排放部门（以下简称"双低"）和农业及服务业部门并据此编制 SAM 表；二是估算环境排放方程排放系数的数据来源，包括 2007—2016 年《中国统计年鉴》《中国工业统计年鉴》《中国能源统计年鉴》及《中国环境统计年鉴》等。

（二）本文的 CGE 模型

本文构建的静态 CGE 模型的功能模块具体如下。

（1）生产活动。综合考虑了生产要素的投入与中间品投入，采用多层嵌套模型结构，描述生产活动。如图 1 所示。

（2）贸易方程。国际贸易模块中采用小国假定，并基于 Armington 假设，分别以多层嵌套的常替代弹性函数与常转换弹性模型描述本地和地区外产品的需求以及本地产品对地区内外的供给。

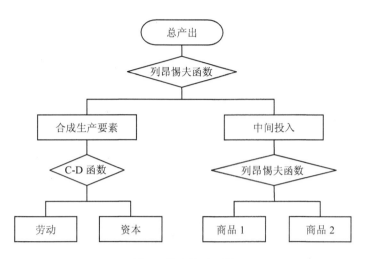

图1　生产活动函数

（3）政府部门。政府的收入来源为硫税、居民的所得税企业的上缴税和产品的进口税。其全部收入一部分用于储蓄，另一部分按固定比例用作各类政府支出。

（4）居民部门。居民的收入来源于资本和劳动要素的收入，支出包括三部分：其一是向政府交纳所得税，其二是购买产品的消费支出，其三则作为储蓄。其中，居民从总收入中支付了税和按一定的储蓄倾向储蓄之后的收入余额约束下，以效用最大化原则决定其消费支出。

（5）均衡和闭合。产品市场中，本地对本地区产品的需求与本地厂商的供给相等；投资与储蓄中，总储蓄包括居民、政府、企业的储蓄和区域外储蓄之和，采用新古典闭合使总投资等于总储蓄。国际贸易中，采用小国假定，即进口商品和出口商品的外币出口价格和进口价格是外生不变的。

（三）本文的 SO_2 排放方程

本文的 SO_2 排放方程基于排放增长率=技术效应+结构效应+规模效应，非线性设定废气排放与工业产业能耗及其生产活动之间的关系，并进行参数估计求解回归方程。具体函数表达式如式（1），其中 G_i 表示各产业的 SO_2 产生量，SH_i 表示各产业的能源产品投入量，A_i 为技术常数，Y_i 表示各产业产品产出（或产业增加值），α 与 β 分别是各产业能源使用增长率和产出增长率对其排放增长率的边际贡献。回归结果见表1。

$$G_i = A_i SH_i^{\alpha} Y_i \beta$$
$$\alpha + \beta = 1 \tag{1}$$

在此基础上可变形为：

$$\ln G_i = \ln A_i + \alpha \ln SH_i + \beta \ln Y_i \qquad (2)$$

表 1　SO_2 排放方程系数的回归结果

	α	β	$\ln A_i$	Multiple R
"双高"	0.019	0.981	−0.020	0.985 8
"双低"	0.415	0.585	−11.556	0.964 7
农业及服务业	−0.016	1.016	−1.716	0.996 7
总产业	−0.724	1.724	32.732	0.979 6

本文在计算式（2）时，首先对式（3）所示的产业产出与其能耗关系进行统计回归，再以残差法推算不受能源影响的产值部分作为式（2）中产值的代理变量，去除了能源使用对各产业产值部分的影响，避免了多重共线性问题。B_i 表示技术常数，μ_i 为残差。

$$\ln Y_i = \ln B_i + \zeta \ln SH_i + \mu_i \qquad (3)$$

（四）参数标定

在模型参数标定方面，CGE 模型中除区外品的替代弹性和转移弹性外，模型中各参数均以 SAM 表中的数据为基准标定。区外品的替代弹性和转移弹性系数设定为 4。环境排放方程中各系数均由近年来全国各部门生产产值、能源消耗量与污染物排放量数据进行标定。

（五）模拟情形设计

各省市依据污染状况、经济发展水平、人口强度等条件的不同，硫税税率差别很大，北京、河北、江苏等地税率较高，而福建、江西、辽宁、陕西、浙江、青海、新疆、宁夏等地则实行《环境保护税法》规定的最低税率。本文综合各地税率水平，由低到高设定 5 种情境来模拟不同税率下的经济、环境影响（表 2）。

表 2　不同硫税税率情景

情景	情景 I	情景 II	情景 III	情景 IV	情景 V
税额/（元/当量）	1.2	3.5	6	9	12

三、模拟结果分析

（一）硫税政策的经济影响

1．不同税率的经济影响

同一部门，征收不同税率的硫税所带来的各项经济指标变化率如图2～图6所示。

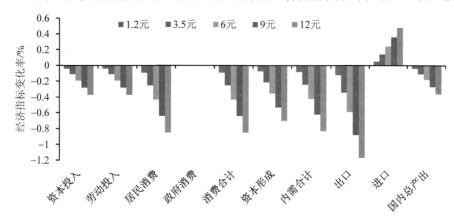

图2　不同硫税税率情景下能源部门的各经济指标变化率

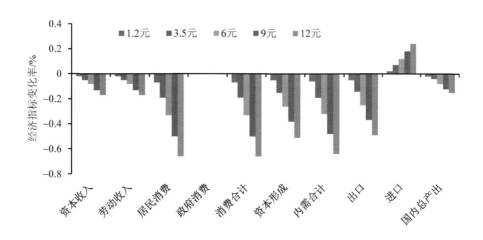

图3　不同硫税税率情景下高能耗高排放部门的各经济指标变化率

一般来讲，征收硫税会增加企业的生产成本，削弱生产者生产积极性，从而使得工业部门产出水平有所下降。由图3～图5可以看出，现行的硫税税率对国民经济的影响程度较小，"双高""双低"部门在硫税提高至最低征收标准（即 1.2 元/当量）的 3 倍、7.5 倍、10 倍时，国内总产出仅分别下降 0.04、0.12、0.15 与 0.04、0.1、0.13 个百分点，农业及服务业部门的总产出基本持平。

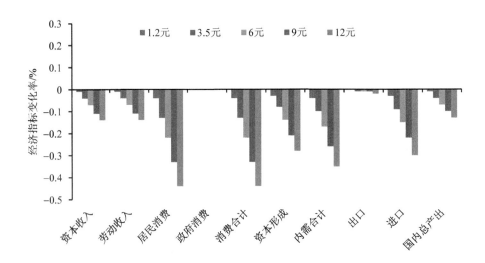

图 4　不同硫税税率情景下低能耗低排放部门的各经济指标变化率

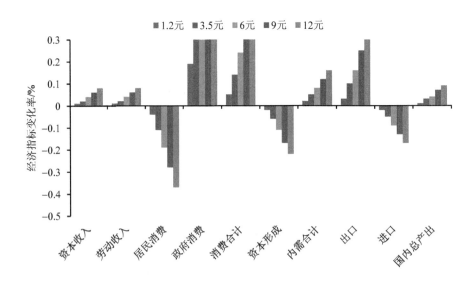

图 5　不同硫税税率情景下农业及服务业部门的各经济指标变化率

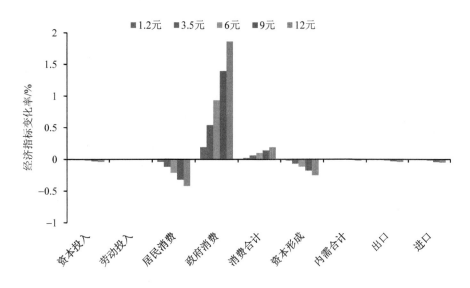

图6　不同硫税税率情景下国民经济的各项指标变化率

征收硫税将对居民、政府支出产生一定影响，且主要集中在农业及服务业部门。由图6可知，政府支出得到较大提升，而居民消费受到一定的抑制，因此建议出台相关政策以提振居民消费。此外，征收硫税后要素投入量没有显著变化，但在不同产业部门间存在转移现象。由图2～图5可知，能源、"双高""双低"产业要素投入降低，农业及服务业要素投入升高，这主要是因为低污染产业吸纳了高污染产业所释放出来的劳动力和资本。

征收硫税改变了国内总需求，如图2所示，5种梯度税率情景下，能源部门的需求分别下降了0.08、0.24、0.59、0.88、1.17个百分点，产出分别下降了0.04、0.11、0.18、0.27、0.36个百分点。能源需求及使用量明显下降，且税率越大下降幅度越明显。

由于硫税改变了国内生产结构、国内需求，贸易结构也产生了相应变化。由图2～图5可知，"双低"、农业及服务业的进口出现一定幅度下降。此外，硫税抑制了污染产品的出口，提升了清洁能源行业的出口竞争力。能源、"双高""双低"部门的出口皆呈下降趋势，税额越高，出口下降幅度越大，而农业及服务业部门出口增加明显（增长幅度分别达到0.1、0.33个百分点），总出口也出现了一定程度下降。

2．同一税率水平对不同部门的经济影响

同一税率下，不同部门的各项经济指标变化如图7～图11所示。

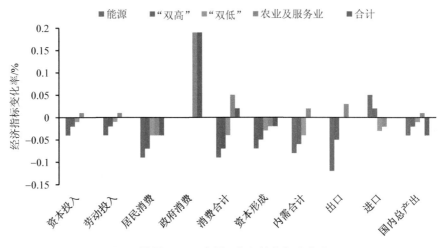

图7　情景1.2元/当量下各经济指标变化率

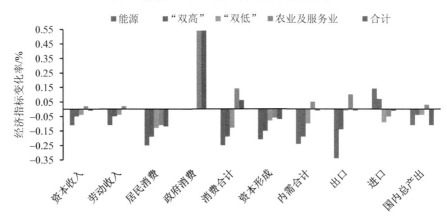

图8　情景3.5元/当量下各经济指标变化率

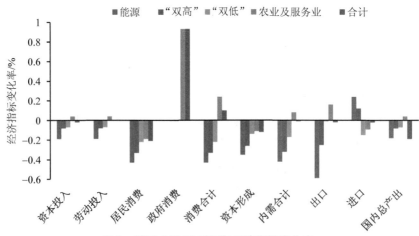

图9　情景6元/当量下各经济指标变化率

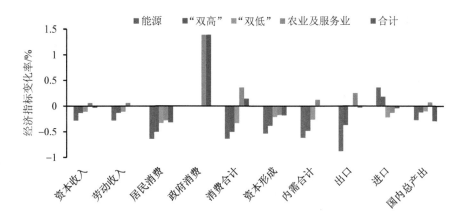

图 10　情景 9 元/当量下各经济指标变化率

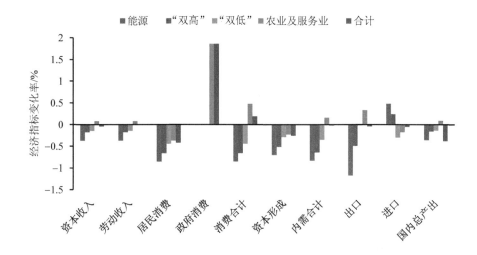

图 11　情景 12 元/当量下各经济指标变化率

从行业结构影响来看。在征收硫税的情形下，能源、"双高"和"双低"部门受到抑制，其中能源及"双高"部门所受影响更为明显，"资本投入""劳动投入""消费合计""内需合计""进口""出口"等经济指标呈明显下降趋势，"双低"部门影响较小，说明随着税率越高，高污染行业的抑制作用越明显；在高污染行业的生产受到抑制后，资本、劳动力被转移到低污染行业，低污染行业的"资本投入""劳动投入""消费合计""内需合计"等经济指标出现增长。因此硫税政策起到了调整产业结构，发展清洁能源行业的效果。

从贸易结构影响看。能源、"双高"部门的进口普遍大于出口，"双低"、农业及服务业部门的进口普遍小于出口。这可能是由于模型模拟的是生产过程缴纳硫税，导致生产活动受到一定的抑制，其中能源、"双高"部门的影响更大，因此为满足国内市场需求，商品的进口大于出口。

（二）硫税政策的环境减排效益

硫税对工业带来的污染减排效益见表 3。

表 3 不同税率情景下的工业减排效果

	硫税情景				
	1.2 元/当量	3.5 元/当量	6 元/当量	9 元/当量	12 元/当量
"双高"减排量/万 t	6.34	12.68	25.37	38.05	47.56
"双低"减排量/万 t	0.71	2.84	4.98	7.11	9.24

"双高""双低"部门 SO_2 排放均有所减少，"双高"部门减排效果较"双低"部门更明显，这说明高排放行业受硫税影响更显著。随着税率的增加，"双高""双低"部门 SO_2 减排量逐渐增多。

总体上看，2008—2014 年，"双低"部门的 SO_2 减排量较小且波动较小，"双高"产业减排量较大且波动较大。"双高"部门在某些年份（尤其是 2010 年和 2016 年）减排量较大，这可能与相关大气污染防治政策的出台或措施的实施有关。如 2010 年国务院印发的《节能减排综合性工作方案》中指出，到 2010 年，中国万元国内生产总值能耗将由 2005 年的 1.22 t 标准煤下降到 1 t 标准煤以下，降低 20% 左右。而 2015 年 11 月《燃煤锅炉节能环保综合提升工程实施方案》的出台，实现了对燃煤锅炉的二氧化硫排放水平的有效控制。同时"大气十条"对 25 项重点行业制定大气污染物特别排放限值。赵梦雪等基于 CGE 模型的硫税政策环境经济效益分析的要求也相继完成，实现了 2016 年二氧化硫的大幅度减排。

相比较而言，如表 3 所示，仅依靠硫税政策，二氧化硫减排并不明显。这可能是由于现行的税额标准偏低，单纯通过经济手段进行环境污染治理是不够的，还需采取行政手段，双管齐下实现大气污染综合治理。

四、结论与政策启示

（一）结论

通过模型结果分析：

（1）现行的硫税征收税率对国民经济的影响程度较小。在各项经济指标中，政府支出受硫税政策的影响最大，对居民消费存在一定的负面影响。

（2）从国内需求影响角度来看。硫税征收使得能源需求及使用量明显下降，且税额越大下降幅度越明显。

（3）从产业结构调整来看。硫税对不同行业会产生不同的影响。抑制污染较重的行业，加快绿色产业的发展，高能耗产业逐渐被低能耗产业替代。

（4）从贸易结构看。能源、"双高"部门的进口普遍大于出口，"双低"、农业及服务业部门的进口普遍小于出口；硫税政策推动了清洁能源产业"走出去"，为其发展带来新的机遇；但硫税的征收使得能源部门进口量增大，为此要重视能源安全问题，警惕能源对外依存度增高。

（5）从环境效益看。硫税的征收能降低工业领域 SO_2 排放量，较高的税率会较大幅度地减少污染物排放，当前税率的减排效果不明显。

（二）政策建议

政府消费的增高将压迫居民消费和企业投资，造成投资的低效率和社会财富的浪费，一定程度上抑制了国内需求。为此，建议压缩政府开支，加大社会保障投入。同时要保护居民利益，减少硫税对居民造成的负面影响，如在开征硫税的同时，实行硫税冲抵居民所得税等税收返还政策。

为促进经济增长，拉动内需，可以进行产业结构调整和升级，提升清洁能源产业的出口拉动经济增长。为此要继续充分、合理地发挥硫税在产业结构调整及清洁能源产业出口中的重要作用，积极推进结构性供给侧改革，有序引导资本和劳动在产业间的转移，鼓励绿色产业发展，同时指导并出台相关政策推动其他产业部门的技术进步，向节能环保的发展方式转变。

在对外贸易中，需要注意能源安全问题，建议除加快传统能源行业转型升级外，努力推进能源进口多元化、大力发展绿色产业，以"一带一路"倡议为契机，积极推动新能源产业"走出去"。此外，现行硫税税额水平较低，建议各省市根据经济发展水平、污染现状、污染治理成本等因素，适度增加硫税税率。

综上所述，大气污染防治过程中经济手段具有实施效果均衡、利于行业结构调整等优势，但面临我国越来越严格的环保排放要求，单纯经济手段不能达到既定减排目标时，应当综合采取经济、行政等手段，有效改善环境质量。

参考文献

[1] 国务院关于印发"十三五"生态环境保护规划的通知[EB/OL]. http://www. gov. cn/zhengce/content/2016-12/05/con-tent_5143290. htm.

[2] 世界银行. 碧水蓝天：展望21世纪的中国环境[M]. 北京：中国财经出版社，1997.

[3] 解振华. 国家环境安全战略报告[M]. 北京：中国环境科学出版社，2005.

[4] Böhringer C，Welsch H. Contraction and convergence of carbon emissions：an nt-ertemporal multi-region CGE analysis [J]. Journal of Policy Modeling，2004（1）：21-39.

[5] Loisel R. Environmental climate instruments in Romania：a comparative approach using dynamic CGE modeling [J]. Energy Policy，2009（6）：2190-2204.

[6] Tom-Reiel Heggedal，Karl Jacobsen. Timing of Innovation Policies when Carbon Emissions are Restricted：An Applied General Equilibrium Analysis [J]. Resource and Energy Economics，2011，33：913-937.

[7] 胡宗义，刘亦文. 低碳经济的动态 CGE 研究[J]. 科学学研究，2010，28（10）：1470-1475.

[8] He J. Estimating the Economic Cost of China's New Desulfur Policy During HerGradual Accession to：The Case of Industrial SO_2 Emission [J]. China EconomicReview，2005，1（16）：364-402.

[9] 黄蕊. EMRICES+研发及其对中国协同减排政策的模拟[D]. 上海：华东师范大学，2014.

[10] Xu Y，Masui T. Local air pollutant emission reduction and ancillary carbon benefitsof SO2control policies：Application of AIM / CGE model to China [J]. European Journal of Perational Research，2009（1）：315-325.

[11] 魏巍贤，马喜立，李鹏，等. 技术进步和税收在区域大气污染治理中的作用[J]. 中国人口·资源与环境，2016，26（5）：1-11.

[12] 李娜，石敏俊，袁永娜. 低碳经济政策对区域发展格局演进的影响——基于动态多区域 CGE 模型的模拟分析[J]. 地理学报，2010，65（12）：1569-1580.

[13] 聂凯雁. 开征环境税对湖南省经济的影响[D]. 湘潭：湖南科技大学，2017.

[14] He J. Estimating the Economic Cost of China's New Desulfur Policy During HerGradual Accession to Wto：The Case of Industrial SO_2 Emission [J]. China Economic Review，2005（16）：364-402.

[15] 马士国，石磊，征收硫税对中国宏观经济与产业部门的影响[J]. 产业经济研究，2014（3）：51-60.

[16] 王灿，陈吉宁，邹骥. 基于 CGE 模型的 CO_2 减排对中国经济的影响[J]. 清华大学学报（自然科学版），2005，45（12）：1621-1624.

[17] Beck M，Rivers N，Wigle R，et al. Carbon Tax and Revenue Recycling：Impacts on Households in British Columbia [J]. Resource and Energy Economics，2015（41）：40-69.

[18] Guo Z，Zhang X，Zheng Y，Rao R. Exploring the Impacts of a Carbon Tax on theChinese Economy Using a CGE Model with a Detailed Disaggregation of Energy Sectors [J]. Energy Economics，2014（45）：455-462.

[19] 贺菊煌，沈可挺，徐嵩龄. 碳税与二氧化碳减排的 CGE 模型[J]. 数量经济技术经济研究，2002(10)：39-47.

[20] 沈可挺，徐嵩龄，贺菊煌. 中国实施 CDM 项目的 CO_2 减排资源：一种经济—技术—能源—环境条件下 CGE 模型的评估[J]. 中国软科学，2002（7）：109-114.

[21] 王德发. 能源税征收的劳动替代效应实证研究——基于上海市 2002 年大气污染的 CGE 模型的试算[J]. 财经研究，2006（2）：98-105.

[22] Jian Xie，Sidney Saltzman. Environmental policy analysis：an environmental com-putable general-equilibrium approach for developing countries[J]. Journal of Policy Modeling，2000，22（4）：453-489.

[23] 魏巍贤. 基于 CGE 模型的中国能源环境政策分析[J]. 统计研究，2009（7）：3-13.

[24] 金艳鸣，雷明，黄涛. 环境税收对区域经济环境影响的差异性分析[J]. 经济科学，2007(3)：104-112.

[25] 胡秋阳，乐君杰. 东部地方经济发展转型的政策组合研究——基于可计算一般均衡模型的综合模拟[A]. 中国系统工程学会青年工作委员会，国家自然科学基金委员会管理科学部. 系统工程与和谐管理——第十届全国青年系统科学与管理科学学术会议论文集[C]. 中国系统工程学会青年工作委员会，国家自然科学基金委员会管理科学部，2009：10.

环保电价政策未来的走向如何？
——以煤电上网电价为例[①]

杨小明

一、我国现行环保电价政策

第一个问题，目前都有哪些环保电价政策？

随着环境问题日益严峻，政府为改善污染的外部性问题，相继出台了脱硫电价政策、差别电价政策、可再生能源电价政策、降低小火电机组上网电价政策、峰谷丰枯电价政策、递进式电价政策等一系列有利于节能环保的电价政策。

脱硫等电价政策（包含脱硝、除尘）。火力发电企业在生产过程中，在提供电力的同时，还产生大量硫化物（主要是二氧化硫），造成环境恶化。发电企业通过加装脱硫装置能有效改善这一问题，但这些环保设施需要企业投入较大资金。新建电厂，脱硫装置基本是与发电机组同步进行建设的，而老发电企业，因受当时资金、技术限制，未能同步进行。国家为了鼓励发电企业加大环保设施（主要是脱硫装置）投入，对已安装并投入运行的发电企业，在上网电价核定的基础上，再适当提高一定标准，用以补偿发电企业的环保投入。各地政府及价格管理部门可视各地差异，对脱硫电价的标准不尽相同，但均需上报国家发改委批准和核准。与这一政策相关的还有脱硝、除尘电价政策，目前分别为脱硫电价每千瓦时补贴 1.5 分钱，脱硝电价每千瓦时补贴 1 分钱，除尘电价每千瓦时 0.2 分钱。

可再生能源电价政策。风力发电、生物质能发电（包括农林废弃物直接燃烧和气化发电、垃圾焚烧和垃圾填埋气发电、沼气发电）、太阳能发电、地热能发电和海洋能发电等，这些统称为可再生能源。可再生能源通过竞价上网，竞得价格超过了常规能源，

[①] 原文刊登于《环境战略与政策研究专报》2015 年第 1 期。

比如火电的上网电价，高出的部分按照《可再生能源法》的要求，向全国的消费者（个别农业用电除外）征收可再生能源电价附加，用以补贴接受了风能和太阳能等可再生能源的电网企业的损失。为支持可再生能源的发展，建立了可再生能源发展基金，将除居民生活和农业生产用电之外的其他用电可再生能源电价附加标准由每千瓦时 0.8 分钱提高到 1.5 分钱。

差别电价政策。国家发改委和电监会于 2004 年 6 月发出的《关于贯彻落实国家电价政策有关问题》文件，标志着我国政府为限制高耗能行业盲目发展而制定的差别电价政策正式启动。其后四年，相关部门出台了一系列规定和管理办法不断强化差别电价政策的实施力度，覆盖的八个高耗能行业包括电解铝、铁合金、电石、烧碱、水泥、钢铁、黄磷和锌冶炼。针对高耗能行业征收差别电价主要是为了解决这一行业存在的两方面的外部性，一是对环境的污染，二是对能源的消耗。该政策主要是针对能源的大量消耗，在目前我国"商品高价、原料低价、资源无价"价格体系下，能源价格被过分低估就意味着其他社会部门对高耗能行业实行了交叉补贴。

降低小火电机组上网电价政策。2007 年，《国家发展改革委关于降低小火电机组上网电价促进小火电机组关停工作的通知》（发改委价格〔2007〕703 号），规定适当降低有关小火电机组上网电价。降价范围为上网电价高于当地标杆上网电价的小火电机组，具体为单机容量 5 万 kW 以下的常规火电机组，运行满 20 年、单机 10 万 kW 以下的常规火电机组，按照设计寿命服役期满、单机 20 万 kW 以下的各类火电机组。2004 年以前投产的小火电机组，将分步降低到标杆上网电价水平。价差在 0.05 元/（kW·h）以内的，分两年降低到标杆电价；价差为 0.05～0.1 元/（kW·h）的，分三年降低到位；价差在 0.1 元/（kW·h）以上的，分四年降低到位，2010 年统一降到标杆上网电价。

第二个问题，不同的电价政策都有哪些属性？

从政策主体、政策目标、政策类型、政策影响和政策切入点来认识不同电价政策的属性（表 1）。可再生能源电价政策，是通过对销售终端电价提取附加，并通过建立基金来补贴电网公司购买高成本的可再生能源。差别电价是针对环境外部性和能耗外部性高的行业加收的电价成本，目的是降低这些行业的用电量和产量，主要配合淘汰落后产能政策一起使用。降低小火电机组的上网电价，政策目标是淘汰工艺落后小火电和降低落后小火电造成的环境外部性问题。燃煤电厂脱硫脱硝政策的目标既是促进企业减排，同时也是对企业成本的大幅增加进行的一种补贴。展望不远的将来，小火电上网限价政策预计将会随着小火电的关停并转逐渐取消，而燃煤电厂的脱硫脱硝补贴政策则仍将在较长一段时间内继续发挥作用。本文重点关注的煤电价格政策专指当前的脱硫脱硝上网电价补贴政策，旨在从煤电价格形成的角度来探讨该政策的未来发展。

表 1 不同环保电价政策的属性辨析

政策名称	政策主体	政策目标	政策类型	政策切入点
脱硫等电价政策	燃煤火电厂	降低污染排放	补贴排污企业	上网电价
可再生能源电价政策	可再生能源电厂、电力消费者	补贴可再生能源，促进可再生能源发展	补贴清洁企业	销售端电价
差别电价政策	高耗能、高排放企业	限制高耗能、高污染企业消耗	从消费端提价、增加成本	销售端电价
降低小火电机组上网电价政策	小火电厂	降低污染排放，促进小火电关停	从生产端限价、减少收入	上网电价

二、哪些因素影响煤电的环保价格？

决定煤电环保价格的因素有两个方面：一是煤电生产的总成本，包括社会成本；二是煤电环保价格所处的电力管理体制背景。

第一个问题，煤电的环保成本如何计算？

煤电价格中包含了诸多成本，有煤炭的投入、人员成本、资金成本以及污染治理成本。从煤电产品形成过程来看，其生产资料投入、人力资源投入、资本投入都是其产品形成之前产生的，也就是在煤电产品价值形成之前产生的，这些成本对于煤电产品价值的形成缺一不可，属于煤电生产的内部成本。而环保治理成本是在煤电产品生产的过程中产生的，这一成本即使不投入，也不影响煤电产品价值的形成。但由于污染影响到环境质量以及周围人群的健康，造成了煤电生产的外部成本，即社会成本。政府通过相关政策调节这一污染行为的外部性，要么要求企业降低排放，不向环境排放污染，要么通过税收的方式收取一部分资金来补贴污染造成的社会成本。从社会成本的成本角度核算，煤电生产，也就是煤燃烧环节造成的社会成本是极高的。

美国哈佛医学院关于煤电的外部成本。2011 年美国 Paul R.Epstein 带领的哈佛医学院研究组对煤的全生命周期成本进行测算，并将成本折算成燃煤电厂电价成本。其结论按高、中、低三种成本方式测算，在煤炭发电过程中包括资源开采、大气废物排放、气候变化影响等在内的总成本的高、中、低三种情景分别是 26.89 美分/（kW·h），17.84 美分/（kW·h），9.36 美分/（kW·h）（折算成人民币 1.6 元/（kW·h）；1.0 元/（kW·h）；0.54 元/（kW·h））；目前全美的平均电价是 11.53 美分/（kW·h），即 0.7 元/（kW·h）。在所有成本情景中，煤炭发电燃烧直接造成的损害成本均占总成本的 50% 以上。

2005 年中国煤炭外部环境成本研究。2008 年在北京天则经济研究所、发改委能源所、中国人民大学等机构发布的研究报告《煤炭的真实成本》中提到，以 2005 年为例，每吨煤的外部环境成本共计 161 元/t，其中开采环节的外部环境成本为 69 元/t，燃烧环节产生的外部环境成本为 91 元/t。由于目前我国煤炭一半以上用于发电，其造成的社会成本非常高。

2012 年中国煤炭外部成本研究。由清华大学等机构发布的《2012 年煤炭真实成本》报告中指出我国 2012 年吨煤产生的环境和健康成本为 260 元，其中煤炭燃烧环节造成的成本为 166 元/t，虽然该成本包含煤炭散烧环节，但从目前的发电和散烧比例来看，其造成的社会成本也很高。该研究还进一步得出结论，目前的煤炭定价机制中环境税费为 30～50 元/t，而燃煤排污费仅为 5 元/t（表 2）。

表 2　现行税费体制对煤炭的生产资源成本、生产环境成本、消费损害成本

	现行税费标准/（元/t）	研究测算/（元/t）
煤炭生产的资源成本	8	11
煤炭生产的环境成本	40	55
煤炭消费的损害成本	5	166

虽然上述研究结论针对煤炭的全生命周期成本和燃烧成本做了测算，但这些结论仅能作为价格确定以及相关税费确定的背景参考，而不能作为最终确定环保价格的依据，最终确定价格依据则必须是企业实际污染治理的资金成本。而这一资金成本的确定和实现必须是依靠环保执法、全社会监督等促成其治理成本的真实投入来实现。

第二个问题，煤电环保价格在当前的煤电管理体制中处于什么样的地位？

图 1 是我国煤电及涉及煤电行业的管理体制，这是决定煤电价格和煤电环保价格的重要影响因素。

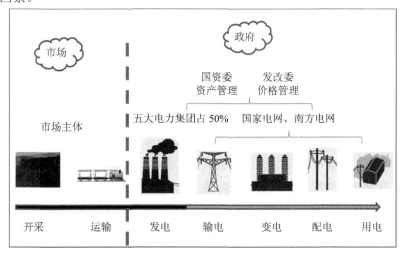

图 1　我国煤电及相关行业管理体制构架

煤电生产环节的最全周期，由煤炭开采、煤炭运输、燃煤发电、输电、变电、配电和用户等多个环节构成，其中煤炭开采已经完全实现市场化，燃煤发电也已经逐渐市场化。目前的输配电环节在政府指导下完成，尤其是电厂电卖给电网公司的上网电价由国家控制。煤电从最初的煤炭到最终形成电力产品经过了从煤到电的转化，从化石能源到清洁能源的转变，在这一过程中，也经过了从市场化价格机制到行政性价格确定机制的转变。一个产品的生产周期有政府管制和市场机制两套机制同时作用，这也是当前煤电之争的主要根源，一方面煤炭价格已经逐渐实现市场化，但另一方面政府管制上网电价，这导致煤企和电企产生大量的矛盾，虽然政府也出台过减缓矛盾的煤电联动价格机制，但这一机制一直遭到双方企业的强烈反对。

煤电环保上网电价政策的切入点是在煤电的上网电价环节，由电网公司支付，目前从政策文件上看这部分为电网公司代为垫付，那么未来这一政策的走向如何，下一步补贴资金由谁来支付，或是将纳入电网公司成本体现到销售电价中去，政策走向依然不明朗。

三、煤电环保价格在当前电力体制下面临的问题

煤电环保电价补贴政策对于"十一五""十二五"期间燃煤电厂脱硫设施的安装，对于节能减排起到了重要作用。但长远地看待这一政策的发展或调整，还需要更全面地识别各方面的影响因素。

从政策执行有效性看，煤电企业骗取电价补贴的违法成本低。2014 年 6 月环保部发布公告，对 2013 年脱硫设施存在突出问题的 19 家企业予以处罚，罚脱硫电价款或追缴排污费合计 4.1 亿元。华能、中电投、华电、国电和大唐五大电力集团均有下属子公司上榜，此外，华润、中石油、神华等央企子公司亦收到罚单。通报的 19 家企业中，仅华润电力旗下就有 3 家企业被通报并挂牌督办。据了解，华润集团目前是享受脱硫电价补助最多的企业之一，此次被通报的三家电力企业每年享受的国家脱硫补助一亿多元，但实际上，经环保部调查人员核实，这三家企业脱硫造假，全年二氧化硫排放量合计达 3 万多 t。以上案例表明，企业违法成本低已经成为限制政策有效发挥作用的一个难点。

从补贴方式看，煤电环保电价补贴难以长期激励企业的减排行为。脱硫电价未能区别燃煤电厂用煤含硫情况，统一加价 1.5 分不尽合理，企业脱硝的价格标准难以覆盖企业脱硝成本；跨地区（跨省、跨区域）电能交易价格规定不明确、不合理，交易中存在着上网电价偏低、电网收取费用偏高的问题。环保电价补贴这种一刀切的电价补贴方式能否持续地对企业减排形成激励尚存在一定疑问，企业没有将其污染外部性成本真正纳

入其生产成本考虑，反而认为补贴成为政府理所应当的投入。电价补贴在一定时期内有其合理性，但从长期看，公共资源用于补贴污染企业造成的社会成本是一种解决外部性的低效方式。

从电价体制看，煤电的环保成本不能按市场规则转达至消费端。电价改革步伐缓慢，电力行业政府定价依然占据主导地位，市场配置资源的基础性作用未能得到应有发挥。在上网环节，政府定价模式、煤电价格联动办法存在缺陷，煤、电价格矛盾突出，不同企业弹性的污染治理成本以刚性补贴的形式嵌入上网电价，难以对燃煤电厂减排形成持续激励；在输配环节，受电力体制改革滞后和监管乏力的影响，电网改革进展迟缓，独立和合理的输配电价机制和水平难以确立，环保电价补贴由电网公司承担，扭曲了燃煤电厂治污、企业和消费者共同承担治污成本的关系；在销售环节，销售电价由于过多地被赋予宏观调控职能而偏于僵化，缺少弹性，不能充分反映市场供求关系、资源稀缺程度和环境损害成本，未能与上网电价实行及时有效的市场联动，难以有效调节电力供求关系。

四、改革时期环保电价政策走向的探讨

当前我国处在一个改革的重要时期，以经济体制改革为基础的各项改革方兴未艾，过去因体制机制原因造成的一些累积性问题也将逐步得到解决，顺应改革的潮流，环保电价该如何发展需要识别当前机制体制改革领域的新动向。

电力体制改革将对环保电价制度的下一步影响深远。2014 年 6 月 7 日，国务院办公厅发布了《国务院办公厅关于印发能源发展战略行动计划（2014—2020 年）的通知》，行动计划中提到了推进能源价格改革，推进电力等领域价格改革，有序开放竞争性环节价格，上网电价和销售电价由市场形成，输配电价由政府核定最高价。目前煤电电价补贴由负责输配的电网公司支付，这部分成本是否依然纳入政府定价范围，存在一定疑问。电价机制从目前的"定两端，放中间"转向"定中间，放两端"。而环保电价是留在输配环节这个"中间"还是回到"两端"即电厂的生产成本和消费者的购电价格里面，同时无论是在"中间"还是在"两端"都以什么形式存在，是固定的补贴标准，还是环境税费的足额征收以及体现真实成本的销售电价形式，这在未来都是必须要解决的问题。

环境税制体系的建立将进一步梳理企业污染成本。在传统的电价体制中，企业不负担污染的真实成本，即使产生了真实的治理成本也无法有效通过市场机制进行疏导，于是在输配电这个"黑箱"之中进行操作，这是过去的体制下的一种运行模式，但这是否是永远的模式，也存在一定疑问。

电价补贴政策是为解决老的电厂企业脱硫设施安装不足，以及设施运营不足的情况下制定的激励性政策，有一定的阶段性特征，现已不能持续激励企业的治污行为。而环境税制体系的建立，将促使企业的污染治理成本恢复到真实水平，加之电力体制改革的不断推进，这一部分成本也将得到合理的分担和疏导，这才是一种应有的状态。当前一些阻碍市场机制发挥作用的问题都在逐步解决，而针对调节企业污染行为的政策措施也应逐渐回归到其原有的状态和体系中来。

新《环境保护法》的实施将从基础层面推进环境税和煤电环保电价关系的厘清。新《环境保护法》自 2015 年 1 月 1 日正式实施，对违法排污造成或可能造成严重污染的，环保部门可以查封、扣押造成污染物排放的设施，对于社会长期诟病的"违法成本低、守法成本高、环保执法难"的问题，进一步明确"受到罚款处罚，被责令整改，拒不改正的，依法作出处罚决定的行政机关可以自责令改正之日的次日起，按照原处罚数额按日连续处罚"。这一系列手段将加重企业的污染责任，使得环保治理的外部性成本内化到企业成本中，推动企业将其成本转移到电价消费终端的动力，同时将促进企业发挥其自身优势实现自身减排的最大化。随着机制的更加合理，可以预计煤电价格补贴政策也必将回归其应有的体系之中。

从经济增速换挡角度理解商品价格的变动[①]

杨姝影　贾　蕾　张晨阳

经济新常态的一个特征就是增长速度换挡，从过去的高速增长转向中高速增长。在转换的过程中，我们一方面面临着速度的调挡，另一方面还面临着经济结构的调整和增长动力的转换。在这种情况下，我们应该正确地去理解大宗商品价格的反弹，它是经历了 50 多个月的连续负增长之后的一次市场调整行为，可能有些领域的价格略高，但还是属于恢复性的增长。

20 世纪 70 年代，日本政府增强对环境的监管对于消费者物价指数的影响仅从年均 8.3%上升到了 8.4%。因此，影响大宗商品价格波动的因素有很多，环保督察只是其中之一。

自 2016 年下半年至今，以煤炭、钢铁为代表的大宗商品价格及其他主要能源原材料的价格出现了显著上涨。由于环保督察恰逢宏观经济周期性回暖和供给侧改革推进时期，有不少人把大宗商品价格上涨的主要原因归咎于环保督察力度加大。总体来看，这些观点一方面没有排除同时期其他因素的影响，另一方面也忽视了环保督察执法对经济体中不同单元影响的差异性，因而结论难免有失偏颇。我们的研究把目光集中于大宗商品价格上涨的主要矛盾，结果发现环保督察执法只是在多重影响因素的基础上产生了一定的叠加效应，并非是造成价格波动的主要因素。

一、多重因素推涨大宗商品价格

首先，2017 年以来，宏观经济走势整体好于 2016 年，从需求端为大宗商品价格的上涨提供了动力。其一，GDP 同比增速回升。2017 年前两个季度，GDP 同比增速均为 6.9%，高于 2016 年同期和全年水平。其二，工业生产持续回暖。2017 年 2—8 月，工

---

① 原文刊登于《上海证券报》2017 年 11 月 3 日。

业增加值累计同比增速保持在 6.8%左右，比去年同期持续高出接近 1 个百分点。其三，进出口总额显著增加。2017 年以来，中国进出口金额同比增速由负转正，累计同比增速保持在 10%以上。中国金融四十人论坛的研究显示，2017 年 1 月至 8 月，以人民币计值的出口贸易累计同比增速为 13%，大大高于 2016 年同期的-1%。同时，2017 年 1—8 月进口增速为 22.3%，显著大于出口增速，表明国内需求比较旺盛。其四，需求好转叠加了供需两端的区域性错配。在整体运力有限的情况下，地区性的产品供给无法及时应对全国性的需求好转，这就导致部分地区的部分大宗商品价格出现快速上涨。

其次，2017 年，供给侧结构性改革的重点领域有三个方面，分别是钢铁行业、煤炭行业、火电行业。2017 年前 8 个月，煤炭行业已经提前完成了全年的供给侧结构性改革去产能任务，钢铁行业更是超额完成了 20%的任务。供给侧改革的推进加快了行业去产能和市场出清的进程，因此从供给的角度来看，相关大宗商品行业的生产能力会受到一定的影响。

与此同时，国际相关市场的供给收缩也影响国内相关大宗商品的价格。从全球市场来看，全球大宗商品市场从 2011 年以来已经持续经历了近 5 年的熊市。特别是有色金属和黑色金属的价格，更是经历了相当长时间的持续下跌。相关行业早就开始了行业出清的进程，许多生产能力不足的供应商开始逐渐退出市场。受世纪矿（澳大利亚）和Lisheen 矿（爱尔兰）于 2015 年下半年关闭，以及嘉能可在 2015 年减产 50 万 t 的影响，2016 年全球锌精矿产量同比下降 5.0%。同时，还有一些矿山也因为种种原因出现了暂停或保养。可以说，即使没有中国实施的供给侧结构性改革，全球大宗商品市场也在自发进行供给收缩，进而为大宗商品价格上涨提供支撑。

最后，除了供需方面的因素，游资的涌入和市场对政策的预期也放大了产品价格的波动。当前，货币政策始终保持稳健中性，金融监管日渐趋严，传统的资产配置的难度在增加，且收益率在下降。因此，投资基金需要重新配置大类资产，不少投资者自然而然地选择了有基本面和政策面双重支撑的上游市场和大宗商品市场。在投资者不理性的情况下，部分投机行为进入现货市场和流通领域，导致大宗商品的持仓量在今年二季度有一些明显的异动和变化，对短期的价格形成一定的支撑。

二、价格上涨存在行业差异性

2016 年以来，钢铁行业和煤炭行业在供给侧结构性改革的推动下大力削减落后产能。2016 年 4 月，国家发改委、人社部、国家能源局、国家煤矿安监局联合发布了《关于进一步规范和改善煤炭生产经营秩序的通知》，要求全国所有煤矿按照 276 个工作日重新确定生产能力组织生产。2016 年下半年，受煤炭供给缺口不断扩大的影响，煤炭价格呈较快的上涨趋势。智研咨询数据显示，2016 年全国煤炭价格从 1—2 月的 375 元/t 上升至 12 月份的 595 元/t；截至 2017 年 7 月 14 日，价格又上升至 623 元/t。

进入 2017 年以来，粗钢的产量实现了同比正增长，4 月以来原煤产量也开始同比正增长。根据中商产业研究院大数据库 2017 年 1—8 月的中国原煤产量统计显示，2017 年 8 月中国原煤当月产量达到 29 076.9 万 t，同比增长 4.1%。2017 年 1—8 月中国原煤累计产量为 229 999.9 万 t，与 2016 年同期相比，增长 5.4%。显然，这种"量价齐升"的现象无法用"环保督察—产量减少—价格提高"的逻辑加以解释。

建材行业的产品价格上涨反映了多因素的交织，其中环保督察只是其中一个因素。从行业层面看，产品价格增幅并不高，2017 年 1—8 月，非金属的出厂价格比去年同期仅上涨了 6.6%。其中，水泥的价格同比上涨 23.5%，但其中更多反映的是基数效应。与此同时，建筑材料虽然是房地产和基建项目的投入产品，但这些材料的成本在房地产成本中的占比非常低。单一品种的材料价格上涨 10%，实际上对下游行业的影响并不大。

造纸行业产品价格上涨的主要动力来自原材料价格的上涨和人民币汇率波动导致的进口成本增加。煤炭、化工原料、纸浆等原材料价格上涨非常明显，这直接推升了纸的生产成本，从而反映到价格上。同时，对经济好转的预期也反映到了订单价格里，进一步推升了现货价格的上涨。此外，因环保督察，纸箱厂限产检修，部分区域供给能力下降，供不应求，要靠邻省填补供给缺口，导致区域不平衡，价格上升。

有色金属行业产品价格上涨的原因与造纸业类似，但有一点值得重视，那就是经济的周期性回暖给行业带来了巨大的支撑力。这与造纸行业有明显的区别。从 2017 年来看，有色金属产品的消费情况持续向好，家电产品、家庭装修用到有色金属原材料的使用量都大幅增加，新兴产业和基建项目对有色产品的消费也大幅度地增加。此外，有色金属还有比较强的金融属性。随着世界各大央行货币政策整体趋近，这对有色金属价格也会产生比较显著的影响。

在国际上也有类似案例。20 世纪 70 年代，日本政府增强对环境的监管对于消费者物价指数的影响仅从年均 8.3%上升到了 8.4%。综上可知，影响大宗商品价格波动的因素有很多，环保督察只是其中之一。自 2016 年 7 月以来，全国范围内正式开展大范围的环保督察，重点督察行业与供给侧改革涉及的行业有高度重合。相关行业会受到环保督察和去产能的双重影响，产品供给能力受到一定的影响。不难看出，早在环保督察之前，相关行业就面临去产能的压力。

三、周期性波动与环保督察执法

要正确理解大宗商品价格的反弹。经济新常态的一个特征就是增长速度换挡，从过去的高速增长转向中高速增长。在转换的过程中，我们一方面面临着速度的调挡，另一方面还面临着经济结构的调整和增长动力的转换。在这种情况下，我们应该正确地去理解大宗商品价格的反弹，它是经历了 50 多个月连续负增长之后的一次市场调整行为，可能有些领域的价格略高，但还是属于恢复性的增长。比如，从通胀态势来看，今年 1—8 月的 PPI 同比上涨了 6.4%。但是，在这 6.4% 中，有 80% 是由于翘尾因素拉动的。此外，当前价格的涨幅还未真正引起全社会的通胀。2017 年 1—8 月，M2 仅增长了 8.9%，从货币发行的角度分析，我们可能还不具备通胀的基础和环境。

要正确认识环保督察执法对市场的促进作用。环境保护部李干杰部长指出：很多地方把中央环保督察当成推动绿色发展、推进供给侧结构性改革的很好契机和动力，借此机会加强企业的污染防治，内化环境成本，让守法企业有一个更加公平的竞争环境，尤其是整治那些散、乱、污企业，比较好地解决了一些地方突出存在的"劣币驱逐良币"的问题，大大提升了这些行业产业发展的规模和效益。一批没有环评手续，没有得力环保措施，经营不善的企业逐渐退出市场，为环保表现良好的企业腾出了更大的发展空间。以钢铁行业为例，随着落后产能淘汰以及"地条钢"的取缔，钢铁行业利润大幅上升，2017 年上半年吨钢利润最高达近千元。企业利润的增加为环保投入带来了有力的支撑，从而带动了污染治理和节能方面的大规模投入。相关数据显示，目前民营钢铁吨钢环保成本为 100～200 元，以前吨钢的环保成本费用不及 100 元。

要进一步规范金融市场行为，避免期货市场对价格造成影响。我国钢铁期货市场的投资者中，90% 以上是以个人投资者为主，以套期保值为主要目的的企业占比不足 5%，与国外成熟期货市场 40%～50% 的占比相比差距较大，市场投机氛围较为浓厚，往往在商品的实际生产规模还在增加之时，期货市场价格就已上涨。因此，还应该加强对投资者的教育，规范金融市场行为，以避免期货市场对商品价格的影响。

"气荒"背后的价格倒挂与利益博弈[①]

侯东林　沈晓悦　贾　蕾　冯　雁

2017 年末入冬以来，北方多地出现天然气供不应求的"气荒"现象。居民生活受到较大影响，部分企业也被迫停产限产，液化天然气价格高企。"气荒"背后折射出的价格机制缺陷和利益主体博弈，值得反思。

一、产业链复杂，利益主体对价格诉求不一

天然气应用产业链可以分为开采、长输、省网和城市管网四部分。以省门站作为节点，上游是天然气开采、净化和跨省管网输送；下游是省内管输和城市销售。另外，天然气也可以液化后（称为液化天然气，即 LNG）通过船、槽车进行运输，再接入管网供气或直接点供。整个产业链涉及中央政府、地方政府、石化央企、城市燃气分销公司等多个利益主体，基于各自的定价权属和利益分配格局，他们对于天然气价格的诉求天然地存在差异。

中央政府主导天然气价格改革，其话语权最强，诉求在于推动形成市场主导下的天然气批发价格机制，同时均衡上下游利益分配，保障上游企业供气的积极性和下游企业较强的能源替代动力。

地方政府对区域内的天然气运输价格和用户价格有定价权，其话语权强度属于中等，诉求一方面是稳固地方政绩指标，包括经济收入、环保成效和能源安全等；另一方面在辖区内经济不受影响的前提下，提升天然气供给量，以加快能源替代。

三大石化央企垄断了我国绝大多数的气源（包括国产天然气和进口天然气），因此也具有很强的话语权，其诉求在于提升天然气价格，打压竞争对手，并且尽可能地向下游管网和用户渗透。

[①] 原文刊登于《环境与可持续发展》2018 年第 5 期。

对于城市燃气公司，燃气管网运输具有强自然垄断特性，存在大量的固定沉没成本，导致燃气产业具有较高的进入和退出壁垒；同时，燃气行业区别于电力、电信、铁路等其他自然垄断性产业的一个重要特征就是它的经营区域性，一般一个城市只有一个配送网络，而且各地区燃气生产和供应成本差异大，具有长期稳定的用户群并不断壮大。因此城市燃气公司实行区域垄断经营，对政府部门、居民及上游供气商具有较强的话语权，其诉求在于获得稳定的气源、足够的收益，并与上游天然气调价形成成本联动机制。

各不相同的诉求使得天然气供应及价格成为相关主体多方利益博弈的结果。几方掣肘，导致"气荒"问题出现。

二、市场逐渐放开，但居民用气价格长期倒挂

现行的天然气价格实行中上游一体化运营，由出厂价格规制转为门站价格规制。门站价由井口价和管输价合并而成，再加上分销的设施和运营成本后，形成终端用户价格。

非居民用气价格放开和市场化趋势越来越明显。在前期，存量气价格逐步提升，增量气价格有所调整，二者价格实现并轨；2015年后，实施了非居民用气价格与替代能源价格及其他影响因素的"手工"联动，非居民用气门站价格2次调低。2013年以来，页岩气、煤层气、煤制气、液化天然气、化肥用气等气源价格在有序放开。鼓励管道气在上海石油天然气交易中心交易，2017年明确所有进入交易平台公开交易的气量价格由市场交易形成。经过改革后，占国内消费总量80%以上的非居民用气价格实现由市场主导形成，其中50%以上完全由市场形成，30%左右实行基于非居民用气基准门站价格"上浮20%、下浮不限"的弹性机制。

与此同时，居民用气价格始终受到严格控制。从成本而言，由于工业、热力用户用量较大，单位成本相对较低；居民用户用量较少，单位成本最高，因此在国际上居民用气价格往往显著高于工业用气价格。但长期以来，因考虑居民收入等因素，我国对居民用气实行低价政策，明显低于工业等非居民用气价格。尤其在一些北方城市供暖期，居民用气价格只有工业用气价格的60%～80%，差价最大达到1.3元/m³（见表1）。这种价格差在世界上很少见，不利于引导优质资源的高效、合理利用和优化配置。

表1　2017年/2018年供暖季部分北方城市居民与工业用气价格对比

城市	居民用气价格/（元/m³）	工业或非居民用气价格/（元/m³）	工业或非居民用气价格执行时间	居民用气/工业或非居民用气
北京	2.28	3.22	2017-11-15—2018-03-15	0.71
天津	2.4	2.91	2017-11-01—2018-03-31	0.82

城市	居民用气价格/（元/m³）	工业或非居民用气价格/（元/m³）	工业或非居民用气价格执行时间	居民用气/工业或非居民用气
石家庄	2.4	3.12	2017-07-10 起	0.77
长春	2.8	3.02～3.06	2017-09-25 起	0.92～0.93
太原	2.26	3.59	2017-11-01—2018-03-31	0.63
哈尔滨	2.8	3.68	2017-03-16 起	0.76

数据来源：各地发改委或物价局网站。

三、交叉补贴之下燃气企业缺乏"保民"动力

从天然气的终端用户看，居民用户基本均由城市燃气公司供气，非居民用户的用气来源较为多样化，包括省管网公司、城市燃气公司、分销商等，有一些省的发电、工业等用户也可直接与气源供应方签订合同，由省管网公司提供代输服务，收取管输费，或与气源供应方协商定价后进行直供。可以发现，在诸多用气来源和转运主体中，只有城市燃气公司既直接负责居民供气，也直接负责部分非居民供气，是讨论居民清洁取暖问题中绕不开的重要利益主体。

目前居民用气价格较低，虽然多数地区出台了居民阶梯气价政策，但80%～90%的居民用户全年所用气量基本在第一阶梯范围内，因此城市燃气公司普遍出现居民用气亏损现象，需要以工商业用气的利润来补贴居民用气部分。如在山东德州，居民用气价格为 2.35 元/m³，而从上游购买管道气成本为 3.3 元/m³，加上对用户输配气、漏损等成本，每供应居民 1 m³，燃气公司亏损超过 1 元。居民与非居民用气交叉补贴的成本其实由燃气公司这一商业机构承担，他们缺乏开拓民用气市场或严格落实"压非保民"政策的动力。在实际运营过程中，燃气公司通常按当地居民、非居民的比例向上游供应商提交购气合同，按统一价格采购天然气，但居民、非居民的比例很难厘清，这使得燃气公司采购民用天然气在工业领域售卖获取暴利的行为在实际操作上具有"可行性"。

同时，目前冬季保供采用"保量不保价"，通过价格抑制不合理需求的管理方式，这一方式并不完全适用于以保障民生为对象的天然气刚需用户。在天然气供应紧张的形势下，燃气企业只有通过高价获得增量气，出于经济效益的考虑，必然倾向于卖给工业、电厂、车用等用气价格高的用户。在 2018 年 2 月河北石家庄市无极县的调研中发现，非居民用气处于供不应求状态。增量气从上海石油天然气交易中心竞拍获得，购气价格（3.146 元/m³）高于当地非居民用气指导价（3.02 元/m³），加上输配气、漏损等成本，非居民用气也在面临亏损。燃气公司目前只能以预收价（3.5 元/m³）的形式协调阶段性的价格缺口，对于价格更低的居民用气（2.4 元/m³），只是在政策要求下按价供应，并没

有开拓居民用气市场的主观意愿。

四、特许经营制度为"气荒"再添一根稻草

我国管道燃气实行特许经营制度，只要以城镇管道形式输送燃气，就得受特许经营权制约，由拥有燃气特许经营权的企业独家建设经营。政府为了增加收入，同时加强对燃气企业控制，市属国有企业往往代表政府入股，形成政企合作。结果政府在其中既当裁判员，又当运动员，对燃气企业的审批和监管等就有利益倾向性。这样一来，在出现燃气公司倒卖居民用气牟利时，地方政府出于地方财政收入的考虑，监管缺乏足够的动力。另一方面，在"煤改气"推进过程中，液化天然气（LNG）由于运输灵活，通过实施"点供"，适用于天然气管网不能到达或管网价格过高的用户市场，因此很受市场推崇，但是由于与当前城市燃气特许经营权制度存在冲突，政府部门之间在管理层面往往难以达成一致，形成权力相互制约，导致不少 LNG 项目经常难以顺利进行。

五、建立和完善保民供气长效机制的政策建议

总体来看，"气荒"是不同利益主体基于自身诉求而综合作用的结果，而价格在其中起到了重要的影响和调控作用。不合理的天然气价格机制已成为制约天然气供给的重要因素，理顺价格机制是整个天然气产业体制改革的核心之一。

近年来，我国不断完善相关机制，逐步提高价格在天然气资源配置中的作用。为推进"煤改气"政策落实，促进天然气这一清洁能源的使用，应处理好市场机制与价格调控的关系，按照"放开两头，管住中间"和"让市场在资源配置中起决定性作用"的改革思路，进一步深化天然气价格机制调整，逐步理顺存在的问题。一是要合理调整非民用和民用天然气价格差距，对价格差别通过其他政策性补贴予以弥补，降低交叉补贴，缓解相关供气企业经营压力，让企业在市场机制引导下积极向居民供气并逐步做到薄利经营。二是要建立差别价格体系。为优化资源配置、平衡供需或合理负担供气成本，应考虑建立阶梯价格、季节差价、峰谷差价、可中断价格和气量差价等差别价格体系。适时调整民用天然气价格和阶梯优惠幅度，在保证基本民用气的基础上，提高超出部分的民用气价格，使之逐步与市场价格接轨。

参考文献

[1] 天拓咨询 .我国天然气应用产业链分析[R/OL].（2013-11-08）.https：//www.tianinfo.com/news/news6477.html.

[2] 王建. 我国城市燃气产业价格管制研究[D]. 南昌：江西财经大学，2012.

[3] 段兆芳，樊慧. 区域管网运营模式对中国天然气市场的影响[J]. 国际石油经济，2017（8）：43-49.

[4] 林须忠. 燃气特许经营背后的四重逻辑[J]. 中外能源，2017，22（9）：1-6.

第三篇
环保产业与
投融资政策

全球环保产业市场状况及前景分析①

沈晓悦　田春秀

目前，全世界环境保护设备和服务仍以日本、美国、加拿大和欧洲的发达国家为主体；据统计，1992 年全世界环境设备与服务市场近 3 000 亿美元，其中美国和加拿大约占 1 000 亿美元，日本和欧洲占 1 000 亿美元，世界其他国家占 1 000 亿美元。预计世界环保市场将以每年 7.5%的速度增长，即从 1992 年的 2 950 亿美元上升到 1997 年的 4 260 亿美元。1992 年里约环境与发展大会以后，环境保护的需求不再限于发达国家，发展中国家环境保护设备和服务市场也有大幅度增加，这一发展趋势将促使环保技术与服务市场跻身于世界最富有生气的重要市场行列。

一、目前全球环保市场的发展归纳起来有以下三种趋势

（1）发达国家开始追求环境的可持续发展。在此目标下，发达国家制定了更为严格的环境标准，采取系统性途径控制各种可能造成环境损害的行为并采取所有可能的手段（如征收重税、实施环境标志制度等）达到目标。这样，环境科技的需求也从污染控制转为防止污染或减少废弃物产生。

（2）发展中国家对环境基本设施的投资将是其未来经济社会发展的重要部分。发展中国家由于污染型产业的发展以及过去环境法规不健全等因素造成环境破坏日益严重。但随着公众环保意识的提高，政府和企业投资的增加，环保设备与服务市场正在扩大。

（3）环保设备及服务的需求形态将随着全球经济在制造业、贸易及投资领域的发展而改变。近数十年来，新兴工业化国家和地区包括我国的台湾省、韩国、中国香港、墨西哥、巴西以及印度和中国对环保设备及服务的需求快速增加。

---

① 原文刊登于《环境科学动态》1996 年第 2 期。

二、全球环保市场发展的现状、趋势分析和预测

（一）欧洲

1992 年西欧环保市场估计为 600 亿美元。今后 10 年将以每年平均 5%～6%的速度增长，到 2000 年将达到 890 亿美元，2010 年将达到 1 440 亿美元。英国 1992 年的环保市场约为 80 亿美元。预计到 2000 年将达到 130 亿美元，平均增长率为 6%。

大气污染控制方面，西欧在大气污染控制方面的市场规模为 60 亿～70 亿美元。北部地区的市场机会在于清除气体污染物及大气中挥发性有机化合物的控制；而南部地区则重点在于除尘装置。英国受经济不景气的影响，企业界对空气污染控制的投资减少，同时，由于近年来煤矿的关闭以及火力发电厂发电容量的紧缩，该市场无大幅度扩大的可能性，但在 1996—1997 年，由于环境保护法制的强化，这部分市场的前景依然乐观。

水污染控制方面，废水处理市场在 130 亿～150 亿美元，不论在北欧或南欧都急需投资废水处理设备，只是南欧各国因环境法规执行意愿与途径差异极大，因此市场展望也不尽相同。

废弃物处理方面，废弃物处理的市场约在 200 亿美元。随着民营化与追求效率的趋势，西欧各国均增加废弃物处理产品及设备的采购，尤其南欧各国过去无效率地以土地掩埋方式的废弃物处理体系迫切需要整体性废弃物处理策略。

中欧及东欧各国目前正处在迈向市场经济的过渡时期，其环保市场规模大大低于西欧，1992 年中东欧的环保市场规模约为 50 亿美元，预计到 2000 年将达到 90 亿美元，2010 年将达到 230 亿美元。总体而言，该地区环保市场发展的最大障碍是缺乏资金。

（二）美洲

1. 南美市场

南美各国的环境条件日益恶化，但阻碍环境改善的因素并非缺乏环境法规，而是缺乏执行力。高度依赖出口及大企业多为国营的结果，使环境法规执行不易。然而由于过去数年重大环境污染事件的发生，使一般民众对相关问题的认识增强。其中智利、巴西及哥伦比亚对环境较为重视，阿根廷和委内瑞拉也逐渐开始跟进。

1992 年该市场规模估计在 20 亿美元，2000 年将达 40 亿～50 亿美元，2010 年为 150 亿美元，市场扩大的动力主要是与基本建设有关的计划（如下水道），以及企业民营化后企业主将面对环境法规的压力，并寻求较高效能的污染控制途径。

2．北美市场

环保在美国一向被列为优先议题，加拿大的情形相似，而墨西哥加入北美自由贸易协定之后，政府被迫依照美国模式建立相关的环境法律机构与组织，因此北美地区一直是环境产业的庞大市场，且将持续成长。估计 1992 年该区域市场规模为 1 000 亿美元，其中美国占 850 亿美元，预计至 2000 年将成长为 1 470 亿美元，2010 年为 2 400 亿美元。

空气污染控制方面，北美是最成熟且竞争最激烈的市场。尤以美国表现最为突出。在较长一段时间内，美国大气污染控制装置的销售额在全世界各国中独占鳌头，20 世纪 80 年代中期其销售额占全世界总销售额的 28%，主要控制设备包括广泛用于公用事业、工业锅炉、化工等许多部门的烟气脱硫、电除尘器、袋滤器、洗涤器、焚烧炉等成套设备和单项设备。

20 世纪 80 年代后期，由于能源结构的改变以及环境立法日趋严格，烟气脱硫设备的市场增长很快，1988 年美国烟气脱硫设备的销售额占整个大气污染控制设备总额的 12.1%，而 1991 年增加到 62%。

20 世纪 90 年代，美国将是大气污染控制设备需求量最快的国家之一，其大气污染控制设备市场将以明显超过国民经济生产总值的速度增长，预测表明，美国大气污染控制成套设备将有较大的市场，1995 年美国大气污染控制成套及单项设备的销售额将从 1988 年的 20 亿美元增加到 80 亿美元，而成套设备的销售额为单项设备的 7 倍。

水污染控制方面，水污染控制设备市场曾占美国环保市场的第二位，1985 年其销售额达 33.09 亿美元。1955—1990 年，《清洁水法》的实施，使水污染控制设备市场成为整个环保市场中增长最快的部门。就整个北美地区而言（主要是美国和加拿大），水污染控制设备市场已是该地区最大的市场，1990 年达 28 亿美元。预测表明，由于《清洁空气法》的实施，使大气污染控制成为优先考虑的问题，因此 20 世纪 90 年代中，水污染控制设备市场迅速增加的势头将受到抑制，市场将呈下降趋势。但维护及服务的市场仍有很大发展空间。

固体废弃物处理、处置方面，1987 年美国固体废弃物处理、处置设备市场跃出低谷，超过了水污染控制设备市场，列居整个环保市场的第二位，成为美国环保设备市场的主导产品，总投资达 45.25 亿美元，居世界首位。危险废弃物和市政废物焚烧炉市场已超过公用事业市场 24%，预计在今后几年内市政废物焚烧炉市场有很大发展，可能占美国环保市场的 16%。

（三）亚洲

1. 东亚及东南亚市场（除中国大陆及日本外）

1992 年该区市场规模估计为 50 亿美元，但预计 20 世纪 90 年代每年将增长 12%，于 2000 年达到 120 亿美元，2010 年为 500 亿美元，大约相当于目前西欧的市场规模。

空气污染控制方面，最佳市场机会是颗粒物的控制，特别是发电厂、水泥厂或金属制造厂的需求最迫切，气态污染物的控制则尚在萌芽阶段。

废水处理方面，无论产品或服务均有广大市场。除了持续工业化及都市化使这方面的需求增加外，各国政府逐渐将制造业从都市移出也扩大了需求。

废弃物处理、处置方面，废弃物处理设施不足，逐渐在各国受到重视，未来对焚化炉的需求很大，此外，专业的废弃物处理公司也有很大发展机会。

日本的环保产业在亚洲乃至世界范围内享有重要地位，其环保产品及服务市场经过多年的发展已具有相当的规模，下面对其市场状况及发展前景予以详述。

2. 日本

20 世纪 80 年代日本国内生产的污染控制设备总额始终平稳保持在 6 000 亿～7 000 亿日元/a，1990 年其污染控制设备市场达 785 亿日元，其中大约一半被水污染控制市场占据。大气污染控制设备占 19.6%，水污染控制设备占 50%，固体废物处置设备占 29.6%，噪声和振动防治设备占 0.8%。

（1）大气污染控制设备的市场状况分析和预测

20 世纪 70 年代，日本研究与开发大气污染控制装置的速度很快，在许多领域已跃居世界第一位，70 年代末、80 年代初，由于日本推行了以节约能源、资源和保护环境为支柱的经济政策，加之石油危机的影响，日本的烟气脱硫装置、除尘装置以及烟气脱氮装置的销售额都曾出现过下降的趋势。

20 世纪 80 年代以后，由于日本的能源结构在很大程度上由石油向煤炭转化，从而使除尘、脱硫、脱氮设备的需求量增加。

1990 年日本空气污染控制设备市场共计 1 542 亿日元，其除尘器市场 581 亿日元、烟气脱氮 286 亿日元、烟气脱硫 133 亿日元、排气处理 227 亿日元、燃料油脱硫 110 亿日元。

1990 年日本国内对空气污染控制设备的需求情况表现为：包括食品、纺织、石油化学、电力、机械以及有色金属等工业在内的工业部门对空气污染控制设备的需求量最大（占 71%），空气污染控制设备中，除尘器主要用于钢铁、机械制造、电力以及地方政府（废弃物焚烧炉）部门。由于在日本重油脱硫设备市场已达到饱和状态，由此在 1990 年这类设备几乎完全出口。烟气脱硫和烟气脱氮设备需求量的 68%来自电力工业部门，其余 32%由其他工业部门分享。

2000 年日本空气污染控制设备市场可望增长 70%，达到 2 652 亿日元，其中除尘设备 932 亿日元、烟气脱硫 631 亿日元、烟气脱氮 454 亿日元、排气处理设备 393 亿日元、其他 241 亿日元，1990—1995 年平均增长率达 3.5%，1995—2000 年年度平均增长率将高达 7.7%。与过去 10 年相比，可以预测该市场的增长将十分稳固，以下是对各类大气污染控制设施市场进行的预测（表 1）。

表 1　大气污染控制设备市场预测　　　　　　　　　　单位：亿日元

年份	除尘器	烟气脱硫	烟气脱氮	排气处理设备	其他	总计
1990	581	133	286	227	315	1 512
1991	627	244	197	214	128	1 416
1992	655	172	217	229	127	1 400
1993	685	374	238	245	154	1 696
1994	715	254	261	262	149	1 641
1995	749	348	286	281	166	1 830
1996	781	241	314	300	163	1 799
1997	816	571	344	321	205	2 257
1998	853	557	378	344	213	2 344
1999	892	722	414	368	240	2 635
2000	932	631	454	393	241	2 652

资料来源：环境设备工业预测 2000 年展望，日本工业机械制造者协会（1991）。

除尘设备：由于对煤尘等标准的提高和用煤的增加，对除尘设备的市场需求量将增加，其中对低浓度、中小风量的除尘设备及改善劳动环境的除尘设备需求量较大。

烟气脱硫设备由于大型火力发电站增加，对烟气脱硫设备的需求量有增加的趋势。

烟气脱氮设备：由于对氮氧化物排放标准的提高，该类设备需求量将有所增加，对城市废弃物焚化系统联合技术增加投资是使该市场具有发展潜力的一个方面。

排气处理设备：除湿式处理装置外，节能、节水的干式处理设备的需求量估计有所增加，对活性炭吸附法、催化剂燃烧法及脱臭设备的需求量越来越多。处理半导体等新型工业生产过程中产生的大量有毒气体的专业系统有重要市场国际协定对 CFC 的严格限制，使那些能够提供价格低廉的 CFC 回收技术的公司找到一个重要市场。

（2）水污染控制设备市场状况分析和预测

1990 年财政年度日本生产了 3 920 亿日元的水污染控制和处理设备，大约 1/3 的市场是污水系统，如加上污泥处理和粪便处理设备，则占市场的 80%以上。具体比例为：

工业废水处理设备 700 亿日元、污水处理设备 1 479 亿日元、粪便处理设备 544 亿日元、污泥处理设备 850 亿日元、其他 347 亿日元。

工业废水处理设备市场占水污染控制市场的 18%，它的前景不像市政污水处理设备市场那么强有力，主要是因为日本工业活动的总用水量在 1979 年前后开始达到稳定，并且从那以后一直保持平稳。

污水处理设备市场从 1982 年以来一直比较平稳，但今后 10 年将有较大的市场，今后适于中小城市的小规模污水处理设备、农村集排水整治设备的需求量将会逐渐增加，防止湖泊、河流上游水源污染的处理设备也有增加的趋势。

粪便及污泥处理设备市场自 1983 年以来一直平稳增加，今后 10 年内将以较高速度增加。一直到 2000 年日本的水污染控制设备市场以污水处理及粪便和污泥处理设备市场的不断增加为主体（表 2），该市场到 2000 年（以 1990 年为标准）很可能要翻一番，总计达到 8 054 亿日元，1990—1995 年平均增长率为 5.9%，1995—2000 年平均增长率将高达 9.1%，届时污水处理设备市场可望达到 3 836 亿日元，粪便处理设备 700 亿日元，污泥处理设备 2 261 亿日元，工业废水处理设备 794 亿日元。

表 2　水污染控制设备市场预测　　　　　　　　　　　　　　　单位：亿日元

年份	工业废水	城市污水	粪便	污泥	其他	总计
1991	667	1 281	492	722	328	3 490
1992	468	1 466	512	833	341	362
1993	589	1 678	532	960	354	4 113
1994	681	1 924	553	1 108	367	4 633
1995	770	2 207	575	1 108	367	4 633
1996	687	2 463	598	1 433	397	5 578
1997	482	2 750	622	1 606	413	5 873
1998	607	3 071	647	1 800	428	6 553
1999	701	3 432	673	2 017	446	7 269
2000	794	3 836	700	2 261	463	8 054

资料来源：环境设备工业预测 2000 年展望，日本工业机械制造者协会（1991）。

（3）固体废弃物处理、处置设备市场状况分析和预测

日本的固体废物处理设备主要分为两大类：市政废物和工业废物，1990 年日本大约有 2 320 亿日元的固体废物处理设备被销售，其中市政废物处理设备（主要为焚烧炉）高达 2 125 亿日元，工业废物处理设备 104 亿日元。日本固体废物处理设备的主要消费者是公用事业部门，它的需求量占该市场总量的 93%（表 3）。

表 3　固体废物处理设备预测　　　　　　　　　单位：亿日元

年份	城市废物	工业废物	小型焚烧炉	其他	总计
1990	2 125	104	57	36	2 322
1991	1 772	225	56	57	2 110
1992	1 878	248	60	61	2 247
1993	1 991	272	64	64	2 391
1994	2 110	300	68	68	2 564
1995	2 237	329	73	72	2 711
1996	2 371	362	78	77	2 888
1997	2 513	399	84	81	3 077
1998	2 665	439	89	86	3 278
1999	2 824	482	96	91	3 493
2000	3 000	531	103	97	3 731

资料来源：环境设备工业预测 2000 年展望，日本工业机械制造者协会（1991）。

　　1977—1990 年市政固体废物处理设备绝对占据了固体废物处理设备市场，在此期间，其市场除 1984 年有所下降外（原因不明），一直呈上升趋势，而且增长速度较快，包括城市废弃物焚烧系统的一些大型城市固体废物处理系统的需求量非常高。

　　在今后 10 年内日本固体废物处理设备市场可望增长 1.6 倍，到 2000 年达到 3 731 亿日元，其中市政废弃物处理设备市场可达 3000 亿日元，而工业废弃物处理设备市场可达 531 亿日元。

　　工业固体废物处理设备与市政市场相比旧本工业固体废物处理设备市场很小，然而若以发展眼光来看，该市场是大有前途的。预测表明，到 2000 年其平均年增长率将高达 17.7%。

参考文献（略）

展望 21 世纪的环保产业[①]

李金昌

一、绿色文明和环保产业

随着工农业的发展，特别是经历了产业革命以后现代工农业的发展，给人类社会带来了空前的经济繁荣，也推动了人类文明的进步。现在，人们把农业文明称为黄色文明，因为它把许多森林和草原植被破坏，使地球表面裸露出大片大片的黄土；把工业文明称为黑色文明，因为它把天空弄得黑烟弥漫、把水体搞得乌黑发臭；把环境文明称为绿色文明，因为只有它是在环境无害、生态健全的情况下发展，使受到创伤破坏的地球恢复青春，使人类社会得以持续健康的发展。当今世界人民对绿色文明有着特别的钟爱。因为绿色代表环境和环境保护，象征生命和活力。目前，展现在人们面前的是：一场绿色变革浪潮正在席卷全球，绿色将成为 21 世纪初世界文明的主流，甚至可以说："21 世纪将是绿色世纪。"因此，绿色成了许多重要事物的桂冠。诸如，绿色产业、绿色投资、绿色技术、绿色产品、绿色市场、绿色标志、绿色关税、绿色通行证等。所有这些，都是以污染防治、资源节约和综合利用、自然生态恢复建设和保护、维护人类身体健康、保证经济社会持续发展为主要目的的，是绿色文明的具体表现。

绿色产业就是环保产业。它的内涵有广义和狭义之分。环保产业的狭义内涵，是指与污染防治有关的企业和事业活动；广义内涵则不仅包括狭义内涵，还包括与资源节约和综合利用、自然生态恢复建设和保护有关的企业和事业活动。我们可以按横、竖两条线来界定环保产业的内涵。从横向来说，它包括环境污染防治、资源（含能源）节约和综合利用、自然生态恢复建设和保护；从竖向来说，它包括一切与上述环境问题有关的科学研究、技术开发、工艺设计、产品生产、设备制造、工程建设、安装调试、监测评

---

① 原文刊登于《中国人口·资源与环境》2000 年第 10 卷第 3 期。

价、咨询服务、交流贸易、宣传教育等。可见，环保产业的内涵是相当广泛的，一般认为，狭义的内容可视为环保产业的核心。

二、迅速发展的世界环保产业

随着物质文化生活的不断改善，人们对生存环境的质量要求越来越高。有需求就有市场，有市场就可促使环保产业的发展。近年来，环保产业已在美国、德国、日本等经合组织（OECD）国家蓬勃兴起，成为这些国家的一种主导产业。现在，OECD 国家不仅占据着世界环境市场 90%以上的份额，而且也握有 90%的世界环境专利。这些国家环保产业的就业人数逐年增多，而且职工素质，包括专业人员、熟练工人及其受教育水平，均高于经济部门的一般水平。其环保产业的人均产值一般均为全国就业人员人均产值的 2 倍左右，环保产业产值对 GNP 的贡献率约达 2.5%，而且它一直以高于 GNP 增长率 1～2 倍的速度发展，环保产业在国民经济中的地位不断上升，充分显示了环保产业作为一个新的经济增长点所起的作用。据国外专家估计，到 2000 年，世界环保市场的交易额，将由 1993 年的 3 560 亿美元增加到 6 000 亿美元。21 世纪环保产业将成为世界性的主导产业之一。

现在，发达国家环保市场的增长率平均约 6%，而以东亚和拉美为代表的发展中国家环保市场增长率都超过 10%，大约是发达国家环保市场增长率的 2 倍。专家指出，在未来 20 年内亚洲环保市场不仅规模大，而且在环保市场的各个领域的增长也显著高于其他地区。比如，在治理工业领域空气污染方面，亚洲已成为世界需求最大的市场。专家认为，韩国、新加坡等将为环保厂商提供大量近期商机，中国市场将提供大量的中期商机，而印度、巴基斯坦及印度尼西亚将提供较大的远期商机。1992—2010 年，发展中国家的环保市场在世界上的地位将显著上升，世界环保市场将大幅度地向发展中国家转移。

环保产业提供的产品和服务其实质是可贸易商品。随着环保事业的重要性日益增长，环境贸易在国际贸易中所占的份额也日趋增大。国际环境贸易提高了环保产业在发达国家的经济价值。因为环境贸易出超使环保产业产值的意义发生了变化；当环保产品，特别是终端治理设备，用于本国环境消费时，它属于抑制性支出，只是克服经济活动引起的环境破坏，并不能真正提高人们的财富与福利；但当它们用于出口时，就成为能提高出口国财富和福利的商品，成为直接推动国家经济增长的巨大动力。现在，世界贸易中越来越重视环境规划，形成了公认的非关税贸易壁垒。不重视产品生产、销售过程及商品本身的环境标准，会造成重大贸易损失。1996 年 9 月 1 日国际标准化组织正式颁布了 ISO 14001 和 ISO 14004 标准后，许多国家为适应国际潮流，有效地进入国际市场，正积极准备实施相应的国家标准，以加快与 ISO 14000 国际环境管理体系接轨。这表明，绿色产品将在国际市场上占主导地位，不符合环境标准的产品将不受欢迎，并终将被淘汰出国际市场。

三、我国环保产业前途一片光明

（一）我国有广阔的环保产业市场

我国环境污染和生态破坏的情况还相当严重，以城市为中心的环境污染仍在发展，并急剧向农村蔓延；生态破坏的范围在扩大，程度在加剧；未来十余年经济的快速发展和人口持续增长，将对环境造成更大的压力。目前，我国又面临着西部大开发、推进城镇建设、国企改革、建立市场经济体制和即将加入世界贸易组织，需要解决的新老环境问题会更多。所有这些，造成了对我国环保产业广泛而巨大的市场需求。要实现国家近期和远期环保目标，必须从各方面采取强有力的措施。其中，所需要的工程技术措施，则需要有先进的、适合中国国情的技术支持，需要环保产业提供优质高效的各种产品和设备。所以，只有大力发展环保产业，才能满足日益增长的广阔的环保市场需求，才能支撑我国环保事业的大发展。

（二）我国环保产业的差距预示着深厚的潜力

我国环保产业经过近 20 年的发展，现已具有一定的规模和水平。环保产业已成为我国国民经济建设中一支新的生力军，成为国民经济发展的一个新的增长点。但是，与世界先进水平相比，我国环保产业还有很大的差距：一是企业规模小、分散，不能形成大的产业气候，环保产业产值仅占世界的 1%，经济效益不够明显；二是环保产业发展的领域比较窄，主要集中在环保机械设备的生产上，而且产业结构也不甚合理，地域发展更不平衡；三是环保产业技术水平低，目前，世界上普遍将环保产业视为高新技术产业之一，而我国在环保产品生产、环保技术开发等领域，却仍以常规技术占主导地位，环保产业的总体技术水平较国际先进水平约落后 20 年；四是虽经多年发展，仍未实现成套化、系列化、标准化和自动化；五是服务体系尚不够健全。

有问题、有差距，就预示着有发展的余地，有创新的潜力。比如我国为实施可持续发展战略，已制订了污染物排放"总量控制计划"和跨世纪"绿色工程规划"。其中控制环境污染和措施中很重要的一条，就是要发展控制污染的技术和装备。而目前我国环保产业能提供的环保技术装备还很有限。缺乏好的污染控制技术和装备，是我国环保事业当前遇到的最大困难。这种情况，为中国环保产业的发展提供了非常好的机遇。

（三）我国有发展环保产业的巨大动力

我国环保产业发展的动力，主要是法治的推动力、政策的拉动力和国际的助动力。由这些动力营造的低风险、高利润的投资环境，形成了我国环保产业大发展的良好局面。

1．法治的推动力

法治建设为环保产业创造了广阔的市场和良好的经营条件。在市场经济条件下，生产和经营活动取决于社会需求，只要有需求，生产和经营就会发展。从最终需求角度而言，环保产业是最终根源于社会公众对环境质量的需求的。但是，这些需求大多只有经过国家制定的环境法规、标准和各种环保制度，才会转化成现实的市场需求，才会形成环保产业发展的动力。在世界上，环保法规越是健全、环保标准越是严格的国家，其环保产业越发达。改革开放以来我国环保法治建设发展很快，现已形成比较完整的环保法规、标准和制度体系，对环保产业的发展形成了很大的推动力。

2．政策的拉动力

法治的推动力给环保产业的发展形成了广阔而深厚的市场需求。而政策的拉动力，则是运用市场的利益激励机制，以比其他产业更高的利润率吸引更多的投资者和企业家投身于环保产业。当然，这里所讲的政策，主要是对环保产业的优惠政策。环保产业是以防治环境污染和改善生态环境质量为主要目的的社会公益型产业，直接经济效益有的明显，有的不明显，但从总体和长远发展来看，对社会都是十分有益的。因此，在产业发展政策中，国家将环保产业列为优先发展产业，并在投资、贷款、税收、价格、材料供应各方面给予优惠。它具有很大的牵引力，拉动着环保产业的快速发展。

3．国际的助动力

在当前国际经济形势下，环保产业有一个得天独厚的条件，就是它享有广泛的国际合作与较优厚的资金保障。发达国家与发展中国家之间尽管存在诸多分歧和利益冲突，但对全球环境保护却已达成共识。因此，在技术转让、国际援助及贸易上，比其他许多国际问题更易达成谅解与协同。为确保发展中国家能够参与并实施有关解决全球性环境问题的方案，在许多国家公约中列有筹措资金，用于开发环境基金（GEF）和蒙特利尔多边基金等。另外，属于双边援助的世界跨国直接环境投资也呈增长态势。这些基金和投资有力地促进了全球环保产业的发展。我国是发展中国家，所以不断地得到这些方面的国际援助。可以说，这是我国环保产业发展的一种助动力。最近几年，在臭氧层保护、温室气体排放控制、生物多样性保护等方面，我国获得的国际贷款和赠款援助又有较大的发展。如到 1997 年 6 月，仅在臭氧层保护方面，我国就获准 210 个蒙特利尔多边基金项目，共获得赠款 1.5 亿美元。今后，国际多边和双边的环境援助，可望仍将继续成为我国环保产业发展的助动力。

（四）我国环保产业前途一片光明

在可持续发展战略和科教兴国战略指引下，随着全国性产业结构的调整，在当前和今后相当长的一段时间内，我国环保产业必将有更大的发展。环保产业的最大特点就是覆盖全社会和全部经济活动。目前，我国正处于经济结构调整的关键时期，许多地方和企业都在寻求新的发展机遇和新的经济增长点。因此，环保产业成了最令人瞩目的热点之一。可以说，我国环保产业的发展正面临着最好、最大的机遇。我们一定要抓住我国经济高速发展和经济结构调整的有利时机，采取切实有力措施，加快我国环保产业的发展。当前的一个主要任务，是引导环保企业向集团化、规模化发展，走高技术、集约化经营之路，并逐步培育一批环保产业骨干企业（集团）和产业基地，使之成为支撑我国环保产业的核心和中坚力量。

四、发展我国环保产业的对策建议

为使我国环保产业快速、健康发展，特提出以下几点建议：

第一，要提高广大消费者的科技环保意识，调动全社会公众参与的积极性，并以优惠政策鼓励多种所有制企业进入环保产业生产经营领域。

第二，要建立产、学、研一条龙的科研服务体系，加快促成高新技术成果的产业化，全面提高环保产业产品的技术层次和质量水平，并以高新科技成果为依托，开发多门类、多品种的环保产品。

第三，要加强环保产业技术的国际交流与合作，积极引进、消化、吸收国外先进技术和设备，大力推进我国环保产业的技术进步。

第四，要建立新机制，促进环保设施运营的社会化、专业化和市场化。还要加强环保市场的监督管理，进一步规范环保产业市场，营造环保产业健康发展的市场环境。

第五，要努力培养我国环保产业的骨干企业，加快环保治理技术装备的成套化、系统化、标准化、国产化的步伐。

第六，要树立远大目标，紧跟国际市场，逐步变环保产业技术和产品的进口国为出口国，变治理污染投资为创汇投资，为国家创造更多的财富。

参考文献

[1] 李金昌. 积极发展我国的环境产业[J]. 中国环境管理干部学院学报，1993（2）.

[2] 李金昌. 国外环保产业发展现状和前景[J]. 中国环境管理干部学院学报，1999（3）.

中国环境保护投资的重点[①]

夏　光

　　"环境保护投资"是指在污染控制和自然保护方面的所有投资，包括政府的、企业的、民间的、外资的等，不仅仅限于政府的直接财政投资；"政府环境保护投资重点"是指政府确定的，并且政府将通过各种措施引导各种来源的投资都执行的环境保护投资重点。

　　我国环境保护方面积累的历史欠账很多，未来需要达到的环境目标也令人鼓舞，这一切都迫切需要进行大规模环境保护投资。几乎每一个方面对投资的需求都是紧迫的，但实际上又不可能同时都予以满足，所以必须确定若干投资重点。

一、分领域的投资重点

1. 污染控制和自然资源保护两大领域，何为重点？

　　污染控制和自然资源保护是环境保护的两大领域，我国政府近年来强调的是"污染防治与生态保护并重"，对于未来二三十年而言，二者都是重要的领域。

　　相对而言，污染控制具有更大的紧迫性，生态保护具有更大的重要性，而二者又各有一些方面是既重要又紧迫的。近几年从中央到地方的行动特点看，对城市而言，主要投资领域是大气污染控制（如北京、沈阳等）；对流域而言，主要投资领域是水污染控制（如淮河、太湖、滇池等），这些行动都是在污染严重到影响正常经济活动的情况下所采取的，其紧迫性是明显的。在生态环境保护方面，主要的投资意愿来自中央政府，这其中确实有政府所担负的历史责任的缘故。一般而言，生态环境破坏具有范围广、恢复难的特点，地方政府即使具有生态环境治理的责任感，在经济能力上也是力所不能及的，此时中央政府必须担负起这个职责。到目前为止，生态环境保护和治理主要采取中

---

① 原文刊登于《经济学文摘》2001 年第 34 期。

央和地方共同投资的方式，而且地方主要以人力投入的方式参与。如果从制度安排的有效性衡量，这种机制也许不利于激励地方政府主动采取生态保护行动，但生态环境破坏较为严重的地方大多数都存在贫困问题，只有中央政府才有能力对大规模的生态环境建设进行协调和投资。由此，可以说污染控制和生态保护这两大领域都是我国政府所确定的投资重点。进一步从投资来源来说，污染控制是地方政府的投资重点，生态保护是中央政府的投资重点。

2. 两大领域内的投资重点

关于污染控制和生态保护这两大领域内各自的投资重点，1996 年国家环境保护局、国家计划委员会、国家经济贸易委员会共同发布的《跨世纪绿色工程规划（第一期）》提供了意见。

"跨世纪绿色工程规划"总周期为 15 年，第一期为 1996—2000 年，第二、三期为 2001—2010 年；所需工程建设资金以地方和企业自行安排为主，国家予以支持，同时积极帮助引进外资。第一期共有项目 1 591 个，总投资为 1 888 亿元，至 1997 年年底已开工、竣工项目 704 个，落实资金 744 亿元。跨世纪绿色工程规划（第一期）项目分类如表 1 所示。

表 1　跨世纪绿色工程规划（第一期）项目分类

控制内容	项目数	备注
1. 七大流域水污染控制	650	
其中：淮河流域	282	
辽河流域	30	
海河流域	56	
松花江流域	44	
黄河流域	69	
珠江流域	36	
长江流域	133	水污染防治项目共 801 项
2. 三大湖泊水污染控制	35	
其中：滇池	13	
巢湖	7	
太湖	15	
3. 重点沿海城市水污染控制	99	
4. 其他城市水污染控制	17	

控制内容	项目数	备注
5. 酸雨污染重点控制区	109	
其中：华东地区	9	
华中地区	36	
华南地区	28	
西南地区	36	
6. 重点城市大气污染控制	219	大气污染防治项目共328项
7. 固体废物污染控制	272	
其中：工业固体废物	118	
危险废物和放射性废物	85	
城市生活垃圾处置	69	
8. 生态环境保护	118	
其中：生态环境恢复与保护	54	
农村生态保护	37	
自然保护区建设	27	
9. 全球环境问题的有关行动	69	
其中：温室气体控制	14	
臭氧层保护	27	
生物多样性保护	27	
10. 国家环境监督管理能力建设	3	
总计	1 591	

绿色工程规划（第一期）的预期效益如下：

（1）七大流域新增污水处理能力：1 800 万 t/d。

（2）三大湖泊新增污水处理能力：104 万 t/d。

（3）重点城市新增污水处理能力：104 万 t/d。

（4）新增 930 万 kW 装机容量烟道脱硫能力、洗配煤能力 2 400 万 t/a、供气能力 14 亿 m³/d、集中供热 2.4 亿 m²；改造 1.3 万 t 锅炉消烟除尘，年削减二氧化硫（SO_2）180 万 t，削减烟尘排放量 150 万 t；年增加城市垃圾无害化处理量 1 600 万 t，工业固体废物综合利用量和处置量 4 000 万 t。

（5）建设生态示范县（市）100 个，生态示范区推广面积 1 500 万 hm²。

（6）新增自然保护区面积 2 000 万 hm²，绿化造林 33.3 万 hm²，治理风化土地 17.3 万 hm²，复垦土地和恢复植被 7.3 万 hm²。

从中可以看到，我国在跨世纪的一段时间中，把污染控制的重点放在重点水域的水污染、重点区域的大气污染和城市地区的固体废物污染控制上；在生态环境保护方面，重点是生态环境恢复与保护、农村生态保护和自然保护区建设。同时，对全球环境问题的有关行动和全国环境监督管理能力建设也十分重视。

二、分行业的投资重点

行业投资重点也是从两个层次来理解：一是在各行业中，哪些行业是投资重点？二是在某一行业中，哪些方面是投资重点？

区分行业投资重点的标准可以有两种：一种是投资的紧迫程度；另一种是投资效果或效益。这二者有时并不统一。急需投资的行业，其投资效果并不一定最优，反之，具有较好投资效果的行业，可能不是最急需投资的地方。一般地，政府比较注重问题的紧迫性（但并不意味着不重视投资效益），经济学家更多地强调经济合理性，实际执行的结果是二者的结合。

1. 行业间投资重点

按比较大的行业分类，可以分为工业、农业、交通、建设等几大类。进一步，还可分为煤炭、石油天然气、电力、冶金、有色金属、建材、化工、石油化工、轻工、纺织、医药、食品等具体行业。

从各行业对环境污染的贡献看，一般都认为工业是最主要的污染行业，而且都认为工业污染严重的主要原因是技术水平低、设施陈旧和环境管理能力低。因此，在未来二三十年中，工业都是环境保护投资的重点行业，所不同的只是各个时期投资的使用方式不同。由于工业污染的主要原因在于工业系统本身的质量过低，所以从长远看，工业环境保护投资的方式应是进行大规模的工业改造。

与此同时，交通污染的紧迫性在近几年的中国城市中变得突出起来，在北京等大城市，交通污染迅速成为重点控制的对象，为此连续出台了许多控制措施，其中有些是十分严厉的。交通污染恶化这种现象主要归因于不当的城市发展模式，特别是人口、建筑和车辆在狭小范围内的高度集中以及城市基础设施的严重不足，所以，交通污染在行业间的环境保护投资重点序列中有所上升。在这方面的投资方式主要是进行大规模的城市基础设施建设和车辆改造。

在生态环境保护方面，林业和农业被视为重点行业。1998年的特大洪水和2000年发生的沙尘暴把流域生态环境问题提到了前所未有的高度，实际上在决策层和全社会都引起了很大震动和环境意识的重大转折。在洪水过后所做的停止砍伐天然林等决策的背后，都意味着政府在植树造林、保持水土等方面进行大量投资的导向，这在1998年下半年增发的 2 000 亿元国债的使用结构中已体现出来了。1998 年年底国务院发布的《全国生态环境建设规划》进一步提出生态环境的总体目标是用 50 年左右的时间使大部分地区生态环境明显改善。

2．行业内投资重点

在上述确定的工业、交通、林业、农业等重点投资行业，各有具体投资的重点方面。这里主要考虑工业内部的有关问题。据研究，每种污染物均有其对应的主要污染行业，而各主要污染行业由于其生产工艺不同和污染物处理难度不同，因此其污染物的削减费用也存在着较大的差距。对于决策部门而言，一定的污染治理投资应该达到其最优的污染控制作用，即确定优先投资的污染行业，以达到资金的最有效利用和社会最佳的污染控制效果。在水污染治理方面，以化学耗氧量（COD）为例，1995 年中国排放的主要行业包括：造纸、食品、化工、医药、饮料、纺织和黑色金属冶炼等，综合考虑不同的政策目标，削减 COD 的优先投资行业是黑色金属冶炼、饮料制造、化学工业、食品制造、纺织、造纸和医药；同理，削减二氧化硫的优先投资行业是电力蒸汽热水生产和供应业、有色金属冶炼、建材、黑色金属冶炼、化学工业、食品制造。

三、分地区的投资重点

环境保护投资的地区重点，主要反映了中央政府对各地区进行环境保护投资的紧迫和重要程度的判断和态度。出于地区差异问题的现实性和敏感性，一般情况下不会直接提出环境保护投资的地区重点这样的命题，但可以通过其他信息对此进行判断。

近年来，我国政府在环境保护方面所作的几个地区分类，是我们进行投资重点判断的主要依据。第一种分类是在自然生态保护方面，把全国分为特殊生态功能区、资源开发重点区和良好生态开发区三个类型；第二种分类是在污染控制方面，提出了"33211"的重点区域类型，其具体含义是指"三河""三湖""两区""一市""一海"，即"三河"——淮河、辽河、海河；"三湖"——太湖、滇池、巢湖；"两区"——二氧化硫控制区、酸雨控制区；"一市"——北京市；"一海"——渤海。

以上这些地区的分类，在一定程度上代表了环境保护投资的重点方向。到目前为止，在生态环境保护方面，关于三个类型的地区分类，还主要是一种总体结构性质的部署，其具体的实施细节还正在制定之中。那么，在三个地区分类中，究竟哪个是更为重要的投资重点？对此问题，若干专家较为一致的看法是，特殊生态功能区的保护是更为重点的地区。显然，由于特殊生态功能区的主要分布地带是在中国的中西部地区，所以，可以说生态环境保护投资的重点地区是中西部地区。

相比之下，关于污染控制的地区工作重点，则已经提出了详细的实施计划，即"33211"工程，其具体含义是：在全国选定上述地区作为近期实施污染控制政策措施的重点地区，在这些地区实施政策的力度要大于其他地区，措施要更加坚决果断，关停一批企业，环境治理投资要大量增加，时限要求也比较紧，使这些地区的严重环境污染状况得到较为迅速和明显的改善。这些地区大部分位于经济发达地区，因此，"33211"工程在一定程度上也意味着这些地区的经济结构、产品结构要进行一次较大程度的调整。"33211"工程的具体内容列于表2。

表2   "33211"工程的具体内容

大区	具体区域	地理概况	污染状况	控制目标	治理行动
三河	淮河	经河南、安徽、山东、江苏省，流域面积27万 km²	1993年受纳污水36亿 t，COD 150 t，2/3水体为Ⅴ类或超Ⅴ类，严重污染两岸饮用水源	2000年水体变清，即干流水质达到Ⅲ级标准，支流达到Ⅳ级标准	对190家重点排污企业实行停产或限产治理；关停1 111家小造纸企业和3 876家其他小企业；限期治理413家重点污染企业；对1 556家企业限期达标排放。从1998年开始重点建设52个污水处理厂
	辽河	经河北、内蒙古、吉林、辽宁入渤海，全长1 390 km，流域面积34.5万 km²	1/3断面水体为劣Ⅴ类水质，已失去使用功能，污染程度为7大水系之首，并对沈阳、鞍山地下水有污染	基本控制有机物对辽河流域的污染，减缓辽河水域重点城市河流污染加重的趋势，2005年辽河水体变清	1996—2000年治理计划项目30个，建污水处理厂5座
	海河	包括海河、滦河两大水系，流经河北、内蒙古、山东、北京、天津，流域面积31.9万 km²，人均水资源量为全国平均值的10.5%，是全国水资源供需矛盾最突出的地区	平均污径比高达0.12，许多河段水体污染严重，1/3的断面水体已失去使用功能	有效减缓水污染恶化趋势	治理项目56个，建污水处理厂23座，每年削减COD 36万 t

大区	具体区域	地理概况	污染状况	控制目标	治理行动
三湖	太湖	太湖流域位于长江下游，有大小湖泊189个，面积约3 231 km²，其中太湖面积为2 450 km²，是全国第三大淡水湖	流域内每年排放污水达30亿m²，使水质急剧恶化，污染程度在中国大淡水湖排第4位	控制有机污染，减轻富营养化，基本恢复太湖的生态环境，2000年湖水变清	太湖流域超标排污单位1 035家，在1998年年底达标排放，治理项目15个
	滇池	位于云南省昆明市，是中国著名的大型高原淡水湖泊	有机污染和富营养化严重，水域功能严重退化，水葫芦和藻类异常生长，航道受阻，景观破坏，外湖饮用水源地水质恶化，造成水厂停产；草海原水体发黑发臭，水质劣于地面水Ⅴ类标准	草海水质有超Ⅴ类水达到Ⅳ类水质标准，外海有Ⅳ类达到Ⅲ类水质标准，入湖污染物总量大幅度削减，有效减缓水污染恶化趋势，控制富营养化发展，确保饮用水安全	
	巢湖	位于长江、淮河之间，是中国五大淡水湖泊之一，流域面积1.4万km²	湖水受有机物污染严重，已成为典型的富营养化湖泊，严重威胁饮用水水源	水质逐步净化，富营养程度降低，在很大程度上解决流域饮用水源的污染问题，沿湖居民生活环境得到改善	治理项目7个，城市污水处理项目2个，新增城市集中式污水处理能力40万t/d
两区	SO₂控制区	29万km²，占国土面积的3.0%（63个城市）	SO₂排放量约占全国排放总量的60%	到2000年遏制SO₂污染恶化的趋势，区内工业污染源要全部达标排放，SO₂排放总量控制在国家规定的总量控制指标内，重点城市环境空气质量SO₂浓度达到国家环境质量标准，到2010年，区内SO₂排放量控制在2000年排放水平之内，所有城市环境空气SO₂浓度都达到国家环境质量标准	限制高硫煤的开采和使用；重点治理火电厂污染，削减SO₂排放量，研究开发SO₂污染防治技术和设备；实行SO₂排污收费；强化环境监督管理

大区	具体区域	地理概况	污染状况	控制目标	治理行动
两区	酸雨控制区	80 万 km²,占国土面积的 8.4%(14 个省)	酸雨频繁,酸度高	到 2020 年遏制酸雨恶化趋势;到 2010 年使酸雨污染状况明显好转,降水控制区降水 pH<4.5 地区的面积明显减少	限制高硫煤的开采和使用;重点治理火电厂污染,削减 SO_2 排放量,研究开发 SO_2 污染防治技术和设备;实行 SO_2 排污收费;强化环境监督管理
一市	北京市	首都	大气污染较为严重,空气质量为IV级的次数较多	2000 年空气质量有明显改善,2002 年达到II级	改变能源结构,提高汽车尾气排放标准等
一海	关于"一海"(渤海)的具体实施方案,目前正在制定之中				

资料来源:根据国家环境保护总局有关资料整理。

那么,在上述"33211"区域中,哪个是更为紧迫或重要的投资重点地区?应该说这些地区都是投资重点,具体实施中主要是从准备的成熟程度来进行投资,谁先制定了规划并得到批准,谁就先上,并无更进一步的规定。显然,由于"33211"地区主要位于中国的东部地区,故污染控制的重点投资地区是东部地区。

综上所述,环境保护投资的地区重点主要是:中西部地区的特殊生态功能区,东部地区的"三河""三湖""两区""一市""一海"等特殊区域。

制定正确的政策　促进环境保护投资多元化①

夏　光

《环境保护"十五"计划》提出"十五"期间环境保护总的目标是"力争环境污染有所减轻,生态环境恶化趋势得到遏制,重点城市和地区环境质量得到改善"。为了实现这个目标,"十五"期间共需投入 7 000 亿元左右。这么大量的投资,单靠政府投入是不够的,必须动员全社会的力量,形成多元化的环境保护投入机制,在这种情况下,制定适当的政策以促进环保投资多元化,就十分重要。

一、政府政策对建立多元化环保投资机制的关键作用

环境保护是一项公益性很强的工作,因此环境保护工作需要由政府出面来组织和举办。以前在计划经济时代,"举办"就变成了"包办",政府承担了大量环境保护投资的责任。随着社会主义市场经济不断发展,人们的认识也逐步在调整,认识到政府在环境保护工作中主要是制定政策法规,进行环境监督管理,对大江大河和生态脆弱地区进行综合治理等,而企业的污染治理、城市环境基础设施建设等,应该由企业或社会来承担,通过吸纳商业资本、社会公众和企事业单位等社会资金,形成政府、银行、企业、个人等多元化投资局面。在这种指导思想下,我国环境保护投资多元化趋势一直在发展,企业污染治理这一块,按照"谁污染谁治理"和"谁污染谁付费"的原则,已由企业承担,政府财政不再投入。现在的主要问题是公共性的环境基础设施(如污水处理厂、垃圾处理场等)建设这一块,如何形成社会多元化投资的局面?从原理上讲,这些基础设施是为全社会服务的"公共物品",可以通过政府税收筹集资金进行建设,取之于民、用之于民,但实际上政府税收收入要完成这些建设任务是力所不能及的,因此必须探讨更多的集资融资渠道,在这种形势下,如何制定和实施鼓励环境保护多元化投资的政策,成

---

① 原文刊登于《环境科学动态》2001 年第 3 期。

为关键性问题。

在国际上，积极引导和鼓励社会资本进入环境保护领域是一个明显的趋势，从 20 世纪 80 年代开始，欧美开始倡导和鼓励私人部门积极参与环境基础设施的建设和运营，有所谓"新 PPP 原则"（Public and Private Partnership，公共部门与私人部门的伙伴关系）之说，这种趋势后来也扩展到了亚洲各国。重要的是，这种新趋势不仅增加了公共领域的投资来源，而且还改善了公共领域内的投资效率，因为过去普遍认为公共投资效率不高，浪费较大。目前，引入社会资本进入环境建设已成为国际上普遍接受的做法，不少国家颁布了相关法律，成立了专门机构。在美国，城市环境基础设施建设与运营的较大部分由私人部门承担；马来西亚将全国划分为几个区域，把垃圾和污水处理业务全部委托给几大公司；日本过去曾把政府环境预算的 80%以上投入环境基础设施建设中，现在也感到这样做力不从心，弊端甚多，因而开始变革。这些过程与我们倡导的环境基础设施建设与运营的市场化是基本一致的，说明环境保护投资多元化是一种世界性的趋势。

二、建立多元化环保投资机制的基本政策原则

制定政策是政府的职能，也是政府可以利用的"资源"，通过制定正确的政策，政府可以鼓励社会各方面力量向环境保护领域投资，也就是说，政策本身就有一定的含金量。为了达到开发政策"资源"，引导社会进行环保投资的目的，首先需要考虑几个政策原则。

第一，让投资者有利可图。环境质量是一种公共产品，"生产"这种产品的行为具有很好的社会效益，即有很强正外部性，这种特性使环境保护不易吸引社会资本的进入，此时就必须通过政府制定适当的政策来创造条件，使"外溢"的效益内化到投资者头上，即使投资于环境保护的人获得应有的经济利益，这就是人们常说的由政府创造一个公共物品市场，以弥补市场失灵。这种指导思想不同于那种把环境保护看作单纯的福利事业，要求投资者无私奉献的认识，因此在政策设计上就必须照顾投资方利益。当然，在强调使投资者有利可图的同时，我们也强调鼓励投资者（尤其是国外投资者）出于环境意识而进行自愿的环境建设，事实上，我国许多环境基础设施已得到了国外的无偿援助。

第二，政府应进行必要的引导和催化。在鼓励环境保护多元化投资的政策中，政府本身必须发挥主导性作用，这是由政府的职能所决定的。一是必要时政府要投入一定的资金，对基础设施项目进行拼盘投资，起到引导作用；二是政府可以利用税收、利率、收费各种经济手段，使本来不能直接产生经济效益的基础设施项目变得有利可图；三是

政府通过严格的政策和标准，加强环境管理，促使全社会产生对环境基础设施的市场需求，使投资者有足够的服务对象。总之，政府制定鼓励环境保护多元化投资的政策，仍要把本身作为"多元"中的"一元"，始终在环境保护方面居于主导地位。

三、制定鼓励环境保护投资多元化的政策

根据发达国家的经验，产业污染防治还不是最费钱的，真正花大钱的地方是处理污水和垃圾等城市生活环境问题，在这些方面，要建设大量的城市环境基础设施。据资料，日本用在城市生活环境问题上的财政预算大概是治理产业污染的 5～10 倍；日本用了 10 多年的时间解决产业污染，但对于城市生活环境问题，从 20 世纪 70 年代后期开始大量投入，到目前仍未彻底解决。我国城市环境基础设施建设在"九五"才被广泛地列入各级政府的重要议事日程，也就是说，我国环境保护花大钱和集中花钱的时期刚刚开始，这就更加需要研究如何促进社会资本进入环境保护领域。以下是几项可以考虑的政策。

1. 按照市场经济原则建立环境服务收费政策

过去把城市环境污染集中处理工作作为一种社会福利来安排，政府财政支付这些基础设施的建设和运行费用，当然无须制定相应的收费政策。现在为了鼓励社会资本来进行环境基础设施建设，有必要改革过去的体制，一方面要求污染企业和家庭把污水和垃圾等按照一定程序进行收集，同时还要求他们为处理这些废物支付费用，这些费用就成为投资于环境基础设施建设的企业的运行费用和利润。现在城市家庭为废水和垃圾处理每月支付的费用是偏低的，政府每年还要补贴大量经费，因此，随着环境改善力度不断加大，收费政策还要不断完善。

2. 建立专项补助资金，对环境基础设施进行拼盘投资

对环境基础设施建设，政府有必要进行积极的支持，投入一定基金起到催化作用，例如建设城市污水处理厂，由社会投资大部分，政府给予适当补助，建成后的收益归运营该设施的专业公司，等于政府无偿给予鼓励，这样有利于吸引社会参与。目前，在沿海地区，有些地方城市政府就采取了这种模式，效果较好。

3. 发行环境彩票，广泛筹集社会资金

彩票是从社会无偿筹集的资金，用于社会福利性比较强的事业。环境保护属于社会公益性很强的事业，采用彩票方式是合乎情理的。目前，上海、陕西等地都在设想和策划发行环境彩票，这是积极的政策创新，应鼓励探索。发行环境彩票，关键是要做好宣传工作，使人们认识到为社会增加环境资金是公民的根本利益所在。通过环境彩票筹集到的资金，虽然是无偿的，但也应确实用于改善环境质量，使人们得到实际的环境效益。

4．制定对环境基础设施的优惠政策

鉴于环境基础设施的公益性和非营利性质，政府应对其采取特殊的税收政策，免除或减轻其税负，包括零税率、低税率、先征后返等，通过税收政策的优惠，产生对社会资本的吸引力。在金融政策方面，政府可以对环境基础设施给予贷款贴息，使从事环境基础设施的投资者更容易获得银行资金支持。由政府支持的政策性银行，可以直接对环境基础设施给予优惠政策支持，例如低息贷款、无息贷款、优先贷款、延长信贷周期等。在我国淮河流域的水污染治理中，就出台了一系列对污水处理厂建设的税收和信贷优惠政策，起到了有效的作用。

5．支持环境基础设施企业上市，发行环保股票或债券

在证券市场上发行环保股票，所取得的资金是无偿的，这是筹集环保资金的一条值得大力开拓的渠道。由于环境基础设施的特殊性质，需要由政府出面提高这些企业的信誉，虽然这是有市场风险的，但这也是政府作为公共环境质量供给者应该做的。目前，已有几家环保企业上市取得了良好的业绩，形成了有一定影响力的"环保板块"，今后还要促成更多企业上市。发行债券虽然也是企业行为，但对环境基础设施企业，政府给予信誉担保也是必要的，在这方面，政府既要予以支持，也要加强监管，保证企业确实从事有效的环境基础设施事业。

6．积极引进外资

国外、境外资金对支持我国发展环境基础设施一直有比较大的兴趣，也取得了一定的成效，但还有政策支持不够的问题。通过制定适当的政策，外资还能更大程度地为我所用。BOT 等各种国际融资方式，在环境保护领域应用程度还很低，说明政策方面有缺陷，对这个问题应该专题研究，找出问题所在，有针对性地予以克服。适当对外开放我国环境基础设施建设市场，虽然对我国同类企业有一定冲击，但积极影响也是明显的。

解决我国环境问题，资金投入始终是一个关键因素，在市场经济条件下，完全靠政府财政进行环保投入的局面是不能继续下去了，因此，环境保护投资渠道多元化是必然选择，这是我们面临的新课题，在这方面，加强相应的政策研究十分紧迫。

发展我国环境保护产业的深层思考[①]

曹凤中

进入 20 世纪 90 年代以来，我国政府不断加大对环境与生态保护治理和投入力度，环境保护相关产业在不断适应经济发展和环境保护（以下简称环保）事业需要的过程中迅速发展。与 1997 年比较，2000 年我国环保相关产业的从业单位增加了近一倍，从业人数增加了 87%，年收入总额增长了 268%，年利润总额增长了 187%，人均收入、人均利润分别增长了 73% 和 53%。

"九五"以来，随着环保事业的不断深入，我国环保相关产业经历了从量变到质变的过程，在快速发展的同时，加快了产业结构调整步伐，可持续发展和循环经济战略在国民经济发展中得到加强，环保相关产业发展基本走过了以"三废"治理为主要特征的发展阶段，正在朝着有利于提高经济发展的环境质量、提高经济发展层次的方向发展。

一、对我国环保产业发展的分析

发展是一个内涵丰富的经济学概念，环保产业的发展水平相应地也包含多方面的内容，这里主要从产出规模、生产效率、技术水平和出口竞争力四个方面，每个方面又采用若干指标来描述环保产业的发展水平。基于不能获得相对完整的国内外环保产业统计数据，因此客观上进行环保产业的国际比较是有局限性的。我们在进行国际比较时，尽量利用环保的数据，若没有则利用我国机械工业的数据。

1. 产值

2000 年我国环保相关产业的收入总额达 1 689.9 亿元，世界总产值达 6 000 亿美元，我国仅占世界的 3.4%；整个环保工业（污染防治产品）的产值为 95.47 亿元，仅占世界的 0.05%；大大低于发达国家的发展水平。

[①] 原文刊登于《经济研究参考》2002 年第 39 期。

2．增加值

从 2000 年环保产业统计数据看，与 1997 年比较，2000 年我国环保相关产业的年收入总额增长了 268%，年利润总额增长了 187%。1997—2000 年，世界环境保护产业是朝阳产业，发展很快，增加值达 250%。这表明我国的环保产业增加值与世界水平相当。

3．生产效率的国际比较

劳动生产率是指增加值与全部从业人数的比值。我国环保工业的劳动生产率既远远低于美国、日本、德国、法国和英国等工业发达国家，也大大低于韩国这样的新兴工业化国家。2000 年我国环保工业的劳动生产率为 12 468 美元/（人·a），高于我国机械工业的劳动生产率 [1998 年我国为 3 737 美元/（人·a））]，而大大低于美国 [美国 1995 年达到 975 510 美元/（人·a）]，和印度尼西亚、马来西亚相当。

4．工资生产率

工资生产率等于增加值与工资的比值，这个指标有助于反映劳动力价格优势的实际效果。有关数据表明，相对于美国、日本、德国、法国和英国而言，我国机械工业劳动力廉价优势的实际效果虽然存在，但并不十分明显；如果与韩国、印度尼西亚和马来西亚等新兴工业化国家相比，我国机械工业的劳动力却很难说存在廉价的优势，或者说名义上劳动力价格优势并没有产生应有的实际效果。1995 年，我国机械工业从业人员的年人均工资为 5 466 元，按当年汇率折算为 655 美元，而美国 1995 年机械工业从业人员的年人均工资为 35 370 美元，日本为 40 859 美元（1993 年），德国为 37 817 美元（1994年），法国为 39 762 美元（1992 年），我国机械工业从业人员的年人均工资依次为上述五国的 1.85%、1.6%、1.73%、1.65% 和 2.82%。另外，我国机械工业的工资生产率却分别只有上述五国的 1.13 倍、1.24 倍、1.61 倍、2.17 倍和 1.6 倍。由此可见，我国机械工业劳动力价格优势在很大程度上只是名义上的，如果从工资生产率的角度考察，那么这种名义上的劳动力廉价优势将会被生产的低效率抵消掉一部分。对于韩国、印度尼西亚和马来西亚等国来说，尽管人均工资水平要高于我国，但由于其工资生产率也高于我国的水平，因此我国的低工资优势就难以产生应有的实际效果。

5．技术水平的国际比较

国际上一般认为，研究开发经费额及其占收入额的比例指标是衡量技术进步快慢和技术水平高低的重要标志。2000 年我国环保产业的环保技术开发投资为 60.9 亿元，研究开发经费额及其占收入额的比例为 3.6%，而我国各行业该比例都在 1% 以下；日本机械工业在 3%～6% 之间。说明我国环保加大科技开发力度，环保产业的整体水平正在提高。

环保产业的技术水平的国际比较是一个复杂的问题。20 世纪 90 年代初笔者曾进行过研究，从现在的发展来看，我国环境科学技术的某些领域和国际水平相当，但整体水平还有一段距离。与国际环保产业发展相比我国大约落后 10 年。

6. 出口竞争力的国际比较

机电产品出口额及其占世界机电产品出口总额的比例是衡量机械工业出口竞争力最直接的两个指标。虽然近年来我国的机电产品出口额有了很大的增长，但还是显著地低于美国、日本、德国和法国等工业化国家。从占世界机电产品出口总额的比例看，1995年我国为 2.31%，而美国却为 16.85%，日本为 17.39%，法国为 6.59%，德国 1994 年为15.76%，都大大高于我国的水平。环保产业的出口水平略低于我国机械工业。我国环保产品大部出口到东南亚国家，例如 99 陶瓷除尘器和印染废水处理设备等。

二、我国环保产业与国际水平的差距分析

根据我国环保产业与工业化国家和新兴工业化在产出规模、生产效率、技术水平和出口竞争力等方面的比较分析，可以得到如下几点结论：

从产出规模看，我国环保产业最近几年发展很快，但产出规模小。我国环保工业平均每个工厂仅有 71 人。这是由于环保工业大多是乡镇企业，国有企业刚刚进入的原因。我国环保产业市场化，扩大企业规模，必须培育环保企业群。

我国环保工业的劳动生产率与国际水平存在着非常大的差距，甚至低于印度尼西亚和马来西亚。从总体上看，我国环保工业的技术水平与工业发达国家相比存在着阶段性差距，无论在研究开发经费投入还是在产品的技术含量上都明显落后。

我国环保工业的出口竞争力还比较弱，从机电产品出口总额的比例和机电产品的贸易竞争力指数等指标看，我国均显著地低于工业发达国家的水平。

造成我国环保工业素质较差的原因是多方面的，其中根本的原因是发展阶段上的差异。其他方面的原因还有：一是企业的组织体制和经营机制存在缺陷，如现代企业制度和经营机制不健全，管理水平较低等；二是长期实行计划经济体制遗留下来的问题，如企业的冗员过多，负债率过高，社会负担过重等；三是条块分割造成的影响，如分散、重复严重，生产集中度和专业化水平低，难以采用高效先进的技术设备，规模效益不能发挥等；四是科技投入不足，有限的科技资源也未能合理运用，科技成果难以转化为现实生产力；五是从业人员的整体素质较差，企业的研究开发人员缺乏，人才的不足与浪费现象并存；六是国家相关政策的引导和支持不够，如技术装备政策不明确，对共性基础技术重视不够，对企业技术进步的支持需加强等。

目前，我国环保工业尚不能满足环保事业发展的需要。特别是实施"绿色工程计划"

和"332211 工程"后，一些项目找不到适合的技术和产品，不能满足产业结构调整和升级对环保技术与设备的需要。也正因为如此，新增技术装备对进口的依赖程度相当高。环保工业产品出口微乎其微，而进口却在不断增长，如在治理淮河污染中，进口了多个国家的污水处理设备。

我国环保工业在产业整体上与国际水平相比存在很大差距，并且这种差距对我国经济增长方式的转变产生了多方面的不利影响。还需要进一步指出的是，由于发展环境的变化，这种差距也将给我国环保工业的自身发展带来困难。在我国加入 WTO 后，随着关税壁垒的降低和非关税壁垒的减少，国外先进的环保机械产品必将大量进入我国市场，我国环保机械工业受到冲击在所难免。因此，如何更好更快地提高我国环保工业的素质，不断缩小与国际水平的差距，就成为我国环保工业未来一段时期内面临的当务之急。

三、发展环保产业的思路

环保产业的立足点在于协调企业、社会与国家之间的利益分配关系，根据社会主义市场经济规律和环保产业发展需求，并依据"污染者付费、利用者补偿、开发者保护、破坏者恢复"的原则，对今后发展我国环保产业提出一些思路。

（一）环保产业要融入我国经济与环境发展目标，唯此才有持续力

环保行业在 2015 年前，将以强有力的政府宏观调控与市场调节相结合为导向；以需要为动力，以服务为宗旨；以燃煤污染防治及除尘脱硫、工业废水及城市污水处理、固体废物综合利用及城市垃圾处理等成套技术装备为重点；以先进的制造技术、设计技术、机电一体化及可靠性与质量控制等技术为先导；以现有环保机械制造企业技术改造与部分传统机械工业企业产品结构调整相结合为发展途径，加速科技成果的商品化、产业化；积极引进国外先进技术，从根本上扭转产品技术落后的状况，完成我国 2005 年、2010 年环境目标。

环保产业要重点强化宏观指导，从治"散"、治"乱"入手，通过加大投入和存量调整，提高企业工艺装备水平和质量检测能力，改善企业结构和产品结构；促进单元处理设备标准化、系统化进程，提高专业化生产水平；培植一批主力军企业；加强行业技术基础建设，使产品品种、质量和性能有较大幅度提高；形成有一定生产规模，出口数量基本稳定的拳头产品及相应制造企业。

（二）切实推进环境保护工业的战略性结构调整

战略性结构调整是未来环保工业发展中面临的一项重要任务，调整的重点主要包括环保工业的组织结构和产品结构两方面。

1. 以提高环保工业的市场竞争为目标，大力推进环保工业的组织结构调整

①培育建设一批有较强国际竞争力的大型企业集团。要打破行业、地区和所有制的束缚，按产品的特性及工艺特点对相关的企业实行战略重组，以资本为纽带，通过市场形成具有较强竞争力的跨行业、跨地区、跨所有制和跨国经营的大型企业集团。②鼓励支持一批重点企业实现规模经营。要按照"两头在内、中间在外"的要求，努力降低零部件自制率，改变"大而小、小而全"的现状，要积极面向社会充分发挥现有生产能力的作用，从而形成规模经济。③组建发展一批具有较强专业化协作能力的小型企业，形成环保工业化协作推广工作的力度，建成一批"专、精、灵"的专业化小型企业，形成环保工业大、中、小型企业协调发展的格局。

2. 以满足市场需求为重点，切实推进环保工业的产品结构调整

一方面优先发展一批重点产品，具体包括为我国经济发展服务的直接和相关产品，如污水处理厂成套设备、脱硫设备等，发展市场和出口前景好、技术水平高的产品，进出口逆差大的以产顶进产品，具有较强市场竞争力的高技术产品等。另一方面，适当限制一批生产能力闲置严重、市场供给远远超过市场需求的过剩产品的生产，坚决淘汰一批技术工艺陈旧、资源浪费和环境污染严重的落后产品。依靠技术进步，运用先进制造技术改造环保工业。

（三）完善政府管理职能，加大政策拉动力度

作为生产活动的外部性或外部效果，环境污染由于它的公共属性致使生产者在市场竞争面前不会主动增加在环保上的投入，没有政府的干预，对环保产品及环境服务的需求只能是潜在的需求。要把这些潜在需求转变为现实的需求，则取决于污染控制的力度。

在我国政府制定的一系列环境政策中，有以环境成本内在化为目的的，其中主要体现在排污收费制度上。然而应该看到，虽然排污收费在筹集污染源治理资金上起着重要作用（占环保投资的 15%左右），但由于现行的排污收费标准偏低，激励作用不够，造成企业缺乏治理污染的积极性，宁肯受罚付费也不愿治理污染，致使对环保产业的需求难以从潜在变为现实。显然，加大污染控制的主要经济手段——排污收费的力度，同时加大污染控制的行政手段的强度，是发展环保产业的必要前提。

应该看到，如果没有相对完善的市场机制，企业不是独立的、自负盈亏的利益主体，

政府实行污染控制的经济手段也不能很好地实现。改革开放以来，市场的作用大大加强，但国家与企业的关系尚未厘清，预算软约束问题仍未解决；加上地方保护主义盛行，国家的一些经济处罚对企业常常缺乏约束力。在这种情况下，即使排污收费力度已充分提高，达到了污染控制的边际成本，也不可能对企业治理污染提供足够的经济激励，使企业主动增加环保投入，为环保产业提供市场需求。没有企业的积极性，仅仅依靠国家进行环保投资，将会直接影响国民经济的增长。因此，必须建立现代企业制度，使国家控制污染的各种经济手段充分发挥效用。

强化环保法规的严肃性，加大执法力度对发展环保产业具有同样重要的意义。加强法制建设，增强人们的法制观念应作为当务之急。这对于我国环保产业的发展非常重要。

（四）创造环保市场需求环境，加大环保投入力度

1999 年我国环保投资占国内生产总值的 1%，但我国环境恶化趋势仍在加重。但我国环保投资应该占国内生产总值的 1.5%～2.0%。要使环境状况逐渐好转，这一比例应该在 2.5%以上。也就是说，我国环保投资的增长速度应该大于同期国民生产总值的增长速度。我国"九五"计划和 2010 年远景目标纲要确定的环境保护目标是：到 2000 年，力争环境污染和生态破坏加剧的趋势基本得到控制，部分城市和地区的环境质量有所改善；2010 年，基本改变环境恶化的趋势，城乡环境有比较明显的改善。要达到上述目标，环保投资需要明显增加。如按环保投资占国内生产总值比重 1.5%来测算，1993 年我国环保投资需求为 675 亿元，1997 年为 1 120 亿元，1998 年为 1 210 亿元，2000 年达到 1 275 亿元（按 1995 年不变价格计算）。今后 5～10 年，我国环保产业将在产品质量和技术水平上有较大进步，民族环保产业仍将是我国环境污染治理的主要力量，并有望成为国民经济新的增长点。今后 5 年，我国环保产业将在现有基础上以不低于 15%的速度增长，预计到 2005 年，我国环保产业年产值将突破 1 400 亿元，约占当年 GDP 的 1.4%。其中环境产品 500 亿元，环境服务 500 亿元，与环境有关的建设 400 亿元。

2010 年，中国环保产业将在"十五"发展基础上，进一步发展形成基本满足环保需求的环保产业结构和比较健全的环保产业市场；"十五"后，环保产业将以不低于 12%的速度增长，到 2010 年其总产值将超过 2 500 亿元，约占当年 GDP 的 2%。其中，环保产品的总产值达到 800 亿元，环保技术服务体系的总产值达到 1 000 亿元，与环境有关的建设体系总产值达到 700 亿元。2010 年可望达到 2 500 亿元。

如按照每形成 1 单位资本、实现 2.5 单位的国民产值计算，环保方面的产值 1993 年、1998 年、2000 年和 2010 年可分别达到 1 687 亿、3 025 亿、3 187 亿元和 6 250 亿元。但 1997 年环保产业产值仅为 520 亿元，即使考虑到某些方面的产值没有估计进

去，环保产业的产值还是远低于实际需求的。因此，国内环境保护具有很大的市场容量和发展潜力。

（五）实施两个转变，加大科技进步推动力度

根据我国环保工业的实际，当前要把加强企业的自主开发能力和技术创新能力放在重要位置，尤其是要使企业真正成为技术开发和技术创新的主体。同时要完善和加强科技成果的商品化和产业化。在此基础上，国家还应该关注和扶持基础技术和共性技术的研究与开发，选择一批关键技术列入国家科技发展计划。目前，科技部已经把污水处理厂成套设备列入新产品开发计划，国家经济贸易委员会、国家环境保护总局也都采取措施给予支持。

技术来源和技术进步既是中小型企业稳定发展的重要保证，又是中小型企业发展中的薄弱环节。要建立一批为中小型企业服务的环保行业技术中心，同时加强并提高各类技术中介机构的服务能力和水平。要采取鼓励政策，支持中小型企业引进技术、购买专利以及与科研单位联合开发新产品等。

大力发展先进环保技术是未来我国环保工业发展的重点。以计算机技术和信息技术为代表的高科技的广泛应用，正在使环保产业的生产技术和生产方式发生重大变化，利用高科技是世界各国环保产业的发展方向。

（六）完善市场运作机制，加大环保市场规范力度

当前由计划经济体制向市场经济体制转轨的过程中，如何积极、正确地引导、构造、培育和规范环保市场，对环保产业的发展具有重要的现实意义。因为只有健康、有序、规范的环保市场才会有兴旺发达的环保产业。目前，强化环保市场的管理，应侧重从以下几个方面加以考虑：

1．加强市场监督，实施准入制度

我国的环保产品质量认证已试行了多年，取得了一些成效，但对于我国3 000多种环保产品来说，仍明显感到力度不够。当前应当扩大和严格执行以环保产品的质量检测认证为基础的市场准入制度，对于那些没有取得认证资格的产品，应限制其在市场上流通，对于检测认证机构的资质要从严掌握，规范其行为，并取得认证机构的重复性设置，打破地方市场的垄断保护主义，切实把好环保产品的质量关。

2．完善环保市场的运作机制

目前，国内环保市场还没有建立起比较规范的价格体系和流通体制。流通领域又缺乏相应的系统和规范，市场行为存在许多弊端。建立环保市场的运作秩序，是当前加强

环保市场管理的首要任务之一。国家主管部门应联合科研、设计单位和生产厂家尽快总结经验，设计、研制出环保产品的标准体系，建立行业标准和产品标准。这不仅有利于产品的配套和发挥各自的产品优势，同时对于规范价格和质量也会起到重要作用。我们国家长期实行的国家或企业投资、设计部门设计选用、生产企业生产的环保产品市场运作体系，虽有专业分工明确、重点突出的特色，但却存在投资者、设计选用单位、生产供货商之间利益分割不均、责任归属不明等缺陷，致使市场主体之间相互的权利义务不清，发生纠纷或问题长期得不到解决。环保市场在推行准入制度的同时，要积极发展代理制和监理制，明确权利和责任义务关系，采取有力、有效的手段，保障市场主体权利的实现，保证责任义务的履行，同时对环保产品的优胜劣汰也会起到积极作用。

3. 在新形势下做好市场导向

经济增长方式实行从粗放型向集约型转变，是解决环境污染的最根本出路。伴随着生产经营方式的转变，环境污染治理的重点从单纯的末端管制向生产全过程控制转移。国家主管部门要大力推动清洁生产、清洁消费等新观念的普及和运用，指导环保企业逐步地、更多地关注生产企业的技术改造和工艺、产品的重新设计，同时要着重发展回收、回用、循环、再生、无害化、减废等方面的技术、设备和工艺。对于由生产方式转变而引发的环保产业重点的转移，我们的管理、生产和制造都要及时做好调整的准备。

4. 加强信息渠道的建议

我国现在已有一些网站在环保产业上有所发展。应尽快建立国家级的环保产业信息中心，规范和疏通信息的采集、加工、传输、反馈、使用方式和机制，将信息商品化、市场化，设置定时或定期的信息发布系统，利用互联网络等现代化传媒手段，增加速度，降低成本，使得信息负载的价值能够迅速地转变成市场信号，为环保产业的高效、有序发展提供服务。

（七）推动环保产业结构升级，加大企业整合力度

推动环保产业结构升级，培育大企业、产业集团，无疑是当前我国环保产业的急需。据 2000 年统计，中国的环保产业以小企业为主，受资金匮乏的影响，很难形成高水平的环保产业群，这是制约我国环保事业发展的一个重要原因。

在市场经济条件下，环保产业的发展在很大程度上取决于环保工业企业能否成为具有发展的动力、压力和能力的市场主体。这就要求加大政府政策拉动力度和企业内部机制的转换力度、推进现代企业制度的建立。对国有大中型企业要积极创造条件进入环保产业市场，探索公有制的实现形式，对其中具备条件的企业可以通过股票上市和收购兼并等方式进行股份制改造，对大量的小型企业要全面放开搞活。只有真正建立起自主经

营、自负盈亏、自我发展、自我约束的经营机制，环保工业才有可能按国内外的市场需要和营销惯例来组织生产经营活动，才有可能在产业国际化的激烈竞争中生存和发展。

（八）完善环保产业优惠政策，加大企业激励力度

主要对环保设施建设、运营，废物的综合利用，使用清洁生产技术或环境无害化技术，生产有利于环境的无公害产品等的企业，在税收、用地、补贴、信贷、证券等方面给予一定的优惠与鼓励，以调动企业的积极性，加大环保事业。

今后，排污收费的范围将会进一步扩大，收费标准也会逐步提高。城市生活污水、生活垃圾的处理处置费会按照国外通行的做法在所有城市地区实施，收费标准也会有相应的提高。工业"三废"排污费将在达标排放的基础上，依据污染物的排放总量征收。二氧化硫、汽车尾气等污染物将通过资源附加税的形式征收。国家刺激环保产业发展的转移支付机制也会逐渐形成。国家和地方政府将会增加环保方面的预算，国家、地方政府、企业、居民用于（比如排污费）环保方面的投入能够更加有效地转移到环保市场上来，环保的潜在市场可能在 2005 年前后转化为现实的市场。

（九）强化环保工业行业管理的组织

随着我国加入 WTO，环保工业行业管理的组织、范围和内容也需要做出相应的调整。为了改进和加强行业管理，必须深入探索并逐步完善环保工业宏观调控的体系、手段和途径，建立健全有效的行业监管机制。总体上说，环保工业管理体制要由计划型向市场型转变，实行小政府大社会的模式，具体的工作内容应从着重考虑生产能力的扩大和技术水平的提高，转向研究市场、分析市场、开拓市场和启动市场等方面上来，真正把市场需求作为工作的出发点和落脚点。

（十）提高全民族环境意识，扩大环境消费需求力度

研究并制定扩大环境消费需求的政策，例如，实施 ISO 14000，环境标志产品，以及环境信息公开化政策，引导和刺激消费者购买使用环保产品，增强公众的环境参与和环境意识，加速环境保护进程。

论我国工业污染治理的市场化及政策[①]

周 新 任 勇 裴晓菲

一、工业污染治理的投资及效率

"九五"时期工业污染治理投资从 1996 年的 95.6 亿元增长到 2000 年的 239 亿元，年均增长率为 25.7%，然而同期的工业污染治理效果却没有同比增长。以工业废水为例，"九五"时期工业废水治理投资年均增长率为 23.3%；而工业废水处理量年均增长率仅为 9.9%，达标排放率年均增长率为 8.6%。如果粗略地用工业废水达标排放率年均增长率/废水治理投资年均增长率，或以工业废水处理量年均增长率/废水治理投资年均增长率表示废水治理投资的效率，则两数值均大大小于 1。这说明虽然我国工业污染治理投资的数量有了很大的增长，但投资效率仍较低下。

导致工业污染治理投资效率低下有多种原因，其中一个重要原因是工业污染治理是一项技术性较强的专业，一些企业，特别是中小企业并不具备这种能力，因此污染治理设施建成后，由于不能正常、高效地运行，导致效率低下。此外，大量中小企业分散治理的不经济性也导致投资效率低下。

二、工业污染治理市场化的兴起

工业污染治理投资的快速增长激励了我国环境保护产业的发展，特别是近几年环保服务业的快速发展，为工业污染治理提供了更多、更好的产品和服务，也为解决工业污染投资效率低下问题提供了条件。

随着环境管理的日益强化，企业不仅对污染治理设备、仪器、环境工程设计等传统

---

① 原文刊登于《中国环境报》2003 年 9 月 12 日。

的环保产品和服务有需求之外，还逐渐对环境工程施工、监理、环境监测与分析，以及污染治理设施的运营维护等产生了需求。在供求关系驱动下，新的环保服务业市场逐渐产生。本文中提到的工业污染治理市场化是指污染企业通过合同方式委托环保专业公司从事其部分或全部污染防治工作，主要涉及工业污染委托治理和市场化运作的工业污染集中治理。

工业污染委托治理有潜在市场需求的经济学解释是：环保公司通过专业技术和规模经济的优势，使边际治理成本低于企业自己治理的边际成本。在达到同样削减量时，委托治理的总成本低于企业自己治理的总成本。

工业污染集中治理通过污染企业搬迁、工业园区和经济开发区的规划建设、城镇污水集中处理设施和集中供热、供气设施的建设，利用集中治理的规模效应，使企业有偿使用污染物集中处理设施。工业污染集中治理兼有降低污染治理成本、提高污染治理效率和工业污染治理融资的作用。

三、工业污染治理市场化的模式

目前，我国许多地方开展了工业污染委托治理和工业污染集中治理市场化的实践，笔者针对上海、浙江、福建、江苏、广东等地进行了调研。

（一）工业污染委托治理的实践模式

模式 1：环保治理公司参与污染企业的环境管理

这种模式中，污染企业有治理设施和运营人员，为了提高企业环境管理水平和治理设施的运营效果，污染企业以有偿技术服务合同的方式聘请环保公司参与企业的环境管理。其范围包括环保公司向企业提供治理技术服务、为企业提供监测和分析服务、协助企业规范日常环境管理，以及帮助企业培训设施操作人员等。

模式 2：工业污染治理设施的承包运营

污染企业将其治理设施以承包合同方式委托环保公司进行专业化运营和维护。在工业污水治理方面利用此模式的较多。以污水处理为例，一般在合同中规定了污染企业排放污水的水质水量、环保专业公司保证达标排放、委托运营的费用、双方在提供水电和设备维护方面的责任等项内容。

模式 3：从污染治理方案设计、工程施工到建成后运营维护的综合服务

污染企业委托环保专业公司从治理方案设计、工程施工、调试到建成后的运营管理提供综合的有偿服务，并确保达到治理效果。这种模式一般适用于新建或扩建的治理项目。

模式 4：大型企业污染治理设施运营同原企业剥离

大型企业，特别是石化企业，污染治理工艺复杂、专业性强，一般都有自己的治理设施和一批较高素质的环保专业技术人员。然而目前许多企业自己运行环保设施普遍存在低效率问题。为了提高污染治理效率，一些企业将污染治理设施的运营维护从企业剥离出去，进行企业化的运作和独立核算。

模式 5：委托有污染治理设施的企业代为处理

这种模式对工业固体废物的处置和处理非常普遍。对于水污染治理，则是一些排放量不大的企业，将污染物收集后，委托有治理设施的企业代为处理，按照单位污染物进行计量，支付代处理费用。双方通过合同方式规定各自的责任和利益，主要包括代处理污染物的质和量、运输方式及环境违法的责任等。

（二）工业污染集中治理市场化的实践模式

模式 1：同类或相近行业的污水集中治理

一些布局分散、污染严重且治污困难的同类中小企业，特别是染整行业、皮革行业和电镀行业，通过搬迁将企业相对集中。采用企业出资、政府投资或民间融资等多元化投融资形式建设污水处理厂和铺设污水输送管网。污水处理厂实行企业化管理、专业化运营，污染企业定期向污水处理厂缴纳一定的污染治理费。

模式 2：工业污水纳入城市污水处理系统进行集中治理

通过污染企业、政府或民间等对城市污水处理厂或污水收集输送管网进行投资，将一定区域内企业排放的污水和城镇居民的生活污水纳入城市污水收集管网，然后由城市污水处理厂进行集中处理。入网企业支付入网费和污水处理费。

模式 3：新区污水集中治理的"物业管理"

这种模式是在新建的各类经济开发区或工业园区内，将污染治理设施同新区的其他基础设施建设同步规划、同步施工。投资、建设和管理由新区管委会统一负责，实行管委会领导下的"物业管理中心"经理负责制。污染治理设施实行专业化运营，园区内的企业向"物业管理中心"缴纳污染物处理费。

（三）工业污染治理市场化的作用

工业污染治理的市场化对促进工业污染防治具有如下的积极作用：①提高和稳定达标排放率，保障企业环境守法；②降低达标排放的治理成本，提高工业污染治理投资的效率；③提高企业综合竞争力；④市场化运作的工业污染集中治理能够提供多元化融资机制，保障中小企业污染治理投资和治理效果；⑤有利于实现污染物排放总量的削减；

⑥有力地促进环境保护服务业的发展。其中最突出的作用是降低达标排放的治理成本，提高工业污染治理投资的效率。据浙江省环保局的不完全统计，企业污染治理设施专业化运营后的达标排放率可达 70%～80%，有的可达到 90% 以上，与污染企业自己运营相比，达标率提高了 30%～50%，运营成本节约 10%～20%。

四、工业污染治理市场化的现状及主要问题

(一) 工业污染治理市场化的现状

2000 年我国环保服务业占环保产业的比例为年收入的 38%、年利润的 30%。环保产业中与工业企业污染治理市场化密切相关的环境技术服务、环境咨询服务和污染设施运营管理三项合计占环境保护服务业年收入总额的 16.8%，所占比例很小。2000 年接受委托运营管理的工业废水处理设施 255 项，占全国工业废水处理设施总数仅 0.4%；按受委托运营管理的除尘脱硫设施 45 项，仅占全国大气污染处理设施总数的 0.03%。

比较美国环保服务业的情况。1996 年美国环保产业年收入总额为 1 811 亿美元，环保服务业的年收入为 889 亿美元，占环保产业年总收入总额的 49%。环保服务业中的污水处理工程、企业环境服务、环境咨询和工程三项分别占环保服务业年收入的 27%、9.7%、17.2%，三项之和占环保服务业的 53.9%。我国与美国相比，虽然分类不尽相同，但可以看出与工业污染治理市场化相关的环保服务业的发展相对缓慢。

从上述分析可得出一个基本判断，即目前我国工业污染治理市场化只是起步阶段，还未形成具有规模的市场。此外，从我国 17 个省（直辖市）开展环保设施专业化运营情况看，各地开展污染治理市场化实践的程度存在很大差异，主要表现在东南沿海地区的发展相对较快，但在内陆地区，特别是西部欠发达地区则发展缓慢。

(二) 工业污染治理市场化存在的几个主要问题

1. 有效需求不足

许多企业对委托治理缺乏认识，认为委托治理将会增加企业的成本，还是愿意自己运行治理设施。另外，环境监督执法薄弱使许多企业仍存在偷排的侥幸心理，而不愿将治理设施交由环保公司运营管理。有效需求不足在一定程度上制约了工业污染治理市场化的发展。

2. 环保政策体系中缺乏污染治理设施建成后运行管理方面的法律和制度

工业污染治理投资和市场化只有在日趋加强的环境保护法律法规和强化环境保护

执法的驱动下才能完成。我国目前的环境管理制度，主要是针对污染治理设施的建设，侧重的是工业污染治理投资的落实，缺乏对污染治理设施建成后的运行情况进行监督管理的相应法律、法规、制度和技术规范，缺乏保障治理效果的有效管理手段。

3．税收问题

采用市场化方法进行工业污染治理后，建设和运营维护治理设施或集中治理变为环保公司一项收益性的经营活动，需要缴纳相应的营业税和所得税。而企业自行建设和运营治理设施则是一项支出活动，无须缴纳税款。因此，采用市场化方法进行工业污染治理增加了税收成本，这是影响工业污染治理市场化进程的一个关键因素。

4．环境违法责任主体不明确

在工业污染治理市场化中，污染企业和环保公司以合同方式约定各自的责任和利益，通常环境违法的责任和缴纳排污费的责任也作为合同的一个主要内容由污染企业转移给了治理公司。然而，一旦造成环境违法、受到超标排污处罚时，双方会因谁来承担责任而发生纠纷，使环境执法找不到责任主体，影响环境执法的效果和效率。因此，在污染治理市场化中明确环境违法的责任主体是非常重要的。

5．同现有环境保护政策制度存在不协调

"谁污染、谁治理"是我国 20 世纪 80 年代中期以来确立的环境保护"三大"政策之一，而在工业污染治理市场化过程中，污染企业通过经济合同关系将污染治理工作委托环保公司来承担，同"谁污染、谁治理"政策之间存在一定的不协调。

另外，"三同时"制度强调的是每个污染企业建设、安装和运行污染治理设施，而集中治理则认为每个污染企业，特别是中小企业自己建设、安装和运行污染治理设施是不经济的行为。

五、促进我国工业污染治理市场化的政策建议

工业污染治理市场化总体上有利于提高达标排放率，同时降低达标排放的成本，能够有效地解决目前我国工业污染治理投资效率低下的问题，因此政府应扶持和推动工业污染治理市场化的发展。

建议 1：出台促进工业污染治理市场化的专项政策

工业污染治理市场化是近几年才出现的新生事务，我国目前的环保政策法规体系中还没有相应的政策和制度规范，在很大程度上影响了工业污染治理市场化的发展进程，因此建议出台促进工业污染治理市场化的专项政策。

该专项政策中应包括：

（1）工业污染治理市场化的定义和范围

（2）工业污染治理市场化的基本原则

应明确政府推动工业污染治理市场化并不排斥原来的由污染企业自己进行污染治理。

原则1：企业在环境守法的前提下有权选择污染治理成本最优的治理方式。政府应保证为企业自己治理和由环保专业公司治理提供公平的政策环境和执法环境。

原则2：对于长期环境违法的污染企业，政府可以采用行政手段强制企业进行污染治理市场化。

（3）应用模式

针对不同地区、不同规模企业及污染物的不同，建议政府应采用不同的模式开展工业污染治理市场化（见表1）。

表1　工业污染委托治理模式的应用

	地区		企业规模		污染物类型	
	东南沿海经济发达地区	中西部经济欠发达地区	大型及污染治理工艺复杂的企业	中小型企业	污水	固体废物
工业污染委托治理建议采用的市场化模式	承包运营、综合服务、污染治理同原企业剥离	"参与管理"、承包运营	"参与管理"、污染治理同原企业剥离	承包运营、综合服务、代处理	承包运营、综合服务、污染治理同原企业剥离	代处理

对于工业污染集中治理，国家应鼓励在经济技术开发区、高新技术开发区、新型工业园区、排污企业集中区采用集中治理的模式，并由环保专业公司运营。

（4）明确规定环境保护的责任主体

应对各种环境违法的责任主体进行明确规定，具体建议为，对"参与管理"、承包运营、综合服务、污染治理同原企业剥离等模式，环境保护的责任主体应为产生污染的企业；而对代处理、同类行业污染物集中治理、工业污染纳入城市环境基础设施集中治理、新区污染集中治理的"物业管理"等模式，环境保护的责任主体应规定为污染治理设施的所有者。

（5）税收优惠政策

在工业污染治理市场化发展的初期，政府应对一些新兴的市场化专业，如污染治理工程施工、工程监理、环境监测和分析、污染治理设施的运营和维护、工业污染集中治理等，制定税收优惠政策，促进这些专业的市场化发展。在这些专业的市场化发展到具有一定的规模和普及性时，政府可以取消相应的税收优惠政策。

（6）协调工业污染治理市场化同现行环境管理政策和制度的关系

在该专项政策中，应明确工业污染治理市场化同现行有关环境管理政策和制度的关系。"谁污染谁治理"政策的含义应是污染的责任者要对其造成的环境污染负责治理，污染企业可以自己作为污染治理的实施者，也可以委托有资质的环保专业公司作为其污染治理的实施者。

此外，对于市场化运作的集中治理，"三同时"制度应是针对工业园区的设计和建设时，要将环保治理设施同时设计、同时施工，要求工业园区有统一的污染治理规划，建设配套的污染治理设施和相应的管道，并要求园区内的企业必须进行集中治理，不得随意排放。

（7）环保公司相应的专业资质要求

对于从事市场化的工业污染治理的环保公司，根据所提供的技术服务的专业，应具备国家颁发的相应专业资质。没有资质的单位不得提供相应专业的技术服务。

建议 2：尽快完善和出台《环境保护设施运营资质认可管理办法》

国家应对治理公司的专业资质进行必要的规范，对其从业表现进行监督，并为培育良好的市场信誉制定激励机制。1999 年，国家环保总局颁布了《环境保护设施运营资质认可管理办法（试行）》，对专业化运营公司的准入资质和从业规则进行了必要的规范，但该管理办法只是试行的文件，建议尽快出台正式文件。

建议 3：加强污染治理设施运行管理方面的政策和制度建设

政府应尽快研究制定与现行环境管理制度相结合的加强环保设施运营管理方面的政策和制度。建议国家环保总局尽快出台《环境污染治理设施运营维护管理办法》，包括对环保治理设施运行和维护的规范，以及对环保治理设施的管理人员和操作人员的工作规范。通过该项条例的制定和实施，强化所有环保治理设施的运行和维护工作，确保环保治理投资的效率。

建议 4：政府应为推动工业污染治理市场化做好服务工作

在工业污染治理市场化之后，政府应及时转变职能，由原来为企业提供污染治理技术和专业指导，变为为培育市场化的发展做好服务工作，包括：①组织制定工业污染治理工程设计、施工、工程监理、设施运营维护等专业的技术指南；②定期向社会公布环保公司企业名录和从业状况，重点培养一批污染治理专业化运营守信用、技术和人才过硬的骨干环保企业；③组织制定有关合同的通用条款和范本；④协调物价等有关部门，在研究不同行业、不同污染物的社会平均治理成本的基础上，组织制定环保技术有偿服务的指导性收费标准；⑤加强相关的宣传和信息服务工作。

我国城市环境基础设施建设与运营市场化模式及其相关政策研究

裴晓菲　任　勇　周　新

一、研究的背景与目的

（一）快速城市化和滞后的处理设施，使得我国城市生活污水和垃圾污染问题突出

改革开放以来，我国城市化也进入快速发展时期，城市数量由 1978 年的 193 个增加到 2001 年的 664 个，城镇人口由 17 245 万人增加到 48 064 万人。20 世纪 90 年代后，我国城市化速度进一步加快，目前城市化水平达到 37%左右。城市数量与规模的迅速增加与扩张，导致城市生活污水和垃圾产生量日益增加。近 10 年来，我国城市生活污水排放量每年以 5%的速度递增，在 1999 年首次超过工业废水排放量，2001 年城市生活污水排放量 221 亿 t，占全国污水排放总量的 53.2%。同样，城市生活垃圾产生量近年来以 5%～8%的速度增加，2001 年全国城市生活垃圾产生量达到 1.34 亿 t。

与此同时，我国城市生活污水和垃圾处理设施严重滞后和不足。到 2001 年年底，全国共有城市污水处理厂 452 座，排水管道约 15.8 万 km，城市污水处理率仅为 36.5%，其中生活污水二级处理率只有百分之十几。大量的生活污水未经处理直接排入城市河道，导致约 63%的城市河段受到中度或严重污染。全国生活垃圾处理厂（场）740 座，垃圾处理率 58.2%，无害化处理率约 10%。大量未经处理的垃圾，不仅占用了全国大约 5 万 hm² 土地，而且造成了严重的土壤、水体和大气污染以及疾病的传播。

（二）设施短缺和处理效果不好的主要原因是资金不足和运营效率不高，它直接影响到"十五"环保计划目标的实现，解决问题的关键是充分利用社会资本和实行市场化

从"九五"开始，城市生活污水和垃圾污染治理逐渐成为我国环境保护工作的重点领域。国务院批准的"十五"环保计划要求，到 2005 年，城市生活污水集中处理率要达到 45%，50 万人口以上的城市要达到 60%；新增城市垃圾无害化处理能力 15 万 t/d。资料表明，要完成污水集中处理目标，全国需要新建 1 000 多座污水处理厂，新增处理能力 2 600 万 t/d，总投资达千亿元。实现垃圾处理计划目标，约需投入 450 亿元。

在城市污水和垃圾处理设施建设与运营中，我国遇到了资金不足和效率不高两个严重问题，它是造成我国相关设施建设严重滞后和处理效果不好的关键原因，直接影响我国能否实现"十五"环保计划目标。这两个问题的具体表现是，一方面政府没有足够的资金建设设施，建成了又没有充足资金来维持设施正常运行，同时，污水处理设施与管网不配套也造成不少设施闲置和浪费；另一方面，由于运营体制与机制上的原因，不少运行中的设施，并未发挥出设施所设计的处理能力、效率和质量（专栏1）。

专栏1　河南污水处理面临"断粮"之忧

河南省是我国淮河流域污染治理的重点省份之一，2000 年污水排放量占流域污水排放总量的 24%，但是目前已经建成的城市污水处理厂普遍面临"断粮"之忧。在一些地方，各级政府耗巨资建成的污水处理厂半停半开甚至闲置，不能发挥应有的作用，地方财政也为之背上了沉重的包袱。如投资 1.05 亿元，2001 年 6 月建成并开始试运行的焦作污水处理厂，因为资金困难，从当年 10 月起便一直停运到现在。污水厂累计拖欠 10 余家单位的工程款 1 300 多万元，债主天天登门要账，厂长无法正常上班。厂子设计处理规模 10 万 t，因为管网不配套，现在每天只能收 5 万~6 万 t 污水，年运行成本 700 万元左右。因拖欠水电费，多次接到停电通知，甚至一度被停水。职工为了维持生计，在巨大的二沉淀池里养了 4 000 多尾鱼，在氧化沟旁种上了香菜、萝卜等蔬菜。

类似现象在河南的禹州市和长葛市等地同样存在，即便是正在运行的商丘市、安阳市和平顶山市污水处理厂，也都面临着还贷压力大、运营资金不足等问题。

来源：《根据河南污水处理面临"断粮"之忧》（内部参考第 97 期）整理。

要解决这两个问题，必须打破政府建设政府运营的传统模式，充分利用社会资本，建立多元投资主体模式，实行建设与运营的产业化和市场化。温家宝总理在 2001 年的太湖水污染防治第三次工作会议上指出，要鼓励和支持各类社会资金投入水污染防治，推进污染治理的企业化、市场化、产业化进程。

1997 年 6 月，财政部、国家计委、建设部和国家环保总局联合发布了《关于淮河流域城市污水处理收费试点有关问题的通知》。之后，东部一些城市开始着手探索城市污水处理市场化道路。随着污水和垃圾收费、水价改革、城市污水和垃圾处理产业化发展等方面的国家指导政策的陆续颁布，不少城市的污水和垃圾处理设施建设与运营市场化实践取得了重要进展，为推进全国的市场化发展，发现了问题，积累了经验，找出了对策。

本项研究的目的是总结我国城市环境基础设施建设与运营市场化的实践模式、优势与风险，分析制约市场化发展的主要政策问题，在借鉴国际经验的基础上，提出相应对策。为了实现上述目的，国家环保总局环境与经济政策研究中心于 2002 年 5 月先后在北京、上海、浙江、福建、江苏和广东等省市，开展了城市环境基础设施（污水和垃圾处理）建设与运营市场化调研，积累了大量第一手资料，2003 年 4 月又在北京召开了由政府和企业代表参加的座谈会。本报告是在总结调研和研讨会成果并借鉴国际经验的基础上完成的。

二、城市环境基础设施建设与运营市场化模式及特点

根据私人部门（在我国主要是指民营企业）的参与程度，国际上将城市环境基础设施领域的市场化做法分为四种模式：公有公营、公有私（民）营、私有私营、用户和社区自助模式（相当于我国的市场化分散处理模式）。目前，在我国东部地区，除了上海有一个正在准备中的垃圾处理私有私营项目（BOO 项目：建设—运营—所有）外，其他三种模式均有较成功的实践案例。

（一）公有公营模式

公有公营模式主要是指由政府投资建设城市环境基础设施，设施运营由公有企业（包括国有、地方和集体企业）实施企业化管理，也可以通过服务合同或管理合同形式允许民营企业准入设施的运营。

1．事业单位改制，企业化运营

在城市污水和垃圾处理设施事业单位运营改制方面，北京和上海先行了一步，创出了新的模式，积累了进一步深化改革的经验。2001 年，北京市将市政管理委员会所属四个污水处理厂和城市排水设施，改制重组为北京市城市排水集团有限责任公司；将原有市环卫局所属的有关垃圾处理事业单位，转制重组为四个国有独资公司。改制后的运营体制，按照企业化方式管理（专栏 2）。

专栏 2　北京市改革城市污水和垃圾处理运营体制情况

北京市的污水处理厂原来由市政管理委员会下属的排水公司运营管理。目前，北京市已经完成了污水运营体制的改革工作。在城市排水公司的基础上，整合高碑店、酒仙桥、方庄和北小河四个市属污水处理厂和城市排水设施，改制重组为北京市城市排水集团有限责任公司。市政府授予该公司对市属四个污水处理厂和城市排水管网、泵站等国有资产的经营权，并要求改制后的公司随着污水收费价格调整和机制理顺，按照市场化的原则自主经营、自负盈亏、滚动发展。在垃圾运营体制上，北京市以垃圾处理厂和清洁车辆厂为基础，把原有市环卫局所属的事业单位转制重组为四个国有独资公司。市属环卫专业公司的资金拨付方式由按事业单位拨款改为按实际成本核算，以合同的方式拨付，推动了环卫行业产业化、专业化和市场化的进程。

来源：根据北京市政管理委员会提供的资料整理。

上海市将原来的排水公司重组为一个管理公司和三个运营公司，将投资、建设、运营、管理"四分开"。实际上，事业单位改制后的形式，可以是国有企业，也可以是公私合营的股份制企业。

与传统的事业单位运营体制相比，企业化改制是通过引进市场管理机制来降低设施运营成本，提高运营效率，减轻政府运营的财政负担，并且有利于改善服务质量。通过改制，上海市 12 家污水处理厂的日处理量增加了 3 万 t。但是应该看到，改制并不能减轻政府在筹措设施建设资金方面的压力。

与其他市场化模式相比，企业化改制是一种较稳妥和渐进的市场化方式。在我国城市污水和垃圾处理设施由事业单位运营体制"一统天下"的情况下，企业化改制应成为我国推进市场化的突破口和主要任务。对于这一点，国家计委、建设部和国家环保总局于 2002 年 9 月共同发布的《关于推进城市污水、垃圾处理产业化发展的意见》（以下简称《意见》）明确提出："现有从事城市污水、垃圾处理运营的事业单位，要在清产核资、明晰产权的基础上，按《公司法》改制成独立的企业法人。暂不具备改制条件的，可采用目标管理的方式，与政府部门签订委托经营合同，提供污水、垃圾处理的经营业务。"但是，由于大多数改制后的企业为国有企业，甚至还有一些仅仅是形式上的从事业单位向企业的过渡，缺少竞争机制，因此这种模式对于运营效率的提高是有限的，同时难以实现自身造血机能，政府筹措建设资金的压力依然没有减轻。

2．管理合同

根据国际上的做法，在公有公营模式下，还可以采取管理合同和服务合同形式让民营企业参与设施的运营。服务合同是指为了降低运营成本，或从民营企业获得一些特殊的技术和经验，将设施运营中的某一部分承包给民营企业。管理合同是指为了增加企业对设施管理的自主性，减少政府对日常管理的干预，将整个设施运营的所有管理责任委托给民营企业。2001 年，深圳市将龙田和沙田污水处理厂以管理合同方式承包给民营企业运营后，估计政府每年可以节省 120 多万元的财政开支，运营成本降低 20%左右（专栏 3）。

专栏 3　深圳市龙田、沙田污水处理厂承包运营模式

深圳市龙田和沙田污水处理厂由市、区、镇三级政府联合投资兴建。龙田污水处理厂总规模为 6 万 t/d，总投资 2 850 万元；沙田污水处理厂总规模为 5 000 t/d，总投资 880 万元。

为了减轻政府在运营维护方面的负担，提高管理效率，引进科学和先进的管理模式，市、区政府授权坑梓镇政府把两座污水处理厂的运营管理推向市场，选择一个企业化、专业化、规范化的运营队伍来经营管理污水处理厂。通过在全国范围内公开招标，最终选择了以深圳市碧云天环保公司和安徽国祯环保公司组成的强强联合体，作为龙田和沙田污水处理厂的运营承包方，承包期为 15 年。据估算，原来两座污水处理厂每月的运营维护费用为 50 多万元，实行市场化后，每月只需付给运营承包企业 40 万元，政府一年就可以节省 120 多万元，大大地减轻了政府的财政压力。而承包企业认为，只要通过改进工艺和管理创新，仍有盈利空间。

来源：张小兵，江立志. 建设、管理不再由政府一家独挑——深圳环保设施运营管理走向市场[N]. 中国环境报，2001-10-10.

管理合同模式下的运营主体是纯粹的民营企业，在提高效率和服务质量方面有较充分的市场体制与机制保障。另外，由于运营期间的支出和从政府取得的服务费相对稳定，

管理合同模式对于民营企业的经济风险较小，但收益率也相对较低。同样，管理合同模式仍然无法解决政府建设资金短缺的难题。

3. 供排水"一体化"模式

在城市污水处理企业化改制过程中，上海和深圳等地还探索出了供排水"一体化"模式，将原属事业单位的污水处理厂与企业性质的自来水公司合并，形成一个企业集团，同时经营供水和污水处理业务（专栏4）。

专栏4 深圳成立了全国首家大型水务集团

2001年12月28日，由深圳自来水集团牵头组建的全国首家大型水务集团成立。原属市城管办管辖的滨河、罗芳、南山污水处理厂及整个排水管网整体并入自来水集团，新成立的深圳市水务（集团）有限公司"身价"达到了60亿元人民币。2001年，深圳自来水集团实现供水销售收入6.76亿元，利润0.87亿元。市污水处理系统日处理能力为125万t，虽能满足全市污水处理需要，但按照深圳市现行污水处理收费标准（企业0.4元/t、家庭0.27元/t），年运行资金缺口达7000万元。因此，为取"长"补"短"，深圳市决定实施供排水一体化改革，由自来水厂吸收污水处理厂业务。同时，扩大规模后的深圳水务集团，将逐步通过减持国有股，引进民营投资者，使供排水基础设施建设、管理与运营逐步实现市场化，走上良性循环的轨道，力争用5～10年时间建设成为一个服务良好、管理科学、有能力参与国际竞争和跨区域经营的现代化水务企业集团。

来源：根据深圳实地调研资料整理。

从供排水"一体化"模式的制度安排上看，它有三个显著的优点。

第一，"回报扶贫"。用供水行业较高的投资回报，补贴污水处理项目的不足。

第二，"技术和管理扶弱"。我国供水行业发展已具有了较长历史，在水处理技术和管理经验方面都较污水处理行业有优势，二者合并后，有助于提高污水处理行业的技术和管理水平。

第三，解决污水处理融资的企业法人主体问题。传统运营体制中的事业单位是不允许向社会融通污水处理资金的，改制合并后的企业就可以解决这一问题。同时，由于有供水业务做保障，"一体化"后的企业具有较高的融资信誉和融资能力。

从以上特点看，除了企业化改制中可以采用供排水"一体化"模式外，它也非常适宜或更适宜应用于BOT运作方式。这是因为打捆后的项目对民营企业更具投资吸引力，同时，如果没有特殊政策或行政干预，具有回报和技术及管理优势的供水企业，并不见得愿意背"污水处理这个包袱"。

所以，在供排水"一体化"实践中要避免形式上的"一体化"改制，例如，通过行政手段强行撮合，搞"拉郎配"式的机械组合，"一体化"改制后的供水业务按照市场化方式经营，但污水处理仍沿用过去的经营方式，单独核算，运营的资金缺口全部仍由政府补贴，也就是说，虽然供排水业务在形式上合在了一起，但仍按两种机制运行，并没有从根本上实行市场化，没有充分发挥"一体化"模式的优势。因此，未来供排水"一体化"应遵循市场规则，通过市场作用实行结合，避免以行政手段强行改制。

（二）公有私（民）营模式

公有私（民）营模式是较彻底的市场化运营环境基础设施的模式。通过租赁或授权合同方式，政府将公有的环境基础设施运营和进行新投资的责任转让给民营企业，所有设施运营的投资、管理、赢利和商业风险都属于民营企业。其典型应用模式是ROT（改造—运营—移交）和TOT（转让—运营—移交）。随着实践的发展，公有私营模式衍生出BOT（建设—运营—移交）方式，即设施的建设也由民营部门投资，但合同期满后，政府对设施拥有所有权，或者说政府拥有设施的最终所有权。与公有公营模式相比，公有私（民）营模式具有使运营效率更高、服务质量更好的制度基础。

我国东部地区在城市污水和垃圾处理市场化实践过程中，出现了BOT、准BOT和TOT等模式。

1. BOT

BOT（建设—运营—移交），是指政府与投资者签订合同，由投资者组成的项目公司筹资和建设城市环境基础设施，在合同期内拥有、运营和维护该设施，通过收取服务费回收投资并取得合理的利润，合同期满后，投资者将运营良好的城市环境基础设施无偿移交给政府。目前，我国已投入运行的BOT污水和垃圾处理项目主要有温州东庄垃圾焚烧发电厂（专栏5）、广东南海市垃圾焚烧发电厂、四川省崇州市生活垃圾处理厂和河北省晋州市污水处理厂等。此外，据不完全统计，目前在建的BOT项目有10多家，在谈的项目很多。

专栏5　温州市东庄垃圾发电厂BOT项目

温州市年产生活垃圾40多万t，并且以每年8%～10%的速度持续增长。由于原有的两个垃圾填埋场容量已基本饱和，市区没有合适的地方新建垃圾填埋场。在参考其他城市的做法后，决定采用BOT模式建设垃圾焚烧发电厂。

温州市东庄垃圾发电厂项目总投资 9 000 万元，全部由温州市民营企业——伟明环保工程有限公司投资建设和经营管理，运营期 25 年（不包括 2 年建设期），25 年后无偿归还政府管理。东庄垃圾发电厂设计日处理生活垃圾 320 t，年发电 2 500 万 kW·h。一期工程自 2000 年 1 月破土动工，于当年 11 月 28 日竣工，并网发电，实现了当年建设当年投产的高速度，并通过 ISO 9001 认证。一期工程投资 6 500 万元，日处理生活垃圾 160 t（实际处理量 200 t），每年发电 900 万 kW·h，扣除工程自身运行耗电 200 万 kW·h/a 外，其余每年 700 万 kW·h 的发电量以 0.52 元/（kW·h）的价格上网出售，另外，收取政府垃圾处理补偿费 73.8 元/t。扣除运行费用和设备折旧，东庄垃圾焚烧发电厂收入相当可观，预计投资回收期为 12 年。

来源：根据实地调研资料整理。

城市环境基础设施建设应用 BOT 模式的优点是显而易见的。对政府而言，BOT 项目最大的吸引力在于，它可以融通社会资金来建设环境基础设施，减轻政府财政压力。政府对项目的支付不再是一次性巨额财政投入，而是通过出让"特许经营权"，用污水和垃圾费（以及少量财政预算）分期支付给投资者。对企业而言，由于有污水和垃圾处理费作担保，所以 BOT 项目具有风险低、投资回报稳定的优势。表面上，BOT 项目由于民营企业介入后需要有一定的利润回报而使项目的总成本增加，加大居民和政府的负担，但另一方面，正是由于民营企业的介入，可以提高效率，降低成本。所以，与政府建设和运营的项目相比，BOT 项目实际成本增加与否取决于上述两方面因素共同作用的结果。根据美国环保局的估计，无论是环境基础设施的投资费用还是运营成本，私营企业都要比公共部门低 10%～20%。

BOT 模式也具有一定的风险隐患。政府面临的风险主要有：一是当政府对环境基础设施的市场潜力和价格趋势把握不清时，可能对投资者盲目承诺较高的投资回报率，加大居民和政府负担。二是如果政府规划滞后和监管不力，容易造成民营企业的不规范参与和竞争，导致城市环境服务供给的不公平和无序问题，严重时，可能使政府丧失对环境基础设施的控制权。三是承包商延误工期，投资超支，筹资困难；承包商破产或不可抗力终止合同，造成环境基础设施不能如期建成并投入使用。四是少数不具备资金和技术实力的环保企业，为在建设期获取巨额收入，不顾建设质量和建成后的运行状况，采用不成熟的工艺和设备，把设施的运营风险全部留给项目本身，实际上是留给了政府。

项目公司面临的风险主要有：一是政府不讲信誉和政策不稳定，它是民营企业介入环境基础设施领域的最大障碍和风险。二是项目设计和建设中的风险，包括项目设计缺陷、建设延误、超支和贷款利率的变动。三是项目投产后的经营风险，包括项目特有技术风险和价格风险等。

2. 准 BOT

尽管许多地方政府和民营企业都希望采用 BOT 模式建设城市污水和垃圾处理设施，但实际情况是谈的项目多，谈成的少。其原因是多方面的，主要是投资商期望的投资回报与政府保本微利政策之间存在着较大差距。同时，BOT 模式在我国仍属新生事物，政府和企业对如何规范运作项目和规避项目风险缺乏知识和经验，顾虑较多。在这种情况下，出现了准 BOT 模式。准 BOT 模式与典型 BOT 模式的主要区别在于项目投资结构和经营期限上的不同，政府是项目公司的股东之一，项目操作依然按照 BOT 模式。已建成的由国债支持的绍兴垃圾焚烧项目，正准备按准 BOT 模式运作。除了资金外，政府注入项目的股份也可以是土地等其他资本形式，北京经济技术开发区污水处理厂就是这方面的一个较成功的案例（专栏6）。

专栏6 北京经济技术开发区污水处理厂准 BOT 项目

北京经济技术开发区污水处理厂日处理规模为 10 万 t，总投资 2 亿元，其中一期规模为 2 万 t，投资约 3 200 万元，已于 2001 年年底正式竣工运行。该项目采取准 BOT 方式，由美国金州公司与北京经济技术投资开发总公司成立合作公司，金州公司提供技术、资金，北京经济技术投资开发总公司代表开发区以土地使用权入股，合作公司负责开发区污水处理厂的设计、施工及后期运行管理。20 年合同期满后，污水处理厂转交给开发区自行管理。

与典型的 BOT 项目有所不同，开发区不是无偿或优惠提供土地使用权，而是以土地使用权入股成立合作公司，从污水厂的运营中获得回报，同时，也可以从合作伙伴那里学习先进的技术和管理经验。该项目取得成功的一个重要原因是有较高的污水收费做保障。该污水厂是一个处理开发区所有工业废水和生活污水的集中处理设施，而且生活污水所占比例很小。开发区三资企业占总投资额的90%以上，企业效益良好，有能力足额缴纳污水处理费。所以，开发区征收了较高的污水处理收费（1.1 元/t），保证了项目有良好的投资回报，预计 10 年内可以收回投资。

来源：根据北京金源环保设备有限公司提供的资料整理。

由于政府资金或其他形式的资本注入，准 BOT 模式可以提高投资者的信心，减轻投资者融资和还贷压力，降低投资风险，是适宜于资金实力较弱的国内环保企业和由国债支持项目的一种运作方式。同时，政府作为股东，准 BOT 模式便于政府调控项目服

务收费价格。需要指出的是，准 BOT 模式对于政府与企业之间签订的合同的严谨性要求更高，否则，在设施运营管理、利润分成等方面容易产生纠纷，影响环境基础设施的建设与运营。

3. TOT

TOT 模式，即移交—运营—移交，是指政府对其建成的环境基础设施在资产评估的基础上，通过公开招标向社会投资者出让资产和特许经营权，投资者在购得设施并取得特许经营权后，组成项目公司，该公司在合同期内拥有、运营和维护该设施，通过收取服务费回收投资并取得合理的利润，合同期满后，投资者将运行良好的设施无偿地移交给政府。

2002 年，深圳市出台了城市污水处理产业化实施方案，对 2000 年后由政府已建成的和"十五"期间将新建的污水处理厂，均采取 TOT 方式进行产业化改革。

从本质上看，TOT 模式是政府将城市环境基础设施租赁给民营企业的一种方式，租赁企业一次性向政府支付租金。通过 TOT 模式，政府可以回收设施建设资金，同时解决了运营问题。对于项目公司而言，由于其受让的是已建成且能正常运营的项目，不需承担建设期的风险，尽管投资回报率会略低于 BOT 模式，但对投资者仍有较大吸引力。TOT 模式运作的关键是要做好设施转让前的资产评估，确定合理的投资回报率。

（三）用户和社区自助（或市场化的分散处理）模式

国际上所称的"用户或社区自助模式"，是指经社区成员同意，自主建设有关污染处理设施，其管理方是社区组织，实施方一般是专业公司，费用由用户或社区成员自我负担。在我国，通常所说的分散处理模式是相对于集中处理技术方式而言的，所以用户或社区自助模式在我国实际上就是市场化分散处理模式。在南京、广州等东部城市，许多饭店和写字楼很好地应用了这一模式来处理生活污水。

对于居民小区、写字楼和市政管网难以覆盖的城市边缘地区，市场化分散处理模式具有广阔的发展前景。与集中处理相比，分散处理具有投资小、规模小、技术要求也相对较低的特点，并且用户群明确，费用收集过程简单，较适宜于中小型环保企业建设和运营。国家只要制定较严格的城市污水处理法规和监管办法，给予一定的处理技术帮助，城市政府配套以合理的小区污水处理规划，制定具有一定浮动范围的收费标准，分散处理就完全可以采用私建私营的模式。

三、城市环境基础设施建设与运营市场化过程中的若干重要问题分析

城市污水和垃圾处理市场化探索实践在我国仅有两三年的时间，有许多认识、政策和管理体制方面的问题尚未解决，严重制约着市场化的发展进程。若这些问题得不到较好解决，市场化方式仍不可能对促进我国实现"十五"环保计划目标发挥实质性作用。

（一）对城市环境基础设施领域中政府与市场的关系存在认识上的偏差

在社会主义市场经济体制初步建立的今天，人们对政府与市场在经济活动中的正确定位问题已经有了比较清楚的认识，但对二者在环境保护等公共事业领域中的定位问题，仍缺乏正确理解。目前，在城市污水和垃圾处理等环境基础设施领域，关于这一问题的认识偏差主要表现为两个极端。

第一，受计划经济思想的束缚和对"公共物品"理论的片面理解，过分强调政府直接提供城市环境基础设施的作用。

目前，一些地方政府和管理人员存在片面理解"公共物品"理论的现象，认为城市污水和垃圾处理设施建设与运营不宜进行市场化，过分强调政府对提供设施的责任，不积极创造有利于市场化的政策环境。

"公共物品"理论认为，对于诸如国家安全、自然生态保护、清洁空气等纯公共物品，其消费具有绝对的非排他特性，必须由政府提供。但城市污水和垃圾处理属于准公共物品，可以通过"产权界定"和价格机制来实现其消费的可分割性，排除不付费者的"搭便车"现象。所以，对于城市污水和垃圾处理设施的提供，可以在一定程度上实现责任者与生产者的分离，即政府有责任组织相关设施的生产，但不一定亲自建设和运营，可以交由市场完成。这就是城市污水和垃圾处理实行市场化的理论基础。

世界银行曾根据潜在市场竞争能力、设施所提供服务的消费特点、收益潜力、公平性和环境外部性等指标，定量分析了城市污水和垃圾处理相关环节的市场化能力指数。当指数为1时，表示市场化能力很差，不宜让私人部门参与；当指数为3时，表示市场化能力最好，完全可以由私人部门完成。分析结果表明，垃圾收集的市场化能力最好，为2.8；污水分散处理次之，为2.4；污水集中处理和垃圾卫生处理居中，为1.8～2.0。

所以，只要建立适宜的政策环境，特别是在建立良好的污水和垃圾收费体系后，污水和垃圾处理领域是可以走市场化之路的。温家宝总理在太湖水污染防治第三次工作会议上指出，不能简单地把所有的环境污染治理项目都作为一种社会公益，应该把它看成既是社会公益，但又可以靠市场机制、价格机制来保证它的建设和运营。

第二，没有全面和深入地认识清楚市场机制的实质和风险，片面夸大市场化的作用。

与第一种认识偏差相反，一些人被少数成功的市场化案例和媒体报道上的渲染所迷惑，认为市场化方式是发展城市污水和垃圾处理设施的主要办法，有的甚至将 BOT 项目误解为不是由政府和居民而是由投资者最后承担项目成本，有误导政府不发挥主导作用的危险。

"公共物品"理论认为，准公共物品可以由私人部门参与生产，但并不是说政府就可以袖手旁观，相反在许多情况下和环节中，政府必须发挥主导作用。实际上，即使是在一般基础设施领域引入社会资本和私人部门参与问题上，发达国家曾走了一条曲折反复的道路，即由私人部门供给为主到公共部门供给为主，再到建立公共部门与私人部门伙伴关系的发展历程。

早在 19 世纪后期和 20 世纪初期，英国和美国的绝大部分气、水、电车和高速公路等设施和服务都是由私人部门建设和运营的。由于缺乏资本，国家的补助也很少，城市政府通过与私人公司签订长期合同来解决基础设施供给问题。但不久，人们发现以私人部门为主供给基础设施的模式带来了一系列问题，如偏远地区设施缺乏，服务价格高，质量差，政治腐败等。另外，随着收入的普遍提高，社会各收入阶层对基础设施需求的差异性减小，小规模的私人供给模式逐渐不能满足实际需要，而且规模不经济的问题也越来越突出。所以，到 20 世纪，英、美等工业化国家的公共部门和地方政府承担起为社会提供基础设施服务的绝大部分责任。然而，这一模式很快又暴露出了政府财政负担加大和建设运营效率低下等新的问题。所以，从 20 世纪 80 年代开始，工业化国家重邀私人部门参与基础设施建设和运营领域。但这一次变化与以往不同，不是对谁处垄断地位的简单划分，而是要建立一种公共部门与私人部门的伙伴关系（Public-and-Private Partnership，简称新 PPP 原则），倡导私人部门参与基础设施建设与运营（Private Finance Initiative，PFI），政府对私人部门的相关活动也有了较完善的法律法规约束和很强的监管能力。

总体上，在城市环境基础设施领域，特别是在建设方面，即使在发达国家，目前也没有证据表明私人部门能够发挥主导供给作用。

因此，在推进我国城市污水和垃圾处理设施建设与运营市场化过程中，必须首先正确处理好政府与市场的关系。在设施建设方面，政府必须发挥主导投资作用，市场化方式为辅，在中长期，可以期望市场化方式发挥较大作用；但在设施的运营以及垃圾收集、转运等方面，可以全面实行市场化。

（二）现有政策的权威性和可操作性还不能满足市场化发展的需要

1999 年以来，我国就污水和垃圾收费、水价改革、产业化发展和鼓励外商投资等方面问题，以部门通知和意见的形式发布了 6 项指导性政策文件。这些文件在 5 个方面为市场化实践创造了初步的和框架性的政策环境。一是明确了投资主体多元化、运营主体企业化、运行管理市场化的发展方向；二是制定了污水和垃圾收费政策，为市场化发展创造了必要条件；三是要求改革现有运营管理体制，实行特许经营，初步创造了公平竞争的市场环境；四是制定了一些框架性的优惠政策，扶持城市污水和垃圾处理产业化的发展；五是对地方政府提出了监管和规范市场的要求，保障市场化健康有序发展。

另外，考虑到我国城市污水处理技术相对成熟这一情况，可以判断，我国在城市污水处理和垃圾处理的部分环节全面推行市场化的条件正在趋于成熟。

但是现有的政策环境还不能满足市场化形势的发展要求。主要表现在三个方面：

第一，现有有关市场化和产业化的政策仅为部门指导意见，缺乏相应的法律依据，政策的权威性和力度不够，特别是当遇到诸如解决企业化改制中的人员安置和实行扶持产业化发展的税收优惠等深层次问题时，一些地方政府及其主管部门有畏难情绪，回避问题，拖延市场化的发展进程。因此，建议先将现有相关部门指导意见综合成一项"实行城市污水和垃圾处理市场化发展"的综合性政策，以国务院决定的形式颁布，然后，在条件成熟后，进行相关立法或将市场化内容加入有关法律之中。

第二，现有政策只是框架性的指导政策，对一些关键问题（如企业改制和优惠政策），既缺乏可供操作的实施办法，也没有明确地方政府实施的权限，给地方政府落实相关政策带来较大困难，往往造成有政策无作为的局面。

第三，现有的污水收费力度不够，垃圾收费体系尚未全面建立，市场化的前提条件不充分。良好的收费体系是市场化方式建设和运营污水和垃圾处理设施的前提条件，它既是企业向银行或通过其他渠道融资的抵押，又是企业盈利的保障。目前，大部分城市都已建立了污水收费制度，但标准较低，在 0.2～1 元/t 之间。在河南，许多地市的污水处理费，最低的仅 0.05 元/t，高的也不过 0.3 元/t，而污水处理厂的平均处理成本在 0.4 元/t 左右。所以，如果没有政府财政补贴，许多城市的污水费标准对民营企业投资缺乏吸引力。

在垃圾收费方面，目前只有北京、南京、上海、珠海、青岛、沈阳等部分大中城市建立了收费制度，许多城市，特别是中西部城市的收费体系尚未建立，没有形成市场化的基本条件。

造成这一局面的原因，除了出于对居民承受能力的考虑外，主要是一些城市政府和居民对收费制度的认识跟不上，相关政策的权威性不够，实施力度不大，收费政策中对不交费者没有相应的处罚规定等因素。对于不同收入阶层的居民承受能力问题，可以采用级差和累进收费的办法来解决，保证居民满足基本生活需要所进行的必要排放，不显著增加低收入阶层的负担。

另外，征收污水和垃圾费是政府的权力，政府可以将污水或垃圾处理费支付给参与相关设施建设和（或）运营的企业，但不能将收费权转让给任何性质的参与企业。

（三）地方政府应用市场化模式的能力不足，没有明确的监管和服务体制

城市污水和垃圾处理市场化在我国还是新生事物，许多地方政府对如何运作 BOT、TOT 等市场化模式缺乏知识。其结果出现两种不正常现象，要么一个项目需要花费很长的准备阶段，甚至几年谈不成一个项目；要么匆忙上阵，谈成的项目在价格、回报率、监管等关键问题上出现很多失误。所以，国家在相关人才培训和地方政府实行市场化的能力建设方面需要采取实质性的措施。

根据目前市场化发展过程中出现的相关问题，需要在地方政府建立明确的监管和服务体制。

第一，规范市场化运作，只有相关的政策是不够的，必须要有专门的机构去监督和管理。同时，为有效规避市场化模式给政府带来的经济风险和给社会带来的环境风险，也必须建立一支精通项目管理和环境管理知识的专门队伍。目前与此项工作最为相关的是市政管理部门（或城建部门）和环保部门，但既没有明确的职责授权，也没有同时具备两个领域专门知识和经验的人力资源。

第二，目前，在运作 BOT 和 TOT 等市场化项目时，遇到了谁来代表政府与民营企业签约的现实问题。按照现有环保法律，城市人民政府具有建设或组织建设环境基础设施的法定职责，但并没有授权其可以融通社会资本。而且，国家有关政策规定，政府不能从事经营性活动，禁止地方政府与企业签订商业合同，或为企业提供担保。这样一来，与民营企业合作的政府法人并不存在。目前，已有的 BOT 项目合同，有的是与政府主管部门签订的，有的是与政府主管部门下属的公司签订的。在一些案例中，企业对合同的合法性和信赖度，主要是取决于对政府领导的信任，而不是合同本身的法律效力。

第三，目前，一些地方的污水处理厂有隶属多家管理的现象，涉及水利局、公用事业局、建委、市政管理局等部门，造成政出多门、责任不清、管理混乱的局面。例如，河南安阳市，全市三家污水处理厂竟分别隶属三家单位管理。

综上所述，建议政府建立明确的城市污水和垃圾处理市场化管理实体机构，配备具有专门知识的管理队伍，作为政府在该领域的法人代表与民营企业签订相关协议，同时，

统一监管市场化运作过程，为相关企业提供技术和信息咨询服务。

（四）改革现有运营体制面临下岗人员重新安置和税赋增加的特殊困难

对原有事业单位进行企业化改制，是我国城市污水处理和垃圾清运及处理市场化过程中的主要形式和任务，今年发布的《意见》对此也做了明确规定。但各地目前或将要普遍遇到两个特殊困难，一是改制必然会有部分人员被裁减，下岗人员的安置问题成为改制中的首要难题；二是原事业单位按《公司法》改制成独立的企业法人后，需要根据税法缴纳所得税等税种，这样一来，改制后企业的运行成本或负担反而会增加。在税收的优惠方面，地方政府可操作的空间较小。所以，这两种特殊困难交织在一起，使得不少地方政府对改制的积极性不高，或难以推进。

因此建议，一方面，企业化改制过程中的下岗人员除了享受地方政府对一般下岗人员的统一保护和扶持政策外，政府还应在养老和医疗保险方面，给予特殊优惠政策，并通过培训，帮助他们在市政建设或环保产业领域重新就业。另一方面，国家可考虑建立社会公益性服务行业名录，对包括改制企业在内的所有从事环境污染治理企业，根据不同情况，实行不同的税收优惠政策。

（五）垃圾处理市场化过程中的监管和服务问题

根据目前的情况，在推进垃圾处理市场化时，政府应慎重对待，循序渐进，不能盲目冒进，特别是要注意加强监管和服务力度，防范环境和经济风险。其原因有三：

第一，目前城市垃圾收费体系尚未普遍建立，缺乏市场化融资保证，若没有政府的财政补贴，现有条件对民营企业的吸引力不大。

第二，适合各地情况的最佳垃圾处理方式和技术要求有所差异，特别是适合国情的焚烧技术不成熟，企业面临的技术和经济风险较大。在调研中发现，不少垃圾焚烧企业，都认为自己的技术是最好的，但另一方面，准备上项目的地方又苦于找不到合适的技术设备。其原因，要么是企业自吹自擂，要么是国家没有统一的技术评估、认定和信息发布体系，造成信息不畅通。

第三，与污水处理相比，垃圾处理，特别是焚烧处理的二次污染风险很大。若监管不严，企业可能为了追求更多利润，设法增加发电量，但忽视垃圾处理质量，导致严重的二次污染。

四、结论与政策建议

（一）正确处理好政府与市场的关系，发挥政府创建市场、规范市场和扶持市场的作用

在推进城市污水和垃圾处理市场化的过程中，必须正确处理好政府与市场的关系问题，准确定位。在设施建设方面，政府必须发挥主导投资作用，市场化方式为辅，在中长期，可以期望市场化方式发挥较大作用；西部地区，更应强调政府的主导作用，而且国家应给予财政和融资上的扶持；但在设施的运营以及垃圾收集、转运等方面，可以逐步全面实行市场化运作方式。

在推进市场化过程中，政府要发挥三方面作用，即创建市场、规范市场和扶持市场。一是创建市场，通过严格执法，将污染治理的潜在市场转变为现实需求；按照"污染者付费""投资者受益"的市场经济规则，建立相关收费体系，并尽快将收费标准提高到微利水平；完善产权制度，改变城市环境基础设施的纯公共物品属性，使之变成价格排他的公共物品；加快环境基础设施领域的事业单位改制，确立民营企业参与污水和垃圾处理领域的法人地位。二是规范市场，全面制定城市相关设施建设规划，避免市场化过程中设施建设的盲目性；确立民营企业准入和公平竞争规则，避免鱼目混珠，恶性竞争；清除行政性壁垒和地区分割障碍，实行项目公告和公开招标制度，创造公开、公平、公正的市场竞争环境；通过调控收费价格，保证所有人都能享有设施服务；严格监管，避免二次环境污染。三是扶持市场，加大政府财政扶植力度，建立污染治理专项基金；通过税收、土地、用电等优惠政策和技术及信息咨询服务，扶持相关企业积极参与市场化；建立社会公益性服务行业名录，对包括改制企业在内的所有从事环境污染治理企业，根据不同情况，实行不同的税收优惠政策。

（二）东部地区可以全面推进城市污水和垃圾处理市场化，西部地区要有重点、有步骤地逐步推进

在城市污水和垃圾处理领域，我国东部地区全面实行市场化的基本条件已初步具备。具体可以选择四种市场化模式：

一是对污水及垃圾处理设施运营和垃圾清运的事业单位，全面实行企业化改制。在这方面，北京和上海的做法具有一定的示范意义。改制后的企业可以是国有企业，也可以是公私合营的股份制企业。在企业化改制中，也可以借鉴深圳的经验，实行供排水"一

体化"模式。目前，需要注意的是改制必须是真正意义上的从事业单位向企业改变，否则很难减轻政府负担和提高服务质量。

二是对已有设施，可以以管理合同方式，交给改制后的企业或民营企业，实行商业化运营，如深圳市龙田、沙田污水处理厂运营模式；也可以采用 TOT 方式，盘活国有资本，建设新设施。

三是对由政府新建的设施，应通过公开招标和租赁方式，实行市场化建设运作和设施运营。也可以通过 TOT 方式，回收建设投资，用于建设新项目。

四是在条件成熟的地方，积极采用 BOT 和准 BOT 方式，建设新设施。在这方面，东部部分城市已有较成功的案例可供示范。

与东部地区相比，由于收费政策不到位，或费率过低，以及市场化意识和能力不足等原因，西部地区全面实行市场化的基本条件较差，但企业化改制可以先行。同时，若收费不足以吸引民营企业投资，政府可以使用财政补贴的办法，优先探索准 BOT 模式，逐步实践 TOT 和 BOT 模式。就具体的市场化模式而言，东部的成功案例对西部有普遍借鉴意义。

（三）加强和完善市场化政策，特别是价格和税收政策

为了强化推进市场化的政策，建议将现有相关部门指导意见综合成一项"实行城市污水和垃圾处理市场化发展"的综合性政策，以国务院决定的形式颁布，然后，在条件成熟后，进行相关立法或将市场化内容加入有关法律之中。

价格政策包括提供处理服务的收费价格和处理产生的产品价格两个方面。考虑到市场竞争和价格垄断因素，政府有必要对收费价格进行规范和指导。目前，各地普遍采取的"价格听证会"方式确定的污染处理收费价格并不科学，因为它更多地注重了社会公平，忽视了经济效率。因此，政府应该根据污染处理服务收费构成，考虑人工、电费、药剂、维修、折旧，以及相对合理的投资利润，出台一套污染处理服务收费指导价格来兼顾各方利益，并加以规范；各地以此为基础，综合考虑提供优惠政策和投资机会成本来核定具体价格。关于污染处理产生的产品价格（如中水和垃圾发电的价格），一方面政府应该确保再生产品价格来维持企业进行资源综合利用的积极性，另一方面还要确保自然资源与再生资源有足够的差价来维持用户使用再生资源的积极性。

税收方面，国家应该给予城市环境基础设施投资更多的税收优惠，特别是在主体税种（如增值税和消费税等方面）给予积极的鼓励。国家完全可以根据情况的变化调整税种、税率和课税对象，加大税收的调节力度，用税收引导投资，加快城市污水和垃圾问题的解决。

（四）提高地方政府实行市场化的能力，建立监管服务体制

目前，地方政府实施市场化的能力严重不足，没有明确的监管服务体制。建议国家在相关人才培训和地方政府实行市场化的能力建设方面采取实质性措施，在城市政府建立明确的城市污水和垃圾处理市场化管理机构，配备具有专门知识的管理队伍，作为政府在该领域的法人代表与民营企业签订相关协议，同时，统一监管市场化运作过程，为相关企业提供技术和信息咨询服务。

由于我国目前垃圾处理技术不成熟和二次污染风险很大，所以，在推进垃圾处理市场化时，政府应慎重对待，循序渐进，特别是要注意加强监管和服务力度，防范环境和经济风险。

为防止城市污水和垃圾处理厂超标排放或造成二次污染，要将其作为排污企业，由环保部门实施统一监管。

参考文献

[1] 刘林，曹曼. 国内外城市污水处理设施运营模式的比较和启示[C]//城市污水处理产业化、市场化暨工程技术与投融资研讨交流洽谈会论文集，2002.

[2] 苏建龙. 我国城市污水处理产业化市场化探讨[N]. 中国环境报，2002-06-19.

[3] 叶鼎. 关于城市污水处理厂建设模式的探讨[C]//城市污水处理产业化、市场化暨工程技术与投融资研讨交流洽谈会论文集，2002.

[4] 魏新民. 也谈"BOT"[C]//城市污水处理产业化、市场化暨工程技术与投融资研讨交流洽谈会论文集，2002.

[5] 吴庆. 基础设施的公共性及其政策启示[N]. 中国经济时报，2001-02-12.

[6] 冯云廷. 公共设施与服务的供给：民营化及其有效边界[R/OL]. http：//www.hwcc.com.cn.

[7] 杨晓燕，黄裕侃，戈律新. 且看新版"温州模式"——民间资本介入垃圾处理[N]. 中国环境报，2002-04-01.

[8] 黄慧诚. 供排水"一体化显优势"——广东城市公用事业走上市场化路子[N]. 中国环境报，2002-04-15.

[9] 刘世昕. 市场资本碰撞环境保护——深圳研讨会带来的思考[N]. 中国环境报，2001-06-11.

[10] 屈遐，王娅. 体制创新的试验田——北京经济技术开发区污水处理厂抢占 BOT 头把交椅[N]. 中国环境报，2001-12-24.

[11] 仇保兴. 在全国城市污水和垃圾治理与环境基础设施建设工作会议上总结讲话[R]. 2002.

[12] 江苏省建设厅. 抓住机遇，加大力度，努力开创我省水污染治理工作新局面[R]//全国城市污水和

垃圾治理与环境基础设施建设工作会议交流材料，2002.

[13] 北京市人民政府. 积极推进环境基础设施建设，加快改善首都城市环境质量[R]//全国城市污水和垃圾治理与环境基础设施建设工作会议交流材料，2002.

[14] 广州市人民政府. 实施三大战略，全面提升垃圾处理市场化、专业化、产业化发展水平[R]//全国城市污水和垃圾治理与环境基础设施建设工作会议交流材料，2002.

[15] 上海市人民政府. 加强领导，完善机制，建管并举，标本兼治，不断推进上海城市环境综合治理和基础设施建设[R]//全国城市污水和垃圾治理与环境基础设施建设工作会议交流材料，2002.

[16] 福建省城市污水处理产业化协调小组. 积极推进污水垃圾处理产业化，促进福建社会经济可持续发展[R]//全国城市污水和垃圾治理与环境基础设施建设工作会议交流材料，2002.

[17] 深圳市人民政府. 积极推进市场化改革，加快环境基础设施建设[R]//全国城市污水和垃圾治理与环境基础设施建设工作会议交流材料，2002.

[18] 绍兴市人民政府. 市场化治污之路[R]//全国城市污水和垃圾治理与环境基础设施建设工作会议交流材料，2002.

[19] 无锡市环境卫生管理处. 依托政府完善收费体制，广辟渠道落实经费来源[R]//全国城市污水和垃圾治理与环境基础设施建设工作会议交流材料，2002.

[20] 河南省建设厅. 加快城市污水和垃圾处理工程建设步伐，推动经济和社会可持续发展[R]//全国城市污水和垃圾治理与环境基础设施建设工作会议交流材料，2002.

[21] 甘肃省环保局. 甘肃省城市污水及垃圾处理工作情况介绍[R]//全国城市污水和垃圾治理与环境基础设施建设工作会议交流材料，2002.

[22] 乌鲁木齐市环保局. 深化改革，创新体制，推进城市污水和垃圾处理产业化发展[R]//全国城市污水和垃圾治理与环境基础设施建设工作会议交流材料，2002.

[23] 建设部. 关于加快市政公用行业市场化进程的意见（建城〔2002〕272 号）[R].

[24] 国家发展计划委员会，建设部，国家环保总局. 关于推进城市污水、垃圾处理产业化发展的意见（计投资〔2002〕1591 号）[R].

[25] 国家发展计划委员会，财政部，建设部，水利部，国家环保总局. 关于进一步推进城市供水价格改革工作的通知（计价格〔2002〕515 号）[R].

[26] 国家发展计划委员会，财政部，建设部，国家环保总局. 关于实行城市生活垃圾处理收费制度，促进垃圾处理产业化的通知（计价格〔2002〕872 号）[R].

[27] 国家发展计划委员会，建设部，国家环保总局. 关于加大污水处理费的征收力度，建立城市污水排放和集中处理良性运行机制的通知（计价格〔1999〕2 号）[R].

[28] 建设部. 关于转发《福建省关于推进城市污水处理产业化发展的暂行规定》的通知（建城〔2001〕223 号）[R].

[29] 国务院. 关于加强城市供水节水和水污染防治工作的通知（国发〔2000〕36 号）[R].

[30] 北京市人民政府. 关于对经营性基础设施项目投资实行回报补偿的意见（京政发〔2000〕30 号）[R].

[31] 深圳市环保局. 深圳市城市污水处理产业化实施方案（送审稿）[R]. 2002.

[32] 财政部，国家发展计划委员会，建设部，国家环保局. 关于淮河流域污水处理收费试点有关问题的通知（财综字〔1997〕111 号）[R].

[33] 国家计委，国家经贸委，外经贸部. 外商投资产业指导目录（2002）[R].

[34] 全国人民代表大会. 中华人民共和国水污染防治法（修正）. 1996.

[35] 全国人民代表大会. 中华人民共和国固体废物污染防治法[R]. 1995.

[36] 国家经贸委. 关于做好环保产业发展工作的通知（国经贸资源〔1999〕474 号）[R].

美国环保产业发展战略分析与启示^①

国冬梅

一、前言

　　环保产业的发展如今已成为世界经济发展新的增长点，其意义不只表现于其自身的经济规模上，更体现于它对整个经济的带动作用上，即在多大程度上带动整个经济在数量和质量上的发展，在多大程度上推动经济体制和经济结构向更为健全的方向转变，在多大程度上引导社会生活方式和消费方式的良性变化。一项利用投入—产出表对美国环保产业带动作用的研究（1996 年）表明：环保产业对 15 个部门的带动效应相当明显，这种带动作用产生的总增值效果为环保产业产值的 100%～150%。一份关于美国 1970—1979年大气污染防治费用的研究表明，防治大气污染的投入仅为大气污染损失的 1/15。我国关于污染治理的成本—效益分析表明，污染治理投入与污染损失的减少量之比为1∶6[1]。2001 年中国环保产业大规模调查结果显示：中国环保产业年收入总额已接近1 700 亿元，占当年国内生产总值的 1.9%。更为可喜的是，环保产业实现的利润收入已经达到国家环境污染治理年投资总额的 1.6 倍[2]。因此，分析美国环保产业内涵、发展规律与战略，为我国满足未来环境保护需求、适应加入 WTO 后的国际竞争形势、改革与环保产业发展有关的政策与体制提出战略思考与建议是必要的。

二、内涵的变化及增长规律的分析

　　美国环保产业包括以下几方面能产生利润的活动：①遵守环境保护的法律法规；②环境评价、分析和保护；③污染控制、废物管理和被污染财产的恢复；④水、循环材

---

① 原文刊登于《环境保护》2004 年第 6 期。

料和清洁能源的提供与输送；⑤有利于增加能源与资源效率、提高生产力水平、促进经济可持续增长（采取污染预防措施）的技术与活动[3]。

美国环保产业一度是成功的，而且在国民经济中起了很重要的作用。在过去的 25 年里，美国环保产业的产值已达 1 810 亿美元，就业人数达 130 万人。私营部门的公司达 3 万家，出口收入达 160 亿美元，贸易顺差达 90 亿美元。实际上，收入低于 1 000 万美元的企业在总收入中占了很大的份额。由于美国也没有将环保产业作为一个整体纳入标准产业分类体系，所以进行具体描述也相当困难。1995 年，美国环保局的估计表明，1991 年环保产业占整个国民经济的 0.8%。环境产品与服务的市场需求也在发生根本性变化，即由以污染控制、废物管理和治理为主要目的的需求，正在转向以提高资源生产力和改善环境为目的，从而提高企业竞争优势的需求。然而，成功只属于过去，目前的环保产业则处于过渡期，面临巨大的挑战与机遇。美国环保产业的增长已从 1985—1990 年的 10%～15% 的年增长率下降到 1991—1996 年的 1%～5%；平均利润已从 20 世纪 80 年代后期的 10% 下降到现在的 2%～3%；环境技术公司的风险资本投资已从 1990 年的 2 亿美元下降到 1996 年的 3 000 万美元以下；美国环保产业在危险废物管理、分析服务、咨询与工程、大气污染控制设备等方面生产能力过剩；现在供大于求，处于买方市场阶段，价格正在下降；产业正处于巩固阶段；少数大的环保公司在过去几年中增长速度加快，大中型企业正在合并；需求下降，价格下滑，竞争更加激烈，使得本行业的财政紧张；1991—1996 年，NASDAQ 每年增长 22%，道琼斯指数每年增长 16%，而环保公司的赢利仅为每年增长 6%。就在环保产业面临困境的同时，其环境政策同样也面临重要抉择[4]。

三、发展驱动力变化规律的分析

美国环保产业起始于 19 世纪的城市供排水系统管理、卫生工程和废物收集。20 世纪 70 年代，美国环保局与环境质量委员会诞生后，实施了《国家环境政策法》，不久又实施了《清洁空气法》和《水污染控制法》，从而刺激了环保产业的发展，产品与服务的类型主要包括大气污染控制设备、环境咨询与工程服务、环境仪器与测试服务、危险废物管理与补救服务等。但环境产品与服务主要用于大的资本项目和公共部门。

20 世纪 80 年代，由于采用了污染者付费和"命令+控制"等措施，环保产业的发展则主要转向了为私有行业遵守环境法律法规提供环境产品与服务，这极大地刺激了对环境产品与服务的需求，而且环保产业的主要利润来自担心被罚款、被关闭或者引起消费者和政府官员愤怒的企业。

20 世纪 70 年代末和 80 年代一系列环境法律法规的迅速出台，引起了工业界的不满抱怨地方政府不给予资金支持。因此，80 年代末，出台新法规的速度减慢，实施的力度降低，导致环保产业发展逐渐减速，发生了外企兼并浪潮，改变了许多大气与水污染控制设备企业的所有权。

20 世纪 90 年代中期，美国的调查结果表明，美国的环境质量发生了很大改善，大气质量和水质已不再恶化，而且许多地方环境质量得到提高。这也意味着环境问题已不再是政府的优先领域。但国际环境问题依然严重，因此美国还专门制订了环保产品与服务的出口战略。

美国环保产业发展的历程表明，环保产业市场的驱动力正在发生变化。美国环保产业是"命令+控制"制度的产物，然而依赖这一制度创造的需求范围较窄，产品与服务向遵守法规的目标发展，反而使环保产业竞争战略涵盖的内容变少。环保企业领导们认为，通过"命令+控制"制度改善环境的速度正在减慢：①该制度对已满足环境法规要求的企业进行的技术革新和投资没有激励作用，对环境超过平均水平的企业没有任何奖励；②该制度对环境与经济综合决策没有激励作用，但环境与经济综合决策已成为国际需求的关键。美国私营部门与公共部门的消费者正日益成熟，正从传统的单纯遵守环境法规，转向将环境因素纳入更广泛的商业决策，将环境成本纳入生产投入。

美国环保企业领导、学者和决策者普遍认为，要刺激对环保产品与服务的持续需求，不断改善环境质量，就必须在经济政策中将环境价值纳入国家与国际经济体系，从而能够鼓励环境表现好的企业，惩罚环境表现不好的企业。同时，调整后的经济核算体系可作为构架可持续发展经济政策的基础。

综上所述，美国环保产业的发展一直受环保政策的驱动，但不同的环保政策手段对环保产业市场的驱动程度又不同，环保产业的增长与投资也随着驱动力的不断变化而变化，而且在采用市场手段后，环保产业有可能稳定增长并恢复到历史最高水平，从而实现环保产业与整个经济发展的"双赢"战略。

四、环保投资与技术开发的政策障碍分析

美国多数环保投资者认为，环境投资的风险特别难以评估，各种阻力难以克服，认为环境市场比其他市场更具风险性。金融机构很难获得预测技术开发的结果所需要的管理许可，而且难以获得政策要求的"锁定技术"的市场份额。同时，基于新开发技术的产品与服务进入环境市场的成本远远高于政府机构的投资，且远不如政府所起的作用。

美国环保政策是环境技术开发的主要决定因素。如果环境政策不关注新技术的开发

与使用并对其加以激励的话，就会增加环保产业的技术开发方、投资方、消费者和公众的风险。财政政策则会影响私营企业对环保技术、产品研究与开发的投入。

美国长期以"命令+控制"制度为主的政府环境管理创造并形成了环保市场，但这一制度也阻碍了新环境技术的开发与商业化。这就是环保市场与其他即使是受政府严格控制的市场存在差异的关键。该制度的局限性也降低了私营企业开发与采用环境友好技术的能力。

环境投资、技术与产品开发、政策制定与实施的协调一致是环保产业得以发展的关键。然而，美国环保产业的发展历程表明，不恰当的政策限制或减慢了环境技术与产品的开发与使用。新技术的开发是非常耗时的，一般至少 5～10 年才能将新的发明投入市场。然而，投资者则通常要求 3～5 年即有回报。因此，美国对新技术与产品的开发投资一般发生在开发周期的后期，所以开发方只好自筹前期开发资金或依赖政府资助。但是，如果大型环保企业要自筹资金进行前期开发的话，便会享受政府制定的税收优惠政策。

通常，环境政策制定的依据是技术的可得性，而且不同政策要求采用规定的技术与产品。美国几乎所有固定大气污染源、废水污染源以及危险废物处理政策都要求采用"最可得的技术"。因此，环境政策则进一步推迟了环境技术投入市场的时间，使新技术的发展更难以找到资金支持。

此外，仅针对污染介质、污染源的法规使得环境决策者只见树木，不见森林，使得企业管理者只针对具体污染问题采取末端治理措施。每项规定仅针对一种污染物排放，要求满足单一时间表。而且每项规定的出台都是根据市场上技术的性能。因此，这种法规既阻碍环境与经济综合决策，又挫伤改革与创新。

五、未来改革战略分析

"命令+控制"模式对美国环保市场的驱动力正在减弱，投资与技术开发面临许多政策障碍，用户的需求却转向环境与经济结合的革新措施。因此，政府与产业必须努力合作，将经济与环境因素融合对激励好的环境行为的政策中，稳步迈向"双赢"目标。反过来，这也会促进新技术与服务的需求，使环保企业更具有竞争性，同时有助于保护后代的全球环境。

产业界也必须有全球性的站位。正在工业化的国家有可能成为大的污染者，或者说是环境产品与服务的大客户。改变出口现状需要国内政府与企业界的强有力合作。美国国际贸易局与产业界一道，直接通过环境贸易顾问委员会改善产业界参与国外市场的条件与能力。国际贸易局为环保公司提供咨询，提供国外市场信息，支持国内外的会议与贸易活动，还建立了国家环境出口活动，鼓励联邦各州小企业参与环境出口。

政府的作用需要改变。在形成国内环境产品与服务的过程中，政府已经起到了很大的作用。政府能否同时支持经济增长和环境保护双重任务呢？环境法规能否与经济目标更好地融合？环保产业经营者和许多客户认为政府应当采取以下三种措施：①改革美国环保局的管理职责；②改革政府自身的环境管理；③加强政府对技术开发与扩散的支持。环保企业领导认为，政府机构应依据环保企业的实际表现进行政府购买，同时建立与私有行业投资周期同步的政府采购周期。产业领导认为政府要重新审查其在环境技术的开发与商业化中的作用。建议政府构筑其研究与开发投资，以便利私有企业的技术革新，增加政府与产业部门之间的合作，并探索可持续发展技术。

环境管理要改革。企业领导们认为确保污染行为受到处罚、环境表现好的行为受到奖励这两个指导原则。首先，要确定环境表现好坏的标准。其次，依靠基于环境表现政策（包括市场机制）和环境信息政策（如有毒物质排放清单）对环境表现好的给予奖励，并鼓励环境与经济的综合决策。

总之，美国环保产业界认为，美国环保产业要成为经济增长的重要组成部分，就必须适应新的市场形势，开发不仅局限于为遵守环境法规而采用的环保产品与服务。环保企业领导认为，环保企业必须成为其客户的资源管理者和环境管理者，而且必须将其产品和服务与客户的核心商业利益充分结合在一起。

六、贸易战略分析

环保企业领导和许多消费者认为，美国国内市场需求形势严峻，但国际市场增长迅速，竞争能力强，环境产品与服务市场正日益全球化。1996年全球市场为4 520亿美元，其中海外市场为2 800亿美元，预计2010年可达6 000亿美元。然而，美国环保产业收入中仅有9%是境外收入，日本和德国则均超过了20%。大多数美国的环保产业在海外市场处于竞争劣势。3万家公司中，多数是私有企业，而且这些小企业没有能力或不倾向于出口。

环保产业界认为，出现这种局面的主要原因是政府对环保产业的支持不够。例如，日本与德国率先实施了国家能源政策，为PV（太阳能光伏发电）系统接入电网提供了大量财政支持，美国对此项目的支持则微乎其微。其结果是日本PV能源政策使其在1997年成为世界上最大的PV市场，美国PV生产商的市场份额却一直在减少。据估计，美国PV生产商的市场份额由1995年的42.7%降低到1998年的37.8%；同期日本则由20.1%

增至 27%。

为此，美国环保局的环境产品与服务的贸易战略是千方百计扩大出口。其主要手段是：①通过技术援助、培训与信息交流在其他国家创造环保技术与服务需求；②通过与其他联邦政府与私营部门的合作加强对环境产品与服务出口的强有力支持；③通过相关环境协议，提高环境标准，抢占由此产生的环保产品与服务市场；④通过积极参与国际贸易机构（如北美自由贸易协议及通过该协议建立的环境合作委员会，WTO 中的贸易与环境委员会）与亚太经济合作组织（APEC）的谈判，推进环境产品与服务贸易的自由化进程，为美国环境产品与服务的出口扫除障碍。

美国环保局根据美国的经济、政治与环境利益，确定了以下八个扩大出口的对象国：墨西哥、中国、印度、俄罗斯、南非、巴西、阿根廷、智利。出口主要集中于污染预防、能源效率、能源保护、危险废物与固体废物等美国具有竞争优势的领域。美国环保局的战略将包括两个主要部分：技术示范和有目的的技术援助项目。

七、几点启示

通过以上的分析与思考，给我们许多启示，现提出以下几点供我国决策层参考。

（一）环保部门理应指导环保产业发展的战略方向

（1）环保产业的健康、稳定发展需要步进式环境政策，即需要政府站在战略层次上，遵循环保投资、环保技术开发周期与环保政策一体化过程的时间规律性，考虑环保产业从末端治理产品、单项环境服务向清洁工艺过程相关产品与一体化服务转变这一大趋势，充分考虑环境政策对污染企业及环保产业的经济与社会影响，来制定科学合理的环保政策。

（2）环保产业发展需要政府及时公开环保政策，从而使企业获得公平竞争的市场环境，同时能满足 WTO 的要求。环保政策的及时公开要走信息化的道路，要走为企业服务的道路。

（3）环保产业发展的环境政策依赖性使得环保产业发展具有阶段性、动态性、区域性，相关部门与企业界需要及时进行自我调整。

（4）目前我国环保产业的发展主要受"命令+控制"措施的驱动，末端治理的产品生产与服务仍处在高速发展阶段。然而，环保产业的发展需要相对稳定的环保政策与机制，如市场经济手段，从而避免一哄而上、大起大落的发展局面，降低环保企业的商业风险。

（5）我国城市环境治理基础设施要适度吸引外商投资企业建设与运营。要在学习他国经验的同时避免我国环保企业失去巨大的市场，挫伤其发展；也要充分做好长期规划和资金积累，从而避免由于环境基础设施的本地性和必需性导致外资在运营期满后大规模撤出，以致当地污染治理能力突然丧失或过度市场化引起的社会问题。

（6）环保部门在制定环境保护规划时，应充分考虑我国环保产业发展的能力、国内的购买能力、国际市场上环境产品与服务的供应情况等，切实做到规划与计划的切实可行，同时有利于保护与推动我国环保产业的发展。

（7）环保系统的执法能力不足，会挫伤优质、规模环保企业的发展。环保执法力度不够会导致优质、高价环保产品与服务竞争力下降，中小企业的劣质、低价环保产品与服务获得更多投机机会。2000年，笔者在调查金融危机对环境产品与服务贸易自由化影响的过程中了解到，"一控双达标"期间，由于受金融危机影响企业效益降低，加之地方执法能力有限，一些生产相对劣质、低价的小企业转而占了上风。因此，加强环保部门执法能力，有助于扶持大型环保企业发展优质、高效、低价的环保产品与服务。

（8）无论是日本、德国还是美国的经验都进一步说明，环保产业的国际竞争力绝大程度上依赖于政府的支持力度，而且政府支持是环保产业迅速发展的唯一渠道。由于环保产业的独特性以及我国环保形势的紧迫性，环保部门应努力利用实施一些一揽子污染控制与生态保护项目，积极创造有利的政策环境，增加资金支持力度，加强优势组合，培育有实力的大型企业，从而带动并形成具有区域特色的环保产业条带，提高国际竞争能力。

（二）政府可在环保产业国际贸易战略中发挥重要作用

国家环保总局可借鉴美国环保局的做法，以国际环境合作的名义，帮助我国的环保企业努力走向国际市场，尤其是发展中国家市场；在国际环境组织、贸易组织与经济组织中发挥作用，为保护并开拓我国环保产业市场。例如，美国及其他发达国家正努力扩大环境产品与服务的范围，并同时在WTO谈判与APEC论坛中积极推动环境产品与服务的贸易自由化，努力推动国际组织采用他们对环境产品与服务的界定。然而，我国对环保产品与服务的界定范围比较窄，而且实力较差。因此，我国在国际组织谈判中，要务必注意压缩或调整环保产品与服务的范围，避免因其定义范围过宽，而使国外几乎所有的产品与服务都会由于生产效率高，有利于提高资源使用效率而全部享受关税减免政策。同时，加强环境产品与服务的贸易自由化可能给我国环保产业发展带来的冲击以及相关的应对措施。

总之，无论是国外环保产业的发展经验，还是国内环保产业发展面临的形势都表明：

环保部门在环保产业的国内发展战略与国际发展战略中都占有重要地位，既是环保产业国内发展战略的重要推动机构，又可以通过环境外交推动环保产业的国际发展战略。

参考文献

[1] 徐嵩龄. 略论环境产业的经济意义[N]. 科技日报，1999-09-11.

[2] 2000 年全国环境保护相关产业状况公报[R]. 国家环境保护总局，2001.

[3] Berg D R，Ferrier G，Paugh J. The U.S.Environmental Industry[R]. U.S. Department of Commerce，September 1998.

[4] Hearing of the United States Senate Committee on Small Business Small Business and Environmental Technologies：The Challenges and Opportunities[R]. Boston，MA. June 14，1999.

[5] Between Trade and Sustainable Development[J]. Post Doha Ministerial Issue，No.9 BRIDGES，November-December，2001.

中小企业的环保融资策略[①]

夏 光 周国梅

中小企业在我国国民经济和社会发展中占有十分重要的地位。我国 90% 以上的企业都属于中小企业，国内生产总值的 50%、税收的 43%、社会商品销售额的 57%、全部企业从业人数的 75% 以上和每年 2 000 亿美元的出口总值的 60% 左右都是由中小企业创造和提供的，同时中小企业在保持创新活力、适应市场变化等方面又具有独特的作用。因此，国家十分重视中小企业的发展，制定了一系列鼓励中小企业发展的优惠政策等。

另外，中小企业又是我国工业污染的主要来源之一，污染负荷约占工业污染的 50%，且有继续增加的趋势。中小企业污染源分散，结构性污染突出，主要集中在技术水平低、污染治理难的造纸、制革、电镀、印染、水泥、制砖、煤炭、有色金属、非金属和黑色金属矿物采矿等行业。而且中小企业多分布在城镇和农村地区，其污染状况对当地的经济发展和生活质量有相当大的影响。因此，对中小企业的污染治理，必须实行较严格的环保政策，不能放松管理，防治中小企业污染是一项艰巨的任务。

一、中小企业环境污染防治面临资金瓶颈

在中小企业污染治理中，资金的筹集和运作是一个难题。由于融资困难，中小企业往往污染防治设施不到位或建设后无法正常运行、无法达到环境法规的要求。由于不可能简单地采取关停手段来解决环境污染问题，因此，十分需要改进中小企业的污染防治融资渠道。

目前，由于市场竞争激烈，污染防治的成本就成为关键。中小企业污染防治面临着经济和技术的双重难题，在现行监管制度下，中小企业会有一定幅度的污染防治成本空间，如果现有污染防治技术的建设和运行成本不能控制在这个成本空间内，污染防治必

[①] 原文刊登于《中国环保产业》2005 年第 1 期。

然会被各种保护手段所抑制。因此，针对中小企业的环境污染问题，仅靠监管和压力是不够的。必须在一定的压力下，考虑建立一定的经济激励措施，即研究合适的融资机制，以降低企业污染防治的内部成本，激发企业污染防治的内在动力。

对于中小企业来说，目前污染防治资金最重要的来源还是企业自有资金。为了躲避金融风险，垄断了信贷资金80%的国有四大商业银行的发展战略基本定位于"大行业、大企业"，对中小企业的贷款数量较少。据统计，到2000年，国有银行对中小企业的贷款仅占其贷款总额的38%，这与中小企业占我国国民生产总值的60%和利税的40%不相协调。而作为我国中小企业主体的乡镇企业，每年信贷规模不到整个信贷规模的10%。

调查显示，我国中小企业中81%的企业认为一年内的流动资金能部分或不能满足需要，60%的企业没有1~3年的中长期贷款，即使能获得，仅16%能满足需要，52%能部分满足需要，31%不能满足需要。因此，我们可以发现，相当比例的中小企业连进一步发展的资金都面临着困难。所以，污染防治更面临着严重的资金瓶颈。

二、中小企业污染防治融资模式

（一）政府组织融资，企业运营

这种模式主要是指建设资金由政府负责筹集，污染治理设施的管理也由政府有关部门负责。政府筹集资金主要通过污染企业集资、政府财政补助、国债、政府担保下的银行贷款和国有公司参股等方式。建成后由专业化污染治理企业进行管理运营，其设施的日常运行、大修、设备更新的费用来源于污染企业缴纳的处理费。处理费的价格核算按照治污的全额成本核定。

（二）政府引导，民营企业投资和运营

这是一种完全商业化的投资模式。投资者既不是政府，也不是排污企业，而是第三方市场主体。目的是从污染治理中取得投资收益。政府所起的作用就是利用其监督管理、规范市场的职能对民间资金进行引导，政府根据污染治理的需要进行相关设施建设的招商，明确工程规模、进水浓度、排放标准、收费价格及其他内容，同时给予投资者局部经营垄断等承诺和其他优惠，设施的建设和日常运营管理由投资方自行安排。

（三）污染企业联合建设和运营

这主要是相同或相似产品结构的中小企业园区所采用的一种治污方式，其主要特点

是依托骨干企业、工业园区实行污染集中治理。根据"污染者付费"的原则，治理资金主要以污染企业自筹的资金为主，银行贷款、申请污染源治理补助资金为辅。如浙江萧山东片污水处理厂、温州鹿城区制革基地污水处理厂、温州水头制革基地污水处理厂、温州龙湾电镀基地污水处理厂等均属于这种方式。萧山污水处理厂是由 11 家印染企业根据染缸数量，按比例共同出资建成。11 家企业作为股东联合组建污水处理有限公司，成立了董事会，由总经理负责管理，根据污水处理实际成本，各污染企业分摊污水处理费。在这一模式下，还有一种融资方式是由园区中较大企业或大公司出资建设污水处理工程和厂房，各小厂承租或购买厂房，废水由大厂集中处理，收取处理费。

可以看出，在市场经济比较发达的地区，中小企业污染集中治理的融资和运营都比较灵活和多样化。

（四）其他模式（如外资等）

外资也是中小企业污染防治的一个重要的融资渠道。如浙江省富阳市污水综合处理厂主要负责处理春江造纸工业园区的造纸废水，设计处理能力 15 万 t/d，其中利用德国政府贷款的 800 万美元，日本国际协力银行的两阶段贷款也是一个重要渠道。

实际上，各种渠道的外资进入中小企业污染治理领域的潜力巨大。但要解决两个问题：一是外资贷款的担保问题；二是推进市场化机制，理顺收费渠道和价格的问题。只有解决好这两个问题，才能给中小企业污染治理使用外资铺平道路。

三、中小企业环境污染防治融资若干政策观念的创新

在对我国部分地区进行实际调研的基础上，笔者借鉴日本在这方面的做法和经验，分析了国家对中小企业发展的政策措施，认为我国中小企业污染防治应探索多种融资模式和运营方式，并以相应的政策安排满足不同情况下的融资需求，这些都需要政府发挥比较积极的作用。因此，在中小企业污染防治融资方面，需要政策观念的创新。

（一）政府应该积极扶持中小企业污染防治的融资

这不仅可以帮助中小企业达到环境标准，而且它也表达了"政府鼓励中小企业发展"的明确态度，有利于吸引更多的人进行创业。看起来政府为中小企业治理污染花费了一些资金，但由此而创造出来的良好的投资环境，会为当地带来更大的经济效益。

（二）政府应该扶持符合国家产业政策的具有成长潜力的中小企业的污染防治

政府应该对扶持对象进行筛选，那些不符合国家产业发展政策、明确属于被淘汰、被限制发展的行业和产业，如污染严重的"十五小"等，是不属于政府扶持的范畴。只有那些符合国家产业政策、有技术升值潜力、经济效益明显以及当地产业链中不可或缺的成长型中小企业才是政府扶持的对象。对中小企业进行筛选的工作可由建议成立的中小企业环境保护服务机构根据一定的程序和办法进行。

（三）企业最终必须承担大部分污染防治的成本

虽然政府对中小企业的污染防治应给予积极扶持，但企业最终必须承担污染防治的全部或大部分成本，这样才能激励企业改善生产和管理，符合"污染者付费"原则。政府是帮助企业"融资"，而不是代替企业"出资"。从我国中小企业污染防治的融资经验看，也主要是采取政府创造条件、企业最终买单的模式。日本在帮助企业迁到新的小区进行集中生产和治理时，也要求各工厂偿还小区建设的投资，环保设施 15 年偿还，厂房 20 年偿还。

（四）让社会中介机构承担融资和投资事务

在帮助中小企业进行环保融资的过程中，政府不必直接经办这些具体事务，可以委托给社会机构来承担，这样可以使政府集中于制定政策的工作。在日本，这是通过两条途径来进行的：一是委托日本政策投资银行办理贷款（主要面向大企业）；二是委托中介机构"日本环境事业团"开展业务（专门针对中小企业）。日本政策投资银行的环保投资贷款利率低于市场利率，还款时间多在 10 年左右，但要求承贷者配套 50%自有资金且有担保。"环境事业团"主要办理以成片开发方式帮助中小污染企业搬迁、审查污染企业的贷款申请和手续等。

四、关于中小企业污染防治融资机制的政策建议

总的来说，建立中小企业污染防治的融资机制可以包括三个方面：一是由政府直接筹集资金，建立专门的政策性扶持机制；二是依靠政策支持，筹集社会资金，建立商业性融资扶持机制，该类机制扶持的内容可以将中小企业发展和污染防治结合起来；三是制定中小企业污染防治优惠政策。具体政策建议主要包括：

（一）把国家将建立的"扶持中小企业发展专项资金"和"中小企业发展基金"作为中小企业污染防治的融资渠道

中小企业污染防治是其生产过程的一部分，如果说个别企业不治理污染还可能不会对当地环境造成严重影响的话，那么所有企业都不治理污染则环境污染一定会超过当地环境容量的允许程度，最终使所有企业都无法运行下去。所以企业污染防治实际上已经与其生产过程紧密联系在一起。也就是说，"中小企业发展"本身就包括了"污染防治"的含义。从这个意义上说，国家即将建立的"扶持中小企业发展专项资金"和"中小企业发展基金"中必然包含着支持中小企业污染防治的相关内容。

"扶持中小企业发展专项资金"主要用于促进中小企业服务体系的建设、开展支持中小企业的工作。从其性质上来说，属于起引导、补充、创造条件等作用的资金。"中小企业发展基金"是一笔由多方资金组成的"基金"，起到支持中小企业发展的实质性和主体性作用，它的主要用途是支持中小企业的创业、信用担保、技术创新、专业化发展、协作配套、人员培训、信息咨询、开拓国际市场和实施清洁生产等，即用于中小企业"本体发展"，可见该基金是可能为中小企业污染防治提供融资支持的主要来源之一，而且把污染防治纳入"清洁生产"范畴之内，可以使中小企业污染防治转向更高的阶段。

因此，建议在"扶持中小企业发展专项资金"中建立"中小企业污染防治专项"，使之用于中小企业污染防治的服务体系建设。建议在国家"中小企业发展基金"中建立"中小企业污染防治基金专项"，使之用于以下几个方面：①企业搬迁补助：一般保持补助额在搬迁费用的10%以内。②企业集中治理污染的前期建设：如果是政府所规划的集中治理，在企业搬迁之前的设施建设可全部由该基金专项投资，由专门的社会服务机构承担建设任务，待企业搬入后，分期向企业收回原投资额，还款期可在5～10年。③向企业提供环保投资和治理项目优惠贷款：如果是企业采取集中治理以外的其他污染防治措施，在资金短缺时，可由该基金给予优惠贷款，贷款利率比市场利率低1%～3%，贴息部分由"基金"承担。④为企业环保项目贷款提供担保。

（二）在国家"中小企业发展基金"建立的同时，考虑把现存的"环境保护专项资金"更多地用于中小企业污染防治的贷款贴息和拨款补助中

由于各级"中小企业发展基金"还在建立中，尚未进入运行阶段，所以目前中小企业污染防治还无法直接通过这个渠道融资。为此，根据国务院2002年1月30日通过的、已于2003年7月1日开始实施的《排污费征收使用管理条例》以及财政部和国家环保总局发布的《排污费资金收缴使用管理办法》，可考虑把现在省、市、县各级政府建立

的"环境保护专项资金"更多地用于中小企业污染防治的拨款补助和贷款贴息。

目前，该资金主要由排污收费构成，由于排污费具有"污染者付费"的性质，所以该资金面向所有企业使用，并不专用于中小企业。为了使该资金向中小企业倾斜，必须改变排污费在"环境保护专项资金"来源中占主导地位的局面，而且这个专项资金的规模现在普遍都很小，作用有限，也确实需要加以扩充。为此，建议国家环保总局与财政部共同研究，把"环境保护专项资金"的性质改为主要为中小企业服务。建立"中小企业污染防治专项资金"。

"环境保护专项资金"的来源，除排污费外，还可增加以下渠道：

（1）财政预算拨款：把一定数量的财政资金经常性或一次性地无偿转入该专项资金，使其成为一个比较稳定的资金来源。尽管提出把财政资金用于帮助企业进行污染防治，似乎与当前普遍倡导的"市场化"大形势不符。但是，正如前面指出的，帮助中小企业进行污染防治，有利于促进当地的创业和发展，这是财政资金所要实现的职能之一。因此，把财政资金用于中小企业污染防治并非不合理的安排。

（2）财政借款：通过财政渠道，把其他资金借入该专项资金中来用。被借的资金，可以是由财政部门掌管的带有储备性质或风险保障性质的资金，如养老基金、社保基金等，这些资金的根本目的是应对未来需要，但当前可用来投资增值。把这些资金转入"中小企业污染防治专项资金"，在未来由使用的企业带息归还，并不损失本金，还能增值，财政在此起担保作用。在这方面，日本的做法是成立一个"金融投资与贷款项目基金"，把养老金和保险金集中起来，用国家信用做担保，以较低的利率借给公共服务公司，用于具有高公共性质的事业或产业。

（三）把支持中小企业污染防治融资纳入有关政府机构的职能之中，并成立为中小企业服务的环保事业团体

《中华人民共和国中小企业促进法》规定"县级以上地方各级人民政府及其所属的负责企业工作的部门和其他有关部门在各自职责范围内对本行政区域内的中小企业进行指导和服务"。

目前的问题是，负责企业工作的政府部门主要关注中小企业的"经济发展"，特别是集中在中小企业的创业、创新、市场等事务上。而环境保护部门一直以来把所有企业都作为一个总的对象加以管理，并没有把"中小企业"作为一个专门管理和服务的对象，所以也没有专门的机构来处理中小企业污染防治事务。这样，两个在法律上对中小企业污染防治工作负有指导和服务职责的政府部门都可能把这个重要工作忽略了，使中小企业污染防治工作一直在"企业环境管理"这个大的体系内未加区别地进行，没有反映其

特殊性。在这种格局下，"中小企业污染防治融资"工作就无法落实。

同时，中小企业行业多、数量大，而政府本身的规模是有限的。因此政府对中小企业污染防治的扶持工作不宜由政府机构亲自承担，可以考虑成立专门为中小企业服务的环保事业团体，或成立包含了为中小企业服务的功能的环保事业团体。在这方面，天津、沈阳等地已成立了环境保护投资公司，并取得了良好的经验。日本在20世纪60年代成立的"日本环境事业团"也有重要的借鉴意义。

（四）中小企业污染防治的商业性融资渠道

以上对中小企业污染防治的融资机制提出的方案设计和政策建议，主要是政策性的融资渠道和机制，需要靠政府的大力支持才能实现，是解决中小企业融资难问题的中短期机制。除了政策性融资渠道和机制外，商业性融资机制也是一个重要方面，同时也是一种长期机制。中小企业发展的商业性融资可以考虑贷款、担保、发行股票债券、吸纳民间资本等综合手段。

（五）制定针对中小企业污染防治的优惠政策

政府对中小企业污染防治的帮助，一方面是直接以资金运作的方式进行支持，另一方面是通过制定特殊政策进行支持。这些政策的作用相当于"融资"，是对中小企业污染防治的一种切实支持。

日本对中小企业污染防治采取了一些特殊的金融政策。一是"延长企业还款期"政策；二是对中小企业采取"降低贷款利率"政策。日本中央政府、市政府都为企业治理污染的贷款降息，一般以低于商业贷款2%的利息支持企业污染防治，其他利息由政府支付；三是对中小企业污染防治设施实行"税收优惠"政策。

我国对中小企业发展已经采取了一定的税收优惠政策，但这些政策相对于中小企业污染防治的特殊性而言，还是"间接"性的政策，不能直接用于中小企业污染防治。为此，还需要针对中小企业污染防治的特点，结合中小企业发展的税收优惠，研究制定更"直接"的优惠政策，包括延长还款期限、降低贷款利率、实行税收优惠等方面。优惠政策应该坚持效率优先、兼顾公平、便于征管、降低成本的原则，重点支持高新技术产业或环境友好型产业。

参考文献（略）

绿色投资：以结构调整促进节能减排的关键[①]

俞 海

2006 年中央经济工作会议提出，把节能减排作为调整经济结构、转变增长方式的突破口和重要抓手。实际上，从实现节能减排目标出发，最好的手段和途径恰好是相反的逻辑，即通过调整经济结构、转变经济增长方式来促进节能减排。当前中国正在采取和即将采取的有关实现节能目标的基本途径和主要措施也体现了这一点，即大力调整经济结构，实现结构节能。具体包括：调整产业结构，构建有利于节能的产业体系；大力调整工业内部结构，加快发展高技术和装备制造业，促进传统产业的升级换代，逐步降低高耗能重化工业在工业当中的比重；淘汰耗能高、污染重的落后工艺、技术、设备和生产能力；发展高效清洁能源，优化用能结构。

对于以上经济结构、产业结构、工业内部结构、产品结构的调整，都需要在本源上通过投资政策、投资结构和投资方向的转变来实现。这是最终通过结构调整实现节能减排的核心和关键。因此，如何建立和实施行业绿色投资政策，通过绿色投资手段促进结构、行业、产业和产品等的绿色化，是极为现实和迫切的问题。

投资可大体分为国内本土投资、外商直接投资（FDI）以及中国对外投资（ODI），本文重点关注的是外商直接投资和中国对外投资在节能减排中的贡献与作用。

一、外商直接投资对节能减排的影响

加入 WTO 以来，外商直接投资已经成为影响中国环境的举足轻重的外部力量。如何引导外商直接投资流向更有利于环境以及环境保护工作的行业、产业和领域，促进经济、产业和产品结构调整，是当前需要认真考虑并提出解决方案和策略的重要问题。

从外商直接投资对节能减排的显性影响来看。总体上，外商投资对我国环境污染的

[①] 原文刊登于《环境经济》2009 年第 Z1 期。

影响不大，且有逐渐减缓的趋势。不能否认，污染转移在中国引资初期以及在一些局部的、具体的、微观的项目和行业上表现得比较突出。但是随着中国的发展以及引资政策的不断完善和门槛的提高，这种现象将不断缓解。

隐性影响方面，从近几年外商投资的行业结构特别是对节能减排影响较大行业的变化趋势看，外商投资引发的潜在环境风险以及节能减排压力有所增加。从 2003 年到 2005 年，在石油化工、炼焦及核燃料等所谓的重化工业领域，外商投资的数量和所占比重呈现双增长；化学原料及化学制品制造业中，实际利用外资额数量逐年增加，但所占比重在下降；电力、热力的生产和供应业变化情况基本与化学原料及化学制品制造业相似；造纸工业基本保持稳定；而纺织工业无论是在实际利用外资数量还是在所占比重上都有所下降；环保产业利用外资情况依然很不乐观。另外，重化工业和化学工业实际利用外资的一个共同趋势是单个项目规模趋于大型化（具体数字见表 1）。

表 1　环境影响较大的重点行业实际利用外资情况　　　　单位：亿美元

行业	2005 年		2004 年		2003 年	
	数量	比重/%	数量	比重/%	数量	比重/%
石油化工、炼焦及核燃料	5.85	0.81	4.76	0.79	2.85	0.53
化学原料及化学制品制造	28.1	3.88	26.56	4.38	26.02	4.86
纺织工业	21.04	2.91	23.51	3.88	N.A	—
造纸工业	10.87	1.50	10.18	1.68	10.74	2.01
电力、热力的生产和供应	9.43	1.30	7.66	1.26	7.87	1.47
环境保护产业	0.71	0.10	0.97	0.16	N.A	—

资料来源：中国商务部。

根据历史数据，从能源消耗情况看，我国三大产业能源消费比重近十多年来基本保持不变，第一产业大体保持在 11% 左右，第二产业为 64%，第三产业为 25%。现实表明，生产性能源消费具有产业集中倾向，主要集中在第二产业，就行业来看，主要集中在工业。1980 年以来，工业能源消费一直占全部能源消费量的 68% 以上，而外资流向制造业的比重占到 63%。

目前，钢铁、有色金属、电力、建材、造纸和化工六大高耗能产业是耗能和节能的重点行业。虽然外资在第二产业内部的结构有变化，但是钢铁、有色金属、电力、建材、造纸和化工产业所占比重仍持续增长。2005 年六大高耗能行业利用外资占我国利用外资总额的 11.28%，占制造业利用外资的 17.9%。而且有些高耗能行业的外资投入增长速度非常快，例如，与 2004 年相比，2005 年投资钢铁行业的外资增速为 470.29%，投资有色金属行业的外资增速为 608.34%，电力行业的增速为 28.47%。

根据商务部发布的《2007 年中国外商投资报告》，2006 年全国实际使用外资金额694.68 亿美元。截至 2006 年年底，我国累计实际使用外资金额 7 039.74 亿美元。在累积实际使用外资金额中，农林牧渔业占比不到 3%，制造业占 71%，服务业约占 26%。可以看到，2006 年制造业仍是外商投资的主要产业。

具体到高耗能、高污染和资源开发行业，如矿产资源开发、钢铁、电力、有色金属、化工、纺织和造纸行业，2006 年外商投资基本情况如下：

（1）矿产资源开发。截至 2006 年年底，中国矿产资源开发领域共利用外商直接投资项目数为 2 019 个，合同外资金额为 80.95 亿美元，实际利用外资 77.03 亿美元。2006年，矿产资源开发领域合同利用外资 10.7 亿美元，同比增加 20.5%，实际利用外资 4.61亿美元，同比增长 29.1%。

（2）钢铁行业。截至 2006 年年底，钢铁行业外商投资项目共 462 个，合同外资金额 14.06 亿美元；实际利用外资 16.12 亿美元。2006 年钢铁业合同利用外资金额 3.64亿美元，同比增加 15.3%；实际利用外资金额 4.41 亿美元，同比减少 44.02%。

（3）有色金属行业。截至 2006 年年底，有色金属行业外商投资项目共 872 个，合同外资金额为 42.77 亿美元，实际利用外资 18.82 亿美元。2006 年，新增项目合同外资金额 19.27 亿美元，同比增长 22.27%；实际利用外资金额 7.38 亿美元，同比增长 4.38%。

（4）电力行业。截至 2006 年年底，电力行业累计吸收外商直接投资项目数 1 096个，合同利用外资金额 121.13 亿美元，实际利用外资金额 100.07 亿美元。2006 年，新增项目合同利用外资 16.40 亿美元，同比减少 8.82%；实际利用外资金额 6.19 亿美元，同比减少 33.08%。

（5）纺织行业。截至 2006 年年底，纺织行业外商投资项目共 16 877 个，合同外资金额 422.08 亿美元，实际利用外资金额 244.33 亿美元。2006 年，中国纺织行业新增外商投资项目 3 901 个，同比减少 19.45%。新增项目合同外资金额 94.81 亿美元，同比减少 15.04%；实际利用外资金额 46.45 亿美元，同比减少 5.65%。

（6）石化行业。截至 2006 年年底，中国石油和化工行业累计利用外商直接投资项目 10 283 个，合同利用外资 404.48 亿美元，实际利用外资金额 200.93 亿美元。2006 年，石化行业新增外商直接投资项目 1 270 个，同比减少 20.38%。新增项目合同利用外资金额 59.85 亿美元，同比减少 9.07%；实际利用外资 29.22 亿美元，同比减少 13.83%。

（7）造纸行业。截至 2006 年年底，我国造纸行业累计吸收外商投资项目 2 724 个，合同外资金额为 139.18 亿美元，实际使用外资 93.63 亿美元。2006 年，我国造纸行业新增外商投资项目共 325 个，同比减少 7.93%。新增项目合同外资金额 13.14 亿美元，同比减少 10.98%；实际使用外资 10.38 亿美元，同比增加 16.37%。

总的来看，2006 年，除矿产资源开发领域以及有色金属行业外，其他几个高耗能、高污染行业外商直接投资都比 2005 年有所下降。这对于我国的节能减排工作是一个好的趋势和方向。

以上是外商直接投资规模和结构的变化，这些变化可以对节能减排产生巨大影响。如根据测算（何炳光，2007），在 GDP 当中，第三产业比重上升一个百分点，同时第二产业下降一个百分点就可以实现少用能源 3 000 万 t 标准煤；在工业内部结构当中，高技术产业和装备制造业比重提高一个百分点，同时高耗能工业下降一个百分点，可以少用 2 700 万 t 标准煤；如果钢铁行业产能下降 5 000 万 t，可实现节能 2 800 万 t 标准煤。

当前我国服务业比重较低，重工业特别是一些高耗能、高污染行业增长依然偏快，外商直接投资结构与国内总体结构基本一致，需要把外资调整和我国产业结构调整结合起来。目前及未来，我国第三产业比重虽然会逐步提高，但由于我国仍处于工业化阶段，外资结构调整可先行一步。如引导外资更多地投向第三产业，减少向第二产业投资；禁止或限制电力、钢铁、建材、电解铝、铁合金、电石、焦炭、化工、煤炭、造纸、食品等行业的外资投入；鼓励服务业和高技术产业吸引外资。

二、对外投资在经贸转型和节能减排中的贡献

根据商务部、国家统计局、国家外汇管理局联合发布的《2006 年度中国对外直接投资统计公报》，2006 年，中国对外直接投资净额（以下简称流量）211.6 亿美元，其中非金融类 176.3 亿美元，同比增长 43.8%，占 83.3%，金融类 35.3 亿美元，占 16.7%；截至 2006 年年底，中国 5 000 多家境内投资主体共在全球 172 个国家（地区）设立境外直接投资企业近万家，对外直接投资累计净额（简称存量）906.3 亿美元，其中非金融类 750.2 亿美元，占 82.8%，金融类 156.1 亿美元，占 17.2%。联合国贸发会议（UNCTAD）发布的 2006 年世界投资报告显示，2006 年中国对外直接投资分别相当于全球对外直接投资（流出）流量、存量的 2.72% 和 0.85%；2006 年中国对外直接投资流量位于全球国家（地区）排名的第 13 位。2006 年年末中国对外直接投资行业分布比较全面，商务服务业、采矿业、金融业和批发零售业占七成。从境外企业的行业分布看，制造业占 33%，批发和零售业占 18.8%，商务服务业占 15.7%，建筑业占 7.4%，采矿业占 4.8%，农、林、牧、渔业占 4.6%。

总的来看，中国对外投资的发展经历了从政府主导向市场导向转变的过程，主要表现为：从政治目标导向到商业利益导向；从中央统一调控到地方自主管理和企业导向；从资源获取的单一目标到寻求资源、技术和市场的多重目的。

目前，对外直接投资对节能减排的贡献可能主要是从外部获取全球资源。我们知道，制造业、采矿业等是节能减排的重点行业。从上面的数据看，目前中国对外直接投资中，制造业、采矿业和农林牧渔业占40%多，这些产业的对外转移以及对资源的获取对于国内节能减排的贡献无疑是正面积极的。

我国的人口占世界人口的22%，但耕地只占9%，水资源只占6%，森林只占4%，石油只占1.8%，天然气只占0.7%，铁矿石只占9%，铜矿石只占5%，铝土矿只占2%，再加上我国目前的经济增长方式比较粗放，资源利用效率不高，人口、资源、环境的矛盾在今后相当长时期内将会是制约经济社会发展的突出问题。在这种情况下，扩大对外直接投资，会把国内市场和世界市场融为一体，与世界各国互通有无，既有利于我国经济的发展，也有利于世界经济的发展。中国是发展中国家，产业结构不协调、层次不高的问题亟须解决。利用对外直接投资的方式，可以与其他对外开放形式一起，使我国在参与经济全球化过程中，利用世界产业结构调整的机遇，加快国内产业结构调整的步伐。

当然，中国对外投资企业也需要从企业环境责任着手，将国际上作为自愿性措施的"企业社会责任"融入国家贸易政策、投资政策、金融和信贷等政策，加强政府的引导和管理，促进中国对外投资的持续和健康发展。

三、强化绿色投资的政策建议

到目前为止，尽管我国节能减排取得了一定成效，但是形势依然严峻，当前及未来中国经济在客观上存在强劲增长的动力，同样也面临着日益严峻的能源与环境压力。根据测算，通过广泛采取节能措施和提高管理水平，"十一五"期间中国能源消费总量年均增长速度，有可能从2001—2005年的10.5%降低到5.4%，能源消费弹性系数降低到0.56，比"十五"期间的1.1下降近50%。即使如此，到2010年单位GDP能耗也只能比2005年降低17.35%。因此，要实现单位GDP能耗降低20%的目标，还必须进一步降低能源消费的弹性系数。这就要求采取进一步措施，加速重化工产业组织结构优化，加大技术节能力度，真正挖掘第三产业发展潜力，进一步放松对一些服务业的控制，加速发展第三产业（而不是人为压缩第二产业）。如果第二产业内部的技术结构调整和技术改造取得更大进展，第三产业真正获得预期增长，完成2010年的节能目标是可能的。

但是根据国家统计局的统计公报，2007年第一产业增加值占国内生产总值的比重为11.7%，与上年持平；第二产业增加值比重为49.2%，上升0.3个百分点；第三产业增加值比重为39.1%，下降0.3个百分点。2007年全年全部工业增加值107 367亿元，比上年增长13.5%，其中重工业增长19.6%。在实际投资消费中，重化工业对于能源消费增长最快，比如主要原材料消费中，钢材 5.2 亿 t，增长 17.4%；精炼铜 399 万 t，增长 13.0%；电解铝 1 112 万 t，增长 27.6%，其增幅都高于 GDP 增长速度。总的来看，第二产业发展仍然偏快，这导致工业用能源仍快速增加。而仅仅依靠技术进步节能作用是有限的，因此，通过加强绿色投资导向，调整经济、行业、产业特别是工业结构，对外转移"两高一资"产业或者说环境资源比较劣势的行业和产业，充分利用国际资源和环境要素禀赋，对于国内节能减排工作目标的实现是非常必要的。

从当前的国家整体战略看，中央明确要求从过去促进国民经济"又快又好"发展向"又好有快"发展转变，这为国民经济结构调整定下了基调。国务院颁布的《节能减排综合性工作方案》也明确强调调整投资方向，促进结构调整，最终实现节能减排。同时，《产业结构调整指导目录（2007 年本）》《外商投资产业指导目录（2007 年修订）》《调低部分商品出口退税率》和《加工贸易禁止类商品目录》等政策为绿色投资提供了强大的政策环境。中国经济外交"走出去"的战略也为推动我国的对外直接投资、缓解国内节能减排压力提供了政策保障和方向指引。因此，实施绿色投资政策是与国家整体路线方针吻合的，是完全可行的，具体政策建议包括：

（一）按节能减排优先原则调整利用外资结构

要引导外资更多地投向第三产业，减少向第二产业投资；禁止或限制电力、钢铁、建材、电解铝、铁合金、电石、焦炭、化工、煤炭、造纸、食品等行业的外资投入；鼓励利用外资推动服务业和高技术产业加快发展。应将高能耗产业列为限制类或者禁止类外商投资领域；对来自美国、韩国、欧盟、日本等国家的外商直接投资的制造业项目要予以特别关注。继续引进吸收高能效、低排放的设备、技术，借鉴国际节能减排政策机制、管理法规和经验，鼓励和引导外商在高能效产品制造、节能设备与技术、新能源、可再生能源和清洁煤技术等领域投资；严格限制高能耗、高污染产业向中国转移。加强与世界银行、亚洲开发银行及各国在节能、提高能源效率、改善能源环境等领域的多层次、多方式合作，实现优势互补。

随着我国能源政策松动，外资进入矿产资源开发领域增长迅速。事实上，外资在开采煤炭过程中普遍是一种掠夺性的开采。鉴于矿产资源开发已经触及我国的能源安全，让外资进入矿产资源开采要格外慎重。中海油收购美国一家石油公司而被认为触及了美国的能源利益和能源安全。我们完全可以借鉴美国的做法，禁止外资进入中国的能源领域，提高外资并购能源行业的门槛，设立外国投资委员执行外资并购审查的职能，专门负责审查相关交易是否影响国家安全。

（二）进一步修订外资在国内的投资目录

改变投资结构，鼓励低碳、低硫产业的国内投资。针对国务院《指导外商投资方向规定》中产业分类环境要求，充分发挥环保部门的作用和职能，对这些环境标准和要求进行明确界定和细化，提出具体的标准和适用行业范围，作为《指导外商投资方向规定》补充细则。其他部门制定具体的产业指导目录时必须以此作为依据之一。细化的范围包括：

列为鼓励类外商投资项目中属于新技术、新设备，能够节约能源和原材料、综合利用资源和再生资源以及防治环境污染的；列为限制类外商投资项目中不利于节约资源和改善生态环境的；列为禁止类外商投资项目中对环境造成污染损害，破坏自然资源或者损害人体健康的。

目前环保部门应努力争取参与到外商投资产业目录的制定过程中，充分体现环境的要求，争取修改现有的产业目录。修订的范围可包括：

将鼓励类和限制类产业目录中的采掘业、制造业中的皮革皮毛制品业、造纸及纸制品业、纺织业、石油加工及炼焦业、化学原料及化学品制造业以及医药制造业重新进行筛选，将对环境影响重大的行业归入禁止类目录，环境影响较小的可归入限制类目录，提高环境准入的门槛。

（三）实施经贸转型，建议将高耗能、高污染和资源性产业进行适宜的对外转移，鼓励高碳、高硫产业的海外投资

根据测算，当前中国巨额的贸易顺差背后实际是巨额的环境逆差，每年二氧化硫逆差 150 万 t，大约占总排放的 6%，每年二氧化碳逆差 10 亿 t 左右，大约占总排放的 23%。按照英国新经济学基金会的研究，如果英国不依赖中国的进口产品而自己生产，那么英国本身的碳排放将增加至少 1/3。我国现阶段面临着经济结构和产业结构转型的任务，而制造业的对外直接投资能更有效地实现国内产业结构调整的目标。因此，我国当前对外直接投资的产业选择应从以资源开发业为主转向以制造业为主，鼓励高碳、高硫产业的海外投资。

此外，我国在纺织、食品和轻工等行业拥有过剩的生产能力，这些劳动密集型行业在国内市场上已经饱和，属于"边际产业"。按照边际产业基准，借鉴日本的经验，把这些行业转移到拥有比较优势或潜在比较优势的国家，在当地进行生产销售，是这些"夕阳产业"的出路所在。通过产业与技术的梯度转移，在国内集中发展比较优势较大的产业，也可加速国内产业结构的调整。

（四）充分利用环境影响评价这个有力工具，对外商直接投资中潜在环境风险较大的涉及采掘业、制造业中的皮革皮毛制品业、造纸及纸制品业、纺织业、石油加工及炼焦业、化学原料及化学品制造业以及医药制造业等的项目从严评价审批；对于引资项目环境问题较重的我国香港、台湾地区以及维京群岛地区来源的投资项目从严审批；对于流向中西部生态环境脆弱和敏感区的投资项目从严审批

可以制定一个污染行业投资者和投资来源的"黑名单"，定期发布，予以警示。也可以建立一个指标评价体系，在 WTO 国民待遇基本原则下，设立投资项目的准入门槛，如：资源耗费指标——鼓励节约土地的外资项目，建立企业耗水、耗能的技术档案，引导外资企业在技术上领先；环境污染指标——如设定每千克二氧化碳、二氧化硫、COD 排放量对应的 GDP 指标；工业效率指标——发挥外资在技术创新、制度创新和市场需求创新方面的先导作用，通过引导其投入减少污染、降低自然资源消耗的领域，提高各种投入要素的报酬来促进经济增长方式转换；要特别严格控制新建高耗能项目，严格新建外商投资项目的节能评估审查、环境影响评价和项目核准程序，建立相应的项目审批制度。

（五）在目前政策空白的情况下，环保部门可考虑制定一个"绿色投资指南"

这个指南也是一种指导性的，主要是发挥提醒、警示和导向的作用。环保部门在近期不可能制定出台与已有的投资目录相类似的政策。可以另辟蹊径，根据环境形势的发展，按照环境风险高、中、低对行业进行筛选分类，并对环境风险的程度进行详细界定。结合环境影响评价制度，定期发布公告（最好是季度报告），对于高环境风险的行业建议投资者谨慎投资。同时根据环境风险的排序，定期提出投资的优先领域。这种指南并不和其他部门的相关规定冲突，而且根据 WTO 国民待遇原则，同样也适用于国内的投资者，可以作为环保部门的一项工具。

中美环保投资的对比研究及经验借鉴①

贾　蕾　郑国峰

当前，全国大范围雾霾严重、流域水污染事件频发、土壤场地长期污染严重影响周边生存环境等环境事件大规模爆发，然而国家财政在环保领域的投入却捉襟见肘。尽管新一届政府有决心和毅力加大环保投入力度，积极改善生存环境，然而面对巨大的资金缺口，如何能使有限的环保财政资金发挥更大的作用，充分撬动全社会资本投入环保领域是我们国家当前面临的一个巨大考验。美国作为一个环保领域有相对成熟经验的国家，在 20 世纪 70—80 年代也经历过污染事件频发、环保资金缺乏的阶段，他们应对环境问题的经验值得我们学习和借鉴，同时他们存在的问题，也要在我国环境事业的发展过程中加以避免。

一、美国环保投资基本情况概述

（一）美国环保财政

美国联邦环保局是为了满足人们对干净的空气、水和土壤的要求而成立的，其主要任务就是保护人类健康和维护空气、水、土壤和其他资源不受破坏。因此，美国环保局的环保财政支出主要包括 5 个领域的内容：清洁空气和全球气候变化、清洁水和安全水、土地保护和修复、健康的生物群落和生态系统、相关的服务功能和环境效益等，具体见表 1。

---

① 原文刊登于《环境与可持续发展》2014 年第 6 期。

表 1　美国环保财政支出结构

目标	清洁空气和全球气候变化	清洁水和安全水	土地保护和修复	健康的生物群落和生态系统	相关的服务功能和环境效益
内容	有益于健康的户外空气 有益于健康的室内空气 保护臭氧层 辐射物 减少温室气体排放 加强科学研究	保护人类健康 保护水质 加强科学研究	保护土地 修复土地 加强科学研究	化学物质和杀虫剂的危害 社区修复和保护 危及的生态系统 加强科学研究	通过加强遵守环境法规达到环境保护目标 通过防治污染和鼓励创新来提高环境绩效 改善印第安人的健康和环境 通过科学研究提高可持续发展的社会容量

　　联邦与州政府会对中小企业提供少量的补助和优惠贷款，建立污染治理资金的援助机制。美国各州现在越来越多通过绿色环境税收、环境保险等环境经济政策筹集环保专项基金、避免企业因环境责任而蒙受经济损失，保障企业正常运行。

（二）美国环保社会投资

　　环境保护在 20 世纪 60 年代末成为美国公众和政府关注的焦点。依靠成熟的市场机制、发达的资本市场、强大的经济基础和完善的环境管理法规，美国建立起了相对完善的环保投入机制。除了财政资金外，美国在环境保护领域的社会投资主要包括两个方面：一是工业行业治理污染的投入；二是公民为环境保护所支出的费用，包括污水处理费、汽车尾气净化费用、家庭废水与市政污水管道连接的费用以及建造家用粪化池的花费等。企业可以通过银行贷款、发行企业债券、企业上市融资等一系列方式筹集资金。

二、中美环保投资比较研究

（一）我国环保投资规模小，历史欠账多

　　美国非常重视环保资金投资。1977 年，美国的环境保护投资占 GDP 比重就已经达到 1.5%，2000 年该比例增长至 2.6%。相比较而言，我国的环保投资占 GDP 的比重明显偏小。2011 年，我国环境保护投资总额约为 7 114 亿元人民币，占 GDP 比重约 1.5%（表 2）。

表 2 中美环保投资比较

	项目	1975 年	1977 年	1980 年	1987 年	1990 年	2000 年	2011 年	2012 年
美国	环境保护投资/亿美元	460	450	724	770	1150	1710	—	—
	环保投资占 GDP 比重/%	1.19	1.50	1.49	1.70	2.10	2.60	—	—
中国	环境保护投资/亿元	—	—	—	91.8	109.0	1 060.7	7 114	8 253
	环保投资占 GDP 比重/%	—	—	—	0.81	0.63	1.07	1.5	1.59

我国环境污染投资占 GDP 的比重长期始终低于 1.5%。国际经验表明，当污染治理投资占国民生产总值的比例达到 1%～1.5%时，才能基本控制环境污染；提高到 2%～3%时，才能改善环境质量。中国在环保投资虽然每年都有一定比例的增加，但相对于中国的城市化进程和大中城市规模的迅速膨胀来说依然相距甚远，城市环保投资的欠账程度仍然持续增加。

（二）我国环保投资资金来源渠道较窄

从美国环保工作的发展经验看，环保财政支出立足于引导和带动社会资金投资方向，对于推动环保行业发展，拓展环保投资资金渠道具有重要作用。美国联邦政府主要通过建立"超级基金"，通过对环保项目的转移支付，来解决环保产业的资金短缺问题。比如在污水处理方面，美国建立了"清洁水州立滚动基金"，1987—2001 年，这个基金共向 10 900 个清洁水项目提供了 343 亿美元的低息贷款。为了扩大基金量，在 50 个设立该滚动基金的州中，有 34 个州还通过发行"平衡债券"（用滚动基金中的 1 美元作担保发行 2 美元的债券），使其滚动基金的可使用资金共增加了 44 亿美元。

我国环保投资的融资渠道相对单一。我国目前环保的资金来源渠道主要是政府财政投资。据统计，我国 70%以上的环保资金来源于政府或者公共部门。尽管我国中央财政在环保领域的投资每年都有一定幅度的增加，但面对严峻的环境局面和巨大的资金缺口仍显力不从心。"十二五"期间，中央政府加大对环境保护领域的投资，2011 年、2012年、2013 年全国中央财政节能环保投资的支出分别为 2 641 亿元、2 963 亿元、3 383 亿元，分别占当年全社会环保投资 40%～50%。

（三）我国环保投资结构不合理，没有形成合力

历史上，美国以生态恢复、资源保护和污染治理为核心开展了 3 次环保运动。第一次环保运动出现在 20 世纪初。为了保护资源，美国自上而下大规模恢复自然资源，大

量联邦财政资金被用于新建国家公园，扩建和恢复国有森林。20 世纪 30 年代，美国以资源保护为重点，开展第二次环保运动。时任总统罗斯福成立民间资源保护队，开展全国自然资源普查工作，将资源保护纳入法制化管理轨道。20 世纪六七十年代，蕾切尔·卡逊的《寂静的春天》引发了美国第三次环保运动。在这次运动中，美国掀起了污染治理的浪潮。20 世纪 60 年代末美国联邦政府重点解决了化学品管制和污染物处理问题；20 世纪 70 年代美国联邦环保财政的一半以上用于支持污水处理设施。

从美国环保投资重心的数次转换可以看出，美国的环保工作以当时集中爆发的环境问题作为阶段性目标，并投资了大量政府和社会资金。相比较而言，我国环保投资资金分散，没有形成集中力量办大事的优势。目前，我国还正处于重工业时代，工业污染治理的投资情况直接影响我国环保工作效率。近几年，我国环保投资中城市基础设施增长率最高，但工业污染源治理投资和新建项目"三同时"的年均增长率很低且反复性较大，甚至出现过负增长。不合理的环保投资结构在很大程度上抵消了我国环保投资总量增加带来的环境改善的效果，使完成环保任务的难度进一步加大。

（四）我国环保投资效率不高

我国环保投资效率不高主要表现在城市环境污染治理设施和工业污染治理设施的建设和运营管理的效率不高，特别是设施不能正常运行或未达到设计的预期效率和效果。2010 年环保部对我国 5 556 套工业废水处理设施运行状况的调查表明，工业废水处理设施使用极其缺乏效率。其中由于停运、闲置、报废而未运行的污染治理设施占总数的 32%，运行率、设备利用率和污染物去除率都较好的仅占设施总数的 35.7%，总体有效投资率仅占设施总数的 31.3%，即只有不足 1/3 的设施在发挥作用。

三、我国环保财政的经验与启示

（一）积极拓宽融资渠道，增加全社会对环保领域的投资

第一，加大环保财政投入力度。各级政府大幅增加环保财政投入，提高环保投资占国内生产总值的比例达到 2%～3%，确保环境保护工作有充足的资金保障。

第二，加快建立环境保护基金。政府引导建立环境保护基金，充分发挥财政资金在大气、水、土壤污染领域的引导作用，撬动社会资本更多投入重点领域。

第三，积极探索发行环保彩票。通过环保彩票机制筹集社会资金，并根据彩票管理条例实行专款专用，积极增加环境保护投入的同时，提高社会对环保事业的关注度。

第四，实现环保投资主体多元化。政府可采取公私合作模式、财政贴息、税收激励政策、政府绿色采购制度等政策措施引导企业和个人的环保投资行为。

（二）整合专项资金、调整投资重点，构建合理的环保投资结构

第一，适当调整环保财政投资重心。一方面，环保财政资金倾向工业污染源治理领域。另一方面，改变重建设轻管理现象，将环保设施管理和运行成本纳入项目可行性论证内容，建立相应的资金保障机制。

第二，整合现有环保投资专项，提高环保资金的利用效率。我国当前环保突发事件较多，应借鉴美国经验，在当前我国政府财政资金吃紧、总盘子既定的前提下，集中治理突出影响人们生活、生存健康的问题。环保投资专项由政府财政预算内资金拨付，并根据整体预算和资金缺口财政统一安排使用，发挥好集中力量办大事的优势。

（三）完善环境保护市场化机制，提高环保投资效率

一是积极引入市场化竞争机制，一方面打破产品和服务供给和定价的政府垄断，促成环保服务供给者之间的竞争，降低运营成本和消费价格，另一方面促使环保投资和经营主体约束自己的行为，提高资金的使用效率。在工业污染治理方面，鼓励企业通过委托合同方式，充分利用社会化分工和规模经济效应，让专业化企业治理污染。

二是加大对环保技术的投资力度。加快环保技术的研发进程，尤其要增加对新药剂、新材料的资金投资。加强对环保新设备、新项目的检验及推广工作，发挥环保设备的性能。培养专业技术人才，提高环境保护工作者的水平。

三是建立环保投资服务市场体系。尽快建立一批能为环保投资服务的中介机构，例如，折价、施工、环境技术咨询及审计等机构。根据环保投资主体对某些中介机构的权威性要求，可由政府担任第三方的环保技术的中介服务，发布最新技术实用技术和审定环境标志等。

（四）夯实环保基础研究，完善环保投资保障机制

第一，完善关于环保投资的法律法规，明确财政的环保责任，巩固环保财政制度，规范环保投资行为，稳定环保企业、环保项目的外部环境，增强社会投资者的信心。

第二，建立资源环境价格体系，使资源环境价格能够全面反映市场供求、资源稀缺程度、生态环境损害成本和修复效益。适时调整提高排污收费价格，增强污染行为的经济惩处力度，倒逼污染者将资源环境纳入其成本体系。

第三，强化环境的监督管理，努力提升环境保护与污染防治的监测、监管、预警等

基础能力，提升监管者素质能力，建立污染防治的区域联动机制、资源环境承载能力监测预警机制，配合排污许可和总量控制制度，强化对于污染者的监管；同时通过健全信息公开、积极发挥社会监督的作用。

参考文献

[1]　郭敬. 美国的环境保护费用[J]. 中国人口·资源与环境，1999，9（1）：89-90.

[2]　李剑，译. 美国环境政策发展趋向[N]. 中国环境报，2005.

[3]　王子郁. 中美环境投资机制的比较与我国的改革之路[J]. 安徽大学学报（哲学社会科学版），2001，25（6）：7-12.

[4]　石丁，谢娟. 我国环境财政支出现状及存在的问题[J]. 现代物业（中旬刊），2010，9（1）：94-95.

[5]　张小永. 环保投资与效益的国际比较研究——兼论完善中国环保投融资机制[D]. 西安：陕西师范大学，2009.

[6]　郑雪梅. 环保投融资应由政府财政主导[J]. 地方财政研究，2008（11）：29-32.

[7]　逯元堂. 中央财政环境保护预算支出政策优化研究[D]. 北京：财政部财政科学研究所，2011.

[8]　周丽. 促进我国环保投资发展的财税政策研究[D]. 济南：山东财经大学，2012.

[9]　美国环保局. 2005—2013 年财政预算报告[R].

以建立政府绿色投资机构为引领，
构建高效的绿色投资市场体系[①]

杨姝影　文秋霞　马　越

一、我国绿色投资现状分析与建议

党的十八大以来，环境保护迎来新的机遇。特别是十八届三中全会、四中全会精神和新修订的《环境保护法》，从生态文明的战略定位、重大改革任务、强化环境法治政策等方面提出了一系列明确要求，显示了党和政府全力改善环境质量、建设生态文明的坚定决心。

为抓住历史机遇，推进环境保护工作取得更好更快的进展，我们需要处理好政府与市场、环境保护与经济发展等重要关系，而投资，是联系这些关系的重要桥梁和关键着力点。

一直以来，对于有利于环境保护的投资行为（简称"绿色投资"）存在着各种不同的观点、认识，也导致了不同的方式和结果，有些结果甚至与绿色投资的初衷背道而驰，不仅不利于环境保护，反而造成了新的环境问题或者阻碍环境问题的解决。具体而言，关于绿色投资的认识，存在以下问题：

1. 过分强调政府在绿色投资中的作用

传统的经济学指出，环境问题与市场失灵紧密相关，要解决环境问题需要更多发挥政府的作用。但是对于政府应该发挥什么作用、通过什么途径发挥作用等问题，则有不同的看法，国际上也有不同做法。在我国经济高速发展过程中，环境问题累积的速度快、程度重。为加快解决这些问题，人们简单地认为，应该更多依靠政府直接投资环境治理工程。因此，国家专门设立了各种专项资金，由企业进行自主申请，国家和地方提供财

---

① 原文刊登于《环境战略与政策研究专报》2014 年第 34 期。

政补助。这样的方式，在短期内见到了一些成效，但是其弊病也越来越明显。效率低下、引发腐败、重项目审批轻结果监管等不合理现象层出不穷，已经难以为继。

2．过分强调企业在绿色投资中的责任

与上述观点和做法相反，也有部分观点认为，只要提高环境违法成本，企业必然会加强环境治理，全社会的绿色投资也将迎来新的局面。发达国家似乎也是这样做的并取得积极成效。但是，不能忽视的是，不同于西方发达国家，在我国，由于长期以来政府主导经济发展的路径依赖，企业的环境行为受政府决策行为、管理行为的影响程度较深，因而如果主要依赖市场自发形成绿色投资的动力，一方面将导致我国环境问题治理过程缓慢、滞后；另一方面，在许多有利于环保的行业和领域，由于存在技术是否足够成熟、市场运用能否顺利推进等各种变数，对市场收益和风险的判断存在一定的难度，投资者进入这些领域会偏于慎重甚至保守，如果过分依赖企业等市场主体，绿色投资在短期内难以取得期望的效果。

3．过分强调制度框架设计的作用

制度是保障一项工作长期稳定推进的重要基础，好的制度可以上升为国家政策方向甚至法律法规，对市场和社会发挥持久性作用。但是绿色投资的重要特点在于，既要有长期性的预期，又要能够根据瞬息变化的市场做出相应的调整，特别是在技术变革的关键时刻，准确的、及时的绿色投资将对技术的研发和应用发挥巨大的推进作用。基于此，过于严格甚至僵化的制度框架设计，将导致太多的资源被投放到制度运行过程自身，不仅可能导致错失重要市场机遇，而且将严重打击市场的预期和信心。

综合上述分析，我们认为，绿色投资首先要统筹、平衡政府直接投资与强化市场动力，并将政府投资的关键点放在可能对引导市场最为有效的领域和环节，这就要求我们将政府的投资交由市场运作，避免过细的相关制度设计，政府应将更多的资源放在对全社会绿色投资绩效的跟踪评估上，提供更全面的信息服务和引导。在上述的认识和设想中，政府的作用可概括为：出资引导、市场运作；服务为主，避免干预；信息支撑，激发动力。

政府投资发挥基本的导向作用，但是决定绿色投资效益的关键在于市场。市场的作用表现在两个方面：一是政府建立的基金或者投资银行必须引进市场化运作机制和团队，在保证公益的同时提高投资的市场效益；二是政府投资包容、促进社会资金进入环保相关领域。

二、英国绿色投资银行经验分析和借鉴

在国际上诸多可借鉴的经验中，英国绿色投资银行是独具特色的一种模式，在制度设计和运行中，不仅较好体现了政府与市场的良性分工，也兼顾到了环境效益与经济效益。

(一) 基本情况

英国绿色投资银行（GIB）于 2012 年启动运营，英国政府向 GIB 提供 38 亿英镑的初始资本金成为了唯一股东，出于对英国政府债务的考虑，规定 GIB 的融资总规模不得超过 5 亿英镑。

1. 主要定位

英国政府明确，在每个项目中 GIB 的总投资额不能超过投资需求的 50%，其他 50% 以上的投资必须吸引市场投资进入；GIB 的定位在于利用政府提供的引导资金主要提供可达 10 年以上的长期贷款。其主要目标包括两方面：一是在英国国内，支持新的、现代的、绿色的基础设施建设，并且创造与这些建设和运营相匹配的就业机会；二是吸引国外主权基金对英国基础设施建设进行投资。

在运行以来的两年内，GIB 已经在英国超过 200 个社区中，投资了 40 个项目，同时与 70 个共同投资合伙人开展了合作。GIB 已经投放的绿色经济领域投资总额为 14 亿英镑，撬动社会资本 50 亿英镑，其杠杆比是 1∶3.5。特别值得指出的是，GIB 已经设立了 5 个专门支持小型项目的基金。

2. 人员构成

董事会。由 10 个成员组成，为避免政府对 GIB 决策进行过多干预，仅为政府设一单独代表席位。目前，董事会主席由 Lord Smith of Kelvin 担任，他同时担任斯特拉斯克莱德大学校长，在能源投资和金融领域具有非常丰富的工作经验。董事会执行董事（即行政总裁）和非执行董事、股东代表等，都是在绿色投资领域有着长时间从业经历、取得优秀业绩的知名商业人士。

专业人才。GIB 中，对绿色行业领域的技术和工艺非常了解的技术人员有 70 多人，占员工总数 70%以上。这从专业上保障 GIB 对绿色项目的收益与风险具有很高的识别能力。

3. 业务流程

在 GIB 的业务中，一个项目从最初的联系到项目完成，再由 Portfolio Investment

Management（PIM）部门做"贷后管理"，基本要经历五个阶段：

一是初步信息提供，包括签订保密协议（NDA），双方开会洽谈等。

二是尽职调查和谈判，包括从技术、法律、环境影响、收益等方面对项目进行评估，并形成最终协议文稿。这是最关键的一步，每个项目又包含四个审批阶段：初步评估（initial review）、形成项目方案（structuring paper）、修改后方案（pre-final paper）、最终方案（final paper）。

三是做出投资决定。

四是双方签订协议，完成交易。

五是项目交由 PIM 部门，对项目进行持续跟踪和监控。

4．业绩考核

GIB 受国有股东事务管理局（shareholder executive）的监管。其对 GIB 的业绩考核，主要包括两个指标：一是要有营利性；更重要的是第二个指标，即要对绿色行业发展产生积极影响，包括提高可再生能源的利用比例，碳减排，以及发现和培育新的绿色市场等。

GIB 对贷款全生命周期的"绿色绩效"进行监督、管理和评价：在贷款发放之前，必须通过专业人员充分调研论证，判断该项目是绿色的，并且要将节能环保盈利等目标作为约束性条款写入贷款合同；贷款投放后，要持续评估和考核项目的环保节能效果。

5．业务领域

目前，GIB 主要投资海上风电、垃圾发电和企业能效融资等领域。例如，GIB 在英国海上风力发电部门投资超过 6.2 亿英镑，支持了总容量超过 1.8 GW 的 5 个新能源项目，有些项目处于建设阶段，有些项目已经建成运营。GIB 还遵循帮助建立海上风电资产第二市场的策略，即项目建成后，GIB 允许开发者（即投资者）收回其资本金，去再投资该项目的发展和建设阶段。

再如，GIB 在英国第一个可再生能源基金 Greencoat Capital 的上市中扮演了至关重要的角色，特别是在其基石投资（初始重要投资）过程中，GIB 向英国政府提供商务、革新和技术领域专家。这一形式现在已经被英国和世界其他国家成功复制多次。

（二）主要启示

一是严格界定政府的作用。政府主要作为投资者，可以参与商定重点投资方向。但是在具体项目的选择、投资管理中，政府及其官员的权力十分有限、受到严格限制。同时，政府作为业绩考核者，可以相对超脱地对 GIB 取得的环境效益和经济效益做出科学评估。

二是构建专业化、商业化的运作机制和团队。GIB 的宗旨很简明，就是撬动全社会投资发展绿色经济；基本制度框架也很简化而稳定，发展良性动力主要来源于团队对业绩及其影响力的积极追求，这种动力在投资领域的选择、项目的评审和监管、向社会公开投资信息等方面得到充分体现，成效显著。

三是不断完善投资标准和程序以保障投资的长效性。目前，GIB 对一个项目的判定标准包括：①是否符合绿色环保经济的宗旨；②是否具有可观的风险投资回报率；③是否缺乏本应获得的充分的市场投资，需要 GIB 介入并带动使其成为主流投资领域。GIB 每周召开两次会议，分别为 Deal Review Committee 和 Investment Committee（相当于中国国内银行的所谓"审贷会"），就进行中的所有在审项目进行公开讨论。项目负责人会逐一回答风险管理等所有相关部门审议人员、公司管理层、第三方审议人员的问题，以确保项目符合 GIB 的投资标准。

四是提供全面的信息服务推动投资者达成绿色投资共识。信息不对称，是影响绿色投资的关键市场因素，也是很多投资回报率较高的绿色环保项目没有得到应有的资金支持的重要因素。GIB 弥补了这种不足，通过专业化的技术判断、商业决策全面、准确地向市场提供信息、发出市场信号，协助投资者正确认识绿色环保项目的风险和投资回报率，最终有效激发了市场绿色投资的动力。

三、构建我国绿色投资体系的建议

（一）组建"政府出资、市场运作"的绿色投资银行业机构

我国绿色投资需要统筹政府和市场的力量。为避免政府投资低效及挤压社会投资空间等弊病，建议借鉴英国绿色投资银行的做法，从以下步骤推进建立专业化绿色投资银行机构，发挥政府资金的引导作用。

一是结合现有的环保各专项资金的投放方向，对目前主要依赖政府资金的各领域绿色投资需求进行汇总、比较、梳理，确定政府出资的合理规模。

二是按照合理规模，由政府拨付专项资金，启动建设绿色投资银行业机构。该机构可采用两种方案：设立全新的机构，由财政部代表国家履行出资人职责；或在现有的政策性银行等机构下，设立专门的绿色投资部门，在资金投向、项目评审等方面保持较高的独立性。考虑到绿色投资需要严格的专业性技术支撑，为避免受传统投资银行运作方式的制约，建议采用第一种方案。

三是组建专业化的投资团队并建立商业化的运作机制。无论采用上述哪种方案，政

府或者其代表者都不应过多干预机构的专业化运作。对投资团队应该主要通过明确权责边界、强化信息公开、引进社会监督等方式,从源头充分规避投资风险、明确收益预期;对运作机制应该主要通过建立和完善投资标准、投资全流程信息公开、第三方专业化评价等方式,提高运作绩效。

四是科学确定投资领域。通过专业化、公开化的讨论,选择适合由绿色投资机构参与的或者能够发挥主要引导作用的领域。可根据国家环境保护、生态文明建设的迫切需求,从能源、污染治理、关键工艺等环节切入,以大气、水、土壤等污染介质为主要关注领域,结合行业、企业有关技术专家和全社会共同讨论甚至争论的结果最终确定。

五是建立健全项目评价管理的标准规范和透明流程。一方面,吸收近年来国内在专项资金、绿色贷款等方面管理中的成功经验,同时摒除可能影响投资效率和公平性、实际上并未带来环境改善效果的不合理做法;另一方面,充分借鉴国际上绿色投资、赤道原则等成功实践,将其经验本土化。更为重要的是,要推动相关标准规范和全流程的透明化、公开化,同时引进相对独立而又专业的第三方监管或者审计机构,对标准、流程的科学性、合规性、有效性等不断做出评估,提出改进意见。

(二) 激发和引导市场投资者强化绿色投资的动力

在社会主义市场经济条件下,必须发挥市场配置资源的决定性作用,这是最终决定绿色投资成败和可持续发展的关键。为激发市场绿色投资动力,需要加快推进以下工作:

一是大幅度提高环境违法成本。结合"史上最严环保法"等一系列法律法规,从行政处罚、民事赔偿、刑事追责等全方面强化生产者环境保护的责任,这是从源头激发绿色投资需求的根本之策,也是影响投资者收益与风险最大的外部因素。

二是增强绿色投资的信心。在法律法规得到有效执行的同时,应强化对生产者、投资者和全社会的相关宣传,以案说法,引发共鸣,让投资者充分意识投资机会,稳定投资预期,增强投资信心。

三是强化信息公开服务。一方面是大力加强政府信息公开化,以公开为一般原则、不公开为例外,政府及其部门的政策信息和管理信息将充分导入市场,为绿色投资决策提供重要依据;另一方面,对企业信息公开提出更高的要求,同时推进社会信用体系建设,将企业的环境违法信息等纳入企业社会诚信档案并向社会公开,这将有助于投资者充分了解市场需求并及时做出反应和调整。

四是建立并维护公平有序的市场竞争秩序。政府应从市场准入、市场监管等环节建立明晰而完善的制度,对破坏市场公平竞争的行为严格惩处。这对于绿色投资具有特殊的意义。由于绿色投资的收益周期相对较长,在这一周期内政府部门、企业关于环境保护的决策和行为都随时可能影响市场行为，甚至容易造成市场波动。因此，只有在相对公平、稳定的市场秩序下，投资者才能做出相对全面、准确的决定。我国环保产业发展中的一些不良现象警示我们，破坏市场规则容易，重建市场秩序很难，在这方面政府和市场还需要更多的共同努力。

（三）逐步构建和完善层次分明、互相补充、有机融合的绿色投资市场体系

构建绿色投资市场体系的长远目标是在构建政府引导性投资和市场投资"两手抓"的基础上，推进政府绿色投资机构与市场投资的有机衔接，形成绿色投资体系。

一是建立政府绿色投资有序退出机制。作为引导性投资，政府资金要有明确的使命边界，对于经过一段时间引导和扶持后可以市场化推进的领域，政府资金可以退出。与政府投资需要严格审核一样，政府资金的退出同样需要严格的标准规范、流程，需要公开透明的广泛讨论，需要引进第三方独立监管或者审计机构提出有建设性的意见。

二是建立绿色投资需求信息发布共享平台。需求信息的全面性、准确度和获取难度，将持续影响绿色投资的市场动力，制约其绩效的提升。为此，政府部门和政府绿色投资机构应主动肩负构建相关信息平台的重任，综合汇总和梳理国家资源环境相关政策方向、技术进步成果、政府和企业环境治理项目等相关信息，构成相对完整的绿色投资需求信息，便于市场投资者选择。

三是完善绿色投资标准规范和流程。政府绿色投资机构应在成立运营之初就提出了一系列标准规范，并向社会及时公开了绿色投资的管理流程，这有助于市场投资者"对标"。随着市场投资者的增多和投资活动的进一步活跃，市场将自发形成新的一些标准规范和流程。应将两者有机结合、互通有无、及时更新，从而促进市场竞争更为公平、更为统一、更为有序。

四是全面构建绿色投资体系。上述各项工作将为绿色投资体系的建设奠定基础，而该体系建成的关键在人才的发掘和培养，以及实现投资决策人员和技术支撑人员在政府与市场之间、不同市场主体之间自由、有序的流动。为此，必须进一步强化市场公平竞争秩序，减少一切阻碍绿色投资合规合理流动的不公平、不透明的政府不当干预，让市场更为自主和全面判定收益和风险，切实发挥在资金配置中的重要作用。

总而言之，在推进建立绿色投资体系过程中，政府的关键作用在于通过需求信息公开共享以引导形成投资总量，通过适度参与投资和加强人才培养以保障投资质量，通过构建良好市场规则和秩序以降低投资风险，具体运作则需要更多发挥市场的自主作用。

借鉴美国州周转基金经验，
创新我国水环境领域投资模式[①]

李丽平　李瑞娟　徐　欣　夏　扬

创新水环境领域的投融资机制是改善水质的重要保障。美国清洁水州周转基金（CWSRF）和饮用水州周转基金（DWSRF）就像两个基础设施建设银行，为美国水环境基础设施的建设和水环境质量的改善提供了有力的资金保障。其经验对我国创新水环境保护投资模式具有重要借鉴意义。

一、美国州周转基金的设立历程及规模

（一）设立历程

美国在水污染领域的投资经历了从以政府无偿拨款为主，到以州周转基金贷款为主的历程。在设立清洁水州周转基金前，联邦主要通过无偿拨款的形式支持污水处理设施的建设。赠款形式下，联邦和州分担了大部分的项目建设成本，致使市政当局没有动力考虑采用成本—效益最好的设计和技术。财政资金使用效率低下，促使联邦政府考虑改革水环境保护领域的投资模式。

1987年，《清洁水法》规定从1991年开始，联邦不再向建设补贴项目拨付资金；并设立清洁水州周转基金。从1988年起，清洁水州周转基金项目开始运转，支持污水处理厂建设、非点源污染控制和河口保护项目。为满足供水系统基础设施建设、升级和更换所需的大量资金，《安全饮用水法》（1996年修订）提出建立饮用水州周转基金，并参照清洁水州周转基金进行管理。

---

① 原文刊登于《环境保护》2015年第15期。

（二）基金规模

目前，在美国 50 个州和波多黎各均设有州周转基金项目。州周转基金的资金来源主要有三部分：联邦年度拨款和州配套（联邦拨款的 20%）；基金运行中的贷款偿还和利息收益；发行债券所募集的资金。贷款偿还和债券融资的资金，可以继续贷款给其他项目，保障了基金的持续运营。

在联邦和州的紧密合作下，两个州周转基金均保持良好的运行态势。联邦投入有效地撬动了市场资本，且累计资金规模在逐年增加，为美国的水环境改善和饮用水安全供给提供了有力的资金保障。

目前，州周转基金已成为联邦层面最主要的水环境保护资金管理模式。美国环保局2014 财年预算中，19.12 亿美元用于州周转基金项目，占水环境领域投资额的 52.17%。

二、美国州周转基金的管理和运营特征

（一）建立伙伴关系，联邦和州共担责任

州周转基金由联邦和州共同管理，美国环保局作为州周转基金最主要的联邦管理部门，负责对各州周转基金进行监督和引导，各州负责周转基金的具体运营和管理。在整个州周转基金项目运营中，联邦和州形成了伙伴关系，他们各司其职，保障州周转基金正常和高效地运转。

美国环保局通过审批各州提交的使用计划、拨款申请、年度报告等对其州周转基金项目进行监督，并编写年度评估报告，通过制定导向性政策和控制预算比例来实现对各州周转基金投资方向的引导。美国环保局 10 个区域办公室通过检查、实地考察、采访、会议讨论等形式对辖区内各州的周转基金运营情况进行监督，包括审议其年度报告和审计报告。

各州负责州周转基金项目的具体运营。在获得拨款之前，各州需建立清洁水/饮用水州周转基金。在申请年度拨款前，各州必须制订基金使用计划。使用计划经公众评议后，提交美国环保局。在年度任务完成后，各州需要每两年或每年提交年度报告和项目审计报告。

（二）采取低息贷款模式，保障基金持续运转

州周转基金以提供低息贷款为主要投资模式，形成了贷款—还款—再贷款的运转模

式（图1），达到了"周转"的目的。

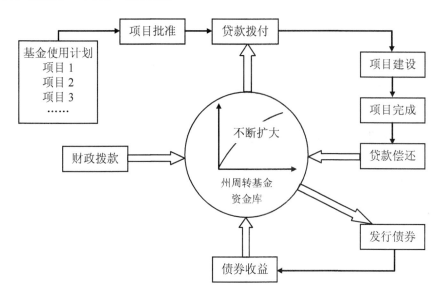

图1　州周转基金项目贷款—还款—再贷款示意图

这一模式，使先贷出去的资金经过循环又回到州周转基金的资金库中，可以继续支持其他项目。根据法律要求，项目应在完工后的一年内开始偿还贷款。贷款人需要开设一个或多个还款渠道，若建设项目是分阶段的，则贷款也需要分阶段偿还，以降低出现坏账的风险。根据美国环保局报告，贷款本金和利息偿还对州周转基金累计可用资金的贡献率均超过了30%，这也一定程度上表明州周转基金具有长期提供低息贷款的能力。这种模式一方面可以减轻财政压力，另一方面可以提高财政资金的利用效益。

CWSRF 和 DWSRF 的平均贷款利率分别为 1.7%、2.7%，远低于 5.0%的市场利率水平，对于弱势社区的贷款可以是零利率和负利率，甚至免除偿还本金。同时，贷款还款期限可达 20 年，特殊情况可延长到 30 年。低利率和长还款周期不但提高了州周转基金对贷款人的吸引力，同时，也为融资渠道较窄的小型社区等弱势群体提供了资金渠道，进一步减轻了贷款人的还款压力。近年来，州周转基金的援助资金均超过可用资金的90%，有力地促进了美国水环境质量改善和饮用水的安全供给。

（三）多方参与，借助社会力量壮大基金项目

美国州周转基金通过发行债券、向多种主体贷款等方式，让更多的企业和个人参与到基金运行中，撬动了社会资本，扩大了基金规模。

州周转基金项目下，各州除开展贷款业务外，还可以以基金作为担保，发行免税债

券筹集资金，以改善地方债务，并带动社会资本参与水环境保护计划的实施。债券融资已成为州周转基金的一项重要资金来源，分别占CWSRF和DWSRF累计资金总额的43%（2008年）和29%（2010年）。

州周转基金贷款人可以是市政府、中小企业，也可以是农民、非营利组织和社区机构。贷款主体的多样化，使得贷款项目更加契合现实需要，保障了基金的投资效益。

三、我国水环境保护投资面临的问题

目前，我国的水环境污染依然严重。2013年《中国水资源公报》数据显示，被调查水体中，河流水质Ⅳ～劣Ⅴ类的占31.4%，湖泊水质Ⅳ～劣Ⅴ类的占68.1%，省界水体水质Ⅳ～劣Ⅴ类的占37.7%，地下水水质监测井Ⅳ～Ⅴ类的占77.1%。相对于严重的水污染现状，我国水环境保护领域的投资面临以下几方面的问题。

（一）水环境保护投资总量不足

最近几年，我国水污染治理投资呈下降趋势。2013年工业污染源治理投资中用于废水治理的投资为124.9亿元，这与2008年的194.6亿元相比减少了35.8%。为遏制和扭转水环境污染现状，在水环境治理领域的投资仍需大幅度提高。

（二）水环境保护投资模式单一

我国水环境保护投资大部分来自中央财政设立的主要污染物减排专项资金，其他投资主体和融资手段的作用还未能充分发挥出来，大量闲散的社会资金仍然无法或不愿意进入水环境保护领域，并没有形成规范的、稳定的和比较广泛的水环境保护政府投资资金来源。

（三）我国水环境保护领域无政府性基金和政府引导基金

根据财政部2014年第80号公告，全国政府性基金有25项，其中涉及环境保护的有废弃电器电子产品处理、可再生能源发展、森林植被恢复、育林、船舶油污损害赔偿、核电站乏燃料处理处置6项内容，并都有相应的法律、政策支撑。政府引导基金主要是支持中小企业创业和技术创新，也没有涉及水环境保护领域的内容。

（四）现有投资较分散，使用效率不高

我国水环境管理部门职权交叉，呈现"多龙治水""政出多门"的管理格局。长期

以来，水环境保护由环保、水利、住房和城乡建设、农业等十几个不同或相同级别的部门共同负责。每个部门都掌握一定的资金，存在重复投资问题；而且有的又由于单笔资金规模小，难以发挥规模效益，导致水环境保护资金使用效率不高。

四、建立我国周转基金的建议

针对我国水环境保护投资方面存在的问题，建议借鉴美国州周转基金经验，设立水环境保护周转基金，创新我国水环境保护领域的投资模式。

（一）明确水环境保护周转基金法律地位

明确的法律地位是设立水环境保护基金的基础。建议在《水污染防治法》修订中，明确设立水环境保护周转基金，明确基金投资领域，将需要持续投入资金并兼具准公益性和盈利性的水环境保护建设项目纳入基金投资范畴，比如污水处理厂建设和升级改造、农业面源污染控制、垃圾填埋场渗漏污染控制、地下储罐渗漏污染控制等。除了《水污染防治法》修订中考虑设立周转基金条款外，有关部门应出台周转基金管理条例、优先资助项目筛选指南、基金运营报告和审计管理办法等法规、政策和规范。

（二）形成中央和地方合作管理、专家公众共同参与的模式

本着权责统一的原则，在基金管理中充分发挥地方政府在环境保护中的主导作用，采用中央有关部门负责监督和引导，各省负责基金具体管理的合作模式。

中央层面设立周转基金领导小组，由水环境管理相关部门组成，包括环境保护部、水利部、住房和城乡建设部等。环境保护主管部门负责制定周转基金管理办法，包括基金设立和日常具体管理规范、基金优先资助领域选择导则、基金使用年度计划要求、年度审计报告要求等。通过环境保护部6大督查中心对辖区内各省的周转基金运转情况进行监督。

各省设立水环境保护周转基金，指定本省负责水污染防治的主要管理机构作为基金的主要管理机构，组建水环境保护基金管委会。管委会由水环境保护相关政府部门官员、学者专家、金融机构专家、利益相关者代表等组成。管委会要定期召开会议，负责本省周转基金管理政策的制定和修改。设立专门机构负责周转基金的具体运营，该机构可以是环境主管部门，或者环境主管部门与金融机构合作。各省每年定期向中央主要负责部门提交基金使用计划、年度报告、审计报告，汇报基金的收支和运行情况。

（三）地方财政按照一定比例配套中央财政

中央层面，从现有排污费和环保专项资金等水环境保护资金中抽取一定比例，以年度拨款的形式分配给各省、直辖市、自治区的水环境保护周转基金。拨款分配比例根据基金使用管理政策和各省预算申请确定。各省按照一定比例进行配套。

各省的周转基金将中央财政拨款和各省配套资金作为"种子资金"开展低息贷款。各省可以根据国家政策和本省的具体情况，在做到专款专用的前提下，灵活确定基金的投资方向，制订基金使用计划，灵活确定贷款利率。这样可以有效地调动地方的积极性、主动性，并充分参与到基金的统筹管理中，使"地方各级人民政府应当对本行政区域的环境质量负责"落到实处，同时，保障基金的投资能够切实满足地方的水环境保护需求。

（四）在各省发行地方债券进行融资时，将募集资金优先投入水环境保护周转基金，扩充其"资金库"

充分利用《2014 年地方政府债券自发自还试点办法》以及新修订的《预算法》关于发行地方政府债券等相关政策，在水环境保护周转基金运营过程中，探索多元化的融资渠道，通过发行债券，将一定比例的募集资金投入水环境保护周转基金，以此引导社会资本参与基金运行，扩大基金"资金库"。这些资金的使用要向饮水安全保障工程、水污染治理工程等关系民生和公共事务的领域倾斜。开始可以在基础较好的自发自还试点先行开展，进而在全国推行。

参考文献

[1] U.S. EPA. Nation Summary of All Clean Water　SRF Program Information [DB/OL].2012-11-05. http：//water.epa.gov/grants_funding/cwsrf/cwnims_index.cfm.

[2] U.S. EPA. Nation Summary of Drinking Water SRF Program Information [DB/OL]. 2010-11-09. http：//water.epa.gov/grants_funding/dwsrf/dwnims.cfm.

[3] U.S. EPA. Drinking Water State Revolving Fund 2009　Annual Report，EPA 816-R-10-021[R]. 2010.

第四篇
绿色金融政策

我国银行有多绿？
——关于我国银行业实施绿色信贷的量化评价研究报告[①]

政研中心绿色金融研究专家组

一、总体评价情况表明，我国银行业绿色水平偏低

本次评估的对象为 2010 年在中国市值排名前 50 位的银行，包括政策性银行[②]（3家）、大型商业银行（5家）、股份制银行（12家）、城市商业银行（24家）和农村商业银行（6家）。评估参考信息来源于各银行 2011 年 11 月 30 日前发布的中国企业社会责任报告，以及在媒体上发布的与绿色信贷相关的信息。

为了直观反映银行绿色信贷实施成效和信息披露水平，根据指数的差异，采取百分制打分，将银行执行绿色信贷情况分为五个等级：A 级（80 分以上）；B 级（60~80 分）；C 级（40~60 分）；D 级（20~40 分）；E 级 0~20 分；N 表示没有披露任何相关信息。中国市值排名前 50 位的银行绿色度评级结果如表 1 所示。

表 1 评估结果

银行	等级	银行	等级
兴业银行股份有限公司	A	盛京银行股份有限公司	E+
中国工商银行股份有限公司	B+	渤海银行股份有限公司	E+
国家开发银行股份有限公司	B	武汉农村商业银行	E+
上海浦东发展银行股份有限公司	B	中国进出口银行	E+
交通银行股份有限公司	B	大连银行股份有限公司	E+

[①] 原文刊登于《环境战略与政策研究专报》2012 年第 7 期。
[②] 银行属性分类来源于中国银行业监督管理委员会。国家开发银行已不属政策性银行，在此为便于计算仍包括在政策性银行中。

银行	等级	银行	等级
招商银行股份有限公司	B	宁波银行股份有限公司	E
中国银行股份有限公司	B	富滇银行	E
中国建设银行股份有限公司	C+	江苏银行股份有限公司	E
中国农业银行股份有限公司	C+	成都银行股份有限公司	E
华夏银行股份有限公司	C	中国光大银行股份有限公司	E
中国民生银行股份有限公司	C	恒丰银行股份有限公司	E
中信银行股份有限公司	C	厦门国际银行	E
河北银行	C	锦州银行股份有限公司	E
北京银行股份有限公司	D+	平安银行股份有限公司	E
中国农业发展银行	D	浙商银行股份有限公司	E
深圳发展银行股份有限公司	D	重庆农村商业银行有限公司	E
杭州联合银行	D	包商银行股份有限公司	N
徽商银行股份有限公司	D	东莞银行股份有限公司	N
重庆银行股份有限公司	D	广州银行股份有限公司	N
汉口银行股份有限公司	D	哈尔滨银行股份有限公司	N
西安银行股份有限公司	D	昆仑银行股份有限公司	N
广发银行股份有限公司	E+	上海银行股份有限公司	N
杭州银行股份有限公司	E+	天津银行股份有限公司	N
南京银行股份有限公司	E+	佛山顺德农村商业银行股份有限公司	N
上海农村商业银行股份有限公司	E+	广州农村商业银行股份有限公司	N

评估结果显示，排名前 50 的中资银行中，只有 14%的银行已较全面执行绿色信贷政策，制定了与绿色信贷有关的战略，且在绿色信贷管理、绿色金融服务和产品开发、组织能力建设等方面都采取了行动。一半以上的银行在落实绿色信贷政策方面情况不佳。其中，40%的银行等级为 E，即评分不足 20 分，表明这些银行在落实绿色信贷政策方面只采取了少量的措施或只提出了绿色信贷有关的理念但并未采取任何措施；18%的银行没有任何与绿色信贷有关的信息（图 1）。

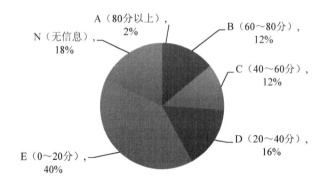

图 1　银行等级占比情况

（一）银行业已经广泛建立绿色信贷战略，绿色信贷意识明显提高，但落实情况不好

从评估的五项一级指标来看，绿色信贷战略一项得分最高。排名前 50 的中资银行中，有六成以上的银行在公开信息中明确表示积极贯彻绿色信贷政策，五家大型商业银行和三家政策性银行全部提出了绿色信贷相关的理念。其中，一些银行已将绿色信贷政策作为银行可持续发展战略的重要组成部分，并提出了详细的理念、执行框架和目标。如交通银行 2008 年 3 月正式启动"绿色信贷工程"，确定了绿色信贷的具体标准；2011年 4 月，工商银行正式向全行下发了《绿色信贷建设实施纲要》，明确将推进绿色信贷作为该行长期坚持的重要战略之一。

但与此相比，绿色信贷管理和绿色金融服务得分较低，尤其组织能力建设得分最低，即只有极少数的银行能够按照绿色信贷的要求健全组织框架且加强相关的能力建设。这一结果说明多数银行已经有了与绿色信贷有关的认识和理念，但尚未将绿色信贷政策落实到执行层面（图 2）。

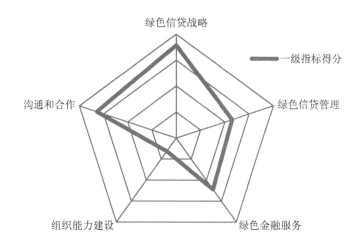

图 2　五项一级指标得分情况

（二）大型商业银行总体表现良好，城市和农村商业银行表现不佳

从政策性银行、大型商业银行、股份制银行、城市商业银行和农村商业银行执行绿色信贷政策的情况来看，五家大型商业银行（工商银行、农业银行、中国银行、建设银行、交通银行）整体表现良好，其中 3 家获得 B 级，综合得分 70 分以上，2 家获得 C

级，得分在 40～50 分之间。政策性银行和股份制商业银行特征不明显，评估结果分布于各个等级。城市商业银行和农村商业银行表现不佳，绝大部分分数不足 30 分，评估结果在 D 级以下（图 3）。

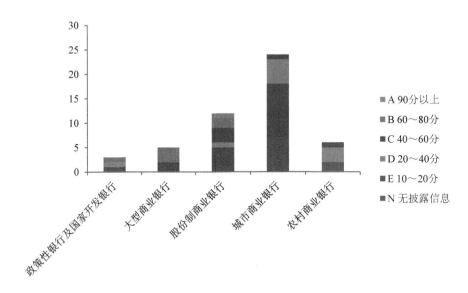

图 3　不同性质银行等级

从绿色信贷战略、绿色信贷管理、绿色金融服务、组织能力建设和沟通与合作五项一级指标来看，大型商业银行和部分股份制商业银行在各项得分上表现都较好，它们已普遍建立了绿色信贷战略，并从信贷流程角度开始对绿色信贷进行管理、开始尝试探索绿色金融产品的创新。城市商业银行和农村商业银行对绿色信贷政策的执行还仅局限在提出理念的层面（图 4）。

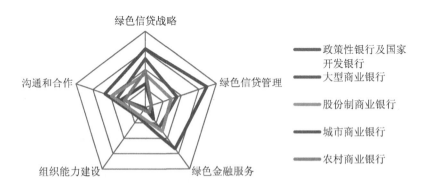

图 4　不同性质银行五项一级指标得分

（三）绿色信贷管理政策基本建立，但管理措施并未真正渗透至银行风险划分及客户授信评级

评估结果显示，多家银行已根据国家产业政策、环保政策在各自的信贷政策中加入了绿色信贷内容，明确了对授信企业和新建项目实施有保有压、区别对待政策，严格控制对"两高一资"行业的贷款。同时，在信贷流程操作层面，银行将绿色信贷理念贯彻到信贷管理流程的各个阶段，包括对新增贷款增加环境风险审查，加强贷后环保调查和监控以及信贷退出等。其中，实施最为广泛的是环保一票否决的信贷审批制度，即将环保情况作为考核新增贷款的重要标准，对环保不符合或不达标的项目一律不予贷款。

这些管理制度的建立虽然已是绿色信贷政策的重大突破，但由于银行缺乏对环境风险的定量评价技术，使得绿色信贷仍停留于事后惩罚而非事前防范。从当前银行业通行的客户授信评级指标（表2）可以看出，评级指标还是以企业财务数据为主。即使有些银行会考虑环境风险，但由于其缺乏相关的评估技术和数据，使得评估大都以环境合规评价取代了环境风险定量评价，导致环境高风险企业、环境合规型企业和环境友好型企业在现有的项目信贷评估模型下进行的评级，其结果可能毫无差别。

表2　银行通行授信评级指标体系

一级指标	二级指标
信用履约评价	贷款资产形态、到期信用偿还记录、利息信用偿还记录
偿还能力评价	资产负债率、流动比率、现金流量、现金流动负债比率、或有负债比率、利息保障倍数
盈利能力评价	总资产报酬率、销售利润率、净资产收益率
经营及发展能力评价	存货周转率、销售收入增长率、净利润增长率、净资产增长率
综合评价	领导者素质、管理水平、发展前景、与银行业务合作关系
特殊加分	所有者权益、利润
特殊扣分	

（四）绿色金融产品开发动力不足，大部分银行只在小范围内尝试开发

从评估结果来看，在资产排名前50的银行中，只有极少数商业银行提出鼓励在绿色金融方面进行创新的明确政策，其他银行对相关业务的开展或产品的认识和推动都较为有限（图5）。

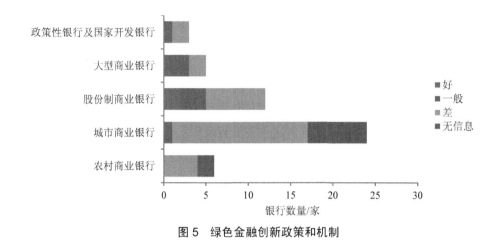

图 5　绿色金融创新政策和机制

由于在绿色金融产品开发方面没有形成系统的政策和有效的激励机制，因此也只有少部分银行开始尝试绿色金融产品的开发（图 6）。如兴业银行推出专为节能、清洁能源提供资金支持的气候变化类融资产品以及以污染物初始排放权作为贷款抵押物的融资产品创新；山西、绍兴、嘉兴等省市很多金融机构已经开展了将排污权作为抵押物的金融产品创新试点工作。据统计，截至 2011 年 6 月底，浙江省累计排污权抵押贷款 129 笔，贷款额度已达 6.2 亿元。除了为大型机构或公司提供绿色金融产品以外，部分银行业还开发了专为个人、家庭及中小企业设计的绿色金融产品。比如宁波银行针对中小企业推出了"无抵押无担保"的绿色贷款，中小企业仅凭"绿色通行证"即可获得贷款支持；招商银行推出的生态楼房"绿色按揭"和"绿色车贷"等产品。

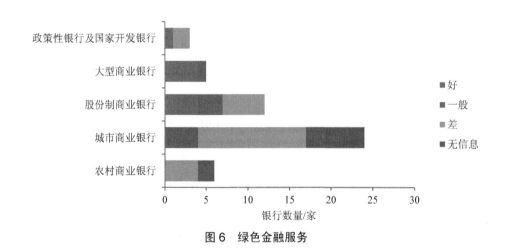

图 6　绿色金融服务

（五）绿色信贷组织实施能力薄弱，人才建设严重滞后

从长远来看，银行需要主动健全组织机构以统筹可持续金融业务的经营和管理，确保绿色信贷战略的有效实施。在这方面，评估结果显示各家银行在这方面实践较差，大多银行对绿色信贷的管理分散，没有专门的部门负责统一管理和协调（图7）。

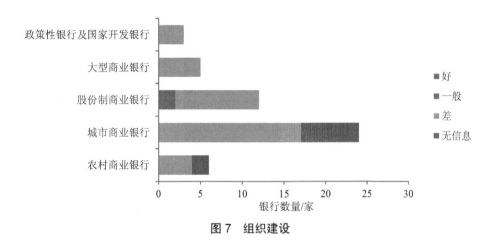

图 7　组织建设

在人才培养方面，从评估结果来看，只有部分银行对其员工进行了不同程度的绿色信贷培训，并通过编写资料、建立专家库等方式提高员工在相关领域的专业素质和能力。整体来看，只有少部分银行在其常规研究中对绿色金融和绿色信贷领域有所涉及，并组织专门团队对相关领域进行深入研究，而大多数银行并未有针对性地开展绿色信贷相关培训或在提高人员能力方面采取专门措施（图8）。

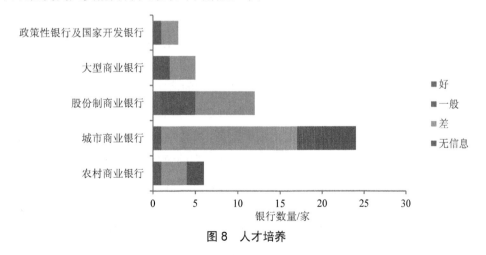

图 8　人才培养

二、具体评价情况看，银行业面临追求经济效益与履行环保等社会责任的矛盾

（一）"两高一剩"项目贷款余额占比依然较高，城市商业银行表现尤为突出

从银监会公布的数据来看，目前中国商业银行的新增贷款投向主要集中于三大领域：制造业（占比 27.6%）、个人贷款（占比 23.5%）及批发和零售业（占比 22.8%），其中制造业增速最快，接近 30%。绝大多数"两高一剩"行业属于制造业，据统计，2009年以来，"两高一剩"行业贷款余额持续增加（图 9）。

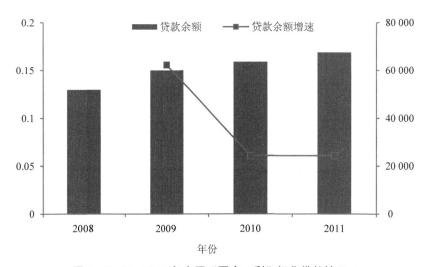

图 9 2008—2011 年全国"两高一剩"行业贷款情况

部分银行公布了其年度对"两高一资"项目贷款的情况，公布相关信息的银行较少，且在公布的数据中多数存在统计口径不清、时效性低等问题。在对已得数据的分析中发现，目前"两高一资"项目贷款余额占比依然较高，城市商业银行表现尤为突出（图 10）。

城市商业银行往往背负着"支持当地经济发展"的负担，现阶段一些高耗能、高污染企业仍是高利润、高回报的企业，也是当地的经济支柱，地方政府为了完成经济指标任务，希望商业银行继续给这些企业发放贷款以维持其经营发展，同时，政府还为这些项目作风险担保，这符合银行信贷追求"大客户、高信贷"的利润导向性。因此，商业银行很难对其大幅度地削减信贷规模，银行调整信贷结构面临较大的困难和阻力。另外，

由于缺乏相应的正向激励机制，对环保做得好的企业缺少相应的鼓励和经济扶持政策，严重影响了企业加大环保投入的积极性，同时也降低了企业对银行绿色信贷的需求。从银行方面来说，对企业树立绿色屏障，意味着会丧失部分客源，如果没有更有效的激励机制和措施，银行将不愿冒失去客户的风险，甚至可能违规向环境违法项目和企业贷款。

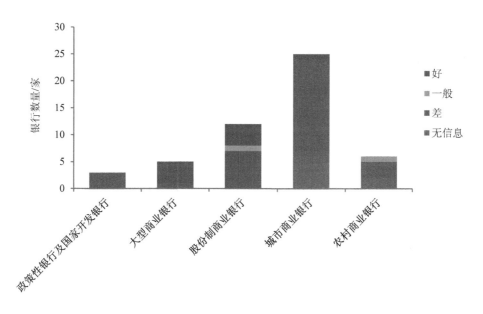

图 10　"两高一资"项目贷款情况

（二）绿色信贷项目或节能环保贷款项目的贷款总量不断增加，但占比较低

2007 年以来，银行逐渐加大对节能减排、新能源等国家政策鼓励领域的支持力度，将"工业节能改造、资源循环利用、污染防治、生态保护、新能源可再生能源利用和绿色产业链"列为重点支持项目。由于国家目前还没有形成统一的节能环保贷款情况统计口径，缺少全国的总体统计数据。据中国银监会统计，截至 2011 年年末，仅国家开发银行、工商银行、农业银行、中国银行、建设银行和交通银行 6 家银行业金融机构的相关贷款余额已逾 1.9 万亿元。四川省银监局统计，截至 2010 年 6 月末，全省节能减排项目贷款余额 1 458 亿元，在 2007 年的基础上增加了 590.6 亿元，增幅达 68.1%。其中，节能项目贷款 412.5 亿元，再生能源项目 530.1 亿元，清洁生产项目 413.9 亿元，环保工程项目 54.1 亿元，其他项目 47.4 亿元（包括循环经济、废弃物资源化利用等）。节能、可再生能源和清洁生产项目贷款占整个节能减排项目贷款的 93%。另据上海银监局统计

结果，截至 2011 年 5 月末，上海市绿色低碳行业贷款余额 286.04 亿元，较年初增加 17.78 亿元，同比多增 7.58 亿元，增长 9.64%，增速同比上升 7.21 个百分点；比 2008 年年末增加 54.64 亿元，增长 23.61%。但从 2011 年商业银行贷款主要行业投向（图 9）来看，水利、环境和公共设施贷款余额占比总体不超过 8%，且是唯一一项新增贷款占比比上年年末减少的领域。

（三）银行信息披露不够透明，监管部门信息交流有待完善

在资产排名的前 50 家银行中，发布和绿色信贷有关信息的银行有 34 家，其中只有 19 家发布的信息较为充分（图 11）。但对历史数据的披露不够全面，缺乏一定的纵向可比性。同时，公开的内容基本是"报喜不报忧"，很难看到银行对环境违法客户贷款情况的相关数据。银行发布绿色信贷信息的渠道主要是通过年度报告（年报或企业社会责任报告）以及官方网站。其中，兴业银行根据赤道原则的要求发布了兴业银行赤道原则执行报告。

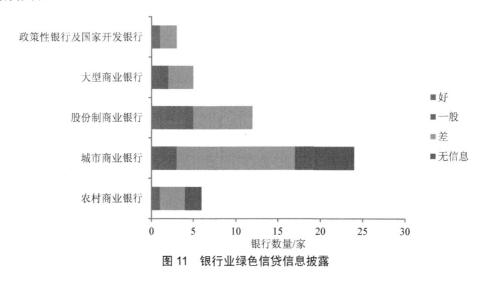

图 11　银行业绿色信贷信息披露

自 2006 年环境违法信息纳入人民银行征信系统以来，环保部门与银行业的信息交流不断完善，信息报送类型也从单一的企业违法信息扩大到环评、"三同时"验收、强制性清洁生产审核等多种信息，并已在国家、省、市、县多个层面建立了信息沟通机制。信息报送数量也已达 5 万条左右。虽然在信息报送方面取得了突破，但依旧存在很多问题。在对 25 个省、自治区、直辖市的 80 多个地市环保部门的 589 份有效调查问卷统计分析后看出，44.9% 的受访者认为已经和当地人民银行征信系统建立了部门间的环境信息交流机制，25.8% 正在建立过程中。有 29.3% 的受访者认为还没有与当地人民银行征

信系统建立了部门间的环境信息交流机制。在对信息沟通频次的调查中发现，在与当地人民银行征信系统建立了部门间的环境信息交流机制的地区中，每月报送一次的比例为36.5%，每季度报送一次的占29.9%，以上两者合计66.4%。但仍有30%多的地方环保部门信息报送频次与2009年环境保护部、人民银行共同发布的《关于全面落实绿色信贷政策进一步完善共享工作的通知》中规定的报送频次要求相差较远。

三、完善我国绿色信贷政策的对策建议

结合对绿色信贷政策的评估，本研究从以下几方面提出了进一步完善我国绿色信贷政策的建议。

（一）尽快建立金融业环境风险评估标准，将环境风险评估与金融风险评价体系有效融合

目前，银行业大都以环境合规评价取代了环境风险定量评价，导致环境高风险企业、环境合规型企业和环境友好型企业在现有的项目信贷评估模型下进行的评级，其结果可能毫无差别。我国还未建立企业环境风险评估的统一标准和方法，银行从业人员很难找到权威性的借鉴，很难对贷款客户的环境风险进行量化评价。环保部门要尽快建立环境风险评估方法，完善建设项目环境风险评价技术导则。要与银行业监管机构和商业银行积极合作，形成银行业可读的环境风险划分及评估方法简本。同时，为银行建立一套环保标识，按行业和客户进行风险分类，明确风险状况和准入程度，进行风险预警和风险提示提供一个统一平台，促使各大银行和金融机构可以借助该平台制定自身的环境风险评估框架，从而更准确地评估和控制相关环境风险。

（二）创新符合环保项目模式、属性和融资特点的金融产品和服务

环保部门要积极与银行业金融机构广泛合作，运用金融市场有效推动污染物减排。要充分发挥金融机构的作用，将其引入排污权交易市场，使其真正参与到排污权的买卖中，促进排污权交易市场的有效建立，通过金融机构的介入，可以实现排污权交易对象范围和实施区域的不断扩大，以此达到控制污染物排放，实现环境容量优化配置的目标。

金融机构应积极创新绿色信贷产品，要转变过去银行倚重于抵押品的融资模式，探

索通过排放权抵押、清洁发展机制（CDM）预期收益抵押[①]、股权质押[②]、保理[③]等方式扩大节能减排和淘汰落后产能的融资来源，增强节能环保相关企业融资能力。

（三）综合利用多种政策资源，建立绿色信贷政策激励机制

探索建立金融支持节能环保的专项信贷政策导向效果评估制度。加快建立发挥财政、金融、税收等多种政策资源，根据不同环保项目的建设特点和项目性质，确定财政贴息的规模、期限和贴息率，发挥财政资金的导向作用。积极探索建立风险补偿专项基金，完善融资担保风险补偿机制，加大融资担保对环保项目建设的支持力度。鼓励有条件的地方政府通过资本注入、风险补偿、政府奖励和政府补助等多种方式，引导有实力的担保机构通过再担保、联合担保以及担保与保险相结合等多种方式，积极提供环保项目融资担保。鼓励保险公司开展绿色信贷保险，积极发挥保险的风险保障功能。

[①] 通过销售项目在未来产生的温室气体减排量所能获得的预期收益，作为抵押，获得银行贷款。属于应收账款抵押的一种形式。

[②] 股权质押（Pledge of Stock Rights）又称股权质权，是指出质人以其所拥有的股权作为质押标的物而设立的质押。按照目前世界上大多数国家有关担保的法律制度的规定，质押以其标的物为标准，可分为动产质押和权利质押。股权质押就属于权利质押的一种。因设立股权质押而使债权人取得对质押股权的担保物权，为股权质押。

[③] 保理（Factoring）又称托收保付，出口商将其现在或将来的基于其与买方订立的货物销售/服务合同所产生的应收账款转让给保理商（提供保理服务的金融机构），由保理商向其提供资金融通、进口商资信评估、销售账户管理、信用风险担保、账款催收等一系列服务的综合金融服务方式。

绿色信贷如何做实①

沈晓悦

国家环保总局、人民银行和银监会 2007 年联合颁布《关于落实环保政策法规防范信贷风险的意见》以来，我国绿色信贷取得了积极成效，但银行业金融机构在服务和支持国家绿色产业发展、促进节能减排方面还存在不少问题和困难。

多数商业银行缺乏执行绿色政策的内在动力。中国银行业绩效考核体系以经济指标为主，并未将环保绩效纳入其中，在实际操作中并不能有效吸引银行业支持环保项目。此外，银行业的竞争日益激烈，如果某商业银行执行绿色信贷政策放弃对污染企业贷款，而其他商业银行则可能顺势将该客户资源纳入，在没有有效的监督机制和激励机制的情况下，许多银行不愿冒失去客户的风险，甚至可能向违规企业或项目贷款。

绿色产业投资风险难控，回报预期不稳定。受政策、市场及行业发展基础等多方面因素影响，节能环保产业项目的信贷存在一定风险。节能环保项目普遍建设周期较长，短期内不能进入投资回报期。

中小企业和服务型企业绿色融资难。有数据显示，我国规模以下企业中有 90% 的企业没有和银行发生过任何借贷关系，而微小企业中 95% 没有和银行发生过任何借贷关系，而中小企业往往环境问题比较突出，环保技术改造、污染治理等方面普遍面临融资难题。

绿色信贷是加快推动经济发展方式转变的重要手段，当前国家经济转型挑战与机遇并存，做实绿色信贷政策，发挥绿色信贷对转方式、调结构、促环保的积极作用，至关重要。

第一，要完善"绿色信贷"约束机制，建立环境违法放贷责任追究制度。通过完善相关立法和政策，建立重大项目放贷的环境影响全过程跟踪及污染事故赔偿可追索机制，建议从法律上明确银行对贷款企业环境保护和污染治理方面负有责任，若贷款企业

---

① 原文刊登于《人民日报》2013 年 8 月 17 日。

造成重大环境污染而无力支付污染清理及赔偿资金，银行要承担连带责任。

第二，建立绿色和新兴产业信贷风险防范政策及风险担保机制。要建立对推行"绿色信贷"成效显著机构的正向激励机制。充分利用财税杠杆，建立和完善与"绿色信贷"政策相配套的呆账核销、风险准备金计提制度，以及与之相关的财政税收风险补偿政策。尤其是对商业银行实行"绿色信贷"政策、支持节能环保和高新技术开发过程中出现的信贷风险等，要给予财政税收减免的优惠政策，适当提高节能环保行业不良贷款比率容忍度。

第三，实施绿色和新兴产业信贷优惠激励政策。在贷款利率上，商业银行要实施差别化的利率政策，对促进节能、减少污染、改善生态环境的企业和项目，提供优惠利率，在"有进有退"中培育环保产业市场。

第四，推进"绿色信贷"产品创新，要注意发挥政策性银行"主力军"作用，通过低息贷款、无息贷款、延长信贷周期、优先贷款等方式，弥补"绿色信贷"推行中商业信贷缺位问题。

绿色信贷靠什么激活？ [①]

杨姝影　沈晓悦

一、绿色信贷实施效果评估

（一）绿色信贷政策已被广泛接受，成为有效的环境管理手段

地方绿色信贷政策文件的制定和出台范围不断扩大。中国绿色信贷实施的先决条件是地方政府的意愿和市场经济的完善程度，因此在执行上各地区之间往往存在较大的差异。绿色信贷在东部地区"实施或准备实施"的比例明显高于中部和西部地区。

各地方环保部门、银监局和人民银行各分支机构积极建立了企业环境信用等级评价和信用信息交流机制。据不完全统计，目前已有广东等 20 多个省市的环保部门与所在地银监局和人民银行分支机构联合出台了相应的管理办法和实施方案等地方性政策文件。

通过将企业的环境行为信息纳入银行征信系统，使金融部门对申请贷款企业的环境行为了如指掌，对那些在征信系统中"挂上号"的环境违法企业和项目进行信贷控制。这些硬政策在目前形成了较强的约束力。

目前，绿色信贷真正发挥作用的是其带有行政命令色彩的约束性部分，而其利用市场促进节能减排的效用并没有有效发挥出来。从侧面也可以反映出地方环保部门在运用绿色信贷政策时，主要还是将其当成了以政府部门为主导的行政命令型手段，并没有充分发挥其运用资本市场进行资源有效配置的市场手段。

（二）"两高一剩"行业贷款得到有效控制

据不完全统计，2010 年，银行业对钢铁、水泥等产能过剩行业的贷款余额虽有所增

---

① 原文刊登于《中国环境报》2013 年 6 月 4 日。

加（除平板玻璃外），但占贷款总比重为 3.57%，较 2009 年下降了 0.37%，且贷款增速也远低于行业发展速度，"两高一剩"行业贷款清理、退出力度不断加大。有些银行甚至明确规定对个别行业产能严重过剩的地区不再新增授信额度。

（三）差别化信贷更加严厉，环境违法企业贷款难度加大

银行业金融机构对授信企业和新建项目实施有保有压的区别对待政策，对不符合环保要求的企业、项目贷款严格实行环保"一票否决"制，对钢铁、水泥、铁合金、电石等行业均采取名单制管理，严禁对不符合节能减排要求的企业和项目进行信贷投放。特别是对环境违法企业、因污染治理不达标受处罚企业、被各级环保部门重点监管或列入"黑名单"的企业实施逐步退出方案。以湖南省株洲市为例，"十一五"期间，株洲银行业共否决未取得环保达标批准文件的企业贷款申请 25 笔、金额 2.53 亿元。对于株洲市公布的重点污染企业未新增 1 家企业贷款。再如工商银行江西省分行主动退出环保风险较大的企业，对不符合国家行业准入条件和违反环保要求的企业和项目，一律不发放贷款；对列入"区域限批""流域限批"地区的项目和企业，停止信贷支持；对于列入国家环保系统"挂牌督办"名单和被责令处罚、限制整改、停产治理的企业，逐步压缩和退出融资。近年来，工商银行江西省分行累计退出高排放、高耗能企业贷款 60 多亿元。

（四）绿色信贷项目或节能环保贷款项目的贷款总量不断增加

2007 年以来，银行逐渐加大对节能减排、新能源等国家政策鼓励领域的支持力度，大致将工业节能改造、资源循环利用、污染防治、生态保护、新能源可再生能源利用和绿色产业链列为重点支持项目。由于国家目前还没有形成统一的节能环保贷款情况统计口径，因此缺少全国的总体统计数据。据中国银监会统计，截至 2011 年年末，仅国家开发银行、工商银行、农业银行、中国银行、建设银行和交通银行 6 家银行业金融机构的相关贷款余额已逾 1.9 万亿元。

（五）绿色信贷项目贷款占信贷总规模比例低，不超过 5%

虽然节能环保贷款的规模在逐年增加，但在各银行的信贷总额中，绿色信贷贷款余额占贷款总额的比重依然很小。除带有政策性银行色彩的国家开发银行绿色信贷贷款占到 6% 以上外，其他商业银行绿色信贷贷款占信贷总额的比例不足 5%，甚至更低。以中国建设银行为例，2007—2011 年，全行绿色信贷贷款余额从 1252.12 亿元逐年增加到 2190.7 亿元，但绿色信贷贷款余额占贷款总额比重在 2007 年为 3.872%，2008 年上升至 4.063%，随后便逐年下降。2010 年其数值降到 3.454%，低于 2007 年水平。

（六）银行风险控制能力增强，资产质量改善

银行业在实施绿色信贷过程中，信贷政策更趋理性，授信操作保压鲜明，很多商业银行对客户标识的领域进一步扩充了环境保护与节能等领域，实施环保优秀客户的精细化管理，避免了"一刀切"做法带来的负面效果。同时，银行金融机构也开始对贷款项目进行环境和社会风险等级划分，逐渐将环境风险纳入银行业金融风险管理之中。据上海银监会统计，辖区银行业绿色信贷业务风控能力逐步提高。自 2008 年开始，绿色低碳行业贷款不良率连年下降。2011 年 5 月末，不良率 0.79%，又较年初下降 0.08%，同比下降 0.19%，较 2008 年年末下降 0.50%。

（七）促进新兴市场国家绿色信贷的发展

近年来，中国绿色信贷这一创新性政策也引起其他面临环境挑战的发展中国家政府的关注，在推动其走可持续发展之路方面发挥了重要作用。越南、孟加拉等国政府曾多次派团到中国就绿色信贷政策的模式和经验进行借鉴和学习。绿色信贷政策在对外交流中也被作为推进可持续发展的重要实践屡次提及。其中，尼日利亚政府在访问中国期间，在获知中国绿色信贷政策后，其央行也开始在本国力推环境和社会风险管理政策。

二、绿色信贷存在的问题

（一）政策体系不完善，影响绿色信贷的实施效率

政策体系不完善，一方面表现在技术政策缺失，特别是缺乏与绿色信贷配套的绩效评价标准和行业环保绩效评价指南等技术性政策。由于技术政策缺位，造成银行在接受企业或个人的贷款申请时，即使能够获得比较完整的相关环保信息，授信审查时也只能凭借一些简单的定性依据做出判断，审查标准不一，随意性强。另一方面表现在环保项目融资上，由于环保项目的独有特点——收益差甚至无收益，而商业银行是以获取利润为目的的企业，这就决定了环保项目不能吸引商业银行的注意力，导致贷款总量不高。

（二）政策手段单一，影响政策的实施效力

中国的绿色信贷政策是一种典型的自上而下由政府推动的环境信贷政策，具有很强的行政管理色彩，甚至引起了一些人对其不能称为环境经济政策的评论。究其原因，主要是政策中缺少市场的参与和绿色金融产品的创新。无论是鼓励、扶持性的，还是限制、

禁止性的绿色信贷政策，均缺少灵活性强、效率高的市场机制支撑，特别是国家扶持性的信贷资金主要是通过国家开发银行单一渠道实施，缺乏商业银行的参与和竞争，资金使用效率不高，直接影响政策的实施效力。

（三）信息沟通不足，制约绿色信贷实施

虽然在国家层面和一些省市已经建立了环保部门与银行监管和授信部门之间的信息沟通机制，但还有更多的省市尚未建立信息沟通机制。即使建立了信息沟通机制的（包括国家层面），也不能全面、及时地进行信息交流。在信息缺失和不完整的情况下，银行难以做出判断，一些环境违法严重的企业仍然可能得到贷款，不仅不利于环境保护，也使银行的信贷风险加大。

（四）缺乏监督、评估和制约机制，不利于调动商业银行的积极性

我国的绿色信贷在政策设计上具有一定的强制性特点，但在具体的执行过程中又呈现出更多的自愿性特点。造成这种政策异化的主要原因是缺乏监督和制约机制。由于缺乏监督和制约机制，银行在执行绿色信贷政策时还是更多地从银行的商业利益考虑，对一些界限不清、短期难以暴露问题的企业和个人仍然给予信贷支持。此外，缺乏监督和约束机制也造成各银行在绿色信贷政策贯彻执行上存在很大的差异，挫伤认真贯彻执行绿色信贷政策银行的积极性。截至 2006 年，中国工商银行对某省钢铁行业贷款户由207 户降到 20 户，贷款余额由 100 亿元降到 68 亿元。而另外一家商业银行则采取了截然相反的措施，迅速占领了中国工商银行退出的市场。调查结果表明，此省钢铁贷款 2001—2006 年从 150 亿元增至 625 亿元，有力地支持了全省钢铁行业的发展，平均年增长达 36%。

（五）环保和金融机构各方能力不足，影响政策的实施和推进

环保部门和银行业在执行绿色信贷政策上的能力不足也制约了绿色信贷的贯彻落实。能力不足主要体现在：环境金融风险评估能力不足，缺乏专业人员和社会中介力量；绿色信贷的信息收集和处理能力不足，信息对接和及时交换等方面存在障碍；人力资源和管理能力缺乏，不能为执行绿色信贷政策提供支持；地区差异显著，落后地区在绿色信贷政策制定和执行上能力不足，工作推进不力。

三、完善绿色信贷对策建议

结合对绿色信贷政策的评估，笔者从以下几方面提出了进一步完善我国绿色信贷政策的建议。

一是尽快建立金融业环境风险评估标准，将环境风险评估与金融风险评价体系有效融合。

目前，银行业大都以环境合规评价取代了环境风险定量评价，导致环境高风险企业、环境合规型企业和环境友好型企业在现有的项目信贷评估模型下进行的评级，其结果可能毫无差别。我国还未建立企业环境风险评估的统一标准和方法，银行从业人员很难找到权威性的借鉴，很难对贷款客户的环境风险进行量化评价。环保部门要尽快建立环境风险评估方法，完善建设项目环境风险评价技术导则。要与银行业监管机构和商业银行积极合作，形成银行业可读的环境风险划分及评估方法简本。同时，为银行建立一套环保标识，按行业和客户进行风险分类，明确风险状况和准入程度，为进行风险预警和风险提示提供一个统一平台，促使各大银行和金融机构可以借助这一平台制定自身的环境风险评估框架，从而更准确地评估和控制相关环境风险。

二是创新符合环保项目模式、属性和融资特点的金融产品和服务。

环保部门要积极与银行业金融机构广泛合作，运用金融市场有效推动污染物减排。要充分发挥金融机构的作用，将其引入排污权交易市场，使其真正参与到排污权的买卖中，促进排污权交易市场的有效建立。通过金融机构的介入，可以实现排污权交易对象范围和实施区域的不断扩大，以此达到控制污染物排放，实现环境容量优化配置的目标。

金融机构应积极创新绿色信贷产品，要转变过去银行倚重于抵押品的融资模式，探索通过排放权抵押、清洁发展机制（CDM）预期收益抵押等方式扩大节能减排和淘汰落后产能的融资来源，增强节能环保相关企业融资能力。

三是综合利用多种政策资源，建立绿色信贷政策激励机制。

探索建立金融支持节能环保的专项信贷政策导向效果评估制度。利用财政、金融、税收等多种政策资源，根据不同环保项目的建设特点和项目性质，确定财政贴息的规模、期限和贴息率，发挥财政资金的导向作用。积极探索建立风险补偿专项基金，完善融资担保风险补偿机制，加大融资担保对环保项目建设的支持力度。鼓励有条件的地方政府通过资本注入、风险补偿、政府奖励和政府补助等多种方式，引导有实力的担保机构通过再担保、联合担保以及担保与保险相结合等多种方式，积极提供环保项目融资担保。鼓励保险公司开展绿色信贷保险，积极发挥保险的风险保障功能。

全绿色信贷综合机制 降低银行信贷"推高"的环境成本——16家上市银行贷款形成的环境成本及其排名的启示[①]

原庆丹 杨姝影 沈晓悦 文秋霞

自 2007 年以来，环境保护部联合人民银行、银监会推进"绿色信贷"政策实施，引起了市场和社会的广泛关注。但是，银行机构参与环境保护的实际表现如何，尚未形成统一的认识和结论。

"绿色信贷"在我国具有特别重要的作用，主要原因是我国间接融资规模大。据人民银行数据显示，2013 年我国人民币贷款占同期社会融资规模的 51.4%，占据半壁江山。银行贷款对企业包括环境保护在内的各项经营活动有重大的影响和调节作用。

为了更好地梳理和分析银行业金融机构实施"绿色信贷"的成效和问题，我们选取了 16 家上市银行，按照以下步骤和途径开展了研究：一是按照大气污染、水资源利用、固体废物和温室气体四个关键性领域，对这些银行 2012 年的贷款流向和规模可能造成的环境成本进行了量化评估；二是根据评估结果对参评银行形成的环境成本做出了排名；三是针对评估中发现的问题，提出了改进建议。

一、关于环境成本及其评估方法

（一）研究环境成本的必要性和紧迫性

所谓环境成本，实际上与生态环境损害相近，是环境管理的基础概念和工作支点。近年来，我国政府高度重视在市场机制和法治建设中，采取综合手段降低环境成本。党的十八届三中全会《关于全面深化改革若干重大问题的决定》明确要求，要加快自然资

---

① 原文刊登于《环境战略与政策研究专报》2015 年第 2 期。

源及其产品价格改革，全面反映"生态环境损害成本和修复效益"；"对造成生态环境损害的责任者严格实行赔偿制度，依法追究刑事责任"。

2014年4月通过的新修订的《环境保护法》将"损害担责"确定为环境保护的基本原则之一，建立了环境侵权赔偿、公益诉讼、企业环境违法信用黑名单等系列制度，来抑制企业生产经营活动中的环境损害。

2014年10月，党的十八届四中全会通过的《关于全面推进依法治国若干重大问题的决定》明确要求："加快建立有效约束开发行为和促进绿色发展、循环发展、低碳发展的生态文明法律制度，强化生产者环境保护的法律责任。"

加快环境损害或者环境成本的研究，是构建环境损害合理负担机制的前提，是落实国家相关要求和法律规定的必然要求。特别是我国银行贷款规模大、对企业影响深，将环境成本与银行贷款有机结合、综合研究，探析两者之间的内在关系和作用规律，在此基础上，建立更加切实有效的绿色信贷机制，从而推动"绿色投资"、带动"绿色生产"，具有明显的现实性和针对性。

（二）环境成本的定义和内涵

本文所指环境成本，包括一个行业或者产业链中生产、交易各环节，或者一个企业经营活动各方面所产生的环境外部性的货币价值。

具体到银行贷款形成的环境成本，则是银行贷款投向某一行业、企业支持其相关生产、交易活动所造成的环境外部性。

按照本文选择的四个关键性领域，环境成本具体包括：

——大气污染的环境成本。主要表现为因化石燃料燃烧过程中产生的二氧化硫、一氧化氮和颗粒物等污染物，形成酸雨、烟雾和地面臭氧层后，对人类健康和生态系统造成的负面影响。

——水资源利用的环境成本。主要体现为水、环境及其公共设施管理，农业、工业用水对生态系统造成的负面影响。

——固体废物的环境成本。主要体现为废物排放的有害气体、垃圾渗滤液等对人类健康造成的负面影响等。

——温室气体的环境成本。主要体现为温室气体排放的社会成本，即对气候变化造成负面影响的估算，包括净农业生产力、人类健康以及洪灾风险增加等对人类人身财产造成的破坏等。

（三）环境成本的评估方法

本研究中，环境成本采用英国 Truscost 公司的 EEOI 模型，该模型目前涵盖了 532 个行业的货物和服务活动信息。

以空气污染的环境成本为例，该模型通过模型分析确定污染物对环境等各环节的影响，并在此基础上赋予各项外部性货币价值。具体步骤包括：

（1）使用联合国（UN）以及各国的排放清单，确定某行业单位产出的污染物排放量，考量污染物包括：二氧化硫、氮氧化物、颗粒物、氨、一氧化碳以及 VOCs；

（2）通过某国家某行业的产出和单位排放估算各项污染物总量；

（3）通过剂量影响函数（dose-response functions，DRFs）评估外部性影响，考察对象包括：健康危害、作物减产、原料腐蚀、木材损毁以及水体酸化，并根据对象国的人口、森林、作物密度进行调整；

（4）将外部性转化为货币价值，其中估算健康危害的主要方法是生命周期价值（Value of a statistical life），反映了各国生产力和收入的不同；

（5）将全部外部性价值加总，即为结果。

二、参评银行贷款形成的环境成本分析

（一）参评银行的范围

考虑到数据的可得性，本次评估对象为目前在 A 股上市的所有 16 家商业银行，具体包括：一是 5 家大型商业银行，即中国工商银行、中国建设银行、中国银行、中国农业银行、交通银行；二是 8 家股份制商业银行，即招商银行、上海浦东发展银行、中信银行、兴业银行、中国民生银行、光大银行、华夏银行、平安银行；三是 3 家城市商业银行，即北京银行、宁波银行和南京银行。

评估使用的数据均来源于各上市银行公开发布的上市公司 2012 年年度报告和企业社会责任报告。对这些银行，按照大气污染、水资源利用、固体废物和温室气体四个环境关键性领域，根据各行业的环境成本因子，分行业估算了各银行的环境成本，最后汇总得到各银行环境成本总额。

（二）参评银行贷款形成的环境成本估算结果及其排名

16 家上市银行造成的环境成本结果及其排名如表 1 所示。

表1　16家上市银行环境成本排名

排名	银行	环境成本/10^6元人民币
1	中国工商银行	1 173 132
2	中国建设银行	982 941
3	中国银行	934 263
4	中国农业银行	877 178
5	交通银行	353 424
6	招商银行	209 221
7	上海浦东发展银行	174 261
8	中国民生银行	158 766
9	兴业银行	156 277
10	中信银行	144 248
11	华夏银行	90 851
12	光大银行	78 813
13	平安银行	57 280
14	北京银行	47 567
15	宁波银行	11 144
16	南京银行	7 203
合计		5 456 570

　　评估结论之一：16家上市银行贷款造成的环境成本约为5.5万亿元，相当于总贷款余额的17.6%（接近两成），总量十分巨大。其中因大气污染、水资源利用和固体废物排放带来的环境成本约1.6万亿元，高于参评银行当年约1.03万亿元的净利润总额。

　　评估结论之二：五家大型商业银行（简称"五大行"）①的环境成本为4.32万亿元，约占参评银行总环境成本的79.2%（接近八成），高于其对应的贷款总额占比（72%），"集中度"很高。

　　相对的，信贷规模较小的北京银行、宁波银行和南京银行②，其带来的总体环境影响也最小。可见，贷款规模与其带来的绝对环境影响成正比（图1）。

---

① 五家大型商业银行包括：中国工商银行、中国建设银行、中国银行、中国农业银行和交通银行。
② 北京银行、宁波银行和南京银行3家城市商业银行的贷款余额之和仅为0.6万亿元人民币，只占16家上市银行总贷款余额的2%。

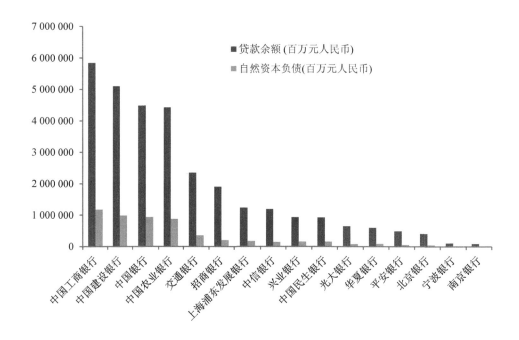

图 1　16 家上市银行贷款余额及环境成本

（三）参评银行的信贷风险率测算结果及其排名

为了能够更好地反映银行自然资本配置的效率，本研究对银行的信贷环境风险率[①]（Credit Risk Exposure Ratio，CREXratio，%）进行了测算，以观察各银行每百万人民币贷款造成的环境成本。

16 家上市银行信贷环境风险率排名结果如表 2 所示。

表 2　16 家上市银行的信贷环境风险率排名

排名	银行	贷款余额/10⁶元人民币	环境成本/10⁶元人民币	信贷环境风险率/%
1	中国银行	4 481 104	934 263	20.8
2	中国工商银行	5 844 835	1 173 132	20.1
3	中国农业银行	4 427 989	877 178	19.8
4	中国建设银行	5 100 608	982 941	19.3
5	中国民生银行	919 034	158 766	17.3

[①] 信贷环境风险率=环境成本/贷款余额。

排名	银行	贷款余额/ 10^6 元人民币	环境成本/ 10^6 元人民币	信贷环境风险率/%
6	兴业银行	929 229	156 277	16.8
7	华夏银行	599 777	90 851	15.1
8	交通银行	2 345 777	353 424	15.1
9	上海浦东发展银行	1 235 369	174 261	14.1
10	光大银行	647 165	78 813	12.2
11	中信银行	1 188 415	144 248	12.1
12	平安银行	406 746	47 567	11.7
13	北京银行	489 004	57 280	11.7
14	招商银行	1 904 463	209 221	11.0
15	宁波银行	109 996	11 144	10.1
16	南京银行	88 708	7 203	8.1
合计		30 718 219	5 456 569	17.8

测算结果显示：在信贷环境风险率排名中，中国银行、中国工商银行、中国农业银行和中国建设银行（"四大银行"）仍位居前四位。但与环境成本排名情况相比，交通银行在信贷环境风险率中的排名降至第 8，排名变动较大。其他银行中，招商银行和华夏银行排名变化幅度也较大，分别从环境成本排名中的第 6 和第 11 位，下降和上升至信贷环境风险率排名的第 14 和第 7 位。可见，各银行在自然资本配置上存在较大差异。

与中国 16 家上市银行相比，2012 年，南美 39 家金融机构贷款余额为 318 亿欧元（约折合 2 754 亿元人民币），环境成本为 35 亿欧元（约折合 304 亿元人民币），信贷环境风险率为 11.04%，低于中国 16 家上市银行的总体信贷环境风险率（17.8%），更是远远低于"四大银行"的平均值，可见，我国银行业较之南美金融机构面临更大的环境成本。

（四）环境成本的主要来源特征分析

评估结论之三：在 16 家上市银行的环境成本中，温室气体和大气污染的环境成本占比最高，为 91%（占九成）。

而水资源利用和废弃物的自然资本负债占比较低，依次为 6% 和 3%（图 2）。

这一趋势与南美 39 家金融机构的趋势一致。相关报告显示，南美 39 家金融机构 35 亿欧元（约折合 304 亿元人民币）的环境成本中，潜在温室气体成本为 33 亿欧元（约折合 286 亿元人民币），在总环境成本的占比高达 94.29%，几乎是南美 39 家金融机构环境成本的全部。

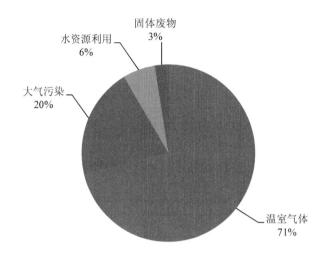

图 2 按各领域划分的 16 家银行的环境成本

分领域具体评估结果如下：

（1）温室气体形成的环境成本为 3.9 万亿元人民币，占参评银行总环境成本的 71%，是 16 家上市银行贷款中面临的最大风险。

（2）空气污染形成的环境成本为 1.1 万亿元人民币，占 20%。

（3）用水形成的环境成本为 3 223 亿元，占 6%。

（4）固体废物形成的环境成本为 1 392 亿元人民币，占 3%。

（五）环境成本的行业特征分析

评估结论之四：向制造业、电力燃气业和采掘业 3 个行业的贷款形成的环境成本占总环境成本的 80%（八成），行业相对集中（图 3）。

其中，制造业是银行业贷款带来的环境成本中最为严重的行业，其造成的环境成本为 1.66 万亿元，占总环境成本的 31%；其次是电力燃气业，造成的环境成本为 1.45 万亿元，占总环境成本的 27%；位居第三的是采矿业，造成的环境成本为 1.29 万亿元，占总环境成本的 24%。

上述这三个行业造成的环境成本为之和约占总环境成本的 80%，其余行业的环境成本均低于 0.5 万亿元人民币。

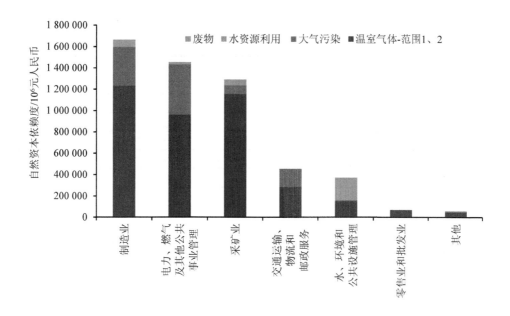

图3　各行业环境成本及其构成

各领域的分行业评估结果如下：

（1）温室气体形成的环境成本中，制造业（占 1 类[①]和 2 类[②]温室气体总排放量的 32%）、采掘业（占 30%）和电力行业（占 25%）是关键行业，合计占 87%。

（2）大气污染形成的环境成本中，能源密集型行业的贡献最大，包括电力行业（43%，占比最高）、制造业（33%）、交通运输业（15%）。

（3）用水形成的环境成本中，关键行业是"水、环境及其公共设施管理"（占 65%）、采矿业水资源利用成本（16%）、制造业水资源利用成本（10%）。

（4）固体废物形成的环境成本中，关键行业是制造业（占 57%），远远高于其他行业。

（六）绿色信贷发展趋势分析

基于 16 家上市银行披露的 2010—2012 年的绿色信贷相关数据，对过去三年来各银行绿色信贷发展趋势进行分析。除南京银行和中国民生银行未明确披露绿色信贷数据外，其他 14 家银行都披露了其 2012 年绿色信贷的情况（表3、表4）。

---

① 所有直接排放的温室气体。温室气体直接排放是指报告实体拥有或控制的源头所排放的温室气体。
② 所有间接排放的温室气体。温室气体间接排放是指消耗所购买的电、热或蒸汽所排放的温室气体。

表3　16家上市银行绿色信贷贷款余额在总贷款余额中的占比排名（以2012年数据排名）

单位：%

银行	年份		
	2010	2011	2012
光大银行	—	—	11.1
中国工商银行	—	11.3	10.2
兴业银行	5.0	8.5	7.6
交通银行	5.6	6.0	6.1
招商银行	5.3	5.1	5.3
中国银行	4.5	5.9	5.1
中国建设银行	4.9	5.0	4.7
华夏银行	—	—	4.0
中国农业银行	1.7	2.2	3.4
北京银行	—	1.5	2.5
上海浦东发展银行	2.4	2.4	2.1
中信银行	1.7	1.7	1.6
平安银行	—	—	1.5
宁波银行	0.5	0.6	1.0

表4　16家银行绿色信贷贷款余额排名（以2012年数据排名）

单位：10^6元人民币

银行	年份		
	2010	2011	2012
中国工商银行	—	590 400	593 400
中国建设银行	195 806	219 070	239 637
中国银行	192 112	249 400	227 480
中国农业银行	59 700	88 168	152 200
交通银行	102 293	123 536	144 028
光大银行	—	—	71 682
兴业银行	31 285	60 127	70 590
招商银行	46 251	50 982	61 057
上海浦东发展银行	21 461	25 516	25 652
华夏银行	—	—	24 016
中信银行	16 114	18 300	18 960
北京银行	—	6 184	10 008
平安银行	—	—	7 403
宁波银行	390	583	1 107

评估结论之五：参评银行的绿色信贷规模虽然有所增加，但是增长率所有减缓。

1．关于绿色信贷余额

2012 年，除南京银行和中国民生银行外，14 家银行的绿色信贷总贷款余额为 16 472.2 亿元人民币。

五家大型商业银行绿色信贷贷款余额之和为 13 567.45 亿元，占 14 家上市银行绿色信贷总贷款余额的 82.4%；每一家银行绿色信贷的贷款余额均超过 1 000 亿元人民币。其中，中国工商银行以 5 934 亿元人民币位列第一，其绿色信贷的总贷款余额是排在第二位的中国建设银行（2 396.37 亿元）的 2.5 倍。

另外，光大银行和中国工商银行的绿色信贷贷款余额比例较高，分别为 11.1%和 10.2%。中国农业银行的绿色信贷占比增幅最快，从 2010 年的 1.7%增加到 2012 年的 3.4%，占比增加两倍。

2．关于绿色信贷变化趋势

在过去的三年间，尽管银行每年向绿色行业提供的贷款总额有所增加，但绝大多数银行绿色信贷的贷款余额占总贷款余额的比例并未持续增加；在部分年度，绿色信贷在总贷款额中占比的增长率有所放缓。例如，上海浦东发展银行的绿色信贷占比从 2010 年的 2.4%降至 2012 年的 2.1%。

在已披露了过去三年贷款数据的 9 家银行中，交通银行、中国农业银行和宁波银行的绿色信贷贷款余额持续增长。其中，中国农业银行绿色信贷的贷款余额增长迅猛，从 2010 年的 597 亿元人民币增加至 2012 年的 1 522 亿元人民币。不过，尽管自 2010 年以来的两年间，中国农业银行的绿色信贷贷款余额增幅接近 160%，但在该行总贷款余额中的占比仍不到 3.5%。

三、银行贷款形成的环境成本的成因分析

上述的分析可以看出，目前，我国银行信贷对于环境成本的形成起到了"推波助澜"的负面作用。这也将反过来最终造成银行机构承担更多的环境成本，可能表现为信贷风险的进一步集中，甚至可能造成系统性风险。

关于银行贷款形成的环境成本，其成因是多方面的。当前，特别值得关注的主要原因包括：

（一）基于环境成本的市场约束与激励机制尚未建立

中国经济体制中的政府干预过度和"市场失灵"问题是导致绿色经济行业与"高污

染、高耗能"行业之间存在巨大收益差距的主要根源，也是银行资金很难流向绿色行业的关键所在。一方面，为了拉动 GDP，地方政府通过廉价的土地、税费减免、贷款支持和资金直接补助的方式招商引资，向工业企业提供政府补贴。另一方面，价格形成机制没有考虑外部性问题，资源税费非常低，导致粗放型的开采和消费。这些问题导致了市场扭曲，具体表现为：

一是市场价格上，还广泛存在"资源廉价、环境无价"的不合理问题。企业生产活动中造成的环境污染、环境风险等外部性，都没有转化为直接的市场价格信号。这就导致企业和银行机构难以根据环境保护的要求，形成长期稳定的市场预期，做出科学、合理的市场决策。

二是市场信用上，环境行为尚未成为企业信用的重要内容，企业的环境行为不会对其融资成本造成较大的影响。环保部正视这一问题，已经联合发改委、人民银行、银监会印发了《企业环境行为评价办法（试行）》。但是环境行为评价与信贷监管之间的联系还不够紧密，对银行机构作出信贷判断的影响程度也偏小。

三是市场竞争上，以牺牲环境为代价获得所谓"市场竞争力"的现象也还比较普遍，在一些情况下导致环境保护"劣币驱逐良币"的竞争乱象，其实质就是不公平竞争。其中，一些银行机构也有意无意地参与甚至促进这种不公平竞争，违背了银行机构应履行的社会责任，但是这种行为并没有得到有效的约束和追究。

（二）基于环境成本的信贷风险考核和管控机制不完善

一是市场对于银行业绩的考核主要考虑其盈利水平，环境保护的权重很低。上市银行在融资、再融资等过程中，其履行环境保护等社会责任情况，只可能成为"锦上添花"的加分项；关于其贷款所形成的环境成本，市场并没有要求其全面公开相关信息，即使银行机构不得已公开相关信息，也往往不会引起市场的反映。

二是对银行相关负责人的考核中，实施绿色信贷与否，影响不大。虽然银监会印发了《绿色信贷指引》，要求将绿色信贷实施情况纳入银行高层的相关管理和考核中，但是实际情况并不容乐观，也没有进一步的具体考核手段出台。在调研时，银行机构一些负责人反映，环境成本并不作为考核的重要因素，只有在企业发生严重环境污染事故而停产甚至关闭，导致银行信贷难以回收时，银行机构内部才会做出较为认真的分析和总结。但是这种问题出现的概率较小，大多数情况下并不会引起银行机构的重视。

三是银行内部缺乏基于环境成本的管控制度体系。一些研究和基层调研的结果显示，目前大部分银行都没有建立专门的环境成本管理体系，在贷前审核、贷后监管等环节中，对企业客户没有要求提供充分的环境数据，对其环境成本分析也没有完整的程序、标准。有些银行虽然建立了可持续发展部门，但是专业能力严重不足，也缺乏向市场购买相关信息和咨询服务的动力。

（三）基于环境成本的评估和统计技术支撑严重不足

一是银行机构对相关技术支撑工作认识不够、投入不足普遍存在。目前，我国银行机构尚未提出被广泛认可的环境成本评估和统计技术。一些银行机构对外称已经推进了一些相关探索，但是其结果的有效性并没有得到验证。调研发现，银行机构或者过分依赖所谓国际经验，或者寄希望于政府部门推进相关技术研究工作，有"坐享其成"之嫌。

二是银行机构与环保部门之间的信息互动和沟通不畅通。2008 年，环保总局与银监会就曾经签署绿色信贷信息交流与共享合作协议；2014 年 11 月，环保部与人民银行（征信管理局）又签署信息交流协议。但是实际上，这些信息交流机制还存在较大的片面性，环保部门提供企业环境信息后，这些信息在信贷管理中所发挥的作用，银行机构较少反馈。这就导致，一方面，环保部门信息提供的动力逐步降低，对绿色信贷的信心不足；另一方面，银行内部运用环境信息可能流于形式化，"程序大于实质"。

三是企业和政府部门环境信息公开不足也是重要的外部制约因素。充分的数据是评估和统计的前提和载体，但是环境数据供给不足、质量不佳的问题长期存在。国家已经重视这个问题，要求企业和政府部门把环境情况"说清楚"。2014 年 4 月通过的新修订的《环境保护法》专章对"信息公开与公众参与"做出了规定；2014 年 9 月，国务院印发《企业信息公示暂行条例》。环保部门自 2006 年以来，就发布了一些关于信息公开的要求。这些法律法规和政策文件的贯彻落实，还有待更多努力，才能取得制度设计之初预期的效果。

四、进一步推动绿色信贷的对策建议

（一）完善经济政策，激发绿色信贷内在动力

通过改革纠正政府对市场的扭曲，取消政府对企业的不合理补贴；要通过价格、财政、税收等政策手段矫正外部性，为绿色经济发展营造适宜的市场环境。

一是加快自然资源及其产品价格改革，全面反映资源稀缺程度、生态环境损害成本和修复效益。

二是以环保税、资源税为支柱，辅以消费税，大幅度提高环境污染、生态破坏行为的税率，并分阶段达成。

三是大幅度提高对清洁能源的补贴，给企业和社会明确预期。

（二）规范政府绿色投资，引导市场绿色信贷

在我国现阶段推进绿色投资必须统筹好政府与市场的关系，政府投资应发挥引导性作用。

一是结合现有的环保各项专项资金投放方向，对目前主要依赖政府资金的各领域绿色投资需求进行汇总、比较、梳理，确定政府出资的合理规模。

二是按照合理规模，由政府拨付专项资金，启动建设绿色投资机构。由财政部代表国家履行出资人职责。

三是组建专业化的投资团队并建立商业化的运用机制。

四是科学确定投资领域。通过专业化、公开化的讨论，选择适合由绿色投资机构参与的或者发挥主要引导作用的领域。

五是建立健全项目评价管理的标准规范和透明流程。引进相对独立而又专业的第三方监管或者审计机构，对标准、流程的科学性、合规性、有效性等不断做出评估，提出改进意见。

（三）构建激励和约束机制，强化银行机构自我管理

一是将绿色投融资引入金融评价，把生态环境投资和环保产业融资作为评价金融业的重要参数之一，并将金融机构在环保方面的绩效纳入金融机构信用评级的考虑因素之中。

二是鼓励和强化银行关注与环境相关的风险和变化，将环境风险评估纳入贷款决策，破解环境和气候变化带来的系统性风险被低估的不合理现象。

三是对于金融机构信贷支持的绿色产业项目，中国人民银行可适当降低贷款发放机构的再贷款、再贴现申请标准及利率。通过给予一定的资金和价格倾斜，对金融机构再融资方面给予支持。

四是金融监管部门可以考虑将支持绿色产业或低碳经济的信贷项目资金不计入资本充足率的风险资产，或降低其计算权重，其所产生的本金不计入不良贷款。

（四）建立环境成本核算体系和评估方法，推进环境信息公开

一是环境保护部应尽快建立环境成本核算体系和评估方法，将企业和项目因污染物排放造成的环境成本尽可能量化，并评估这些成本没有被目前市场价格所反映的"外部性"的规模。

二是银行业金融机构应探索建立将自然资本纳入金融资本的方法或体系，通过整合自然资本和环境、社会治理方面的风险分析，对企业的盈利性进行短期、中期和长期的全面性评估。

三是银行机构可采取优惠定价等奖励措施，鼓励企业提高环境绩效。

四是结合环境保护部正在制定的《企业事业单位环境信息公开办法》，要求企业披露出能够进行环境成本核算的全部信息。环保部门要与相关部门合作，对上市公司、重点企业实施强制性环境信息公开。

五是建立环境成本核算第三方独立评估机制，由环保部门或者企业委托专业的咨询公司来承担，评估结果向银行机构通报。

国际碳金融市场体系现状及发展前景研究[①]

杨姝影　蔡博峰　肖翠翠　刘文佳　赵雪莱

一、碳金融背景介绍

碳金融是指服务于限制温室气体排放的金融活动，包括直接投融资、碳指标交易和银行贷款等。《联合国气候变化框架公约》及《京都议定书》的签署与生效，为国际合作应对气候变化提供了基本法律框架，使碳排放权或碳信用可以作为一种商品出现在市场。《京都议定书》对缔约的发达国家提出了具有法律约束力的减排义务，并允许有履约责任的发达国家之间、发达国家与发展中国家之间可以进行温室气体减排项目合作，使温室气体减排量成为可以交易的商品，促进了全球碳市场及碳融资的形成。

二、国际碳金融市场体系现状

广义的碳金融结构包括了碳金融市场体系、碳金融组织服务体系和碳金融政策支持体系等支持全球温室气体减排的金融交易活动和金融制度安排（图1）。碳金融的市场体系包括了交易产品、交易平台、交易主体、交易机制等方面。

随着碳市场的快速发展，全球碳交易市场体系不断地完善，交易模式、制度、产品等基本元素逐渐成熟化和体系化。碳市场吸引越来越多的参与者，从早期的政府机构、大型排放企业，到现在的个人、企业、组织机构和国家政府各个层面的单元都以不同形式参与到碳排放交易市场中，这都极大刺激了碳金融市场的繁荣。

---

① 原文刊登于《环境与可持续发展》2013 年第 2 期。

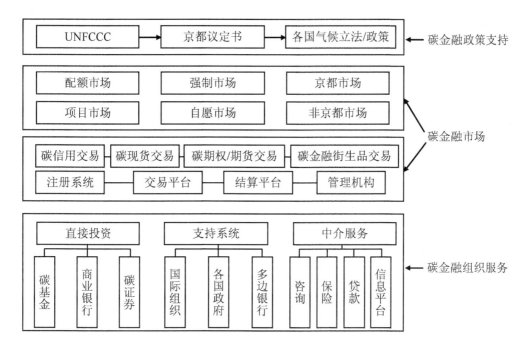

图 1　国际碳金融结构图

国际碳排放交易平台的多元化和成熟化，也有效保障了碳金融的稳健发展。当前比较重要的碳交易平台包括：欧洲气候交易所（European Exchange，ECX）、欧洲能源交易所（European Energy Exchange，EEX）、北欧电力库（Nord Pool，NP）、Powernext 交易所、Bluenext 交易所、Climate 交易所、芝加哥气候交易所（Chicago Climate Exchange，CCX）、芝加哥气候期货交易所（Chicago Climate Futures Exchange，CCFE）和澳大利亚气候交易所等。

发达国家碳金融市场参与者广泛，且供给、需求以及中介机构之间可以相互转换。一些国际著名的金融机构（如渣打银行、摩根士丹利、德国德雷斯顿银行、荷兰银行、汇丰银行、美国银行等）都将碳金融作为未来投资和盈利的重要领域。此外，全球各国也相应出现了为发展碳金融业务而成立的金融机构或者组织，这些机构不仅来自各国政府或者世界组织，而且有来自以盈利为目的的经济个体。

三、国际现有的碳金融市场分类

碳金融市场根据不同的划分标准可以划分为不同类别（图 2）。由于各国、各区域所希望实现的应对气候变化目标有所不同，其采取的建立和促进碳金融市场的政策方法也有所不同，同时国家与国家之间在碳减排及碳信用标准上尚存在一定程度的分歧，导致全球碳金融市场出现分割，价格不统一。

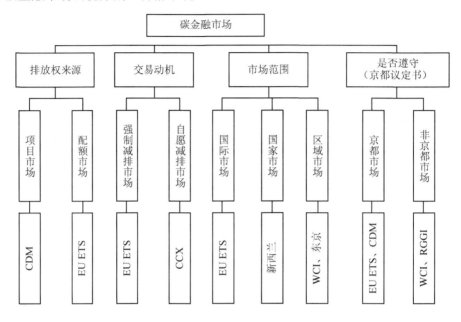

图 2　碳金融市场分类

（一）配额市场和项目市场

根据市场原理或者排放权来源，可以分为配额市场（allowance based markets）和项目市场（project based markets）。配额市场和项目市场的划分是当前主流的划分标准，也是世界银行年度报告采用的分类方法。

配额市场是指在总量控制下所产生的碳减排量的交易，通常是现货交易。配额市场又可以分为强制交易市场和自愿交易市场，例如 EU ETS 就属于强制交易市场，而芝加哥气候交易所（CCX）总量限制交易计划就属于自愿交易市场，但其采取的是自愿加入、强制减排机制。

项目市场是由于一些企业、地区或国家减排成本较高，通过低于基准排放水平的合作项目，遵照基准线管理和交易原则（Baseline and Trade），买方提供资金或技术从而获得碳排放额。项目市场进行减排项目所产生的碳减排单位的交易，如清洁发展机制（CDM）下的核证减排量（CERs）、联合履行机制下的排放减量单位（ERUs），通常以期货方式预先买卖。项目市场根据是否直接进行项目投资可以分为初级市场和二级市场，二级市场并不产生实际的减排单位。

（二）强制市场和自愿市场

按照交易动机，可以分为强制市场和自愿市场。强制市场直接来源于总量控制或者说直接来源于配额市场，例如 EU ETS、新南威尔士碳减排机制和国际排放交易机制（IET）等。在自愿减排市场上，能够提供减排量的项目主要来自以下五大类型：林业，可再生能源，消除含氟气体，能效提高以及甲烷回收。

自愿市场比较典型的是 CCX（美国芝加哥气候交易所），CCX 交易的温室气体排放权产品主要是碳金融工具（Carbon Financial Instrument，CFI），每一单位 CFI 代表 100 t CO_2 当量。CFI 可以是基于配额的信用，也可以使基于减排项目的信用。在 CCX 中，会员都有一定的减排目标，基于项目的碳信用最高只能抵消其目标排放量的 4.5%。尽管 CCX 是自愿参与的温室气体减排交易机制，但其实施的却是"自愿加入，强制减排"机制，因而 CCX 交易的大部分还是基于配额的碳信用。

自愿市场还包括另一种市场形式，即自愿碳交易的场外市场（over-the-counter market，OTC）。场外市场上的碳信用一般称为自愿减排量（voluntary emission reduction，VER），提供者包括环保组织或无法通过核证的 CDM 或者 JI 减排量。主要购买者是政府机构、企业、非政府组织、个人等。政府和非政府机构购买 VER 更多的是为了树立自身形象，倡导公众和企业投入碳减排中，而企业购买 VER 则不仅是为了承担社会责任，还同时可以提高企业自身的低碳形象。自愿市场的场外交易在 2011 年达到 5.69 亿美元，比 2010 年增长了 35%，碳交易价格也有所上升。但交易价格波动明显要比强制市场大很多，并且价格受认证方法的严重影响，从最低的不到 0.1 美元/t CO_2 当量增长到超过 100 美元/t CO_2 当量。可再生能源项目产生了约 5 600 万 t 的交易减排量，相当于 2009 年自愿市场场外交易的全部。

自愿减排市场是一个建立在民众及企业的社会责任基础上的一个市场，因而自愿减排市场无法实现严格的全球和国家温室气体减排目标，但是却可以积极培养企业、个人参与未来强制市场的能力和信心。

（三）国际、国家和区域市场

根据市场范围不同，碳金融市场又可以分为国际市场、国家市场和区域市场。IET 和 EU ETS 都属于国际市场。新西兰碳排放交易机制就属于国家市场，其纳入了新西兰能源利用的各个领域及废弃物处理等。此外，新西兰政府也试图通过较大规模的市场加快资金流动和降低交易成本。新西兰排放交易机制的排放上限并非由新西兰政府决定，而是直接依据《京都议定书》规定的减排目标进行设定。当国内的排放总量超过《京都议定书》的规定时，就要从其他《京都议定书》的签署国那里购买相应的排放权，反之，则可以将多余的排放权出售给其他国家。

区域碳排放交易市场包括州/省、国内跨州/省以及城市/大都市区所开展的碳排放交易市场。澳大利亚新南威尔士州温室气体减排机制属于区域性市场，与 EU ETS 相比，它在部门和行业的覆盖面上则要窄得多，仅仅将电力行业包括在内。新南威尔士州温室气体减排机制将电力行业分为两类：一类是政府强制安排减排目标的排放实体；另一类则是对新南威尔士州的发展有重要影响力的用电大户，前者需要按照规定履行自己的减排义务，后者可以选择成为基准参与者。澳大利亚新南威尔士排放权交易机制有两种减排认证：新南威尔士温室气体减排认证和大用户温室气体减排认证。前者可以在市场上进行交易，而后者不行。

城市尺度上真正实施碳排放总量控制和交易的仅有日本东京市。东京市碳排放总量控制和交易机制自 2010 年 4 月正式启动实施。这是亚洲第一个碳排放总量控制和交易体系，也是全球首次城市尺度上的碳排放交易体系，也是全球第一个主要以 CO_2 间接排放（电力和供暖）为控制和交易对象的碳排放交易体系（澳大利亚新南威尔士州交易体系也包括了部分电力消费，但比例很小），其主要排放源和交易主体为建筑，凸显了城市在应对全球气候变化和碳交易市场中的特殊地位。东京市政府建立碳排放总量控制和交易体系更为宏远的目标是影响区域乃至全国建立碳排放交易体系。

（四）京都市场和非京都市场

按照是否遵守《京都议定书》，可以分为京都市场和非京都市场。例如 EU ETS 就属于京都市场。美国退出《京都议定书》，但美国在区域范围上正在形成碳金融市场，此类碳市场属于非京都市场。例如，美国区域温室气体行动计划（RGGI）、芝加哥气候交易所（CCX）总量限制交易计划等都属于非京都市场。

四、碳金融交易的发展前景

为了将大气中温室气体浓度控制在安全水平之下，世界各国需要在低碳和减排领域进行大规模的投资。根据世界银行的估计，仅发展中国家到 2030 年每年低碳和减排领域的资金需求就达到 1 390 亿～1 750 亿美元。通过多元融资渠道通过全球性的碳市场活动将能够有效地降低减排成本。国际碳金融从 EU ETS 建立以来，一直呈迅猛的增长势头。根据世界银行（2012）统计，2011 年，全球碳交易市场交易额达到 1 760 亿美元，比上年增长 11%，碳交易量达到 102.81 亿 tCO_2 当量，比上年增长 17%。

　　2011 年 EU ETS 的碳交易额达到 1 710 亿美元（1 223 欧元），包括 EUA（欧盟碳排放配额）、sCER（二级市场上的核证减排量）和 sERU（二级市场上的联合履约减排量），总交易量达到 96.63 亿 tCO_2 当量，比上年增长 20%。2011 年 EUA 的交易量占 EUETS 总交易量的 81%。随着全球碳减排需求的不断紧迫，EU ETS 的积极带动和全球及区域碳交易市场的不断活跃。未来全球主要国家和区域都会形成有效的碳价格，并逐渐相互关联起来，全球碳金融交易市场的前景越来越广阔。

参考文献

[1]　胡堃. 浅谈碳金融工具中的碳基金[J]. 社科纵横（新理论版），2011（1）.

[2]　雷立钧，梁智超. 国际碳基金的发展及中国的选择[J]. 内蒙古财经学院学报，2010（3）.

积极推动绿色金融法治建设[①]

杨姝影　马　越

近年来，绿色金融在我国备受关注。但一直以来，我们并没有从战略层面对金融体制与环保制度进行统筹，而仅仅是把金融政策作为环境管理战术层面的一种手段，没有充分发掘金融体制对于环保的根本性、全局性作用。党的十八届四中全会研究全面推进依法治国重大问题，这是推动绿色金融发展的重大机遇。我们要在国家依法治国的整体框架下，以推动绿色金融的法治建设作为一个相对独立的改革方向，最终确保绿色金融在法制框架内稳健运行。

一、金融业环境责任的法制化是促进绿色金融发展的关键

一是以立法的形式确立金融机构的环境损害责任。

1980年美国颁布《综合环境反应、赔偿与责任法》[又称《超级基金（Superfund）法案》]，提出对已污染场地进行清理的要求。通过这项法案，国会授予联邦政府从潜在责任方收取与污染场地的认定、评估和清理等有关成本费用的权力。由于《超级基金法案》建立了无限连带责任制度、具有追究既往的法律效力，且执行异常严格，使得投资贷款的银行可能因为投资者的违法行为而承担责任。

1990年，舰队保理公司案，法院判定舰队保理金融服务公司对持有借款人用于清偿的资产负有环境整治责任。此案件之后，据美国银行协会的调查显示，由于存在可能涉及环保法律责任的风险，美国62.5%商业银行拒绝了相关的贷款，甚至其中45.8%的银行在之后完全拒绝了诸如化学设施、待处理液等环保风险较高的产业贷款。2003年，来自美国环保局生态系统研究部的调查显示，由于银行担心会陷入承担无限责任的困境，64%的受访银行会定期审查低限额贷款的环境风险。

---

① 原文刊登于《中国环境报》2014年11月13日。

可见，明确金融机构的环境责任，立法是关键。只有国家在环境责任的立法上对金融机构的环境责任进行明确，才能使金融机构有动力去防范环境风险，帮助客户减少污染。

二是通过建立相关法律法规，加强对长期资本以及政策性金融机构环境责任的监管。

所谓长期资本是指那些关注长期稳定收益而非短期巨额回报的资本类型。比较典型的长期资本有国家主权基金、养老金、企业年金、保险资金等。长期资本与政策性金融机构因具有公共属性，其投资应符合国家整体利益和社会效益，其中包括应尽可能避免投资项目对环境和社会产生负面影响。目前，虽然中国社保基金理事会已将"责任投资"规定作为全国社保基金投资的原则之一，一些政策性银行也制定了执行绿色信贷的相关政策，但由于缺乏强制性监管和与执行政策相配套的实施细则，实施效果并不理想。

因此，只有尽快修订《公司法》《证券法》等相关法律，规范长期资本投资机构和政策性金融机构的投资行为，以立法强制信息公开，才能真正使其投资行为符合环境责任。

二、严格的生态环境保护法律制度是绿色金融的内在动力

当前，影响绿色金融发展的最重要因素是法律及其执行体系。发达国家的经验表明，更加严格的环境保护法律体系，将会给企业带来高额的成本，进而影响金融机构的借贷资金安全，迫使金融机构慎重考虑由环境问题引发的金融风险，并进行相应的环境风险防控。

《中共中央关于全面推进依法治国若干重大问题的决定》（以下简称《决定》）提出，用严格的法律制度保护生态环境，加快建立有效约束开发行为和促进绿色发展、循环发展、低碳发展的生态文明法律制度，强化生产者环境保护的法律责任，大幅度提高违法成本。这将为绿色金融在中国的发展起到关键的推动作用。

一是严格的环境保护法律体系，将会激励金融机构提高风险防控能力。

随着中国环境形势的不断恶化，各种涉及环境问题的法律、法规和环境标准将会大量出台，并且日趋严格。不良的环境表现会使金融投资客户盈利能力下降，并最终危及债务安全，增加客户偿还债务的风险，进而对投资者产生不利影响。因此，金融机构无论从事何种业务，都应将环境风险作为一种新的风险予以足够的重视，并且在投资前就应识别出来。

国际上很多金融机构为了降低运营风险，已将潜在的营业收入、成本及风险整合到日常业务中。有些银行甚至从环境与可持续发展的角度，规定了必须禁止或限制参与的

领域。例如，汇丰银行规定，对于处于联合国教科文组织世界文化遗产保护地或拉姆萨尔湿地公约保护地内的运营和建设项目，汇丰银行将不提供直接支持的金融服务。

近年来，由"全球气候风险投资者联盟"开展的一项调查发现，70%的资产所有者正在寻求那些负责任的企业，这些企业具有更好的治理能力，较少的环境和社会成本以及较高的投资回报率，这些企业也因其投资风险更小、发展机会更多，并且具有更加安全的长期经营能力而得到投资者的青睐。

二是环境风险的引入，将改变传统的资产定价和审核方式。金融机构在进行项目财务评估的时候，需要根据实际情况予以适当调整。

2013年8月，两大评级机构标准普尔和惠誉纷纷下调了中国两家最大的水泥企业的信用评级及评级展望。评估者认为造成这种状况的主要原因是市场需求疲软以及日趋严格的环境保护法律法规。

此外，对环境风险管理不善会导致银行等金融机构对抵押品的错误定价，从而面临金融风险，土地污染就是一个很好的例子。如果客户向银行贷款时提供较多的抵押品，银行通常会减低贷款价格，这虽然在一定程度上降低了信贷风险，但还要看银行能否使用这些抵押资产，以及这些资产能否保值。如果受到环境恶化的影响，用作抵押的不动产有可能发生贬值。因此，金融机构有必要对抵押土地的利用历史和现状进行评估，以便深入了解棕色地块存在的环境风险。

《决定》明确提出，制定完善生态补偿和土壤、水、大气污染防治及海洋生态环境保护等法律法规，促进生态文明建设。这将会加速相关领域的立法和法律法规的修订进程。企业面临的环境风险也将随之而来。

因此，尽快加强能力建设对金融机构来说将尤为重要。要科学地将环境因素纳入金融机构的风险管理，提高金融机构风险评估能力，使银行经理能够了解环境风险对客户信用可靠性的影响程度。这不仅会使金融机构尽快适应和有效规避未来的环境风险，也会提高金融机构风险防控的整体水平。

三、健全的环境保护法律法规，为绿色金融市场提供了一片新天地

一是明确环境污染损害赔偿责任，将会促进环境污染责任保险的实施。

目前，环境污染责任保险主要由环境保护部、中国保险监督管理委员会等部门联合推动实施。这虽然在一定程度上保障其在特定区域和范围内实施，但从长期发展来看，缺乏法律保障还是制约它的一个关键因素，因为企业没有投保的法律义务。完善污染损害责任划分和认定的法律法规，强化环境损害责任追究制度，加强对环境事件肇事者的

刑事和民事责任追究，使环境事故肇事者承担包括财产、人身和生态环境损害等全面的污染损害赔偿责任，将会对企业形成足够的外部压力，迫使企业主动加强环境风险管理，购买环境污染责任保险。

二是严格的环境立法，将创造巨大的绿色投资机会。

环境法律趋严必然强化政府和企业对环境污染治理的责任，环境污染治理责任的履行必然带来市场需求。例如，专家预测，未来几年内我国的绿色投资需求将达到每年2万亿元人民币。绿色投资也将由此成为今后金融机构投资的必然选择。

三是环境问题的引入，为金融产品的创新提供了有利的发展机会。

金融机构可以通过金融产品创新来降低风险，甚至可以获取利润。例如，开发绿色债券、绿色股票指数、绿色保险（包括气候保险）、环境类期货和期权及环境类资产证券化等金融产品。

四、将环境融资需求法律化是绿色金融的有力保障

一是我国的环境立法应与环境融资需求相结合，建立具有可持续性的新型环境融资平台。

美国针对土壤、水、大气的环境立法都有相对应的环境融资机制作为治理这一领域环境问题的资金来源。美国的《清洁水法》有清洁水州立循环基金作为政策资金支撑；美国的《综合环境反应、赔偿与责任法》有超级基金从事国家土壤污染名单上污染治理工作；《棕色地块复兴法案》有棕色地块基金作为资金支持。这些法律在立法章程中便规定了这些基金的资金来源、使用办法、资金用途等内容，使基金具有长期性和稳定性。

此外，国外也通过立法激励环境治理。例如，美国针对孤儿棕色地块（指无法追溯到责任人的被污染地块）治理的《小型企业责任救济和棕色地块振兴法案》。这一法案的目的在于刺激私人部门对于孤儿棕色地块的开发和利用，以达到清理土壤并刺激区域经济的效果。法律授予对美国孤儿棕色地块进行开发治理的私人部门享有税收优惠、财政援助、融资担保、技术支持等法律政策权利。这将为我们在进行环境修复相关法律制定过程提供有益的经验借鉴。

二是严格的环境立法，将创造巨大的绿色投资机会。

严格环境法律，将使污染企业必须对环境污染尽治理义务，这种义务的履行方式可能表现为向政府缴纳环境治理资金后由政府负责修复或聘请环境修复企业直接进行环境修复。无论是缴纳罚金，还是污染者承担修复工作都创造了环境修复的市场需求。市场需求的增加可以增加环保产业利润，扩展其产业规模，加速产业技术升级。据专家预

测，未来几年内我国的绿色投资需求估计将达到每年 2 万亿元人民币。绿色投资也将由此成为今后金融机构投资的必然选择。

五、政府职能运行的法制化将为绿色金融的发展肃清障碍

《决定》提出，要依法全面履行政府职能，推进机构、职能、权限、程序、责任法定化，推行政府权力清单制度。可见，建设法治政府是依法治国的关键。只有政府的权力依法得到了有效的控制，银行等金融机构向地方政府贷款的决策才会真正实现独立性。

金融机构是为实体经济服务的，如果实体经济的发展依然以 GDP 为导向，忽略资源环境一味地追求发展速度，那么金融机构也很难脱离这样一个宏观背景去执行绿色金融政策。

以绿色信贷为例，《2012 年绿色信贷发展报告》指出，在中国市值排名前 50 位的银行中，"两高一资"项目贷款余额占比依然较高，这一现象在城市商业银行表现尤为突出。从银行业股权结构来看，当前中国 373 家主流商业银行 95% 都是中央政府、地方政府、大型国有企业和地方政府平台公司控股。中国银行业股权结构的不合理，导致行政因素和政治周期对于银行的影响相对突出。尤其在地方，地方政府直接拥有的银行股份有限，但可以通过人事任命权对银行产生很大影响。因此，商业银行很难对一些高耗能、高污染企业大幅度地削减信贷规模，银行调整信贷结构面临较大的困难和阻力。

因此，在依法治国的总体框架下，推动政府职能运行的法制化，将会为绿色金融的实施肃清障碍。

绿化长期资本：实现环保与资本市场提升的双重功效[①]

沈晓悦　马　越　杨姝影

我国"十三五"规划提出创新、协调、绿色、开放、共享五大发展理念，绿色发展成为当前及未来我国经济社会发展的核心和方向。随着我国资本市场的深化发展，金融在促进节能减排、支持环保产业方面优势逐渐显现，而长期资本是其中具有战略意义的金融资源。国家主权财富基金、社保基金、企业年金等长期资本应在促进可持续发展方面发挥更大作用，绿化长期资本对推动和促进我国绿色发展至关重要。

一、长期资本的特点

长期资本是指通过特定的制度安排、政策组合、契约设计来积累和使用具有长期投资性质的资金。其主要包括养老金、保险资金、主权养老基金、主权财富基金、战略储备资金及其他具有长期投资性质的商业资金、公益资金等。长期资本由于其资本金数额巨大，并常常涉及国家货币政策、外汇资金储备安全、居民养老等重大问题，对国家经济和社会发展影响巨大。长期资本投资的崛起是全球金融体系近 30 年以来最重大的变化之一，其对发达国家的资本市场稳定、资源配置效率和市场环境均产生了较为积极的影响，长期投资者主导资本市场已经成为一种发展趋势。长期资本与一般资本类型相比具有以下主要特征。

（一）长期性

长期资本可以从 10 年、20 年甚至更长的时间去计算投资收益，没有巨大的短期兑付压力。以社保基金中的养老金为例，居民开始缴纳养老金一般在 25 岁甚至更早，通

---

① 原文刊登于《环境保护》2016 年第 11 期。

常要到退休时才能逐月领取。一般而言，从开始缴纳到第一次领取养老金，中间大致要经历 30 年或更长时间。长期循环往复的资金注入和远期资金流出特点使资本具有长周期性特征。

（二）避险性

由于长期资本量巨大且投资涉及国有资产、居民养老等国家及社会公共领域，多数长期资本管理机构不愿意也无法承担过高的投资风险，因此，追求长期稳健的投资利润回报，避免风险是长期资本投资的重要特点。

（三）公共属性

长期资本不属于某个社会私人部门，而是被较大的公共群体所共同拥有。例如在我国，主权财富基金属于全民资产，养老金则属于数亿每月缴付养老金的各类人群。因此，长期资本具备公共资本的属性，其投资应该符合大众的主流价值取向，并积极维护公共利益。

（四）稳定性

长期资本的稳定性主要体现在资金数额巨大、资金来源长期稳定。长期资本的资金来源包括外汇收入、国家和个人缴纳的社保资金以及养老金等。该类依靠国家外汇储备和公共福利体系筹集的资金往往安全性较好、资金收入流持续稳定。2016 年 5 月我国外汇储备余额为 3.22 万亿美元、全国社保基金数额约为 1.5 万亿元人民币，长期资本具有稳定且庞大的资金来源体系。

二、我国长期资本投资现状

我国最主要的长期资本包括国家主权财富基金、社保基金和企业年金，其投资状况如下。

（一）国家主权财富基金

所谓主权财富，是指一国政府通过特定税收与预算分配、自然资源收入和国际收支盈余等方式累积形成，由政府控制并支配，通过外币形式持有的财富，政府将这些财富作为基金，并设立通常独立于央行和财政部的专业投资机构来管理和投资，称为主权财富基金。国家主权财富基金主要考虑资产的长期投资价值。

2007 年 9 月，我国首次成立了资产规模达 2 000 亿美元的国家主权财富基金——中国投资责任有限公司（CIC，简称"中投"），是全国最大的主权财富基金之一。我国国家主权财富基金的资金来源于外汇储备，不能承受过高风险，不允许出现过大损失，这决定了中投公司必须寻求流动性与高收益之间的平衡。中投公司在境外主要投资于股权、固定收益和另类资产。另类资产投资主要包括对冲基金、私募市场、大宗商品和房地产投资等，涉及金融、能源、科技、消费品、工业、材料、房地产、公用事业等，投资区域涵盖发达国家市场和新兴国家市场（图 1）。截至 2013 年年末，中投公司资产总计 6 027.4 亿美元，在全世界国家财富主权基金中位列前 5 位。

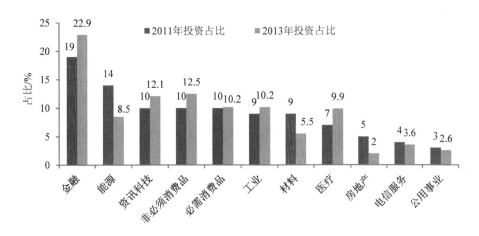

图 1 中投境外投资行业对比

（二）社保基金

我国社保基金可分为全国社会保障基金、全国社会保险基金两大类，二者的性质并不相同。其中全国社会保障基金是中央政府集中的国家战略储备基金，由中央财政拨入资金、国有股减持或转持所获资金和股权资产、经国务院批准以其他方式筹集的资金及其投资收益构成，由全国社保基金理事会管理。社会保险基金是指为了保障保险对象的社会保险待遇，按照国家法律、法规，由缴费单位和缴费个人分别按缴费基数的一定比例缴纳以及通过其他合法方式筹集的专项资金，包括基本养老保险基金、基本医疗保险基金、失业保险基金、工伤保险基金、生育保险基金等社会保险基金。

社会保障基金投资的范围包括银行存款、国债和具有良好流动性的金融工具，包括国内依法公开发行上市的股票和债券，以及法律法规或中国证监会允许基金投资的其他金融工具。截至 2013 年年末，全国社会保障基金为 12 415.64 亿元。2013 年，全国社会保险基金收入 32 829 亿元，比 2012 年增长 9.9%，年末滚存结余 3 026 亿元。《社会保险基金行政监督办法》规定结余基金除预留必要的支付费用外，应全部转存国有商业银行定期存款或购买国债，活期存款应按国家规定的同期三个月定期存款利率计息。

（三）企业年金

除了国家主导的社保基金外，许多企业还有其他相关的养老金制度，或者叫企业年金。企业年金的特征是企业资助，个人自愿，政府给予税收优惠。企业年金是指在政府强制实施的公共养老金或国家养老金制度之外，企业为本企业职工提供一定退休收入保障的补充性养老金制度。根据新修订的《企业年金基金管理办法》规定，企业年金基金财产限于境内投资，投资范围包括银行存款、国债、中央银行票据、债券回购、万能保险产品、投资连结保险产品、证券投资基金、股票等金融产品。2013 年，我国企业年金基金累计达 6 034.71 亿元，同比增长 25.18%；加权平均收益率为 3.67%。

三、绿化长期资本有助于推动环保产业、稳定资本市场

（一）绿化长期资本符合国家绿色发展和金融改革方向

党的十八大提出国家治理体系和治理能力现代化以及生态文明建设要求，环境保护不仅成为促进经济绿色转型的重要推手，良好环境质量也成为国家财富的重要内容。党的十八大推动金融改革相关政策也明确提出要更好地发挥金融对经济结构调整和转型升级的支持作用，更好地发挥市场配置资源的基础性作用，更好地发挥金融政策、财政政策和产业政策的协同作用，优化社会融资结构，持续加强对重点领域和薄弱环节的金融支持。绿化长期资本正是顺应了这些要求。尽管从金融业角度看，绿化长期资本并非当前金融改革的核心和主要内容，但从破解当前环保投融资难题上看仍具有紧迫性。

（二）长期资本投资的长期性与环境保护项目收益的长期性相匹配

长期资本投资需要稳定的长期资本收益。环境保护项目由于其具有公共物品的属性，因此很少有短期投机资本进入环境保护项目领域，环境治理的特性决定了环境保护项目收益的长期性。另外，环保产业是新兴产业，需要资本的投入带动产业发展，是需要资本的新兴行业，其融资需要大量稳定资本金才能促使行业发展形成行业规模效应，因此其收益也具有长周期特点。长期资本的资金投资属性与环境项目和环境产业融资的资金需求属性相匹配。

(三) 长期资本具有较强公益属性，其收益应回馈于环保等公益领域

长期资本中的国家主权财富基金、社会基金等均有很强的公益性，取之于民，也将用之于民。以国家主权财富基金为例，在保值增值的目标之外，作为国民财富的一部分，主权财富基金在未来或许还将承担更大的责任，可以对其有更为灵活的收益支配方式，使其外汇收益以及通过外汇投资服务于国内环境保护等公共领域。

(四) 长期资本可以为环保产业提供长期、稳定的资金支持

随着"大气十条""水十条"的出台和实施，以及将要出台的"土壤污染防治行动计划"，"十三五"期间环保投资资金需求预计将达到 10 万亿元左右。积极推动绿化长期资本、有效支持国家绿色转型和环保产业发展，是关系到国家可持续发展和生态文明建设的关键所在。综上所述，我国可用于投资良好流动性金融工具的长期资本总额至少达到 5.8 万亿元。环保领域的资金投入（如土壤修复、环保技术开发、清洁生产项目改造、企业末端排污处理设备升级等）需求资金量巨大，往往占用大量企业流动资金，造成环保相关企业资金周转困难。长期资本的资金特点可以满足环保产业的发展需求。

(五) 长期资本投入可抑制短期投机带来的资本市场波动

2015 年我国股市经历了过山车式的牛熊交替形式，股价至今一蹶不振，主要原因之一是资本市场短期投机、撤资所致。2016 年 2 月，沪市日均交易量为 1 934 亿元，环比下降 11.3%；深市日均交易量为 2 959.9 亿元，环比下降 8.6%。与 2015 年同期相比，我国货币市场、债券市场、股票市场成交量均有所下滑。国内外一些金融机构的短期投机和做空行为导致我国资本市场波动剧烈、形势严峻。长期资本投资环保领域具有重要的现实意义，可以以绿色投资为突破口加大长期资本对我国资本市场的投资力度，识别绿色产业、培育产业潜力和新的资本市场热点，维持我国资本市场稳定。

四、我国绿化长期资本面临的形势与问题

近年来，我国也出台了一系列相关政策推动长期资本发展，2014 年 8 月，国务院办公厅公布了《关于多措并举着力缓解企业融资成本高问题的指导意见》，推出十项举措缓解企业融资成本高问题，其中明确提出要逐步扩大各类长期资金投资资本市场的范围和规模。国家对绿化资本市场也有政策举措。2015 年 12 月，国家发展改革委办公厅出台《绿色债券发行指引》（发改办财金〔2015〕3504 号），引导社会资本投资绿色产业和

产品,环保市场逐步成为资本投资的热点领域。然而,当前我国绿化长期资本程度不高,绿色投资仍存在一定的障碍。目前全国社会保障基金在国内股票市场投资领域对于环保市场有所关注,但其投资程度不高,仍远远低于煤炭、钢铁等传统工业行业的投资总额。绿化长期资本程度不高的原因如下。

一是政府相关部门缺乏长期资本社会责任相关意识和合理引导。首先,政府部门较少考虑将可持续发展和社会责任投资理念引入长期资本投资领域。目前,政府对主权财富基金、社保基金、企业年金等管理几乎没有涉及长期资本的内容。其次,在当前实施的相关政策(如绿色信贷政策、绿色证券政策)方面并没有特别针对长期资本的规定。

二是社会责任投资的理念还未成为国内资本市场的普遍共识。尽管这些年,国内资本市场对社会责任的认识有了长足的进步,个别基金公司也推出了责任投资产品,但总的来说,社会责任投资还没有进入主流投资机构的视线,市场缺乏这样的氛围和相关制度规范。

三是在我国,国家主权基金和企业年金等相对来说还是新事物,其管理重点还聚焦在传统元素(如风险控制体系、投资收益率等),能源、制造业、房地产等传统领域仍是其重要投资领域,较少关注投资带来的环境风险。此外,诸如养老金、企业年金、保险资金等都特别重视避险,法律允许投资的资产品种还比较单一,只有很少一部分会投资到股票市场,即使在股票市场运作,管理机构也很少考虑要引入责任投资或环境保护、低碳等理念。而在国外,不少证券交易所都有可持续投资指数引导,规范管理机构、企业的环境责任。

四是公众、股民等更加重视资本投资的短期回报,对长期风险和长期回报关注不多,也不太关注资本投资所产生的环境与社会影响,忽视了我国长期资本的社会责任投资概念。

五、绿化长期资本的国际经验

从世界范围来说,有关长期资本推动可持续发展的业内实践和政府政策已有不少成功经验。通常,此类实践被称为社会责任投资(SRI)。欧美国家的大型主权基金和养老金大多制定了明确的责任投资政策和原则,避免将资金投资到对环境和生态有破坏、不利于社会健康发展的领域。

(一) 环境与社会责任成为长期资本投资的重要原则

环境和社会责任是指对生态环境保护和法律规定、公平竞争、人道主义、社区参与和社会贡献方面的责任，一般指企业或投资者在某一地区和社区投资运营时应该遵守的责任。清晰的环境与社会责任意识可以有效降低资本投资时面临的环境风险、道德风险、合规风险、法律风险，是当代投资必须把持的责任意识形态。环境和社会责任是资本国际化必须遵守的准则，世界银行、货币基金组织、世界自然基金会（WWF）等国际经济组织以及各个国家都对投资者的环境与社会行为有所规定。同时，遵守环境与社会责任往往可以为投资者带来较好的声誉，有利于投资者未来的投资前景。

挪威主权财富基金是全球最大的主权基金，共持有 7 350 亿美元资金。挪威政府基金的两项职责：一是获取高额投资回报，以便挪威的子孙后代能继续享受石油带来的财富收益；二是要遵守基本的人权准则，重点考察被投资公司经营产生的社会影响。为此，专门委员会建议引入了积极行使股东权利（影响被投资公司的决策）和建立黑名单制度两项措施，将对环境有负面影响的公司排除在资金池之外。挪威主权财富基金在 2004 年发布了《伦理投资指引》，明确了投资中要考虑环境（包括气候变化）和社会影响，同时还成立了伦理投资委员会，确保该伦理指引能够应用到每一个具体的投资项目中。

加拿大安大略教师退休基金（Ontario Teachers' Pension Plan，OTPP）计划是加拿大最大的养老金计划，净资产 1 171 亿加元（约合人民币 6 995 亿元），由加拿大安大略政府和安大略教师联合会共同发起，为约 25 万教师提供养老金管理，其长期目标是为参加养老金计划的安大略教师在退休时提供固定收益。基金投资原则是将责任投资因素作为风险考量之一，会考虑环境和社会因素是否对投资收益产生实质性的损害。与此类似的还有英国大学退休计划（USS），该计划也将环境、社会和公司治理因素纳入投资决策过程，并称之为"增强财务因子"（extra financial factors）。

美国社会责任投资基金制度将烟草、酒精、社区关系、环境、劳资关系等因素纳入基金投资对象的考核体系之中，以此来对基金投资对象进行筛选。美国社会责任投资基金中的一部分就是由美国养老金等长期资本注资支持的。

多国养老金法案均规定了环境与社会责任。瑞典在 2000 年生效的一项公共养老金法案规定，瑞典所有公共养老金每年都要公布计划，说明其将在养老金投资中如何考虑环境因素和伦理因素，并说明这些计划对基金管理团队产生何种影响。同一年，英国也修订了 1995 年的养老金法案，规定所有养老金计划要制定责任投资原则，说明如何考虑投资中的环境因素、社会因素和伦理因素。

（二）化石燃料撤资运动传递重要信号

2010 年美国著名环保主义者 Bill McKibben 倡议政府、投资机构和个人减持手中的石油、天然气、煤炭传统能源行业股票，从化石燃料撤资，通过资本市场"以脚投票"

的方式，向传统化石燃料开采企业施加压力，禁止其开采超标储量，从而促进化石燃料企业转型成为低碳燃料供应商。

据估算，目前在大学捐赠基金和养老退休基金的资金中，有2 400亿～6 000亿美元用于化石燃料股票投资，还有1 200亿～3 000亿美元用于化石燃料公司的债券。这部分资金可能成为减持目标的首选。据悉，目前已有180家组织和机构响应"石化燃料撤资运动"，撤资总规模可达到500亿美元，其中洛克菲勒兄弟基金会决定出售与化石燃料相关的资产，并将投资转向清洁能源。尽管与全球4.7万亿美元庞大的化石燃料业相比，这样的撤资在规模上是微乎其微的，但却给了一个重要信号，随着全球范围内能源消费方式转变、能效提高，煤炭、石油等化石能源需求会大幅下降，最终将导致化石能源成为"搁浅资产"，我国长期资本的绿色化转型要提早谋划。

六、绿化长期资本的政策建议

（一）积极探索我国长期资本多层次绿化

首先，由于国际投资份额在主权财富基金中所占比例较大，关系着国家的国际投资动态和影响力，应加强国家主权财富基金（中投公司）在全球环保和低碳投资中的影响力，响应巴黎气候大会承诺，塑造我国环保低碳的国际形象。其次，深化全国社保基金在国内资本市场的环保引领作用，增加全国社保基金对环保类企业股票的投资力度，积极投资国内绿色债券。最后，发行环保基础设施建设国债，对接养老金等国家保险基金、企业年金，实现其资本投资绿色化。

（二）强化长期资本投资的绿色社会责任

建议修订《公司法》《证券法》等相关法律，规范长期资本投资机构的投资行为，使其投资行为符合环境和社会责任原则。金融机构应与环保部门密切配合，制定与之相配套的加强资本市场（包括长期资本）绿色责任的投资准则、实施细则或章程，积极引导长期资本履行其环境责任，加强对长期资本投资对象环境行为的监管力度，加大惩罚力度，为绿化长期资本创造有利环境，使绿色投资真正转变为有利可图的经济投资行为。

（三）探索长期资本在节能环保领域的投资模式和保障措施

所有的资本投资都应遵循4大原则：安全性、收益性、流动性、社会性，养老金等社保基金的安全性更为重要。基础设施共有的一个特点就是其所提供的都是与人们生活和社会密切相关的公共产品，这一特征决定了它们的使用需求都具有持久性和稳定性，而持久稳定的需求在很大程度上对所投入资金的回收和盈利给予了保证。考虑到长期资本的长期性、稳健性特征，可积极探索将社保基金投资于节能及环保基础设施领域，如水务及污水处理、垃圾处理设施、自然保护区、国家公园建设与保护以及新能源相关领域等。

（四）设立环境股权基金、环境专项治理基金

设立环境股权基金的目的在于为长期资本投资提供资金池，环境股权基金应专门用于绿色新兴产业的股权投资。长期资本可作为该基金的基金来源。设立专门的环境股权投资基金可以大大减少长期资本投资机构对市场的识别和分析研究成本，因为环境投资基金对绿色环保产业投资的了解和操作更加专业。同理，环境专项治理基金用于环境专项治理项目，也可将长期资本作为其资金来源。

（五）推行企业环境信息公开制度为绿化长期资本提供支持

这一制度的试行可以先从上市公司入手。环境信息公开制度一方面有利于环保部门对这些企业的生产行为进行监管，另一方面，企业环境信息越透明，长期资本的投资选择过程越简便，可以大大减少长期资本的管理和市场交易成本。此外，应加快企业环境信用评价体系和环境风险评价体系建设，为长期资本进入环保领域提供基础。

（六）将绿化长期资本作为资本市场践行社会责任意识的先导

当前我国环保产业主要的融资渠道是政府财政投入、发行国债、征收排污费、环境基础设施市场化运营等，利用资本市场和外资的比重较小，融资渠道较单一。除政府机构与排污企业外，银行等金融机构没有参与其中，制约了环保产业的发展。长期资本由于其资本投入的长期性与稳定性，对于环保新兴产业来说，符合其资本投入特点，可以刺激环保产业的发展。同时，绿化长期资本将在资本市场内起到示范效应，引领社会资本投资于环保产业。应发挥长期资本较高公益性的特点，将绿化长期资本作为提升资本市场社会责任的优先领域。

参考文献

[1]　马越，沈晓悦，杨姝影. "绿化"我国长期资本的思考与建议[EB/OL]. 2014-12-26. http://www.prcee.org/kw/hjzlyzcxjbg/253144.shtml.

[2] 中国投资责任有限公司 2013 年年度报告[R/OL]. http：//www. china-inv. cn/china-invTheme/themes/html/ztnb/2013. html.

[3] 华融证券. 环保行业 2016 年投资策略[R/OL]. 2015-12-17. http：//www. h2o-china. com/news/234346. html.

[4] 中国人民银行. 2016 年 2 月份金融市场运行情况[R/OL]. http：//www. pbc. gov. cn/goutongjiaoliu/113456/113469/3037290/2016032316193270497. pdf.

借助绿色金融政策体系促进尾矿库风险
防范资金保障"机制化"①

杨姝影　沈晓悦　贾　蕾　夏　扬

根据环境保护部 2010 年 9 月印发的《尾矿库环境应急管理工作指南（试行）》，尾矿库的定义是："指筑坝拦截谷口或围地构成的、用以堆存金属非金属矿山进行矿石选别后排出尾矿、湿法冶炼过程中产生的废物或其他工业废渣的场所。"

由于尾矿库所处位置、所含物质等方面的特征，一旦发生环境事件，将造成较为严重的人员、财产和生态损害。

一、全国尾矿库存在较大的环境安全隐患

（一）全国尾矿库数量及分布

根据 2016 年 6 月国家安全监管总局尾矿库汛期安全生产工作视频会议上公布的数据，目前全国共有 8 869 座尾矿库。

我国尾矿库中，80%建于 20 世纪 80 年代，其分布相对比较集中，截至 2014 年年底的数据显示，河北、山西、辽宁、河南、湖南、云南、广西、内蒙古、山东 9 个省份接近八成。

目前，全国 8 869 座尾矿库中，基础薄弱、安全保障能力偏低的四、五等尾矿库仍占 88.9%，尚有"头顶库"1 425 座、"三边库"466 座，易导致重特大生产安全事故和重大突发环境事件。

其中，"头顶库"指下游 1 km（含）距离内有居民或重要设施的尾矿库；"三边库"是指临近江边、河边、湖库边或位于居民饮用水水源地上游的尾矿库。

---

① 原文刊登于《环境战略与政策研究专报》2017 年第 14 期。

（二）环保督察执法中发现尾矿库环境风险

2015 年上半年，环保部配合安监总局开展尾矿库汛期安全生产和环境保护专项督察。在对四川、河南、重庆等省（市）30 家尾矿库企业现场检查过程中，共查出环境安全隐患 100 多处。

2016 年 7 月，中央第七环境保护督察组向云南省反馈时指出：昆明市东川区因民镇、汤丹镇部分选矿厂尾矿库风险隐患突出。

2016 年 7 月，环保部联合山东省政府对龙口市尾矿库环境问题实施挂牌督办。龙口市部分企业尾矿库尾矿水超标直接外排，尾矿库防扬散和防流失措施不完善，存在回水池外溢等环境安全隐患。龙口市环保局未如实反映尾矿库数量龙口市有尾矿库 15 座，但龙口市环保局只提供了 11 座尾矿库名单，未提供名单中的 1 座尾矿库有生产迹象。

2016 年 11 月，中央第六环境保护督察组向广西壮族自治区党委、政府进行反馈时指出：广西尾矿库治理工作推进缓慢，环境风险依然较大。广西目前在册尾矿库 597 座，其中有色金属类 211 座，病库 137 座，"头顶库" 39 座。中国铝业广西分公司、信发铝电 2015 年均发生过泥浆泄漏污染环境事件。

（三）"头顶库""三边库"环境安全隐患十分突出

2016 年 6 月，国家安全监管总局提醒，中华人民共和国成立以来发生的尾矿库溃坝重特大事故全部发生在"头顶库"。"头顶库"溃坝时间短、泥砂流速大，从坝脚到下游 1 km 处往往只有几分钟，应急时间非常短，下游居民撤离和设施转移难度大。2008 年山西襄汾新塔矿业公司"9·8"特别重大尾矿库溃坝事故，造成 281 人死亡，直接经济损失达 9 619.2 万元，社会影响极为恶劣。

在一些地区，"头顶库""三边库"造成的环境隐患极大。

例如，甘肃陇南就有建在村庄后面的"头顶库"40 座；在河北省 12 个重点地区，按尾矿库初期坝下游 1 km 距离计算，共有 59 座"三边库"和 264 座"头顶库"，占这 12 个地区尾矿库总量的 12%；湖南省部分尾矿库下游 10 km 范围内存在集中式饮用水水源地或自来水厂取水口；广西等喀斯特地貌地区，尾矿库底部岩层较薄且存在裂隙，极易发生泄漏，污染地下水。

（四）尾矿库引发的突发环境事件造成严重危害

尾矿库突发环境事件对水环境安全造成根本威胁。这类事件主要由溃坝、垮坝、溢坝等尾矿坝失事和尾矿泄漏引发，2006—2014 年，全国共有 49 起尾矿库相关事件对水环境产生重大影响。

2008 年 7 月，发生在辽宁省东港市的尾矿库泄漏事件，近 13 万 m^3 的尾矿渣进入板石河后流向铁甲水库，威胁当地的饮用水安全。

2010 年 7 月福建紫金矿业污水池防渗膜多处开裂，造成上杭县两个自来水厂停止取水 18 小时。

2015 年 11 月 23 日，位于陇南市西和县的甘肃陇星锑业有限责任公司尾矿库发生泄漏，事发后环保部启动重大突发环境事件调查程序。经调查认定，这是一起因尾矿库泄漏责任事故次生的重大突发环境事件，共造成直接经济损失 6 120.79 万元，约 346 km 河道受污染，10.8 万余人供水受影响，甘肃西和县太石河沿岸约 257 亩农田因被污染水直接淹没，受到一定程度污染。

二、全国尾矿库存在较大的环境安全隐患

（一）绿色金融政策体系基本情况

2016 年 8 月 30 日，习近平总书记主持召开中央全面深化改革领导小组第二十七次会议，审议通过了《关于构建绿色金融体系的指导意见》（以下简称《意见》）。会议指出，发展绿色金融，是实现绿色发展的重要措施，也是供给侧结构性改革的重要内容。根据会议精神，经国务院同意，人民银行、环境保护部等七部委出台《意见》。

《意见》立足于动员和激励更多社会资本投入绿色产业，同时更有效地抑制污染性投资；明确政府在适当领域运用公共资金给予激励，推动金融机构和金融市场积极稳妥地加大金融创新力度。《意见》提出了支持和鼓励绿色投融资的一系列激励措施，明确了证券市场支持绿色投资的重要作用，提出发展绿色保险和环境权益交易市场，支持地方发展绿色金融，要求广泛开展绿色金融领域国际合作。

（二）绿色金融政策引导金融主体参与环保

一方面，财政资金可通过金融手段实现"乘数效应"。结合各方面研究和调研情况，发现目前金融资本参与环保的意愿并不高。主要原因之一就是许多绿色项目"正外部效应"没有被内生化，导致这些项目收益率略低于市场水平，金融资本和其他社会资本不愿介入。这种情况下，通过贴息、担保、再贷款、PPP 模式等办法，既可以有效降低绿色项目的融资成本或提高其收益，也可以提升公共资金的使用效率，更好地发挥财政资金"四两拨千斤"的撬动作用。

为此，在《意见》出台前，包括政研中心在内的许多研究机构就反复提出，在环保领域将财政资金与金融政策有机融合，是推进绿色信贷等政策取得更大实效的关键。这样的呼吁也引起了有关部门的重视，着手开展相关政策研究。

《意见》在财政资金运用手段上一个突出的创新亮点是，明确提出中央财政整合现有节能环保等专项资金设立国家绿色发展基金，同时，鼓励有条件的地方政府和社会资本共同发起区域性绿色发展基金。这就向社会各界发出了政策层面支持绿色投资的积极、重大的政策信号，有助于提振投资者信心。

另一方面，金融机构推进绿色金融实现收益与声誉"双丰收"，反过来可以激励进一步的绿色投资。2016年以来的我国绿色债券发行人的表现证明，金融机构在追求商业回报的同时，也追求良好的社会声誉，重视"绿色声誉"的、主动履行环保社会责任的金融投资者正在增多。

在这种情况下，《意见》从顶层制度设计层面鼓励金融机构开展绿色投融资，会得到积极响应。例如，《意见》通过人民银行再贷款支持绿色金融发展，给金融机构"实惠"。人民银行可以给予商业银行利息较低的贷款，也可以支持商业银行购买绿色债券或绿色信贷资产支持证券，还可以采取抵押补充贷款的路径。在风险可控的前提下，人民银行会选择合适的具体操作方式，支持金融机构发展绿色金融。

再如，《意见》强调发展绿色债券市场，让银行发行中长期的绿色金融债券、让企业发行中长期的绿色企业（公司）债券，为中长期绿色项目提供新的融资渠道。这将在很大程度上缓解期限错配带来的融资难问题。

（三）绿色金融引导和倒逼高风险企业强化环保投入

目前，我国生态环境风险高。2016年11月24日，国务院印发的《"十三五"生态环境保护规划》指出：我国是化学品生产和消费大国，有毒有害污染物种类不断增加，区域性、结构性、布局性环境风险日益凸显。环境风险企业数量庞大、近水靠城，危险化学品安全事故导致的环境污染事件频发。

生态环境风险高的内在原因之一，就是长期以来企业在环境风险管控上"投入少、欠账多"，许多领域"旧账未了，又欠新账"，环境风险出现叠加态势。特别是目前经济下行压力下，环保投入有缩减的不良趋势，对于环境风险管控可能"雪上加霜"。

在这样的背景下，运用绿色金融手段，引导和倒逼企业，特别是高风险加大环保投入，具有重要的现实意义。近年来，环保部门通过开展企业管理信用评价，公开企业守法记录，借助环保公众监督力量和环境公益诉讼程序，会同有关部门按照社会信用合作机制，对诚信守法企业联合激励，对失信违法企业联合惩戒，进而推动企业通过贷款、发行债券等多渠道筹措资金，主动治理环境污染和修复生态破坏。

《意见》在总结这些做法的基础上，明确推进建立若干项关键制度，根据企业环境管理绩效，形成激励和约束机制。例如，《意见》要求加快推进环境污染责任保险制度建设，将选择环境风险较高、环境污染事件较为集中的领域，把相关企业纳入强制投保的范围；鼓励保险机构对企业开展"环保体检"，引进市场机制提高环境安全隐患排查、防范能力。企业一旦发生环境损害，保险机构依法及时对污染受害者进行赔付，为其恢复正常生产生活提供合理保障，减轻政府和社会的负担，也避免企业因一次环境污染损害就导致生产经营难以为继的困局，促进企业在做好环保管理工作的前提下实现可持续发展。

三、以绿色金融政策促进尾矿库风险防控资金保障"机制化"的建议

（一）统筹资金路径促风险防控投入"系统化"

资金不足一直是尾矿库环境风险居高不下的一个重要原因。有专家测算，平均一座尾矿库的治理成本至少为 1 000 万元，全国尾矿库治理资金接近 1 000 亿元。资金保障不足也引发了技术研发乏力、环境治理绩效不高等问题，进一步加重了尾矿库环境风险。

针对这些问题，借助绿色金融政策手段，统筹财政、金融和社会资本，将有效增加尾矿库风险防控资金总量。

1．将尾矿库风险防控纳入绿色金融债券支持项目的范围

2015 年 12 月 15 日，人民银行发布 2015 年第 39 号公告，鼓励银行发行绿色金融债券。根据该公告，绿色金融债券是指金融机构法人依法发行的、募集资金用于支持绿色产业并按约定还本付息的有价证券。值得注意的是，该公告所附的《绿色债券支持项目目录（2015 年版）》将"灾害应急防控"纳入支持范围，但是未包括尾矿库相关项目。下一步应当在充分调研基础上，推动将尾矿库环境风险防控项目纳入绿色金融债券支持范围。

2．鼓励尾矿库运行责任企业发行企业绿色债券

2015 年 12 月 31 日，国家发改委印发《绿色债券发行指引》，明确要发挥企业债券融资作用，积极探索利用专项建设基金等建立绿色担保基金，加强与相关部门在节能减排、环境保护、生态建设等领域项目投融资方面的协调配合，努力形成政策合力。之后，国家发改委先后审批了十余家企业发行绿色债券。目前，尚未有尾矿库运行责任企业申请发行绿色债券。下一步，应当研究相关标准规范，引导尾矿库运行责任企业借助债券

手段，充实环境风险防控资金。

值得注意的是，2016 年年初至 9 月初，我国境内绿色金融债券和企业绿色债券发行总规模达到 1 127.9 亿元，占同期全球绿色债券发行量的 36%，已成为全球最大的绿色债券发行市场。这表明，绿色债券作为一项重要融资手段，已经被广泛认可。

在这种情况下，推动尾矿库环境风险防控相关绿色债券的发行和使用，正当其时，可以取得积极成效。

3. 从激励角度继续深化针对尾矿库的绿色信贷

对于一些尾矿库运行责任企业积极履行风险防控责任的，例如，企业按照有关规范认真编制环境应急预案，并开展演练的；在达到国家和地方相关管理规范的基础上，企业又进一步采取有效的风险防控措施，等等。对于这些企业，环保部门应当及时收集、整理相关信息，提供金融机构参考，推动对相关企业采取激励性的信贷措施。

（二）推行强制保险促风险防控投入"精准化"

目前，根据《生态文明体制改革总体方案》关于"在环境高风险领域建立环境污染强制责任保险制度"有关规定，环境保护部会同保监会正在研究制定相关方案和规章，应当抓住这一契机，将尾矿库纳入强制投保范围。

一方面，从上述分析可以看出，尾矿库环境风险较高，一旦发生事故对周边居民群众生命财产损害较大，符合环境污染强制责任保险的政策特点。

另一方面，尾矿库环境风险管理技术基础较好，为强制保险的推进提供了有力支撑。例如，2015 年 3 月，环境保护部发布了《尾矿库环境风险评估技术导则》；2015 年 5 月，印发了《尾矿库环境应急预案编制指南》，构建了尾矿库环境风险管理技术体系，为指导尾矿库企业防范环境风险、政府和相关部门加强监管奠定了基础。其他部门也出台了尾矿库建设和安全管理相关规范。例如，安监部门出台的《尾矿库安全技术规程》（AQ2006—2005）根据尾矿库防洪能力和尾矿坝体稳定性等，将尾矿库安全度划分为危库、险库、病库、正常库四级。

据此，建议按照下列方式，将尾矿库纳入强制保险范围：

1. 明确全国所有尾矿库均应当投保环境污染强制责任保险

其中企业责任主体不清晰的"无主"尾矿库，由所在地县级以上地方政府投保，保费从中央相关财政专项资金中统一支出，以避免增加地方责任。

2. 设定合理的强制保险赔偿限额

根据尾矿库一旦发生事故后可能影响的居民生命财产的范围、程度等因素，设定保险限额。结合近年来尾矿库事故损害情况，特别是 2015 年甘肃陇星锑业有限责任公司尾矿库发生泄漏造成直接经济损失超过 6 000 万元，尾矿库的责任限额应当采取较高的限额，建议暂定最低责任限额 5 000 万元。

3．根据尾矿库环境风险状况采取差别化保险费率

对于"头顶库""三边库"和病库，应当采取较高的保费；对于风险防范措施比较到位的尾矿库，采取相对较低的保费。具体按照环保部、安监总局等有关管理规定和技术规范，由保险公司牵头组织进行环境风险排查和评估后，具体确定保险费率。

4．保险公司应当开展尾矿库"环保体检"

保险公司应当从保费收入中专门构建"环境风险管理资金池"，统筹对尾矿库的环境风险管理评估、排查，提出整改建议并督促尾矿库运行责任企业进行整改。企业应当按照信息公开有关要求，及时、如实公开被排查出的问题、整改情况等，便于社会监督。

（三）强化信息公开促风险防控投入"透明化"

在绿色金融政策体系中，企业环境信息公开与企业环境信用评价、上市公司环境信息披露等工作有机融合、相辅相成。

一方面，2013 年以来，环境保护部已经会同人民银行等部门发布《企业环境信用评价指南（试行）》，联合发展改革委发布《关于加强企业环境信用体系建设的指导意见》；今年 7 月，环境保护部会同发展改革委、人民银行等 30 个部门联合发布《关于对环境保护领域失信生产经营单位及其有关人员开展联合惩戒的合作备忘录》。根据这些文件精神，金融机构将可以根据企业环境信用评价结果采取差别化的投融资措施。

另一方面，《关于构建绿色金融政策体系的指导意见》明确要求，逐步建立和完善上市公司和发债企业强制性环境信息披露制度。

为此，建议对尾矿库相关责任主体，强化下列信息公开机制：

1．所有尾矿库应该公开风险防控基本信息

运行责任企业或者相关地方政府包括风险防控措施、资金投入、投保强制责任保险等信息，以便部门强化监管、社会强化监督。

2．涉及尾矿库运行的上市企业应该全面披露环境信息

根据新修订的《环境保护法》等相关法律法规规章的规定，属于环境保护部门公布的重点排污单位的上市公司，应当严格执行对主要污染物达标排放情况、企业环保设施建设和运行情况以及重大环境事件的具体信息披露要求；对于尚未纳入重点排污单位的上市公司，环保部门和证监部门应当建立专门的信息披露规范，强化环境风险信息披露工作。

3．金融机构应当公开涉及尾矿库的投融资信息

包括以尾矿库风险防范为支持对象的绿色金融债券发行和使用信息、强制责任保险保费收入和"环保体检"情况、根据不同环境管理情况采取差别化绿色信贷的信息等。

4．加大对伪造环境信息行为的惩罚力度

除了按照有关法律法规和规章进行行政处罚之外，还应当将伪造环境信息纳入企业的社会诚信档案并予以公开，形成社会和舆论"全方位追责"的氛围。

突破瓶颈完善绿色金融政策体系[①]

文秋霞　杨姝影　张晨阳　刘智超

改革开放 40 年来，我国经济高速增长，实现了世界经济史上新的奇迹。但是，由于增长方式粗放，也付出了大量消耗有限自然资源和破坏生态环境的沉重代价。虽然从总体上看，近年我国生态环境质量持续好转，出现了稳中向好趋势，但成效并不稳固。生态文明建设处于压力叠加、负重前行的关键期。随着我国经济由高速增长阶段转向高质量发展阶段，传统的粗放型经济发展模式已经难以为继，经济结构转型升级势在必行。

金融是现代经济的核心，经济的高质量发展离不开绿色金融的支持。目前，我国环境治理任务繁重，环保投资需求巨大，实现环境质量改善目标，也需要充分利用绿色信贷、绿色债券、环境污染责任保险、绿色发展基金、绿色股票指数和相关产品等金融工具和相关政策，引导和激励更多社会资本进入生态环保领域，有效抑制污染性投资。发展绿色金融正在成为推进生态文明建设、打好污染防治攻坚战的重要力量。

一、绿色金融各个板块迅速发展

2007 年 7 月，国家环保总局会同人民银行、原银监会联合发布《关于落实环境保护政策法规防范信贷风险的意见》，标志着中国绿色信贷制度的正式建立。紧随其后，环境污染责任保险、绿色证券等环境经济政策相继出台，推动中国绿色金融政策体系获得初步发展。

"十二五"期间，《国务院关于加强环境保护重点工作的意见》《绿色信贷指引》《关于开展环境污染强制责任保险试点工作的指导意见》《企业环境信用评价办法（试行）》《绿色债券发行指引》等一系列绿色金融相关政策及配套措施密集出台，促使我国绿色金融政策体系得以进一步深化拓展。

[①] 原文刊登于《环境经济》2018 年第 22 期。

2015 年 9 月，中共中央、国务院发布《生态文明体制改革总体方案》，明确了建立"绿色金融体系"的总框架。

2016 年开始，绿色金融体系建设获得了突破性的进展，顶层设计和制度基础快速完善。

党的十九大报告更是把"发展绿色金融"作为推进绿色发展的路径之一，构建绿色金融体系已上升到国家战略高度。

在相关政策激励下，绿色金融各个板块发展迅速。

据中国银保监会发布的信息，截至 2017 年 6 月末，国内 21 家主要银行绿色信贷余额 8.22 万亿元，同比上涨 12.9%，在各项贷款总余额中占比近 10%，绿色信贷比重和增长速度都在快速提高，成为中国银行业金融机构的主要业务之一。

绿色债券市场发展迅速，仅 2016 年全年，我国绿色债券发行量达到 2 300 亿元，接近全球绿色债券发行比例的 40%，发行规模居世界第一位，并且势头强劲，2017 年新增发行规模 2 274.3 亿元，同比增长 9.4%，未来市场发展潜力巨大。

截至 2017 年年底，环境污染责任保险为 1.6 万余家企业提供风险保障 306 亿元，风险保障功能初显。

绿色基金起步较晚，但因其资金来源较为广泛，盘活撬动资金潜力巨大，日益成为绿色金融体系中不可或缺的环节。

二、绿色金融面临"叫好不叫座"的尴尬局面

我国目前的绿色金融体系构架基本形成，但是受政策体制和市场环境"口惠而实不至"的制约，绿色金融一定程度上面临"叫好不叫座"的尴尬局面。

1. 绿色金融表面"多点开花"，实际生态环境投资需求缺口依然较大

我国绿色金融市场规模快速增长，近年出现"井喷式"发展，但从终端需求上来说，污染防治攻坚战资金严重缺乏。

据有关机构预测，"十三五"期间，中国绿色投资需求每年将达 2 万亿~4 万亿元，而财政投入约在 3 000 亿元，最多占总投资的 15%，环保投资需求与实际投入的资金缺口较大，而且目前绿色金融的投资方向或者领域与污染防治攻坚战的资金需求还存在错位现象。

同时，绿色金融面临的如何有效内化环境外部性这个最大挑战仍未解决，内化环境外部性的困难也会导致"绿色"投资不足和"棕色"投资过度。

2. 绿色金融的"绿色"认定没有统一标准，评估体系不完善

目前，国内绿色项目认定和绿色金融产品设计标准之间存在一定差异，一些相关产业指导目录口径过大。

从银保监会发布的 2017 年 6 月末国内 21 家主要银行绿色信贷数据来看，仅绿色交通运输项目贷款余额 3.015 万亿元人民币就占全部绿色信贷贷款余额（8.296 万亿元人民币）的 36.3%，而绿色交通运输项目将铁路线路和城市轨道交通建设以及铁路装备、运输船舶、汽车电车和地铁轻轨的购置都统计在内。

最为重要的是，有些绿色金融项目，并不能提供系统分析评估，给出相对确定的环境效益评估，也无法与环境质量改善挂钩，存在极大的"漂绿"与"洗绿"风险。

以绿色债券为例，目前我国绿色债券的第三方认证工作主要是由传统的债券第三方认证机构承担，缺乏专业的环境咨询研究机构参与，认证的方式也基本上对照产业目录，并不能提供相关项目环境效益的系统评估，能否正确地对绿色债券项目的环境绩效进行判定存在较大疑问。

3. 资金供需双方及环保与金融部门之间信息不对称，沟通共享机制尚不完善

投资者和资金需求方信息不对称，为绿色投融资带来困难。目前来看，一方面许多投资者对投资绿色项目和资产有兴趣，但由于企业没有充分披露环境信息，增加了投资者对绿色资产的"搜索成本"，还降低了绿色投资的吸引力。另一方面，即使可以通过环保部门访谈、网站搜索等获取企业或项目层面的环境信息，但存在所获信息不完整的情况。

在环境监管部门和公众层面，由于很难获取相关贷款项目的流向与资金使用情况，也就无法知晓这些资金是否真正用于实际的环保投资需求，是否真正转化为现实的环境治理任务，最终导致无法系统评估相关资金发挥的环境效益。

4. 金融机构内外部激励约束机制普遍缺位

目前，我国主要依靠政府贴息、补贴等政策来提高绿色产业的经济价值，支持力度较小，而且由于申请贴息手续较为复杂，绿色金融的政策不能惠及那些数量大、涉及面广的中小型企业，对金融机构、企业未形成有效的激励，未能实现财政支出撬动市场投资的作用。

另外，由于缺乏约束和制约，部分银行业金融机构在执行绿色金融政策时更多地从自身商业利益考虑，对一些界限不清、短期内难以暴露问题的企业和项目仍然给予金融支持。

三、立足"大环保"格局完善绿色金融政策体系

发展绿色金融，一方面需要解决绿色项目融资难、融资贵的问题，另一方面要让污

染性项目融资难、融资贵，同时还要增强企业和消费者的绿色发展理念，使其更加青睐绿色发展、绿色产品、绿色投资。

进一步完善绿色金融政策体系，可以促使企业加大污染治理和节能环保投入，推动银行业金融机构丰富绿色金融产品和服务，撬动更多社会资本参与补齐生态文明建设短板，确保环保资金供给和建设美丽中国环保投入需求相匹配。为此，笔者建议：

1．要划清"绿色"范畴，尽快规范国内绿色金融标准

目前，国内划到绿色债券范畴的燃煤电站更新改造、清洁煤炭技术、大型水电站建设、垃圾填埋等项目，特别是大型水电站建设，国际对其生态影响争议较大。

笔者建议尽快明确"绿色"定义，划清"绿色"范畴，与国际绿色金融标准接轨或建设中国特色的绿色金融认证标准。对于银（保）监会将铁路线路的建设纳入绿色信贷统计的问题，要修改统计口径，而且口径缩小，也会一定程度上降低绿色项目的识别成本。

在相关制度尚未健全时，建议采取保守策略，对绿色发展资金亟须且环境效益明显的领域，可采取审慎原则，同时强化质量控制，避免出现大规模绿色金融风险。

2．以环境绩效为导向，构建系统评估方法体系

绿色金融能否促进绿色发展，或者相关项目的环境效益究竟有多大，是必须要回答的问题，也是避免"洗绿""漂绿"等问题的关键。绿色金融的发展必须要以环境绩效为导向，构建一套环境绩效评估方法体系。

比如，利用生命周期分析（LCA），综合考虑经济、环境以及社会等多维度，开展绩效分析与政策评估，并在评估的基础上，不断修正绿色金融制度体系。

3．选择污染防治攻坚战重点区域，开展绿色债券试点示范

在京津冀及周边地区、汾渭平原等大气污染防治重点区域内，积极推动具备绿色债券发行条件的城市，根据产业结构、能源结构、运输结构或者消费结构等特点，确定绿色债券发行的工作目标和重点方向；在长江沿岸等水污染防治重点区域内，选择具备绿色债券发行条件的城市，以重点工业园区集中排放的工业废水处理、分散排放的农村污水处理等为重点对象，确定绿色债券发行的工作目标和重点方向；在土壤污染综合防治先行区等重点区域内，以城市建成区可能残留重金属、难分解有机物等污染物质的工矿用地治理为重点，确定绿色债券发行的工作目标和重点方向。

4．立足生态环境治理和保护需求，发展绿色基金

绿色基金资金来源广泛，可以用于雾霾治理、水环境治理、土壤治理、污染防治、清洁能源、绿化和风沙治理、资源利用效率和循环利用、绿色交通、绿色建筑、生态保护和气候适应等领域。

建议结合现有的环保专项资金投放方向，对目前主要依赖政府资金的污染防治攻坚战投资需求进行汇总、比较、梳理，确定政府出资的合理规模。

按照合理规模，由政府拨付专项资金，启动建设国家绿色发展基金。同时，组建专业化的投资团队并建立商业化的运作机制，根据污染防治攻坚战的迫切需求科学确定投资领域，并建立健全项目评价管理的标准规范和透明流程，引导社会资本流向节约资源技术开发和生态环境保护产业，提高项目商业的可持续性。

5. 健全环保信用评价、强制信息披露制度

环保信用评价与强制信息披露制度是提高绿色金融效率与社会公信力的"双约束"，也是绿色金融体系建设不可分割的外部支撑制度。

只有做到了环保信息披露，才能使绿色金融项目置于社会公众监督之下，也有利于第三方机构对其进行系统性环境绩效评估。

完善环保信用评价制度，则可以提高企业违规成本，倒逼企业执行绿色金融项目要求，最终促进绿色金融的健康发展。

6. 完善多元参与模式，健全组织机构体系

完善以政府为主导、社会各方积极参与的多元参与模式，通过强化政府的主导作用以及培育和发挥非政府主体的参与作用，充分利用社会监督和社会评估力量来及时反馈环境执法情况，及时反馈绿色金融和环境保护政策落实情况。

完善银行、政府、创投公司、担保、保险等金融机构的合作机制，提供融信贷、投资、担保、保险、咨询等业务为一体的综合金融服务。

加强与第三方评级评估机构的沟通和合作，加快培育和发展绿色信用评级机构、绿色金融产品认证机构、绿色资产评估机构、绿色金融信息咨询服务机构以及环境风险评估机构等专业性中介机构，为绿色项目融资提供技术支持。加强专业人才队伍建设，提高对企业和项目资质审核和资产评估的严谨性和可靠性。

7. 发展绿色金融并不是多一点绿色信贷，再发一些绿色债券这么简单，而是一个系统性工程

要立足"大环保"格局上，完善绿色金融政策体系，推动绿色金融产品创新，充分发挥政府投入引导作用，加大金融支持力度，引导和激励更多社会资本进入生态环保领域；完善吸引社会资本投入生态环保领域的市场化机制，推进生态环境治理和保护社会化，更好地发挥绿色金融在助推生态文明建设和打好污染防治攻坚战中的积极作用。

用好绿色金融手段，促进环保产业有序可持续发展[①]

杨姝影　文秋霞　张晨阳　刘智超　夏　扬

一、环保产业的现状与发展机遇

近年来，我国环保产业从小到大、从弱到强，不断发展壮大。2011—2017 年，我国环保产业总营业收入增长了约 2.6 倍，年均增长约 24%；环保产业营业收入与国内生产总值（GDP）的比值由 0.7% 上升到 1.6%；对国民经济直接贡献率从 1.1% 上升到 2.4%。环保产业在国民经济体系中的地位显著提升。随着国家进一步释放出打好污染防治攻坚、严格环境监管的信号，环保产业整体发展势头强劲。以环保产业上市公司为例，根据中国水网的汇总统计，2017 年全年，53 家环保产业上市企业营业收入总额共计 1 661 亿元，净利润总和约 253 亿元。其中，51 家成功盈利，仅 2 家亏损，盈利企业占比 96.2%；有 3 家企业营业收入过百亿元，有 7 家企业营业收入过 50 亿元，这 7 家企业营业收入总额已占到 53 家企业营业收入总额的 48.52%；有 11 家企业实现了 70% 以上的营业收入增长速度。当前，环保产业已经成为绿色技术创新的重要主体，是推动我国绿色发展不可或缺的力量[②]。

但与一些传统行业"大而不强"不同，环保产业既不够大，更不够强。长期以来，环保产业企业规模总体偏小，在《中国环保产业发展状况报告（2017）》统计分析的 6 566 家环保企业中，共有大型企业 271 家、中型企业 1 805 家、小型企业 2 354 家、微型企业 2 136 家。由此可见，目前我国环保企业仍以小、微型企业为主，占比高达 68.38%，大型企业占比仅为 4.13%。

[①] 原文刊登于《环境战略与政策研究专报》2018 年第 32 期。
[②] 《中国环保产业发展状况报告（2017）》。

二、环保产业面临的困难和障碍

当前，环保产业"融资难、融资贵"问题较为突出，而且供给总量不足与结构性矛盾并存，既面临"量"的制约，也面临"质"的瓶颈。具体表现在以下几个方面：

（一）"融资难、融资贵"问题是环保产业发展和环保企业成长所面临的最大困境

由于环保项目投资长、收益低等，环保企业主要的资金来源是银行贷款，虽然政府出台了一系列的鼓励性政策措施，但是环保产业存在融资结构单一、融资来源匮乏的特点。"融资难、融资贵"问题仍是制约环保产业发展的瓶颈。

宏观层面，利率市场化和金融去杠杆提升了金融机构的资金成本，导致环保企业"融资难、融资贵"问题进一步凸显。2013 年，我国正式开启利率市场化进程，依次取消了对银行贷款利率和存款利率的限制。利率市场化在提高我国金融部门经营效率的同时，也抬高了银行部门获得资金的市场成本，这种资金成本增加直接传导至企业端使得企业融资成本随之增加。2017 年以来，我国大力推进金融强监管和金融去杠杆，一系列举措在化解金融杠杆和金融风险方面取得了实质性进展，但也在一定程度上造成了金融信用萎缩，许多银行面临无钱可贷或不敢贷款的困境，现实中加剧了企业"融资难、融资贵"的问题。

机构层面，金融机构和投资者对环保领域缺乏基础了解是造成融资难的重要原因。一方面，商业银行贷款往往会优先考虑经济收益与风险，而中、小、微型环保企业盈利空间小、偿债能力低，甚至缺少足额的抵押品，因此，这些企业很难从银行获得贷款。而中、小、微型企业在所有环保企业中又占据了很高的比重，最终会导致整个环保产业整体融资情况不容乐观。同时，金融机构自身缺乏相关先进环保技术的专业知识，对环保产业发展的市场空间也不了解或了解不够透彻，很难判断贷款的可行性与预期收益，这在很大程度上影响了中、小、微型环保企业获取融资的规模和途径。另一方面，投资者和环保企业之间缺乏有效的信息传递机制，投资者无法全面评估环保产业的投资收益与风险，导致环保企业很难通过金融机构以外的渠道进行合规融资。2018 年上半年，受盛运环保、神雾环保、凯迪生态等几起环保企业债务违约事件的影响，现在资金市场对环保企业的认可度普遍不高，评估风险等级提高，发债难度加大。据了解，目前环保行业的平均投资收益为 6%左右，而融资成本则已高达 8%以上，环保企业融资成本已超过其正常利润水平。

（二）从供给侧看，绿色技术创新的有效供给总体不足，供给质量也存在较大差距

技术创新是环保产业发展的"第一生产力"，但是我国存在明显差距，这在专利数据方面得到一定程度的证明。国家统计局围绕我国确定的"七大战略性新兴产业"，专题统计分析了全球和我国发明专利情况[①]。结果显示：截至 2016 年，我国节能环保产业有效发明专利仅 11 万余件，而 2012—2016 年，全球节能环保产业发明专利申请数量达到 81.3 万件；2016 年，全球节能环保产业发明专利申请公开量的前 20 位申请人中，我国仅有 2 家。

2018 年 8 月，国家统计局发布了《中国绿色专利统计报告（2014—2017 年）》[②]，专题分析了替代能源、环境材料、节能减排、污染控制与治理、循环利用技术 5 个领域的发明专利（统称"绿色专利"）。报告在肯定我国绿色专利发展进展的同时，也着重揭示了一些差距和问题。例如，2014—2017 年，国内绿色技术申请人排名前 20 位的，是中国石化、国家电网、中国石油 3 家央企和 17 所高校或者研究所，没有民营企业。同时，截至 2017 年年底，国内绿色专利维持年限 6.1 年，比国外来华绿色专利（9.2 年）少 3.1 年，而专利维持年限与专利质量、成果转化率具有一定相关性。因此可以认为，由央企和高校主导的我国绿色专利，与先进国家的水平存在差距。

此外，还有机构研究者提出了 2016 年全球"节能环保产业专利指数"，在排名前 500 位的创新主体中，国外创新主体为 360 家，数量占比 72%；我国 140 家，占比 28%。进一步分析该指数前 100 的创新主体，国外创新主体为 88 家，我国仅为 12 家。而在 2007 年全球节能环保产业专利指数前 500 的创新主体中，国外创新主体为 306 家，占比 61%；国内创新主体为 194 家，占比 39%。2007 年专利指数前 100 的创新主体中，国外创新主体为 79 家，国内创新主体为 21 家。可见，2007—2016 年，国内创新主体在前 500 与前 100 的排名中的占比均有所下降，这也是七大战略性新兴产业中唯一呈现双双下降情形的产业，反映出国内创新主体在节能环保产业的发展速度滞后于国外创新主体[③]。

这些数据都说明，我国包括环保技术在内的"绿色技术"供给总量不足、质量不高的问题并存。在政府部门、媒体开展的相关调研中，许多企业都反映要对传统行业改造

[①] 战略性新兴产业专利统计分析报告（2017 年）（专利统计简报 2017 年第 11 期），国家统计局规划发展司，2018 年 1 月，网址：http://www.sipo.gov.cn/docs/2018-02/20180201162451945374.pdf.

[②] 网址：http://www.sipo.gov.cn/docs/20180829161402137643.pdf.

[③] 《七大战略性新兴产业创新主体专利指数排行榜》，北京超凡知识产权管理咨询有限公司、北京超凡知识产权研究院联合发布。

升级、强化污染防治、实现绿色生产，面临"无绿色技术可用"，或者绿色技术不可靠不稳定、成本过高而不具有经济性，"好看不好用"等问题。可见要实现党的十九大报告提出的"构建市场导向的绿色技术创新体系"目标，我们还有很长的路要走。

（三）从需求侧看，环保督察执法的倒逼效应呈现"滞后性"，企业环保投入"短期应对"特征尚未明显转变

2015 年 12 月启动的中央环保督察，在督促企业落实生态环保主体责任方面发挥了巨大作用。同时，全国生态环保系统强化执法监管的态势，释放了强大的政策信号，在企业等市场主体中，"绿色预期"逐渐形成。但是，由于生态环境问题是长期累积的后果，环保督察执法的倒逼效应还处于逐步释放的初步阶段，仍有大量企业徘徊在环保达标线边缘，甚至对污染防治、绿色发展仍有观望心态，长期性、规律性的环保投入机制在许多企业尚未建立。

2018 年 10 月，第一批中央环境保护督察"回头看"完成督察反馈工作，发现地方存在若干共性问题：一是思想认识仍不到位，二是敷衍整改较为多见，三是表面整改时有发生，四是假装整改依然存在。"回头看"过程中，"涌现"出一批恶劣案例。例如，针对中央环保督察发现的齐齐哈尔化工集团公司环境污染问题，黑龙江省整改方案明确"清理 5.9 万 t 电石渣、土地恢复原貌"。但齐齐哈尔市却采取"污染搬家"的方式将大量电石渣转移至厂区内堆存，且堆存数量不降反增，达到约 20 万 t。

这些问题对市场造成了极为不良的影响，实际上是由于地方政府或者有关部门不合理"打压"生态环保投入大、治理好的企业，导致其在市场竞争中"败给"不治理、假治理、敷衍治理、应付治理的企业。这就在一定区域或者领域形成"劣币驱逐良币"的恶劣局面，进而扭曲许多企业在生态环境保护方面的"预期"，进一步降低企业生态环保投入意愿，形成"不良循环"甚至"死循环"。

同时，"回头看"也发现，在部分地区，中央环保督察对环保产业发展发挥了直接刺激和推进作用。例如，江苏省持续开展省级环境保护督察，进一步加大执法力度，2017 年立案查处环境违法行为 1.48 万件、处罚金额 9.6 亿元。通过一系列重要举措，江苏省"中央环境保护督察整改工作取得显著进展"。与此相应的，江苏省高新技术产业、战略性新兴产业产值分别增长 14.4%和 13.6%；全社会研发投入占到地区生产总值的 2.7%，区域创新能力继续保持全国前列。

据此，环保督察执法对环保产业的促进作用是直接、显著的，但是需要较长的"缓释过程"。特别是地方采取各种"应付"手段，形成了极为负面的"逆向激励"导向，抑制了企业对污染治理等方面绿色技术的需求，也遏制了绿色技术创新。

（四）从贸易侧看，环保产业"低端走不出去，高端引不进来"趋势尚未扭转，发掘和借助"一带一路"等发展机遇力度偏弱

随着我国生态文明建设的推进，特别是生态环保督察执法的强化，许多国际环保企业越来越关注中国市场。例如，2018 年 6 月举办的第三届中美创新与投资对接大会上，环保科技成为热点领域。有美国企业家认为"美国政府正在放松环保监管，一段时间以来，美国大型环保企业士气不佳，股票走势也不好"；反之，"政策的变化将在中国创造出一个容量巨大的环保产品市场。美国企业将产品与技术带到中国，现在正是最佳时刻。"[①]

同时，我国环保企业"走出去"、传统行业引进先进环保技术和设备的意愿也逐步凸显。例如，2018 年 11 月，天津市参加首届中国国际进口博览会的企业中，节能环保产业企业占比 8%；同时，55% 的参会企业在采购关注重点中，聚焦节能环保设备和人工智能、数字化工厂领域。

但是，长期以来在贸易环节，环保产业的结构性矛盾尚未得到根本扭转。《"十三五"节能环保产业发展规划》明确指出："部分关键设备和核心零部件受制于人，垃圾渗滤液处理、高盐工业废水处理、能量系统优化等难点技术有待突破，高端技术装备供给能力不强"。

例如，高端技术引进难。媒体曾经报道[②]，2012 年年初，江苏菲力环保工程有限公司有意引进日本伊藤忠商事株式会社的 WEP 水环境修复技术，该技术在日本已经成熟并广泛运用近 10 年。但是日方企业态度一度十分犹豫，原因是"怕合作之后环保技术很快被复制"，先进环保企业一般不愿意把最新一代的技术产品出口给我国。目前，许多国内环保企业都反映，这样的局面仍未根本改变。还有一些案例显示，国际高端环保技术成本偏高。媒体报道，位于邢台市的德龙钢铁有限公司自 2012 年以来，引进世界最先进的环保技术，实施了 100 多项环保深度治理项目，仅 2018 年就投入 7.35 亿元，重点实施了 17 项深度治理工程。

同时，环保产业借助"一带一路"等重大机遇，在对外投资、贸易等方面的进展仍较为缓慢。"一带一路"倡议为环保产业提供了重要发展机遇。例如，印度有关专家

---

① 《创新领域打开中美经济合作新空间》，商务部投资促进事务局，2018 年 6 月，网址：http://tzswj.mofcom.gov.cn/article/f/201806/20180602760709.shtml。

② 《江苏宜兴环科园创新国际合作模式》，科技日报，2014 年 4 月，网址：http://scitech.people.com.cn/n/2014/0408/c1057-24841633.html。

指出[①]，印度缺乏水处理先进技术。该国每天产生市政污水 382.5 亿 L，实际污水处理能力仅为 117.8 亿 L；工业污水 134.7 亿 L，实际处理能力仅为 53.9 亿 L。对此，印度政府计划 2017 年之后在污水处理领域投资 500 亿元，并在两到四年间逐步增加至 1 000 亿元。

面对这样的机遇，我国环保产业"准备不足、前进不力"问题突出。中国环境保护产业协会 2016 年重点企业调查结果显示，环保业务出口额只占被调查企业营业收入总额的 2.3%。许多环保企业认为，企业"走出去"过程中非常缺少对目标国的法规政策标准信息的了解，在民俗文化、专利布局等多方面也还有很多障碍，在银行授信、资金回流等方面还缺乏政策保障，这些都是制约环保企业"走出去"的重要因素。

三、以绿色金融力促环保产业发展的政策建议

环保产业发展中，资金是一类重要的资源。在所有资金工具中，绿色金融具有市场化、批量化、稳定化、机制化等特征，发挥着十分关键的作用。结合前文对环保产业面临的困难和问题的认识，建议从供给、需求、贸易等环节分别着力，建立健全框架完整、层次清晰、有效运行的绿色金融体系，帮助环保产业走出"融资难"困境，保障和促进环保产业有序健康发展。

（一）以供给侧结构性改革为导向，以直接服务环保企业绿色创新为着力点，发挥并强化绿色金融对环保产业的"推导效应"

1. 国家层面，加强法规和标准的顶层设计，研究出台指导地方以绿色金融服务推动环保产业绿色创新的指导意见

按照党的十九大报告关于"构建市场导向的绿色技术创新体系"重要部署，建议有关部门一方面推动修订金融、生态环境领域相关法律法规，明确绿色金融支持环保产业创新发展的法律规定；另一方面，会同银行业、保险业、证券业等金融机构，研究制定具有可操作性的绿色技术创新体系有关指南、规范，指导金融系统与企业等研究主体直接对接，形成良好的市场预期和社会舆论导向，激励环保产业创新创业。

同时，建议生态环境、金融监管等部门根据《关于构建绿色金融体系的指导意见》等国家对绿色金融的一系列部署，联合研究制定"以绿色金融服务推动环保产业绿色创新的指导意见"，引导和督促地方政府及其有关部门结合本地实际，研究采取更有针对性的政策手段，激发企业绿色技术创新的动力和活力。

[①] 《深化"一带一路"环保合作 ——中印环保技术与产业交流会在京召开》，环保部对外合作中心环保技术国际交流合作部，2017 年 11 月，网址：https://www.sohu.com/a/206239816_99899283。

国家层面推进绿色金融相关制度建设中，建议将扶持对象重点放在环保企业等市场主体身上。习近平总书记在 2018 年 11 月 1 日民营经济座谈会上专门指出：改革开放以来，我国民营经济贡献了"70%以上的技术创新成果"；部署下一步工作时要求"要改革和完善金融机构监管考核和内部激励机制，把银行业绩考核同支持民营经济发展挂钩，解决不敢贷、不愿贷的问题"。环保产业中，民营企业数量众多，这些企业接触环保技术发展趋势和市场需求最直接，在绿色技术创新方面最具有动力、潜力和活力，但同时也面临拥有创新资源偏少、政策波动过大、投入产出不高等问题，急需纳入绿色金融的支持重点。

2．地方层面，建立具体可操作的绿色金融与绿色技术创新融合平台，激发重点环保企业创新，形成"头雁效应"和"溢出效应"

2017 年以来，国务院批准了 5 省 8 地绿色金融改革创新试验区。这些地区政府及其有关部门、金融系统开展了积极探索。一些地方构建了绿色项目库，一些地方金融部门自行建立了绿色技术评价标准等，在构建绿色金融服务体系方面取得积极进展。在此基础上，建议国务院或者有关部门督促 5 省 8 地绿色金融改革创新试验区政府抓总，生态环境、金融监管部门牵头，会同重点环保企业及其行业组织、金融机构及其行业组织，实事求是，切实建立绿色金融与绿色技术创新融合平台，务求落地，形成绿色技术创新的内生动力。

3．充分发挥环保行业组织作用，深入调研环保企业绿色技术创新现状和问题，深入分析环保产业技术发展趋势，提供金融机构及其行业组织参考

构建环保行业与金融行业组织定期对接与会商机制，强化信息交流和信息公开，打破"信息孤岛"，推动环保企业、金融机构"短平快"对接。及时总结绿色金融促进绿色创新技术转化、推广、再研发、再壮大的成功做法，向全国环保行业、金融行业推荐，形成绿色金融"多点开花"、促进环保技术创新"百花齐放"的良好局面。

（二）以激发污染治理需求为导向，以降低"进一步减排"企业经济成本为着力点，发挥并强化绿色金融对环保产业的"拉伸效应"

1．将环保督察执法的压力切实传导到每家企业，特别是传统行业"污染大户"

以达标排放为底线，以真整改、真治理、真到位为"红线"，引导企业切实加大治理投入，更多采用先进、有效、可持续的绿色创新技术，借助环保服务业的专业市场能力，全面提升污染治理水平和绩效。对于在污染治理中弄虚作假、敷衍整改的地方和企业，采取向社会通报、专送金融机构、实施信用惩戒等综合措施，全面遏制以牺牲生态环境换取"环境红利"、获得不合理市场竞争地位的恶劣做法，帮助老实整改、老实治污、老实达标的企业树立信心、稳定预期、合理盈利、成长壮大。

2．对于在符合法定要求的基础上，进一步主动减少污染物排放的企业，构建金融和财政支持"绿色通道"，切实降低融资难、融资贵问题

一方面，督促地方政府建立健全"进一步减排"企业与金融机构直接对接机制，减少"信息不对称"，缩减不必要的中间衔接环节，提高金融服务的效率和质量。另一方面，鼓励"进一步减排企业"主动披露环境信息、参加环保信用评价，争取社会认可，同时主动向金融机构提供因进一步减排获得"环境保护税减免优惠"、因购置环保专用设备获得"企业所得税减免"等有关证明材料，充分体现污染防治工作成效及其对生态环境质量改善的贡献。

3．推动金融行业组织和环保行业、传统行业组织联合研究制定相关规范，指导银行机构筛选"进一步减排"企业，指导企业更全面、更及时、更准确评估污染治理绩效

传统行业组织可以组织筛选"进一步减排"企业，会同环保行业组织、有关专家审核后提供金融机构及其行业组织，并向社会公开，便于绿色金融扶持，也便于提升"进一步减排"企业的市场声誉和竞争力。

4．创新抵押担保方式，减轻企业融资成本

会同有关部门，在战略性新兴产业融资担保风险补偿金试点中，对于纳入风险补偿支持范围的企业，同等条件下优先考虑绿色发展企业。

（三）以形成绿色贸易新增长点为导向，以发掘"一带一路"环保产业发展机遇为着力点，发挥并强化绿色金融对环保产业的"扩音效应"

1．推动环保企业与传统行业生产企业同步"走出去"，形成合力和集聚效应，扩大我国在绿色贸易中的影响力，提升我国国际形象

国家商务、生态环境等部门可以组织环保行业组织或者代表性企业，梳理一批我国环保先进技术，推动进出口领域银行、保险等金融机构"打包"纳入重点扶持对象，为"绿水青山"提供资本保障；研究建立"走出去"环保企业信用评价机制，形成奖优惩劣、诚实守信的经营品质；鼓励"走出去"的传统行业企业主动、全面披露生态环境信息，特别是运用绿色技术提升生态环境治理水平和绩效的有关信息，鼓励环保企业主动披露绿色技术运用案例等相关信息，以赢得"走出去"目的国公众和国际社会认可。

2．借助"一带一路"发展重大契机，推动更多环保企业主动承接"一带一路"沿线生态环保业务

国家和地方有关部门、金融机构及其行业组织应当"靠前指挥"，全面了解企业"走出去"的意愿、能力、困惑以及面临的困难和障碍，有针对性地予以指导和扶持。发挥

金融机构在"一带一路"沿线国家分支机构分布广、情况熟等优势，收集沿线国家的生态环保需求，直接传输至环保企业及其行业组织；地方商务、生态环境等部门采取有效措施，推动和支持金融监管机构为环保企业提供"走出去"金融服务，并按照商业可持续原则防范相关金融风险；环保企业及其行业组织应当及时总结"走出去"的经验、问题，并定期反馈金融机构，多方合作，建立健全"绿色金融发展壮大和风险防范"长效机制。

3. 鼓励有条件的地方设立专门的"走出去"环保企业金融扶持资金，由地方财政提供"种子基金"，吸引金融机构和社会资本参与

重点选择部分环保产业领域、代表技术设备、主要目的国，为"走出去"环保企业提供"一揽子"金融服务，并帮助企业化解短期应急性的资金不足风险。

构建国家绿色发展基金体系的思考和建议①

杨姝影　文秋霞

当前我国生态环境治理任务繁重，打好蓝天、碧水、净土"三大保卫战"投资需求巨大，而且目前绿色金融的投资方向或者领域与污染防治攻坚战的资金需求还存在错位现象。如何利用政府有限的资金吸引大量社会资本投入生态环境治理和保护领域成为必须考虑和解决的问题。英国绿色投资集团（Green Investment Group，GIG）在 2017 年私有化以前采用基金运作模式，其成功经验，可以为我国在全面加强生态环境保护，坚决打好污染防治攻坚战中设立国家绿色发展基金提供借鉴。

一、正确认识政府和市场的关系

我国改革开放 40 年来取得的巨大成就，关键在于坚持在社会主义制度下发展市场经济，不断理顺政府和市场的关系。当前，我国生态文明建设正处于压力叠加、负重前行的关键期，已进入提供更多优质生态产品以满足人民日益增长的优美生态环境需要的攻坚期，需要我们进一步理顺政府与市场、环境保护与经济发展之间的关系。

传统经济学认为，环境问题与市场失灵紧密相关，解决环境问题需要发挥政府作用。我国环境问题累积速度快、程度重，近年在政府持续加大环境治理投资后，我国生态环境质量总体上看持续好转，出现了稳中向好趋势，但成效并不稳固，污染防治攻坚战投资需求巨大。据有关机构预测，"十三五"期间，中国绿色投资需求每年将达 2 万亿～4万亿元，而财政投入约在 3 000 亿元，最多占总投资的 15%。如果过分依赖政府在绿色投资中的作用，必然会导致生态环保投资需求与实际绿色投入资金出现较大缺口。

市场经济本质上是市场决定资源配置的经济，市场在配置资源上的作用是通过构成市场的竞争、供求关系变动和价格杠杆三大基本要素的相互制约和相互作用，形成一股

---

① 原文刊登于《环境与可持续发展》2018 年第 6 期。

强大的"合力",驱动资源自由流动和优化组合。我国由于长期以来政府主导经济发展的路径依赖,市场自发形成绿色投资的动力不足;而且在许多有利于环保的行业和领域,由于技术是否足够成熟、市场运用能否顺利推进等各种变数的存在,对市场收益和风险的判断存在一定的难点,投资者进入这些领域会偏于慎重甚至保守。

绿色投资的重要特点在于,既要有长期性的预期,又要能够根据市场的瞬息变化做出相应的调整,特别是在技术变革的关键时刻,准确的、及时的绿色投资可能对技术的研发和应用发挥重大的推进作用。过于严格甚至僵化的制度框架设计,可能导致丧失重要市场机遇,而且严重打击市场的预期和信心。因此,我们认为,解决全面加强生态环境保护,坚决打好污染防治攻坚战的巨大资金缺口问题首先要对政府直接投资与强化市场动力予以统筹平衡,使市场在资源配置中起决定性作用,更好地发挥政府作用。

二、英国绿色投资集团经验分析和借鉴

在国际上诸多可借鉴的经验中,英国绿色投资集团在制度设计和运行中,较好体现了政府与市场的分工,也兼顾了环境效益与经济效益。

(一) 经验介绍

1. 成立的背景

为应对温室气体排放和全球气候变暖问题,英国政府提出了一系列绿色发展目标。据估计,单为实现 2020 年绿色发展目标,英国就需要投资 1 100 亿英镑。一方面绿色投资资金缺口巨大,另一方面,英国政府负债水平过高,绿色投资只能基本依靠私人部门投入。

2. 运作的模式

GIG 在私有化之前,由英国政府全资控股,不是严格意义的商业银行或投资银行,不吸收公众存款也不发债筹资,银行使用政府提供的引导资金,按商业化条款,支持大中小绿色项目,每个项目中 GIG 的总投资额不超过投资需求的 50%,其他 50% 以上的投资必须吸引市场投资进入,同时强调项目必须具备绿色和可盈利两个基本特征,一旦项目实现较好盈利,政府会尽快退出,交由市场运作,更接近于投资基金。为了确保私有化后 GIG 可以始终履行绿色投资义务,英国政府在收购条款中增加了一条"黄金股东"的要求,即在涉及投资时拥有绝对否决权。

3. 业务领域和流程

GIG 强调项目的绿色性,选择海上风电、废物和生物能源、能效、可再生能源等绿

色经济核心领域开展业务。GIG 项目的业务流程包括初步信息提供、尽职调查和谈判、做出投资决定、双方签订协议、PIM 部门对项目进行持续跟踪和监控等。为了避免政府过多干预 GIG 决策，10 个董事会成员中只有 1 个代表政府部门。此外，为了确保 GIG 对绿色项目的收益与风险具有较高的识别能力，GIG 将员工总数的 60%以上提供给绿色行业领域技术专家，并对贷款全生命周期的"绿色绩效"进行贷前论证、贷中监督、贷后持续评估和考核。

4. 取得的成效

截至 2016 年 3 月英国政府启动绿色投资银行私有化进程，GIG 在英国绿色投资中的市场份额为 48%，其中 11%为独立融资，37%与其他机构合作融资；支持了近 100 个绿色基础设施项目，每投资 1 英镑可带动近 3 英镑的私人资金，发挥了 3 倍效果的杠杆作用，有效解决了英国绿色基础设施项目建设中的市场失灵问题，引导大量私人投资投向绿色产业。2017 年 4 月英国绿色投资银行被以 23 亿英镑的总价格出售给麦格理集团有限公司（Macquarie），麦格理承诺将在未来 3 年内实施总额为 30 亿英镑的绿色能源项目投资计划，比其成立以来的 4 年半时间累计投资 34 亿英镑的投资力度更大。

（二）主要启示

一是确保选择项目的绿色性。GIG 私有化之前投资的基本要求是项目的绿色性，聚焦的是海上风电、废物和生物能源、能效、可再生能源等绿色经济发展的核心领域和基础设施。按照麦格理的计划，收购英国绿色投资银行之后将完全致力于实现绿色增长目标，以能源技术为核心创建 3 个"投资平台"，重点投资海上风电、储能和潮汐潟湖。

二是明确政府的引领作用。绿色金融具有一定公益性特性，需要政府绿色资金作为绿色投资市场的"催化剂"。政府作为投资者角色，可以参与商定重点投资方向，用政策引导市场预期，激发市场绿色投资动力，但对具体项目的选择和投资管理不应介入太多。同时，政府作为业绩考核者，可以相对超脱地对 GIG 取得的环境效益和经济效益做出科学评估。

三是充分发挥市场的决定性作用。GIG 私有化之前是由政府全资控股，但独立于政府运作，因所有投资都遵循"绿色"和"盈利"的双重原则，基本能满足大部分机构投资者的投资回报率需求，非常成功地吸引了英国绿色经济领域的私人资本。此后，政府放开所有权管制，完全交由市场运作，GIG 私有化引入新投资者将确保其在绿色项目投资上的良性发展。

四是坚持项目风险管理和绩效评价。GIG 利用自己的一套绿色投资风险评估体系，根据相应的绿色评级标准，对每一个投资项目都进行内部严格的绿色影响评估，确保项目符合绿色环保经济宗旨、具有可观的风险投资回报率和由于外部性导致市场失效需要GIG介入等标准，并在项目运营期间进行严格、细致、持续的监管和风险评估。通过发布绿色业绩年度报告，公开项目投资信息，协助投资者正确认识绿色环保项目的风险和投资回报率，激发市场绿色投资的动力。

三、构建我国绿色发展基金体系的建议

解决污染防治攻坚战资金需求缺口，设立国家绿色发展基金，需要统筹政府和市场的力量，以政府有限资金为引导，利用市场运作吸引大量社会资本参与，利用绩效评估确保环境效益，全力用好政府这只"看得见的手"与市场这只"看不见的手"。

一是设立"政府出资、市场运作"的国家绿色发展基金。借鉴英国绿色投资集团做法，结合现有的环保各项专项资金投放方向，对目前主要依赖政府资金的各领域绿色投资需求进行汇总、比较、梳理，确定政府出资的合理规模；由政府拨付专项资金，启动建设国家绿色发展基金；组建专业化的投资团队并建立商业化的运用机制，强化信息公开，规避投资风险，明确收益预期；根据污染防治攻坚战的迫切需求科学确定投资领域；建立健全项目评价管理的标准规范和透明流程，引进社会监督和第三方监管，对项目的环境效益和经济效益进行科学评估。

二是更好地发挥政府作用，用政策预期激发市场绿色投资动力。结合"史上最严环保法"和中央环保督察等一系列法律法规政策的贯彻实施，从行政处罚、民事赔偿、刑事追责等方面强化生产者环保责任和地方政府生态环保责任，从源头激发绿色投资需求。利用政府资金投资绿色项目，稳定投资预期，分担部分投资风险，保障投资回报率，激发绿色投资者的动力和信心，引导和鼓励更多社会资本投入生态环保领域。强化信息公开，将企业环境违法信息纳入企业社会诚信档案并向社会公开，对破坏市场公平竞争的行为严格惩处，坚定投资者信念，确保绿色投资绩效得到充分发挥。

三是充分发挥市场配置资源的决定性作用，逐步完善绿色投资市场体系。牢记政府资金的引领角色定位，明确政府资金的使命边界，对于经过一段时间引导和扶持后可以市场化推进的领域，政府资金要有序退出，完全交由市场运作，让市场在配置资源中起决定性作用。同时，完善绿色投资标准规范和流程，维护公平有序的市场竞争秩序，减少一切阻碍绿色投资合规合理流动的不当干预，让市场更为自主和全面地判定收益和风险，切实发挥配置资金的重要作用。

参考文献

[1]　秋石. 论正确处理政府和市场关系[EB/OL]. 求是. 2018-01-16. http：//www. xinhuanet. com/politics/2018-01/16/c_1122263834. htm.

[2]　中共中央关于全面深化改革若干重大问题的决定[EB/OL]. 新华社. 2013-11-15. http：//www. gov. cn/jrzg/2013-11/15/content_2528179. htm.

[3]　中共中央　国务院关于全面加强生态环境保护坚决打好污染防治攻坚战的意见[EB/OL]. 新华社. 2018-06-24. http：//www. xinhuanet. com/politics/2018-06/24/c_1123028598. htm.

[4]　卜永祥. 英国"绿投行"对我国绿色金融发展具有重要借鉴意义[EB/OL]. 2017-09-14. http：//greenfinance. xinhua08. com/a/20170913/1726112. shtml.

[5]　中国储能网新闻中心. 麦格理收购英国绿色投资银行[EB/OL]. 2017-05-03. http：//www. escn. com. cn/news/show-417136. html.

[6]　江蓓蓓. 窥探英国绿色投资银行管理模式[EB/OL]. 2015-03-30. http：//money. 163. com/15/0330/05/ALUAH3ME00253B0H. html.

中国环境污染责任保险制度构想①

别　涛　王　彬

环境污染责任保险（Enviromental Pollution Liabillty Insurance）目前尚无统一定义。根据保险法基本原理，它是基于环境污染赔偿责任的一种商业保险行为。在环境污染责任保险法律关系中，存在三方当事人，即排污单位（投保人，也是被保险人）、保险人（保险公司）和第三人。排污单位因为污染事故等原因给第三人造成损害（包括人身伤害、财产损失以及环境损害）时，依法应当承担赔偿责任。这种赔偿责任有时可能巨大，甚至排污单位可能无力承担。

如最近广泛报道的甘肃省徽县有色金属冶炼公司，是一家规模不大的地方企业，工艺落后，冶炼过程中排放大量含铅废物，不仅污染空气、水体和土壤，而且对当地居民身体造成严重伤害。初步发现已经导致周围 368 名村民血液含铅量超标，其中血铅超标的儿童 334 人，人体检测、化验和后期治疗费用，以及环境监测、清理和恢复费用都十分惊人。为了适当转移和分散这种污染赔偿责任，从而既使污染受害人能够得到补偿，也确保生产单位的经营活动能够继续进行，环境污染责任保险机制应运而生。

在环境污染责任保险机制中：排污单位作为投保人，向保险公司预先缴纳一定数额的保险费（Premium）；保险公司则根据约定收取保险费，并承担赔偿责任，即对于排污单位的事故给第三人造成的损害，直接向第三人赔偿或者支付保险金。

环境污染责任保险制度主要起源于工业化国家，随后部分发展中国家也开始建立。迄今为止，主要发达国家的环境污染责任保险制度已经进入较为成熟阶段，并成为其通过社会化途径解决环境损害赔偿责任问题的主要方式之一。为分散企业环境污染赔偿责任，最大限度保护受害者，尽量减少社会和国家的损失，有必要借鉴国外环境保险的经验，探索建立我国的环境污染责任保险制度。

---

① 原文刊登于《环境保护》2006 年第 22 期。

一、建立中国的环境污染责任保险正当其时

目前，中国的环境形势依然十分严峻。环境污染和生态破坏造成了巨大经济损失，危害群众健康，影响社会稳定和环境安全。未来 15 年我国人口将继续增加，经济总量将再翻两番，资源、能源消耗持续增长，环境保护面临的压力越来越大。因此，需要探索建立新的污染防治和责任承担机制，更有效地推动环境保护工作。

（一）环境事故频发要求稳定的补偿保障机制

近年来，全国相继发生一系列重大环境污染事件，并造成重大损失。据统计，2004年，国家环保总局共接到 67 起突发环境事件报告。其中，特别重大环境事件 6 起，重大环境事件 13 起，造成 21 人死亡、705 人中毒（受伤），直接经济损失达 5.5 亿多元。从 2005 年 11 月 13 日中国石油集团公司吉林石化发生爆炸、造成松花江水污染事件到2006 年 4 月 17 日第六次全国环保大会召开，共发生各类重大突发环境事件 76 起，平均每两天就发生一起。重大环境污染事故频繁发生，标志着中国已经进入环境风险的高发期。

鉴于我国环境污染事故频发的趋势，建立我国环境责任保险制度势在必行。环境污染责任保险，实质上是一种赔偿污染损害的财务保障机制。通过众多排污单位分别缴纳的污染责任保险费，积少成多，用以补偿个别企业因为污染事故给少数人造成的损害，既可以使环境受害者获得应有损害赔偿，也可以将单个污染企业的环境污染责任分散化，还可以使政府和社会的责任也会有所减轻，从而有利于促进我国经济、社会和环境的协调发展。

（二）我国有关环境污染责任保险的立法现状

虽然我国还没有建立完整的环境污染责任保险制度，但在一些国内环境立法和国际环境公约中，还是可以看到环境污染责任保险的相关规定。这些规定应当成为建立专门的环境污染责任保险制度的良好基础。

1. 国内环境立法的相关规定

1982 年制定的《海洋环境保护法》第二十八条对污染保险做了相应规定，即："载运 2 000 t 以上的散装货油的船舶，应当持有有效的《油污损害民事责任保险或其他财务保证证书》，或《油污损害民事责任信用证书》，或提供其他财务信用保证。"

1999 年修订的《海洋环境保护法》第六十六条进一步规定："国家完善并实施船舶

油污损害民事赔偿责任制度；按照船舶油污损害赔偿责任由船东和货主共同承担风险的原则，建立船舶油污保险、油污损害赔偿基金制度。实施船舶油污保险、油污损害赔偿基金制度的具体办法由国务院规定。"

依照《海洋石油勘探开发环境保护管理条例》（1983年）第9条的规定，从事海洋石油勘探开发的企业、事业单位和作业者，应当购买污染损害民事责任保险或者提供其他财务保证。

国务院2006年9月19日公布的《防治海洋工程建设项目污染损害海洋环境管理条例》第27条也规定："海洋油气矿产资源勘探开发单位，应当办理有关污染损害民事责任保险。"

2. 国际环境公约的规定

1960年订于巴黎的《核能领域第三者责任公约》规定了强制性的核污染损害责任保险。第3条规定：核设施的经营者应当对遭受核损害的第三者的人身或者财产损害，承担责任。第10条规定：为了落实损害赔偿责任，经营者应当建立并维持保险或者其他财务保证。虽然我国尚未加入该公约，但我国在民用核设施领域实际上已经采用了类似的责任保险机制。

我国1980年接受了《1969年国际油污损害民事责任公约》。该公约第7条明确规定："在缔约国登记的载运2 000 t以上散装货油的船舶所有人必须进行保险或者作出其他财务保证。"事实上，正是由于该公约的规定，直接推动了我国海洋油污责任保险制度的建立。

中国1999年批准加入的《控制危险废物和其他废物越境转移巴塞尔公约的责任和赔偿议定书（1992年）》第14条规定：就危险废物越境转移造成的环境污染损害而言，"责任人应当在责任时限之内，建立并维持保险或者其他财务保证"。

（三）环境污染责任保险的初步实践

20世纪90年代初，我国由保险公司和当地环保部门合作推出了污染责任保险。大连是最早开展此项业务的城市，1991年正式运作。后来，沈阳、长春和吉林等地也相继开展。

总体而言，我国环境污染责任保险试点情况并不理想，有的城市因无企业投保，已处于停顿状态。究其原因，一是保险的赔付率过低，而保费却过高。如大连市1991—1995年的赔付率只有5.7%，沈阳市1993—1995年的赔付率为零，远远低于国内其他险种50%左右的赔付率，更是低于国外保险业70%～80%的赔付率。而环境污染责任保险费率是按行业划分的，最低费率为2.2%，最高为8%，较其他险种只有千分之几的费率相比，要高出好几倍。在赔付率很低的情况下，坚持高保险费率不做调整，就会影响企业投保的积极性。二是我国的环保法规不够健全，执法也不严格，对排污者客观上形不成压力。据权威部门估算，我国由于环境污染造成的直接经济损失每年达 1 200 亿元，而实际赔偿数额却少得可怜，绝大部分损失由受害者、国家、社会来承担。对这种"环境违法成本低、守法成本高"的不合理局面，必须通过创新机制，完善法制，尽快改变。

二、中国建立环境污染责任保险机制的设想

2006 年 6 月 15 日，国务院发布了《关于保险业改革发展的若干意见》（国发〔2006〕23 号）。该意见第五部分以"大力发展责任保险，健全安全生产保障和突发事件应急机制"为题指出，要"充分发挥保险在防损减灾和灾害事故处置中的重要作用，将保险纳入灾害事故防范救助体系……采取市场运作、政策引导、政府推动、立法强制等方式，发展……环境污染责任等保险业务"。这一规定必将有助于进一步推动我国环境污染责任保险制度的建立。国家环保总局和中国保监会也正在为此积极探索和推动中国的环境污染责任保险制度。虽然我国环境污染责任保险仍处于起步阶段，但有国外成熟经验的借鉴，国内部分行业试点的参考，社会的呼吁、国家的重视，建立我国环境污染责任保险制度是有基础的。

为此，我们提出十点建议如下：

（一）保险方式：强制保险与自愿保险结合的模式

强制保险是发展趋势，而且强制责任保险和自愿责任保险相比，存在以下优势：①强制责任保险要求特定人必须投保，可以避免污染者不予投保或者保险公司拒绝受理，以保障受害人能够得到有效获得赔偿，维护社会公益；②无论是污染潜在可能性高的企业，还是污染潜在可能性低的企业，在强制责任保险制度下一律要求投保，可防止被保险人均是高危群体而破坏保险架构；③可以赋予受害第三者直接请求权。一般的责任保险并非直接保障受害第三者，所以第三者没有直接请求保险给付的权利，但因强制保险的立法目的在于保障受害第三者以及被保险人，因此强制责任保险通过立法规定受害人可以在法定保险金额范围内直接向保险人请求给付保险金，使受害人得以迅速获得理赔。

但在我国，企业环境污染责任保险意识还很薄弱，不少中小企业经济效益一般，因此，在现行法律框架下还不具备全面实行强制保险的基础，应由政府给予积极引导，鼓励企业自愿购买环境污染责任保险。另外，我国近年来环境污染事故频频发生，无辜受

害者得不到应有赔偿的现象还比较普遍。如果完全采用自愿保险方式，必将出现受害者的损失得不到赔偿，被损害的环境得不到修复的情况。根据我国的国情和社会经济的发展，在起步阶段，可以对存在重大环境风险的行业和企业，通过现行试点，逐步推行强制责任保险。

（二）强制保险的适用对象：主要涉及危险物质和环境敏感区域

在推行环境污染责任保险的过程中，其具体对象可以先从环境危害特别巨大的领域开始，然后逐步扩大。根据我国环境污染的实际状况及其原因，在初期阶段可以选择以下一种或者多种对象：①使用危险物质作为生产原料的企业；②排放有毒污染物或者其他危险废物的企业；③位于环境敏感区的排污企业；④危险废物集中处置场所的经营管理单位；⑤生产具有剧毒特性的危险化学品（如砒霜）的企业；⑥民用核设施的经营单位。

关于"危险物质""有毒污染物""危险废物""环境敏感区"等专门概念的含义和范围，国家有关法律、法规或者标准都有相应规定。

（三）保险责任范围：突发性污染责任与渐进性污染责任相结合

在确定环境污染责任保险范围时，应综合考虑受害者、保险人、被保险人的利益，通过环境污染责任保险的实施，真正达到"分担风险、保护受害者、维护社会和国家利益"的目的。如果范围过窄，对投保企业的环境风险转移得太少，赔付率低，企业就没有积极性投保环境污染责任保险。从国外的实践看，虽然保险责任范围有扩大趋势，但这种趋势不可能最终取消保险责任的限制。我国环境责任保险仍处于起步阶段，保险责任的范围不宜过宽。

在起步阶段，对突发性和持续性的污染事故提供保险，这不仅符合国际保险业的发展趋势，也适应污染事故发生的现状。我国目前都只把突发性污染事故造成的民事赔偿责任作为保险标的，这是因为突发性环境风险一旦发生，受害人容易发现，损害容易认定。本着先易后难的原则，应当先行发展对于突发性环境风险的保险。但在实践中，因污染而造成民事赔偿的不仅仅限于突发性污染事故，还有逐渐性污染事故，污染物累积到一定程度，同样会对第三人造成人身或财产损害，且后者出现的频率和损失额要比前者大得多。因此，对持续性的环境污染事故给予保险也是客观需要。

（四）责任免除

在确定环境保险责任免除的范围时，国外通用的做法应借鉴，同时还应根据我国的国情，结合我国的现行法律确定责任免除的范围。

根据责任保险理论，责任保险最显著的功能在于填补损害功能，即填补被保险人的财产和利益所受到的直接损失与被保险人因为承担赔偿责任而受到的消极损失。但不是被保险人一切环境责任后果都应由保险人承担。根据现行环境法律，主要有三种免责情形：①不可抗力；②第三者责任；③受害人自身责任。

（五）保险赔付范围

从理论上讲，只要是保险责任范围之内的损害赔偿都是赔付的范围，即作为环境污染责任者，依法应对受害者承担环境污染损害赔偿责任，如果污染行为者对该环境责任购买了保险，则应由保险公司承担损害赔偿责任。但是，如何确定环境污染损害的范围？这是实践中比较棘手的问题之一。

1．环境污染损害的界定

一般认为，作为法律所保护的对象——环境，不仅有自然环境，还应当包括人为环境。

环境污染损害，是环境污染行为给受害者造成的人身伤害、死亡以及财产损失等后果。根据我国《海洋环境保护法》第九十五条，"海洋环境污染损害"，是指直接或者间接地把物质或者能量引入海洋环境，产生损害海洋生物资源、危害人体健康、妨害渔业和海上其他合法活动、损害海水使用素质和减损环境质量等有害影响。

关于环境污染损害的规定，中国已经批准的有关环境条约的规定值得特别注意。例如，《控制危险废物和其他废物越境转移巴塞尔公约的责任和赔偿议定书（1992年）》规定，危险废物引起的环境污染造成的"损害"是指：①生命丧失或人身伤害；②财产丧失或损坏；③直接产生于通过以任何方式使用环境而获取的经济利益的收入因环境遭到破坏而告丧失，同时计及可节省的资金和所涉费用；④为恢复被破坏的环境而采取的措施所涉费用，但只限于已实际采取或拟采取的措施所涉及的费用。其中，"恢复措施"是指任何旨在评估、恢复或复原遭受损害或被毁坏的环境构成部分的合理措施。国内法律可指明何人有权采取此类措施；⑤预防措施所涉费用，包括此种措施本身所造成的任何损失或损害，只要此种损害系由受《公约》管制的危险废物和其他废物在越境转移及处置中因其危险特性而引起或造成。其中，"预防措施"是指任何人为应付某一事件而采取的、旨在防止、尽量减少或缓解损失或损害或进行环境清理的任何合理措施。

2．环境污染财产损失的范围

在环境污染损害赔偿范围的确定上，通常遵循两个原则，一是对财产损失全部赔偿的原则；二是对人身伤害只赔偿所引起的财产损失的原则。对财产损失全部赔偿，是指赔偿范围的大小要以行为人的污染行为所造成的财产损失大小为依据，全部予以赔偿；对人身伤害只赔偿因伤害而产生的财产损失。

关于环境污染引起的"财产损失"，国家最高司法机关最近发布的有关司法解释做了明确规定，可资参考。最高人民法院 2006 年 7 月 21 日公布的《关于审理环境污染刑事案件具体应用法律若干问题的解释》第四条规定，本解释所称"公私财产损失"，包括：

——污染环境行为直接造成的财产损毁；

——污染环境行为直接造成的减少的实际价值；

——为防止污染扩大而采取的必要的、合理的措施而发生的费用；

——为消除污染而采取的必要的、合理的措施而发生的费用。

最高人民检察院 2006 年 7 月 26 日公布的《关于渎职侵权犯罪案件立案标准的规定》规定，"直接经济损失"是指与行为有直接因果关系而造成的财产损毁、减少的实际价值；"间接经济损失"是指由直接经济损失引起和牵连的其他损失，包括失去的在正常情况下可以获得的利益和为恢复正常的管理活动或者挽回所造成的损失所支付的各种开支、费用等。

3. 环境污染精神损害问题

环境污染损害是否包括精神损害？我国过去在侵权法理论上一般不承认"精神损害"的赔偿。但是，最高人民法院于 2001 年 3 月 10 日正式做出了《关于确定民事侵权精神损害赔偿责任若干问题的解释》（以下简称《解释》）之后，民事侵权赔偿包括精神损害赔偿已不存争议了。浙江杭州等地方法院近年在审判环境污染损害案件的判决书中，也已经出现了赔偿因环境污染造成的精神损害的实际判例。环境侵权也属于民事侵权，责任人当然也应对受害者承担精神损害赔偿责任。

4. 保险赔付限额

一般而言，责任保险人依照保险单约定而应当给付的赔偿限额，主要有四种形式：保险期间的累计最高赔偿限额、每次事故赔偿限额、每次事故每人赔偿限额和被保险人的自负额。即保险赔偿只是损害赔偿制度的补充，赔付金额最多不得超过保险金额。所以保险金额的设置很重要。

总之，环境责任保险的赔付不能够取代环境污染损害的赔偿，在保险人承担保险赔付限额之外，加害人仍然需要承担不足部分的赔偿责任。

（六）保险费率

保险费率是指单位保险金额应交付的保险费。环境责任保险应本着"高风险、高保费，高赔付；低风险，低保费，低赔付"的原则。在具体厘定保险费率时应考虑被保险人的风险程度和最大赔付金额。

在环境污染责任保险中，保险费率的确定是最困难的，这不仅是因为保险费率的确定需要大量的环境污染侵权事实作为基础，而且还因为要准确地确定每个企业污染风险的等级非常困难。针对我国目前的情况，对重点污染区域、一般污染区域、轻度污染区域的排污企业实行差别费率，并且对每个区域的排污企业的排污程度不同实行可浮动的保险费率。这样不仅可以照顾到不同污染区域不同污染程度企业的公平，同时还有利于促使企业不断地提高技术水平，减少污染物的排放，防范事故风险，避免事故的发生。我国目前的环境污染责任保险费率较高。污染责任保险费率是按行业划分的，最高为2%。较其他险种只有千分之几的费率相比，要高出好几倍。如此高的费率，赔付率又低，势必会影响企业投保的积极性。

（七）保险索赔时效

环境污染事故发生后，其后果具有潜伏性、累积性等特点，其所引起的损害一般要在几年或几十年后才会爆发。这一不确定性往往使保险人对被保险人发生在保险单有效期内的污染而造成的损害无法把握其未来的赔偿责任。为平衡保险人和被保险人的利益，促进环境污染责任保险的健康发展，可以借鉴美国的做法，规定环境污染责任保险索赔时效最长为 30 年。但对于一些后果明显并确定的，保险索赔时效可规定为 3 年，自危害后果发生之日起计算。如果索赔时效太短，部分受害人的权利保护就难以实现。

（八）承保机构

由于我国幅员广阔、环保水准又参差不齐，环境责任保险的理论研究和实务经验都很欠缺，如果由一家或几家保险公司单独承保不现实，建议根据保险事故的不同，选择不同的保险机构。如对于突发性的环境事故，可采取英国的方式由现有的财产保险公司承保；而对于持续性的环境事故，可借鉴美国的方式组建专门的政策性保险机构开展相应的业务，或者由国家环保总局与中国保监会协商，选取和推动有实力的保险公司进行联保。

（九）发展环境保险和保险中介

环境污染责任风险的广泛性，不仅要求增强企业的环境风险管理和环保部门的环境行政监管，还要求充分发挥保险公司和保险中介机构在防范企业环境风险方面的特殊作用。根据我国《保险法》第三十六条的规定，投保人应当遵守国家有关消防、安全、生产操作、劳动保护等方面的规定，维护保险标的的安全；保险人可以对保险标的的安全状况进行检查，及时向投保人提出消除不安全因素和隐患的书面建议；保险人为维护保险标的的安全，经被保险人同意，可以采取安全预防措施；投保人未履行其应尽的安全责任的，保险人有权要求增加保险费或者解除合同。

据此，排污企业如果参加了环境污染责任保险，遵守保护环境和防治污染的法规标准不仅是企业的法律义务，同时也是其保险合同的义务要求。保险公司为了及时发现和避免环境污染事故风险，可以进入企业进行环境安全检查，并可向企业提出书面改进建议。保险经纪人基于投保人的利益，可以协助排污单位进行专业性的环境风险评估。如果企业未能履行其应尽的环境安全责任，保险公司有权要求增加保险费或者接触保险合同。保险公司和保险经纪人参与企业环境风险监管，无疑是对政府及其环保部门环境行政管理的有力支持。环保部门则可以通过对保险公司和保险经纪人的环境专业培训，提高其对企业环境风险的评估能力和监管水平。

（十）政府支持

环境污染责任保险刚刚开始，环境责任保险经营风险大大高于其他商业保险，因此，其发展需要各级政府的扶持和一些措施的保障。如政府出面促使各保险公司联合承保，以进一步分散风险等；要借鉴国外的经验，给予保险企业优惠的税收政策；要壮大保险基金，并鼓励和引导保险公司参与环境责任保险。

环境污染责任保险问题已经不再仅仅是个理论问题，而是我国环境法制建设所面临的一个实际问题，需要国家提供立法支持。我们相信，有国家和社会各界对环境保护的关心和重视，有《民法通则》《环境保护法》关于环境污染民事赔偿责任为基本依据，有国外环境责任保险的经验可资借鉴，有国内相关行业责任保险的实践作为参考，特别有《保险法》和 2006 年 6 月 15 日发布的《国务院关于保险业改革发展的若干意见》中关于"发展环境污染责任保险"的规定作为新的动力，中国环境污染责任保险制度的建立，时机已经趋于成熟。

环境污染责任保险制度的困境与发展策略[①]

李华友

一、环境污染责任保险面临的困境

环境污染责任保险的实施取得了积极的社会反响，环保与保监部门的协调工作机制正在完善，多个环境污染责任保险产品投入市场，各地的试点工作也在稳步推进，全国环境污染责任保险试点取得了阶段性进展。但总体来说，我国环境污染责任保险尚处于发展初期，相关法律、标准、运作等方面还存在许多问题，在国际金融危机的冲击下，这些问题在各试点地区表现得尤为突出，迫切需要得到解决。

1. 金融危机对环境污染责任保险影响巨大

尽管国际金融危机对国内保险业的总体影响较小，但对我国的出口业务冲击较大，国际市场对资源型、高污染的产品需求大幅度下降，国内许多相关生产企业都处于停产和半停产状态，而这些受影响的企业多数是高污染、高环境风险的企业，是环境污染责任保险的主要覆盖面。即使受金融危机影响较小的企业，也会采取谨慎的财务制度，在外部约束不变的情况下，不愿主动购买环境污染责任保险产品，市场对保险产品的需求大幅度下降。

2. 企业对投保环境污染责任保险不积极

即使没有国际金融危机的影响，许多企业对环境污染责任保险持"观望"的态度，购买的积极性并不高。一方面，企业的保险意识普遍偏低，并没有把保险作为风险防范的工具，而且中小企业对保费比较敏感，不会轻易增加成本用于预期效果尚不明朗的保险产品。另一方面，许多企业缺乏环境风险防范意识，对污染事故的发生抱有侥幸心理，总认为环境事故不会发生在自己身上，不愿意投入资金购买防范环境风险的保险产品。

---

① 原文刊登于《环境保护》2009 年第 18 期。

此外，一些大型化工企业对环境污染责任保险的态度也不积极，认为自身财力雄厚，可自行解决污染赔偿问题，而且担心国内保险公司不具备高额损害赔偿能力。

3．国内保险公司承保环境污染责任保险的能力不足

由于环境污染事故造成损害赔偿金额普遍很高，承保的范围相对较窄，主要集中在环境污染风险大的领域，加上发展历史较短、经营管理方式远未成熟，因此经营风险明显高于其他商业保险。与普通的人身保险和财产保险相比，环境污染责任保险的利益不确定性较大，索赔时效长等，进一步增加了保险公司的经营风险。所以，目前投入市场的保险产品普遍存在投保范围小，赔偿范围窄，免责过多等问题，直接导致产品的市场需求不高，易形成恶性循环。

4．政府和相关行政管理部门推动难

在很多试点省市，环境污染责任保险的推广主要依靠的是行政力量，行政干预过多违背了环境污染责任保险依靠市场机制加强环保的本意，不仅无法改变行政手段使用过多的问题，而且很难建立环境污染责任保险运作的长效机制。此外，由于环境污染责任保险是一个市场盈利性产品，行政主管部门参与过多，一些企业会质疑其公正性，这个问题已经被许多地方环保部门提出，也就是地方环保部门在环境污染责任保险试点的参与方式和程度问题，实际操作过程中很难把握。

5．地方对环境污染责任保险的了解不够

环境污染责任保险在国内是一个新型环境政策，许多地方对其了解还不多，对其功能和作用缺乏认识，对于国家在环境污染责任保险方面的政策设计、发展目标、运作方式、管理重点等方面还缺乏系统的学习，试点工作中已经出现相关的问题，在推动方法、工作重点、产品设计等方面都暴露出对国家开展环境污染责任保险意图不清楚的问题，急需要解决。

二、制约环境污染责任保险推广的原因

我国环境污染责任保险的试点过程中，暴露出许多方面的问题，这是环境污染责任保险制度完善过程中必然会出现的现象，但必须充分分析这些问题。找出产生这些问题的深层次原因，将是进一步深入开展环境污染责任保险工作的关键。

1．环境污染损害赔偿责任不明确

我国在环境污染损害赔偿责任方面的规定并不明确，责任追究主要依靠行政处罚，环境事故的民事责任和刑事责任追究制度非常不完善，而法律赋予的行政处罚额度有限，许多环境事故肇事者只承担了少量的污染损失，当地社会和地方政府则承担了大部

分的损害，而且受损的环境和生态系统往往并不计入污染损失当中。在环境污染损害赔偿和责任追究制度不完善的情况下，企业既缺乏环境风险防范的意识，也不承担全部污染损害的赔付责任，大多不愿意将环境风险管理纳入经营成本之中，因此也就不具有购买保险的需求，导致环境污染责任保险的推广缺乏内在推动力。

2．环境污染责任保险的推广缺乏法律保障

我国现阶段还没有国家层次的法律法规对环境污染责任保险有规定，只有一些部门指导意见和地方法规。从该险种的长期发展来看，缺乏法律保障还是制约环境污染责任保险的一个关键因素，企业没有投保的法律义务，而过多地运用行政力量推动环境污染责任保险则违反了经济政策的运作规律，反而不利于环境污染责任保险的发展和功能发挥。因此，推动环境污染责任保险的立法工作，在相关环保立法中明确加入环境污染责任保险的内容，是当前环境污染责任保险制度完善的关键。

3．地方试点缺乏国家在政策、资金等方面的支持

我国目前还没有专项资金支持环境污染责任保险试点工作，试点工作的主要经费依靠地方财政支出。作为国家重点推动的环境经济政策之一，环境污染责任保险的试点工作应有专项资金的支持，不仅要保证试点工作的协调、调度、统筹方面的经费，而且要有一定的资金对积极参与的投保企业和保险公司予以适度补贴，毕竟试点初期市场经营风险较大，不确定因素较多，只有确保参与试点的企业运作良好，才能吸引更多的相关企业参与到环境污染责任保险中来。此外，多数参与试点的地方希望环保部能够发文明确支持地方的工作，便于地方捋顺关系，协调相关部门开展工作。

4．缺乏对投保企业和保险公司的激励机制

在环境污染责任保险开展初期，相关的法律和政策体系非常不完善，投保企业的风险防范预期和保险公司的盈利预期都很难确定，社会对其了解度和认可度不高，参与的投保企业和保险公司数量不多，这不符合保险业最基本的"大数原则"的要求，在缺乏必要激励机制的情况下，保险公司的经营风险被增大很多，同时投保企业也会因提交保费增加运营成本而降低在同类企业中的竞争力。考虑到环境污染责任保险具有较强的公益性，以及鼓励更多排污企业参与进来的因素，在试点阶段还是非常有必要制定可行的优惠政策，对这两类企业予以支持。

5．环境污染责任保险缺乏相应的标准

环境污染责任保险的推广还面临许多技术性问题，如国家尚未制定环境风险评估方法、污染损害认定和赔偿标准等。由于缺乏环境风险评估方法，环境风险的识别和量化难度很大，而且行业和企业间的差异较大，保险公司很难根据企业的环境风险进行产品定价。此外，由于缺乏国家环境污染损害认定和赔偿标准，保险公司从保护自身利益的角度出发制定赔偿条款，导致大多保险产品出现赔偿范围窄、免责条款过多等问题，削弱其公益性，营利性的特征过于明显。因此，相关环保标准的缺失已经影响到环境污染责任保险的推广程度和政策目标。

三、推动环境污染责任保险的政策建议

1. 应对金融危机，适度调整现阶段的发展策略

现阶段我国社会主义市场经济体制建设尚不完善，环境成本并没有完全体现在产品和服务当中，运用经济手段解决环境问题的经验非常匮乏，推行依靠市场机制调节的环境污染责任保险面临着不小的挑战。同时，金融危机对我国宏观经济的影响尚未结束，非常不利于环境污染责任保险的推广工作。因此，应根据经济形势和国家经济发展重心的变化，适度调整现阶段环境污染责任保险的发展策略。在环境污染责任保险试点方面，可保持现有试点的规模，集中在几个环境风险高、事故频发的区域和行业进行试点探索，积累经验和教训，逐步完善相关机制和政策，为今后全面推广环境污染责任保险奠定基础。同时，应积极加强环境污染责任保险相关的基础研究，包括相关数据积累、保险产品研发、环保标准的研究制定等，加强技术储备，着重解决试点中出现的技术难题，形成成熟的技术支撑体系。

2. 完善环境损害责任追究制度

我国当前迫切要建立环境损害责任追究制度，让环境事件肇事者承担对应的刑事责任和民事责任，按照污染经济损失向受害者进行赔偿，只有对企业形成真正的环保责任约束力，才能在市场上产生对环境污染责任保险的需求。首先，要在相关法律中明确环境事故肇事者应承担的赔偿责任，国际上通行应承担的责任包括：人员伤亡、财产损害、生态环境复原（或修复）及相关的评估费用等，对这些责任的规定可以在一个专项法律中明确，也可以在多个法律中进行规定。其次，要加强对环境事件肇事者的刑事和民事责任追究，改变以往主要依靠行政处罚的方式，多种方式追究肇事者的赔偿责任。最后，要强化和落实责任追究，让肇事者切实体会到法律的严肃性及赔偿的强制性，认识到环境风险防范的重要性，对推动环境污染责任保险将起到重要作用。

3. 建立完善的法律体系支撑环境污染责任保险

立法是当前环境污染责任保险制度建设的首要任务，必须尽快解决环境污染责任保险推广缺乏法律依据的状况，加快环境污染责任保险的法制化建设步伐，建立有利于环境污染责任保险推广的法律体系。要加强国家层次的立法，在相关的专项环保法律里面写入环境污染责任保险相关的内容，并制定配套的实施细则或管理办法。同时，要鼓励

有立法权的地区率先开展环境污染责任保险立法工作，先行先试，为国家相关法律制定积累经验。

4. 采取强制与自愿结合的保险模式

我国环境污染责任保险实践较少，企业环境风险防范意识还比较薄弱，在现行法律框架下还不具备全面推行强制保险的市场基础，但近年来环境污染事故频频发生，污染损害赔偿制度并不完善，无辜受害者得不到应有赔偿、损害的环境得不到修复的现象还比较普遍，如果完全采用自愿保险方式，缺乏社会责任意识的排污企业大多不会购买环境污染责任保险。结合国际环境污染责任保险的发展趋势和我国现实国情，应采取强制与自愿相结合的保险模式，鼓励大多数企业自愿购买环境污染责任保险，而对于环境风险大、环境污染严重的区域或行业，应实施强制环境污染责任保险。

5. 制定适用于环境污染责任保险的环保标准

环境风险评估准则、污染损害赔偿标准等标准是环境污染责任保险的基础性工作，是保证政策作用能够按照预定目标实现的关键。环保部应稳步推进相关标准的制定工作，结合已有研究成果和实践经验，设计出环境风险评估准则、污染损害赔偿标准的通用导则，在此基础上分阶段、分类提出农药、危险化学品运输、危险废弃物处置等行业的适用标准，确保能准确评价行业工艺的环境风险等级，规范保险公司赔付行为。

6. 加强环境污染责任保险培训和能力建设

加强培训，提高相关人员对环境污染责任保险的理解和操作能力。环保部和保监会应积极开展全国范围内的环境污染责任保险培训，让各级环保和保监部门、保险公司、保险经纪公司的负责同志和从业人员认识到环境污染责任保险的重要性和意义，对国家在环境污染责任保险的要求、目标、方法有深入的了解，掌握基本管理方法和技术手段，能够按照政策目标依托市场推动环境污染责任保险工作。同时应逐步加大环境污染责任保险的研究投入，加强相关工作人员的培训，提高保险业相关险种开发能力，提升相关机构在环境污染责任保险方面的研究和政策支持能力。

如何化解我国环境污染责任保险的困境
——湖南、云南两地环境污染责任保险难点及企业投保意愿调查与思考[①]

沈晓悦　冯　嫣　文秋霞

2007 年，国家环境保护总局与中国保监会联合出台了《关于环境污染责任保险工作的指导意见》，环境污染责任保险制度在我国开始逐步建立。据不完全统计，截至 2012年 8 月，全国已有 14 个省份开展了环境污染责任保险试点工作。这些省份包括：江苏、重庆、上海、湖南、湖北、云南、四川、山西、辽宁、内蒙古、广东、山西、河南、浙江。试点实践表明，推行环境污染责任保险，对防范企业环境风险、救济和赔偿污染受害者有积极作用，但由于我国相关法律和政策不健全，这项政策在实施中仍面临许多难点，有些地方甚至举步维艰。湖南和云南两省是我国环境污染责任保险推动力度最大的地区，也是赔偿案例最多的。因此，我们对这两地进行了深入调查和分析，通过问卷调查、访谈、座谈会等多种形式，了解了环境污染责任保险各利益相关方的意见和诉求，并形成一些初步认识和建议，旨在为相关部门决策提供支持和参考。

一、调查主要结论

通过调查发现，当前我国环境污染责任保险试点呈现出环保及政府部门高调推动、保险公司反应平平、企业态度冷淡的局面，具体表现为以下方面：

（一）企业投保环境污染责任保险意愿低

总体上讲，企业普遍对环境污染责任缺乏认识和了解，有 70%以上的被调查企业对环境污染责任保险完全不了解或只知道一些，只有不到 1/3 的企业比较清楚环境污染责

---

① 原文刊登于《环境战略与政策研究专报》2012 年第 22 期。

任保险的作用。大多数被调查企业没有主动参保的意愿，主要是认为自身不会发生事故，没有投保的积极性；此外认为环境责任保险属自愿性，对企业是否参保无约束。在已购买环境污染责任保险的企业中，有近一半的企业表示购买保险是听从了政府相关部门的要求，并非主动购买。

（二）保险产品不尽合理，售后服务近乎于零

在保费方面，有 40% 的企业认为保费较高，也有近一半企业认为保费基本合理。从保额来看，有近 1/3 的企业认为保额较低，而另外的 13% 认为保额设定较高，不符合企业需求。

在保险责任方面，超过一半以上的企业认为现行环境污染责任保险范围较窄，甚至有些企业认为保险范围非常窄。有 60% 以上的企业认为环境污染责任保险效果一般或者没有效果，而认为环境污染责任保险很有用的企业为 16%。

在风险管理服务方面，一半以上的企业表示购买环境污染责任保险但却没有享受过任何相关的风险管理服务。在购买保险时，33% 的企业接受了风险防范知识培训，有 13% 的企业由保险公司进行了风险的评估鉴定，但购买保险之后，得到风险定期检查等服务的企业近乎没有。

（三）保险具有一定风险分散作用，但作用较小

在购买环境污染责任保险的企业中，三家企业在购买环境污染责任保险后也发生了环境事故，其中两家企业都得到了保险公司的赔付。由于保险条款有每次事故的累计限额限制，保险公司只承担一部分企业的赔付金额，企业自己仍然进行了部分的赔付。以云南磷肥厂（Y01）污染事故为例，企业缴纳 1.6 万元保费，保额为 20 万元，但因保险条款设置了每次事故最高 2 万元的限额，污染事故发生后，损失 3.6 万元，保险公司赔付 2 万元，企业还要自行承担 1.6 万元。由此可见，环境污染责任保险在分担企业风险上起到了一定的作用，但仍非常有限。

（四）企业对环境污染责任保险的支付意愿随企业规模而变化，总体较低，但有发展潜力和空间

一是保额需求随企业规模增加而增加。只有不到 20% 的企业将理想保额设定在 50 万元以下，大部分企业将理想保额设定在 50 万～100 万元和 100 万～500 万元。近 40% 的企业希望未来增加保额。由于调查问卷中小型企业只占 20%，可以认为中型、大型和超大型企业对保额的要求比较高，未来保险发展具有潜力和空间。

二是企业对保费的支付意愿普遍较低。企业对保费的支付意愿主要集中在 5 000 元到 5 万元这个区间，乐意于支付更高保费的企业比例不到 10%。因此，从企业的支付意愿来看，企业更加愿意花更少的钱获得更高的保额。而小企业尤其希望将保额和保费控制在较低的水平（图 1、图 2）。

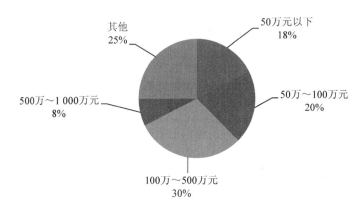

图 1　理想保额

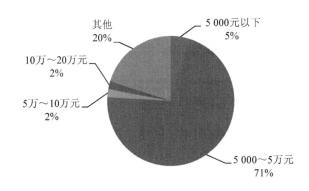

图 2　理想保额情况下的保费支付意愿

（五）企业期待环境污染责任保险产品有更宽的保障范围

对于环境污染责任保险的保险范围，企业希望得到以下保障：A（因突发意外事故导致污染损害造成的第三者人身伤亡或直接财产损失），B（因发生自然灾害导致污染损害造成的第三者人身伤亡或直接财产损失），C（因正常运营产生的污染物排放导致污染损害造成的第三者人身伤亡或直接财产损失），D（第三者为排除或减轻污染损害而发生的合理必要的清理费用），E（被保险人为了快速控制污染物扩散所发生的必要施救费用），F（被保险人因保险事故而被提起仲裁或者诉讼的，对应由被保险人支付的法律费用），G（其他）。其中，A、D、E、F 项在现行环境污染责任保险保单中基本覆盖，但是 B、C 两项尚未被保险公司纳入环境险赔付范围（图 3）。

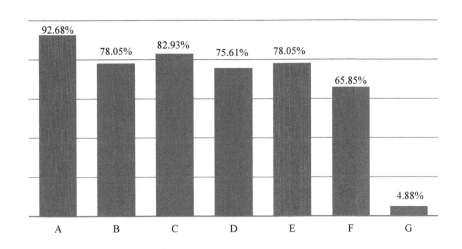

图 3　企业认为理想情况下保险公司应承担的保险责任

（六）缺乏有力政策支持是保险推行不利的重要原因

企业与保险公司都认为推行环境污染责任保险不利的重要原因是缺乏强有力的政府支持措施。此外，企业更多地认为环境污染责任保险的困难在于目前不合理的环境污染责任保险产品，保险范围过窄，条款苛刻影响企业购买意愿。而保险公司则认为最主要的问题在于缺乏强有力的政策支持，企业购买意愿低，无法形成市场。

（七）一些说法难成定论，有待深入研究和探讨

我国环境污染责任保险受很多因素影响，有不少观点和说法，例如，环境保险给企业带来了较大经济负担，影响了企业的市场竞争力；保险公司认为环境污染责任保险的风险太大，难以盈利；购买环境污染责任保险的企业数量较少，保险公司收到的保费较少，风险过高，因此保险公司不愿承保环境污染责任保险等，本次打分调查结果表明，这些说法并未得到各方的一致认同，仍有待深入研究和讨论。

二、对我国环境污染责任保险推行难的思考

国际经验表明，环境污染责任保险作为一项以市场为基础的经济政策，具有灵活、高效的特点，是命令控制型环境管理手段的重要补充。当前，我国推行环境污染责任保险面临诸多难题，原因是多方面的，这与我国经济社会发展阶段、法制化进程以及环境管理水平密切相关。

（一）缺乏外部约束力和内生动力是保险推行难的根本原因

保险市场的形成在于确实存在的保险需求，即投保人基于规避风险的目标，愿意以较小的、明确的"损失"（即保费）来替换大的、不确定的未来损失。如何使投保人形成这种"需求"，一方面是自我风险防控的主观意愿，另一方面是外在的约束和驱动。环境污染责任保险主要用于第三者生命财产和公共环境的保障，外部的约束和驱动因素至关重要。美国经验表明，如果没有相应的环境立法，或者环境立法对污染者的责任规定过轻、过松，都不会对环境责任保险产生有效需求。美国丰富的环境保险产品和活跃的环境保险市场得益于美国严格的环境立法。

当前我国环境风险日益突出，利用保险防范和分散风险的需求不断提高，然而，长期以来，由于我国环境侵权责任制度尚不健全，对企业违法处罚过低，对环境污染责任事故的追责和赔偿力度不大，难以形成企业承担污染损害责任并赔付的外部压力，企业环境风险防控也必然缺乏内生动力。这是我国环境污染责任市场需求不足、保险制度推行难的根本原因和必然结果。

（二）缺乏长效政策机制是保险推行难的外部原因

所谓责任保险是以投保人的法律赔偿风险为承保对象的一类保险，保险赔偿主要是对被保险人之外的受害方即第三者的补偿，呈外部性特征，这是责任险性质决定的。环境污染责任保险提供的风险保障更多体现为第三方受害者的保障，具有明确的负外部性。针对环境污染责任保险的市场失灵问题和维护公共利益的需要，国家应建立必要的政策干预机制。我国相关责任保险中，许多都有政策的支持，如机动车交通事故责任保险通过立法予以了强制，安全生产责任保险尽管不是强制性，但建立了风险抵押金转变为安全生产责任保险的制度，解决了企业投保需求不足的问题。

目前，环境污染责任保险处在既无法律依据又无政策支持的境地，尽管各试点地区环保部门全力推动，但总体效果并不理想，换来的是少数企业给政府部门"面子"而暂

时购买保险。如果缺乏长效机制，环境污染责任保险困境将难以突破。

（三）基础工作薄弱是保险推行难的技术原因

环境污染责任保险推广需要有效的技术支持，包括如何确定企业环境风险、评估污染损害、确定赔偿标准等。由于缺乏环境风险评估方法，环境风险的识别和量化难度很大，而且行业和企业间差异大，在诸多基础信息不清楚的情况下，使得保险公司难以根据企业环境风险进行精细化的保险费率厘定，只能从保护自身利益的角度出发，造成大多保险产品保费高、保障低，赔偿范围窄、免责条款过多，削弱了它的公益性，营利性的特征过于明显，并进一步导致企业认为保险无用而不愿购买。

三、关于更有效地推动环境污染责任保险的建议

环境污染责任保险是我国实施环境风险管理的重要探索，也是利用经济手段应对环境污染事故、及时救济污染受害者的重要途径。由于我国环境污染责任保险刚刚起步，试点出现问题很正常，对这项政策需要的不是边缘化而是完善。基于这样的认识，结合环保部门相关工作提出以下建议：

（一）加快建立行政手段与市场机制相结合的环境污染责任保险推进模式，将潜在市场变成现实需求

现阶段，我国环境污染责任保险离不开政府的推动和支持。为此，政府相关部门应明确职责，加快制订和完善相关法律和政策。具体是，以制定《环境损害赔偿法》为重点，完善环境损害救济法律制度，强化企业环境损害赔偿责任。同时，加快环境污染责任保险"入法"，明确企业投保和保险公司承保的责任和义务，建立和完善保险市场的监管机制和技术标准，营造有利于环境污染责任保险的市场环境。

（二）建立推动环境污染责任保险的支持和保障性政策

尽快出台高风险企业强制保险政策指导意见和实施细则，明确高风险企业范围、划分依据和标准，明确投保程序和要求。同时研究制订对环境友好企业投保的优惠政策，如给予保费优惠、优先获得各类环保专项资金支持等，从而激励自愿投保企业数量的扩大。具体可借鉴安全责任保险经验，推行购买环境污染责任或缴纳环境风险抵押金并行制度，强化企业环境风险责任。

（三）建立环保部门与保险公司的联动机制

应重视并加强保险公司对投保企业的日常服务与监督。环保部门与保险公司可形成联动监督机制，由保险公司组织专家对企业的日常环境风险进行监督检查，提出改进意见，当企业环境风险高且不采纳保险公司的建议时，保险公司可向环境部门报告，由环境行政部门行使环境行政执法权。

（四）强化环境污染责任保险基础性工作

环保部应研究制定更可操作的环保标准和指南，如污染损害赔偿标准、环境风险评估通用准则、污染场地清理标准和指南等，并在此基础上更为精细化地分阶段、分类提出重金属、危险化学品运输、危险废弃物处置等行业的适用标准和指南，使环境风险评估、污染损失赔付、污染场地清理等更公平透明的有章可循，有标准可依。同时，还应从环境风险管理的角度，加强对保险产品的评估与审核，保证保险产品切实起到环境风险防范的作用。作为保险公司，应积极研究开发适合国情的多样化的环境污染责任保险产品，以满足不同行业或企业的风险管理需求。

我国环境污染责任保险试点"双轨制"困境与解决方案[①]

李 萱 沈晓悦 黄炳昭 蔡 飞

我国的环境污染责任保险是指以企业发生污染事故对第三者造成的损害依法应承担的赔偿责任为标的的保险[1]。环境污染责任保险试点自 2007 年正式启动以来,至今已运行 7 年多。2013 年以来,环境污染责任保险政策有了较大进展,相关政策法律环境也有了较大改变。一方面,2013 年环保部与保监会联合发布了《关于开展环境污染强制责任保险试点工作的指导意见》,要求在试点地区的高环境风险行业开展环境污染责任强制保险试点工作;另一方面,2014 年 4 月 24 日,全国人大常委会通过修订后的《环境保护法》(自 2015 年 1 月 1 日施行)第 52 条规定,"国家鼓励投保环境污染责任保险",明确环境污染责任保险的法律性质为任意保险,非强制保险。但目前环境污染责任保险是以试点方式在通过国家政策引导在地方推行,地方试点在推行过程多采取了发布"试点企业名录"的形式,并结合环境管理手段约束企业投保。由此产生了有些学者称谓环境污染责任保险的"间接强制"现象[2]。环境污染责任保险试点推行的方式,存在法律性质上的任意保险与政策试点中的间接强制双轨并行的现象,由此产生市场公平问题以及企业投保动力不足等问题,此为环境污染责任保险的"双轨制"困境。

本文基于 2013 年及 2014 年上半年各省、自治区、直辖市环境保护厅(局)所提供的有关材料,主要基于江苏、湖南、广东等 10 个试点地方的相关数据对我国环境污染责任保险试点进展情况进行分析和总结,分析环境污染责任保险政策试点的市场规模情况,总结试点运行过程中的主要问题,并结合新的政策法律环境,提出下一步工作建议,为破解"双轨制"困境,进一步推动我国环境污染责任保险工作提供参考和依据。

---

① 原文刊登于《环境与可持续发展》2015 年第 1 期。

一、2013 年 10 个试点地方环境污染责任保险市场规模发展情况

2013 年，江苏、湖南、广东等 10 个试点地方的环境污染责任保险投保企业数量总计为 4 243 家，保费总额为 7 889.66 万元，保险提供的保障金额总计为 52.929 亿元。平均每家企业保费为 1.85 万元，平均每家企业责任限额为 127.74 万元（表 1）。

表 1　2013 年 10 个试点地方环境污染责任保险市场规模一览表

试点地方	投保企业总数/家	保费总额/万元	责任限额总额/亿元
江苏省	1 653	2 392	26.9
湖南省	1 453	1 928	6.4
广东省	480	1 360	7.7
四川省	372	1 080	7.45
安徽省	190	515.6	1.109
辽宁省	53	261	1.88
新疆维吾尔自治区	23	179.68	0.77
青海省	11	120.57	0.44
黑龙江省	5	14.51	0.13
江西省	3	38.3	0.15
总计	4 243	7 889.66	52.929

为了分析市场规模增长情况，本次调研将 2013 年的市场规模与 2011 年年底进行比较，在调研的 10 个地方，具备基本数据条件的地方只有四川、广东、江苏、湖南 4 个地方，因此，在有限数据的基础上，本文将上述 4 个地方投保企业总数、保费总额与责任限额总额进行了比较，数据时间跨度为 2011 年年底到 2013 年年底（表 2）。

表 2　具备数据比较条件的 4 个试点地方 2011 年年底与 2013 年年底的市场规模情况

试点地方	投保企业总数/家		保费总额/万元		责任限额总额/亿元	
	2011 年	2013 年	2011 年	2013 年	2011 年	2013 年
湖南省	592	1 453	无数据	1 928	12.3	6.4
四川省	71	372	283	1 080	2.44	7.45
广东省	9	480	100	1 360	0.46	7.7
江苏省	944	1 653	1 710	2 392	9.2	26.9
总计	1616	3 958	2 093	6 760	24.4	48.45

    从 4 个试点地方的投保企业总数看，2013 年年底较 2011 年年底有了较大增长（图 1），两年时间里，10 个地方投保企业总数增长率为 140%，责任限额总额也有显著增长（图 2），10 个地方的投保责任限额总额增长率为 90%。其责任限额总额增长率低于投保企业数量增长率。

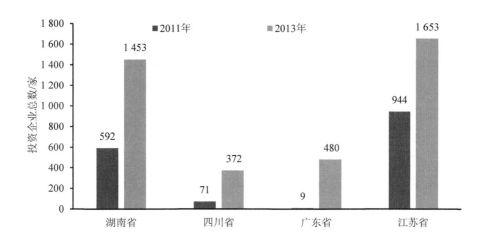

图 1　4 个试点地方 2013 年较 2011 年投保企业数量增长

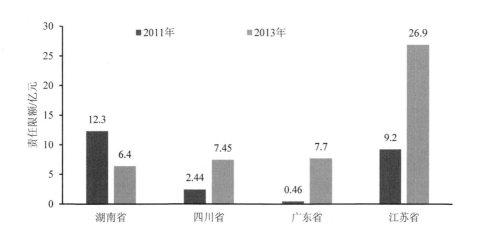

图 2　4 个试点地方 2013 年较 2011 年投保责任限额增长

二、环境污染责任保险试点推行的"双轨制"特点

（一）通过政策约束投保与承保主体

试点地方一般通过划定投保企业范围、确定保险公司、结合其他环境管理手段进行激励或约束等方式积极引导各方主体参与到环境污染责任保险市场中。具体表现为：

第一，政府主导划定投保企业范围。10个试点地方均通过政策文件规定了鼓励或应当投保环境污染责任保险的企业范围，并根据其范围明确了试点企业名单。目前地方出台的试点政策确定投保企业的范围主要有6个依据：①环境敏感区；②高环境风险企业，主要包括有毒有害化学品生产、危险废物处理等重污染排污单位，生产、经营、储存、运输、使用危险化学品企业，易发生污染事故的石油化工企业：垃圾填埋场，污水处理；③近年来发生过重大污染事故的企业；④各类工业园区；⑤生产工艺涉环境高风险的，如冶金、化工、石化、煤炭、火电、建材、造纸、酿造、制药、发酵、纺织、制革、采矿企业；⑥涉重金属行业。

第二，政府主导确定保险公司。10个试点地方均通过政府文件形式确定了一家或多家保险公司参与经营环境污染责任保险。在保险模式上，大致可分为三个类型，一是共保模式，即以省为单位组织统保，通过招投标方式形成共保体，由多家保险公司共同承保，其中一家为主保，所有承保的保险公司按照比例共同分担责任和利益。二是单独承保模式，政府确定参加试点的保险公司资格，不参与保险市场份额划分，各保险公司单独承保。三是分区模式，保险公司在省级相关部门划定的区域内开展业务，各保险公司单独承保。

第三，政府实施其他环境管理手段对投保企业进行约束或激励。为了促进高环境风险企业投保环境污染责任保险，很多地方把企业投保环境污染责任保险作为新建项目环境影响评价、"三同时"环保管理、审核换发排污许可证、强制性清洁生产审核、上市环保核查、绿色信贷支持、企业环境信用等级评价等环境管理手段以及审批环保专项资金的重要参考条件，以约束或激励手段积极引导企业投保。

（二）保险产品与服务仍按普通商业保险规则操作

环境污染责任保险产品是指以保单为表现形式的保险合同当事人的权利义务关系，主要体现为保险产品价格、种类与服务等方面。虽然在地方试点中推行的环境污染责任保险具有间接强制色彩，但其产品的价格、服务等仍然遵循《中华人民共和国保险法》

《中华人民共和国合同法》等法律规范，按照普通商业保险规则操作。

从保险责任看，环境污染责任保险产品主要承保突发性环境污染事故造成的直接损失，包括第三者因污染损害遭受的人身伤亡或直接财产损失，为排除或减轻污染损害对其所属场所内的污染物进行控制而发生的合理必要的清理费用，以及事故发生后，被保险人因保险事故而被提起仲裁或者诉讼等原因而支付的必要合理的"法律费用"。产品价格上，采取统保模式的试点地方在全省范围内统一费率，部分试点地方还规定了投保最低责任限额。环境污染责任保险产品均设定了环境污染责任保险的累积赔偿限额，每次事故责任限额、每次事故每人人身伤亡责任限额、每次事故每人医疗费用责任限额、每次事故清污费用责任限额、法律费用责任限额等以确保保险人的赔偿能力。

三、环境污染责任保险"双轨制"困境

（一）间接强制仅强制投保主体不强制保险公司，市场公平存在瑕疵

就强制保险而言，由于保险公司先天具有了优势地位，因此相关法律法规会采取一定方式保障投保人权益。我国对于强制或享受政策补贴的险种，主要采取以下方式规范保险公司运作，以制约保险公司在保险合同缔结上的优势地位，从而保障投保人权益：一是实行保险条款和费率审批。《财产保险公司保险条款和保险费率管理办法》第七条规定，保险公司应当将下列险种的保险条款和保险费率报中国保监会审批：（一）依照法律和行政法规实行强制保险的险种；（二）中国保监会认定的其他关系社会公众利益的险种。在目前的保险实践中，交强险、农业保险等需要进行保险条款和费率审批。二是加强对保险公司的经营资格管理。在我国，保险公司经营农业保险、旅行社责任保险，以及交强险等政策性保险或强制保险均需要依法经保监会批准，符合一定的经营条件。三是公布业务情况，加强社会监督。比如《机动车交通事故责任保险条例》第七条第二款规定，保监会应当每年对保险公司的交强险业务情况进行检查，并向社会公布，根据业务盈亏情况，可以要求或允许保险公司相应调整保险费率。但在环境污染责任保险地方试点推行过程中，其间接强制主要表现为采取一定手段约束企业投保环境污染责任保险，但是在保险条款、保险费率、保险业务监管等其他方面，未体现强制保险的公平性原则，仍然按照普通的商业保险规则操作，这导致保险公司在保险合同关系中占据优势地位，不利于形成公平的市场环境。由此产生了保险产品赔偿范围狭窄、免责条款多等问题。

（二）高环境风险企业不承担与其环境风险相应的财务担保责任，企业投保动力不足

目前，试点地方的投保企业主要为高环境风险企业，高环境风险企业一旦发生污染事故，后果严重，救济程序复杂。从国际经验看，基于保护弱者、保护生态环境的角度，很多国家的高环境风险企业一般要承担特别法规定的财务担保责任或可追溯的连带污染治理责任，这种特别责任促发了企业投保动力，其投保环境污染责任保险是转移其污染责任风险、提高企业市场竞争力与诚信度的有效手段。比如在美国，高环境风险企业在进行兼并与收购、商业贷款、棕地开发、建构企业资产负债表等市场行为时，必须通过环境污染责任保险或其他财务担保手段将法律上明文要求的污染责任风险转移出去[3]，以增加其上述市场行为的竞争力。

我国对高环境风险企业的管理基本以行政手段为主，按照管理对象的不同，主要包括如下三类：第一，对于危险化学品生产使用企业采取登记证管理，并要求重点环境管理化学品生产使用企业应当开展重点环境管理危险化学品环境风险评估，对其环境风险评估报告实施备案管理；第二，对于危险废物企业采取经营许可证管理；第三，对于向环境排放污染物的企业事业单位，生产、储存、经营、使用、运输危险物品的企业事业单位，产生、收集、储存、运输、利用、处置危险废物的企业事业单位，以及其他可能发生突发环境事件的企业事业单位，采取应急预案管理。上述环境管理手段在性质上以行政审批为主，缺乏与其环境风险程度相适应的财务担保或者较一般环境侵权行为更为严格的民事责任要求。高环境风险企业发生污染事故，只能依赖通用的民事责任、侵权责任进行追究责任，法律追责力度远远小于其损害程度，其因此承担的污染责任风险并不足以对其经营行为或其他市场行为构成风险。因此，环境污染责任保险市场需求不足[4]，在现有法律环境下，高环境风险企业一般不需要通过购买保险来转移其环境污染责任风险。

（三）风险评估与理赔定损缺乏指导，保险制度功能发挥受到限制

环境风险评估与风险排查服务是环境污染责任保险的重要环节，承担了重要的制度功能，一方面，保险公司通过风险评估与风险排查确定可保性，确定保险价格，并解决保险公司在企业环境风险信息上的信息不对称问题，预防被保险人的道德风险；另一方面，对投保人而言，风险评估与风险排查服务提高了企业的环境风险管理水平，起到了安全监管的目的，从国际经验看，环境污染责任保险具有"替代监管"（surrogate regulation）[5]的作用。在我国，目前市场上对环境污染责任保险风险评估的标准、程序、

机构、费用等认识不一，投保企业环境风险评估工作基本上尚未展开，保险公司不能提供相应的风险评估与风险管理服务是投保企业反映的普遍问题。

此外，环境污染责任保险理赔案例数量较少。从已有理赔案例看，环境污染损害的直接损失与间接损失范围不明确，出现保险事故后，环保部门的突发环境事件损害鉴定评估与保险公司的事故定损程序没有有效衔接，企业与污染受害第三者的损害赔偿权益缺乏保障。

四、相关政策建议

2014 年修订的《环境保护法》第五十二条规定，鼓励投保环境污染责任保险，2014 年 4 月环境保护部发布《企业突发环境事件风险评估指南（试行）》，2014 年 8 月环境保护部发布《企业事业单位突发环境事件应急预案备案管理办法》，2014 年 10 月环境保护部办公厅印发《环境损害鉴定评估推荐方法（第 Ⅱ 版）》，2014 年 10 月最高人民法院发布《关于审理环境民事公益诉讼案件适用法律若干问题的解释》。其中对重大环境风险企业事业单位、企业风险评估、健康损害鉴定、公益诉讼等问题作出规定，企业的环境法律责任环境，特别是环境民事法律责任环境有了较大变化。

未来环境污染责任保险政策制定应当以开展环境污染责任保险的具体制度建设与相关能力建设为核心，以风险防范为基础，以损害赔偿为重点，建立政府引导、市场运作、法律保障的环境污染责任保险制度体系。

（一）开展环境污染责任保险制度建设，提高保险保障服务能力，维护市场公平

研究制定《环境污染责任保险风险评估报告编制指南》，提高保险保障服务能力。环境污染责任保险市场的形成与完善需要积累大量的相关数据，为保险企业确定企业环境风险等级、厘定保险费率提供基础依据。下一步应当研究制定环境污染责任保险风险评估报告编制指南，并采取适当的财政手段，比如补贴或者基金，鼓励保险公司、投保企业以及第三方机构开展环境风险评估，依托保险公司、保险中介服务机构、环保科研技术单位等，组建基于市场机制和第三方力量的企业环境风险评估和风险排查机构，为评估和排查企业环境风险、厘定保费和保额提供技术支撑，提高保险保障和服务能力。

研究制定《环境污染责任保险理赔定损规则》，维护市场公平。研究制定环境污染责任保险理赔定损规则，明确直接损害与间接损失的范围，将环境污染责任保险理赔定损程序与突发环境事件损害评估程序有效衔接，保障投保企业与污染受害者的合法权益。

（二）以环境污染责任保险试点为基础，研究建立高环境风险企业财务担保责任制度

研究制定《关于开展高环境风险企业财务担保试点的指导意见》，破解投保动力不足难题。风险企业施加特殊的财务担保责任是国际上很多国家采取的通行做法，财务担保的形式一般分为两种：一种为投保足额的环境污染责任保险，另一种为向法律规定的账户提供足额资金保证。高环境风险企业财务担保责任政策是以市场化手段进行环境风险管理、建立相关损害赔偿基金制度的基石。根据我国2014年上半年各地上报的数据，全国投保企业平均责任限额为202.24万元，平均每家企业保费为3.05万元。目前在实践中，我国将近5 000家高环境风险企业已经提供了平均200万元左右的财务担保（表3）。

表3　环境污染责任保险平均保费与平均责任限额

时间	平均保费/万元	平均责任限额/万元
2013年	1.85	124.74
2014年上半年	3.05	202.24

建议在试点基础上，进一步明确高环境风险企业范围，明确其法律责任风险额度，并探索运行高环境风险企业财务担保责任制度，使其真正承担起与环境风险相适应的法律风险与商业风险，自发地将环境污染责任保险作为其转移风险的市场化手段，破解目前环境污染责任保险政策面临投保动力不足困境。

（三）推动相关立法

研究制定《太湖流域环境污染责任保险管理办法》。根据《太湖流域管理条例》第51条规定，国家鼓励太湖流域排放水污染物的企业投保环境污染责任保险，具体办法由国务院环境保护主管部门会同国务院保险监督管理机构制定。

太湖流域的环境污染责任保险试点工作在全国处于领先水平，并开创了以市场机制促进企业环境风险管理的典范，具备立法基础。在太湖流域一级保护区内，饮用水水源地二级保护区范围内所有工业企业均投保了环境污染责任险。试点中，保险公司全程参与企业环境风险管理，聘请环保专业技术人员组成专家团队，事前到现场逐一为企业进行"环保体检"，量身定制保险方案：事中检查企业落实情况并提供专业培训，讲解环境污染风险管理和保险知识：事后第一时间介入，快速查勘定损，在防范环境风险事故发生方面起到了重要作用。有些试点地方建立了系统化的区域环境风险评估平台，不仅为投保企业提供风险评估服务，而且可以为政府的环境管理提供风险咨询服务，节约了

政府管理管理成本，创新政府的社会治理方式。无锡环保局专门发文《关于切实加强环境污染事故防范和加强企业环境风险隐患整改监督的通知》（锡法〔2013〕1 号）提出环境污染责任保险中的环境风险评估可以作为环保部门现场监察意见要求企业进行整改。环境污染责任保险的立法可以从太湖流域环境污染责任保险管理办法切入，主要规范环境污染责任保险的风险评估与排查、发生保险事故后的事故调查与理赔定损等。

研究制定《环境污染责任保险管理办法》。《环境污染责任保险管理办法》是调整环境污染责任保险社会关系的专门法律规范。环境污染责任保险社会关系主要包括：第一，保险人与被保险人、投保人之间的保险合同关系；第二，为了辅助保险合同缔结，被保险人与保险经纪公司、保险人与保险代理人之间发生的委托代理关系；第三，保险人与污染事故受害人之间的赔偿关系；第四，为了鼓励与引导市场，维护市场公平，政府相关部门对保险人、被保险人的监管职责与义务。

参考文献

[1] 国家环境保护总局，中国保险监督管理委员会. 关于环境污染责任保险工作的指导意见（环发〔2007〕189 号）[R].

[2] 陈冬梅，夏座蓉. 环境污染风险管理模式比较及环境责任保险的功能定位[J]. 复旦学报，2011（4）：84-91.

[3] Falini J E. Using environmental insurance to manage risk encountered in nontraditional transaction[J]. Villanova Environmental Law Journal，2003（14）：95-121.

[4] 王哲. 环境污染责任保险供需不足成因及解决策略[J]. 保险研究，2009（5）：89-94.

[5] Abraham K S. Environmental Liability and the Limits of Insurance[J]. Columbia Law Review，1988（6）：942-988.

我国环境污染强制责任保险改革必要性及重点问题思考①

沈晓悦　郭林青

一、我国环境污染强制责任保险试点进展

（一）政策进展

环境污染责任保险最早起源于西方工业国家，我国于20世纪90年代开始环境污染责任保险（以下简称"环责险"）的探索，并先后在多地开展试点，但由于其法律依据不足、缺乏强制性等原因，试点情况不容乐观，出现了参保企业数量少、保险公司承保不积极等问题，并未达到预想的效果。2005年松花江事件引发了人们对环境污染责任保险的关注，2007年国家环境保护总局与保监会联合印发《关于环境污染责任保险工作的指导意见》（国发〔2007〕189号），拉开了我国环境污染责任保险工作的序幕。

为了进一步健全环境污染责任保险制度，2011年国务院印发的《关于加强环境保护重点工作的意见》和《国家环境保护"十二五"规划》先后提到"健全环境污染责任保险制度，开展环境污染强制责任保险试点"和"健全环境污染责任保险制度，研究建立重金属排放等高环境风险企业强制保险制度"。2013年环保部和保监会联合印发了《关于开展环境污染强制责任保险试点工作的指导意见》，并在全国21个省（直辖市、自治区）全面展开了环境污染强制责任保险试点工作，试点企业范围包括涉重金属企业、按地方有关规定已被纳入投保范围的企业以及其他高环境风险企业。2014年我国新修订的《环境保护法》出台，该法首次提出鼓励企业投保环境责任保险。2015年9月，中共中央、国务院发布的《生态文明体制改革总体方案》中明确提出"在环境高风险领域建立

---

① 原文刊登于《环境保护》2017年第10期。

环境污染强制责任保险制度"。

（二）试点成效

据不完全统计，截至 2015 年年底，全国已有 21 个省市开展了环境污染强制责任保险试点，全国投保环责险的排污单位数量超过 4.5 万家次，保额累计超过 1 000 亿元。各地重点推动危险化学品生产、经营、储藏、运输和使用相关的企业、容易造成污染的石油化工企业以及危险废物处置行业企业等进行投保，投保范围集中在突发性环境污染事故方面。江苏等地在环责险试点中，积极引入环境风险专业团队，为投保企业进行环境风险排查和体检，有效发挥保险风险管理积极作用。

为了解各地试点效果，环保部于 2014 年和 2015 年先后两次发布了各地投保环责险的企业名单（不完全统计）。通过对两年的投保企业名单进行比较（表 1）可以看出，各地环责险发展存在严重不平衡，投保形势不容乐观。江苏、辽宁、广东等地环境污染强制责任保险的投保企业数量呈现出持续增长态势，并占据了全国投保企业的半壁江山；甘肃、山东、江西三省的年投保企业基数较低，增长率快速上升，甚至超过了 100%。以湖南、山西、陕西等地为代表的部分省市，2015 年全省投保企业数量大幅下降，湖南从 2014 年的 400 多家企业投保下降至 2015 年的 18 家，山西从 2014 年的近百家企业投保跌至仅 2 家，投保形势十分严峻。

表 1　2014—2015 年各地环境污染强制责任保险投保情况

省份	2014 年	2015 年	变化率/%
河北	40	—	—
山西	95	2	−97.89
内蒙古	51	16	−68.63
辽宁	116	151	30.17
黑龙江	5	5	0.00
江苏	1 932	2 213	14.54
浙江	400	—	—
安徽	255	—	—
江西	8	23	187.50
山东	24	73	204.17
湖北	155	157	1.29
湖南	412	18	−95.63
广东	426	524	23.00
重庆	9	8	−11.11
四川	310	291	−6.13

省份	2014 年	2015 年	变化率/%
贵州	72	19	−73.61
云南	79	5	−93.67
陕西	103	4	−96.12
甘肃	33	226	584.85
青海	11	19	72.73
新疆（含生产建设兵团）	20	26	30.00
全国	4 556	3 780	−17.03

注：①资料来源为 http://www.zhb.gov.cn/gkml/hbb/qt/201512/t20151223_320045.htm；http://www.zhb.gov.cn/gkml/hbb/qt/201412/t20141204_292495.htm，其中环保部 2015 年公布的数据中并未包含河北、浙江、安徽三省数据。

②为增加可比性，2014 年全国投保企业数剔除了河北、浙江、安徽三省。

二、环责险试点存在的主要问题

我国环境污染责任保险试点已近 10 年，在防范环境风险、积极救助污染受害者方面发挥了积极作用，但存在的问题也日益凸显。

（一）缺乏法律依据

新《环境保护法》第五十二条规定"国家鼓励投保环境污染责任保险"，未对企业投保环责险做出强制性规定。目前，针对环责险的相关规定主要是环保部门和保监部门印发的行政性文件，不具有强制性。地方推动环境污染强制责任保险试点工作主要还是依靠环保部门和保险部门的宣传和企业自愿，推广难度较高。

（二）保险责任范围较窄

目前，环责险责任范围主要包括突发环境事故的第三者人身和财产损害及部分清污费用，不包含渐进性污染损害和生态环境损害的赔偿责任。

环责险的责任范围与其定位密切相关，如将此险种定义为企业单纯意义的商业保险，其责任范围应当以保障第三者生命和财产为优先考虑，由保险公司与投保人通过合同方式达成即可，但如果环责险定义为一种以保护公共利益为目标的责任保险，同时具有强制性，其责任范围不仅对第三者生命和财产给予保障，也应对密切相关的生态环境给予保障，从而体现这一险种的公益性特征。因环境事故导致的生态环境损害往往是危害大、后果严重，企业和社会难以承受。这些方面不包括进去，环责险制度的作用会大打折扣。

（三）理赔案件少，赔付率过低

从全国范围看，环责险赔付率不足10%。相比较而言，我国其他一般责任保险赔付率在40%～60%。环责险试点尚未建立通用的理赔定损规则，很多企业认为该赔的保险公司未赔，特别是在直接损失与间接损失的认定上，没有统一界定。同时，保险公司在受理事故赔付时，通常要求企业出具环保部门的事故认定证明，而企业由于担心受到环保部门处罚，不敢主动将环境污染事故上报环保部门，导致很多企业出事不报案，更得不到保险公司的赔付。2013年6月，最高人民法院和最高人民检察院联合发布了《关于办理环境污染刑事案件司法解释》，其中规定"致使公私财产损失30万元以上的"构成犯罪，导致企业发生环境污染事故后更加不敢报案。以苏州市为例，自2008年被正式确定为环责险试点城市以来，只有4起获赔案例，累计赔款不足30万元。

（四）配套技术与服务保障体系滞后

由于环境污染事故具有产生原因复杂、危害后果严重、恢复成本高等特点，因此环境污染强制责任保险技术难度远大于其他商业保险险种，尤其在出险理赔流程、事故责任评估、企业环境风险评价等方面需要足够的支持配套技术。然而由于我国环境污染强制责任保险市场尚不成熟，无论是企业投保规模还是理赔案例数量都难以为其配套技术研究提供足够的数据支持。环境风险排查及生态环境损害鉴定和评估等方面专业性强、难度大，目前相关技术规范不完善、基础能力较为薄弱，在保险全过程中不能有效地实施环境风险评估、风险排查和风险预警和赔偿救助等相关服务，同时也使得环责险产品的定价、核保、定损、理赔等方面难以适应我国各相关行业环境风险防范以及赔偿和救助的实际需求。

三、环责险改革必要性

《生态文明体制改革总体方案》明确提出"在环境高风险领域建立环境污染强制责任保险制度"的要求，是基于当前我国严峻的环境形势以及居高不下的环境风险压力，结合环境污染责任保险的大量实践经验，为充分发挥市场机制作用，防范环境风险，救助污染受害者而做出的重大改革部署。将环责险纳入如此之高规格的中央生态文明改革中，彰显了这一问题的重要性、必要性和紧迫性。

（一）环境风险高居不下，人民生命财产安全亟待保护

当前，我国区域性、布局性、结构性环境风险突出，环境污染事故仍呈高发态势。有资料显示，以化工行业为例，我国有 12%的危险化学品企业距离饮用水水源保护区、重要生态功能区等环境敏感区不足 1 km，10%的企业距离人口集中居住区不足 1 km，环境风险隐患巨大。

随着近年来不断企业环保监管力度，环境污染事件发生率有所下降，但仍有发生，2005 年以来，环保部直接调度的特大、重大和较大突发环境事件达 300 多起（图 1），对人民生命财产和生态环境影响巨大。

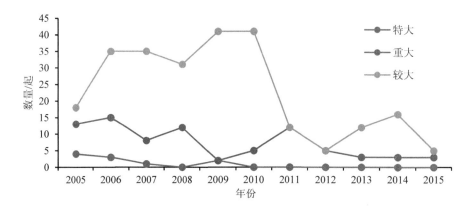

图 1　2005—2015 年环保部（含原国家环保总局）直接调度的环境污染事件数量变化

（二）试点 10 年喜忧参半，政策体系亟待规范

2007 年国家环境保护总局与中国保监会联合印发《关于环境污染责任保险工作的指导意见》以来，地方试点推动及政策效果可谓喜忧参半。喜的是企业环境风险防范意识有所提高，环责险风险保障功能有所发挥；忧的是作为一项政策工具，环责险的法律保障不足，政策目标和重点不够清晰，政策作用未能充分发挥，特别是针对重特大和较大环境事件很难起到风险防范和损害救济的作用，政策亟待完善和规范。

（三）政府与市场边界不清，高环境风险领域缺乏保障

保险是一种利用经济方式进行风险管理的手段，是重要的金融工具。目前我国开展的环责险主要为自愿性的。即使 2013 年以来推动的环境污染强制责任保险试点，因没有通过立法进行强制，而是以行政方式推动，其本质也是自愿性，而非真正意义的强制。

这种"名义强制"而非"实义强制"的后果是政府部门将自己置于尴尬境地，强行推动强制，政府存在行政违法风险，但如不加引导，任其发展，市场可能逐步萎缩，高环境风险领域缺乏保障。因此中央提出在高环境风险领域建立强制环责险制度，首先要厘清政府和市场的边界，其次要通过明确的法律规定，确定保险人、被保险人的权利义务，明确责任范围和投保及承担程序，从而为高环境风险领域提供最基本的安全保障，而一般性环境风险领域的保障则通过企业自愿保险或其他方式来解决。

四、对重点改革问题的初步认识与思考

由于环境问题成因复杂、涉及范围和内容十分广泛，而保险又是一项极具专业化和精细化要求的金融手段，因此两者结合在一起加大了改革的难点。强制环责险改革面临一些重点和难点问题，应进行深入研究。

（一）环境高风险企业的界定

目前，我国对于环境高风险企业并没有权威的统一界定，环保部《企业环境风险分级方法》对企业突发环境污染事件风险进行了分级界定，主要是通过环境风险物质数量及临界量，同时考虑生产工艺过程与风险控制水平、环境风险受体敏感性等将企业发生突发环境污染事件的等级分为一般环境风险、较大环境风险和重大环境风险。

企业的环境风险通常可以从两个角度进行考虑，一个是指企业发生突发环境事件的可能性，另一个则是企业突发环境事件后造成的危害或程度，因此，科学地判断企业环境风险要综合考虑产排污总量、污染物毒性、环境污染事故发生频率及发生事故后造成的人身或环境损失等多个指标。环境高风险企业界定存在确定判定依据较混乱状态，有的地区直接将生产《环境保护综合名录》中认定的生产高环境风险产品的企业认定为环境高风险企业，还有的地区则认为《国家重点监控企业名单》中的上榜企业就属于环境高风险企业。因此，亟须对环境高风险企业进行科学合理和清晰界定，从而推动强制环责险改革。

（二）环境污染强制责任保险的"强制"功能

由于强制保险某种意义上表现为国家对个人意愿的干预，所以强制保险的范围是受严格限制的。我国《保险法》规定，除法律、行政法规规定必须保险的以外，保险公司和其他任何单位不得强制他人订立保险合同。因此，环境污染强制保险制度改革的"强制"是无可争议的核心。第一，强制需要通过法律法规予以保障，没有明确的法律法规

作为依据和保障，强制无从谈起；第二，强制需要明确具体内容，原则上强制保险应通过法律对保险人、被保险人及保险标的范围以及当事人的权利义务关系都做出明确具体的规定，被保险人或者保险人一般没有自主选择的余地。目前我国仅机动车交通事故责任保险、旅行社责任保险等少数领域实施强制保险。从国际上看，也有一些国家在一些特定领域实施强制性环责险，如德国、美国等，主要针对其国内环境风险较大的企业或设备等有限领域采取强制保险。强制性环境污染责任保险的实现形式并不只有保险一种，有些国家也在法律中规定了财务担保或保证、基金等其他资金保障形式。

中央改革提出建立环境高风险领域强制责任保险，其用意很明确，就是要在国家干预和法律保障的前提下，让具有高环境风险的企业真正承担起其应有的环境保护责任，并通过市场机制帮助其分散较高的环境风险，纠正长期以来"企业污染、公众受害、政府担责"的不良现象。

（三）生态环境损害纳入强制环责险的必要性与可行性

目前，我国涉及生态环境损害的赔偿金额远高于一般环境污染损害民事案件，据对2015—2016年近200起环境污染民事损害赔偿案件的分析看，污染导致损害主要为健康损害、渔业养殖损害、农作物损害、果树损害等，近一半法院判决案件的损害赔偿金额在5万元以下。最高人民法院在2017年发布的10件环境公益诉讼典型案例中，涉及生态环境损害的赔偿金额都以百万元起步，其中泰州水污染公益诉讼案，法院判决六家被告企业共计赔偿1.6亿余元环境修复费用；德州大气污染公益诉讼案，法院判决被告企业赔偿近2 200万元大气环境修复费用；山东金岭化工股份有限公司大气污染民事公益诉讼案、徐州市鸿顺造纸有限公司水污染民事公益诉讼等案件的赔偿金额也均在百万元以上。巨额损失和赔偿无论对企业，还是对政府都是难以承受的，将生态环境损害纳入强制环责险，一方面体现了国家保障生态环境安全的应有之义，另一方面就是发挥保险工具分散风险、赔偿救济的作用。

随着新《环境保护法》实施，环境执法及环境司法介入力度都不断加大，打击和震慑企业违法的环保法治环境明显改善，这为推动建立环境强制责任保险制度奠定了重要法制基础。目前，各地实施的环责险主要针对第三者人身和财产，也就是一般所说的为污染受害者提供救济保障，同时也包括合同约定的部分清污费用等，并不包括生态环境损害。根据《最高人民法院、最高人民检察院关于办理环境污染刑事案件适用法律若干问题的解释》，"生态环境损害"包括生态环境修复费用，生态环境修复期间服务功能的损失和生态环境功能永久性损害造成的损失，以及其他必要合理费用。2015年年底中央印发了《生态环境损害赔偿制度改革试点方案》，明确提出要通过试点逐步明确生态环境损害赔偿范围、责任主体、索赔主体和损害赔偿解决途径等，形成相应的鉴定评估管理与技术体系、资金保障及运行机制，探索建立生态环境损害的修复和赔偿制度，并从2018 年在全国试行生态环境损害赔偿制度。生态环境损害赔偿制度的确立及各地试点经验将为把生态环境损害赔偿纳入强制环责险提供重要依据和保障。

由于生态环境损害原因复杂、赔偿费用高昂，特别是在损害责任认定、损失鉴定评估等方面缺乏基础支持，给如何确定保险赔偿范围、费率厘定以及理赔定损等带来很多困难和不确定性，这些问题需要从法律、技术等多方面入手加以解决。

五、推动环责险改革发展的建议

（一）加快推动立法修法进程，为改革提供法律保障

为落实中央关于在环境高风险领域建立环境污染强制责任保险制度的要求，首先应推动环境污染强制责任保险立法。为此，建议：一是适时提请全国人大修改环保法相关条款，并尽快推动并启动"环境污染强制责任保险条例"起草工作，开展重要制度研究与论证工作，明确环境污染强制责任保险的投保范围、投保程序等相关事项；二是鼓励环责险试点地区率先制定与环境污染强制责任保险相关的地方性法规，为环境污染强制责任保险在全国范围内推广进行探索并提供经验。

（二）加大重点问题研究力度，为改革提供技术支撑

第一，进一步明确强制投保范围。建议按照企业环境风险水平，将在生产中存在环境风险物质达到一定数量和临界值的企业，在考虑生产工艺过程与风险控制水平、环境风险受体敏感性等因素的前提下，确定高环境风险企业范围，并明列出行业或企业清单。目前，初步考虑可包括从事石油、天然气开采、化学原料制造、化学药品原料药制造及收集、储存、利用和处置危废等。

第二，环责险涉及诸多领域和行业，环境问题及风险状况各不相同。为此，应加快培育和建立企业环境风险管理、环境污染损害鉴定与评估等相关技术能力和支撑，积极鼓励各地探索建立和开展第三方企业环境风险管理及服务体系，发挥市场作用，为企业提供环境风险体检或管家服务。

第三，积极根据环境污染事故及风险概率分析与评估，结合各地环责险实践，开展保险责任限额与保险费率研究，科学确定强制环责险的责任范围，科学厘定保险费率。根据强制环责险作为环境高风险企业基本环境风险保障的定位，强制性环责险的保额与

保费设定建议遵循适度基本责任保障和较低费率的原则，但应能基本覆盖环境风险人身财产和直接生态环境损失。

第四，加强对将渐进性污染、生态环境损害等纳入保险这类重大问题的研究，密切跟踪生态环境损害赔偿改革试点进展与成果，同时研究出台环境高风险企业划定标准，为推动环责险改革提供基础性支持。

（三）强制性与自愿性结合，采用经济和社会手段约束投保

在立法还未到位的改革过渡期，采取软性强制手段继续深化环境污染强制责任保险试点。不履行投保义务的，环保部门向相关部门提供未投保企业名单，应当投保但不投保的高环境风险企业在信贷审批、企业并购、转让、上市、企业信用等级评价等环节受限。加强环境风险和损害评估等方面的专业技术能力建设。

参考文献

[1] 李萱，沈晓悦，原庆丹. 我国环境污染强制责任保险试点改革思考与建议[J]. 环境保护，2016（2）：43-48.

[2] 周加海. 《解释》起草人怎么解释《解释》？[N]. 中国环境报，2016-12-28（05）.

[3] 李华. 论中国"二元化"责任保险制度的构建[J]. 南京大学法律评论，2007（Z1）：191-197.

[4] 丁建洪. 建立有中国特色油污责任保险模式法律问题研究[D]. 大连：大连海事大学，2007.

[5] 最高人民法院　最高人民检察院关于办理环境污染刑事案件适用法律若干问题的解释[OL]. 2016-12-23. http：//www. court. gov. cn/zixun-xiangqing-33781. html.

我国环境污染强制责任保险立法重点问题研究①

李 萱 黄炳昭 沈晓悦 尚浩冉 袁东辉

我国环境污染强制责任保险制度自 2007 年以来以政策试点方式在部分地方推行。2013 年，环保部与保监会联合发布了《关于开展环境污染强制责任保险试点工作的指导意见》（以下简称"指导意见"），要求在高环境风险行业开展环境污染责任强制保险试点工作。从环境污染强制责任保险试点的实践发展看，指导意见发布后，地方环保部门大力推广并采取投保约束手段督促企业投保，投保企业数量大幅增长。但 2014 年新《环境保护法》规定"鼓励投保环境污染责任保险"，法律规定与试点政策相龃龉，环境污染强制责任保险试点不可避免遭到质疑[1]；同时，试点实践中的诸多问题也开始显现，主要为法律依据不健全[2]、企业违法成本低没有投保需求[3]、保险产品有待改进[4]，环保部门推动保险试点是为保险公司打工[5]等问题。

在上述背景下，环境污染强制责任保险制度改革被提上日程。2015 年，中共中央、国务院发布《生态文明体制改革总体方案》，提出在"在环境高风险领域建立环境污染强制责任保险制度"。2016 年，人民银行、环境保护部、保监会等部门联合印发《关于构建绿色金融体系的指导意见》（银发〔2016〕228 号），提出"在环境高风险领域建立环境污染强制责任保险制度"。2017 年 6 月，《环境污染强制责任保险管理办法（征求意见稿）》（以下简称《征求意见稿》）向全社会公开征求意见，今年 5 月，《环境污染强制责任保险管理办法（试行）（草案）》经生态环境部部务会审议通过。本文对美国、德国、芬兰等国家环境污染责任保险相关立法经验与我国环境污染强制责任保险立法过程中的《征求意见稿》的起草及其论证与修改过程，分析我国环境污染强制责任保险制度立法重点问题，提出我国环境污染强制责任保险制度立法建议。

---

① 原文刊登于《环境与可持续发展》2018 年第 6 期。

一、相关概念辨析

（一）环境污染责任保险产品的发展

在保险产品意义上，早期的环境污染责任保险脱胎于公众责任保险，公众责任保单一般会承保污染环境导致的责任风险。20 世纪 70 年代开始，环境侵权责任制度迅猛发展，这导致很多公众责任保单的承保人要为特别严格的污染责任风险承担额外的赔偿责任。1973 年，美国的公众责任保单不再保障投保人故意行为导致的污染责任，只承保突发意外事故造成的污染责任。这一除外被称为"有条件除外（qualified exclusion）"[6]，后来，由于法院频繁地对突发和意外进行解释，突发和意外的语意一直模糊不清，这导致保险行业不愿意再承保突发和意外事故造成的损失，1986 年，保险人对其保单术语进行严格限定，将所有的污染损失都排除在公众责任险之外，这一除外被称为"绝对除外（absolute pollution exclusion）"[7]。

在美国影响下，其他国家也开始推出污染除外条款。20 世纪 70 年代末，意大利按照国家保险协会的建议将所有污染风险都排除在企业的公共责任保单之外。1993 年起，法国公众责任保险合同中不再系统地阐述污染风险相关的内容。类似地，比利时和西班牙也对索赔型保单进行了限制。20 世纪 90 年代早期，英国保险协会（ABI）出版了推荐的污染除外条款[8]。

Nick Lockett 在其专著《环境责任保险》一书中总结，在英美两国，基本污染责任保险有两种类型：第一种类型称为环境损害责任保险（environmental impairment liability insurance），这种类型的保单意图为因被保险人的行为使土地受到污染给第三方造成的任何损害或损失提供保险，在美国，这种保险被称为污染法律责任保险（pollution legal liability insurance）。这种保单只承保被保险人造成的环境污染所导致的第三方人身和财产损害，并不承保所有的环境损害；第二种类型的保险称为自有场地治理责任保险（own-site clean-up insurance），这一类型的保单将赔付被保险人因为清理命令而由其进行土地清理所引起的费用，或者由污染监管机构运用其权力进行土地清理后向被保险人追偿所引起的费用[9]。2003 年 OECD 发布的针对环境责任保险政策的研究报告中，列举了环境污染责任保险的一些重要类型，主要包括：环境责任保险（EIL），也被称为污染法律责任保险（PLL）；现场清理责任保险（Coverage for on-site cleanup liability）；清理成本上限保险（Cleanup cost cap policy）；承包商污染法律责任保险（Contractors pollution legal liability）；运输保险（Transportation coverage）；垃圾填埋场环境保险（Environmental coverage for landfills）等[10]。

（二）环境污染责任保险的概念

由于各国环境污染责任保险产品繁多，在不同法域、不同历史时期差异较大，这导致环境污染责任保险的概念众说纷纭。我国学者邹海林认为，环境污染责任保险是指以被保险人因污染环境而应当承担的环境赔偿或治理责任为标的的责任保险[11]。我国学者熊英、别涛等将其定义为，"所谓环境污染责任保险，就是以排污单位发生的事故对第三者造成的损害依法应负的赔偿责任为标的的保险[12]"。阳雾昭认为，环境污染责任保险是以环境污染造成的人身伤害、财产损害或环境损害责任为保险标的的保险。被保险人以支付保险费为代价，通过投保环境污染责任将原本由自己承担的风险转移给保险人[13]。2007 年我国发布《关于开展环境污染责任保险试点的指导意见》，对于环境污染责任保险做出如下界定，环境污染责任保险是以企业发生污染事故对第三者造成的损害依法应承担的赔偿责任为标的的保险。

上述概念在表述上不尽相同，其主要区别在于对环境污染责任保险的保险标的界定不同。在不同的国家，由于环境污染责任体系的不同，环境污染责任保险的保险标的必然会有所差别。本文采用如下定义，环境污染责任保险是指以被保险人因污染环境而应当承担的环境赔偿或治理责任为标的的责任保险。上述定义中，环境赔偿责任是私法意义上的民事损害赔偿责任，环境治理责任是公法意义上的生态环境修复责任，两者关系为"或"，如此定义可以将环境损害赔偿责任、清污费用、治理责任等私法或公法意义上的赔偿责任都纳入讨论范围。

（三）环境污染强制责任保险立法目标

环境污染强制责任保险是指依照法律规定，法定投保义务人必须向保险人投保而成立的环境污染责任保险，其主要目标是为环境责任制度提供财务担保机制，保证环境事故责任方在因承担环境责任而发生破产、资不抵债等无力履行债务情形时环境损害依然能得到经济赔偿。

环境污染强制责任保险立法肇始于 20 世纪 80—90 年代，各国差异较大。从 20 世纪 70 年代开始，以美国为典型代表，环境污染民事责任向严格化方向发展，其与传统的侵权法律责任相比，表现出截然不同的特点，主要为：在归责原则上实行无过错责任原则、责任主体的认定上实行连带责任、实施生态环境损害赔偿制度、责任追溯期延长。由此导致两方面后果，一是环境侵权责任的责任主体扩大，二是侵权赔偿额度大幅度增长。同时，制造出一个法律困境，即随着环境损害赔偿制度的快速发展，虽然环境侵权人在法律上承担的赔偿责任越来越广泛，但环境侵权人的赔偿能力却总是是有限的。看似严格保护受害人和生态环境的环境责任制度，如果没有任何财务安全或财务保障措施，则很容易沦落到完全无效的地步，在效果上仅仅会导致诉讼和交易成本的增加。美国兰德司法研究所一项研究表明，对中小型企业而言，交易成本占据了 CERCLA 场地开支的 60%，交易成本中，75%是诉讼开支，其余是由非政府批准的工程研究或与法律无关的成本构成。美国精算师协会估计，私人交易成本约为 CERCLA 所积累资金的 50%[14]。基于此，强制保险或强制性的财务担保制度在环境污染的民事责任制度发生巨大变革的背景下应运而生，成为保护环境损害及其受害人的一个有效手段[15]。2007 年对欧洲环境责任指令发布后欧洲 20 个国家的强制财务担保或强制保险制度进行分析，其中有 4 个国家采用了强制性的财务担保制度或强制保险制度来保障欧洲环境责任指令的实现[16]。

针对环境污染强制责任保险进行立法，国际上有两种立法体例：一种为将保险作为高环境风险企业强制性财务责任机制的一个类型，供义务主体自己选择，保险为多种法定财务担保机制的可选方案之一。该立法体例的典型国家为美国、德国。在立法中确立特定主体承担提供财务担保的义务，并列举若干种可供选择财务担保机制，主要包括保险、财务测试、担保、保险、信用证、信托基金、保证金或政府基金等。义务主体只需选择一种财务担保机制，并提交法律规定的证明材料。在此立法体例下保险并不是高环境风险企业证明其拥有财务担保的唯一方式，但是一般而言，"保险是监管部门希望企业首选的财务担保机制，因为与财务担保的其他方式相比，其需要的行政监督更少，并且能够更好地保证未来回收成本"[17]。虽然保险并不是强制投保的唯一财务担保机制，但是从立法监管上看，立法仍然要为投保人与保险人提出行为规范和指导，主要包括投保指南、对责任范围、报告期等关键条款的指导与约束等。第二种立法体例为直接针对环境污染强制责任保险进行专门立法，该立法体例的典型国家为印度、瑞典、芬兰等。比如，印度 1991 年颁布《公众责任保险法》与《公众责任保险规则》，瑞典《环境法典》第33章规定了从事环境危害活动的行为人需支付环境损害保险与环境修复保险的费用。前者适用于人身和财产损失的情形，后者则适用于清理污染和恢复环境。芬兰 1998 年颁布了《环境损害保险法》和《环境损害保险条例》。上述关于环境污染强制责任保险或强制财务担保的立法，虽无一定之规，但其立法均围绕环境污染强制责任保险立法的核心问题，即将政府希望得到保障的环境法律责任风险进行界定并使之法定化并货币化。在立法上主要表现为，确定投保义务主体、投保责任范围以及投保责任限额。

二、立法重点问题

关于环境污染强制责任保险立法的重点问题，国内外学者有所研究。熊英等提出建立中国环境污染责任保险机制主要包括保险方式、强制保险的适用对象、保险责任范围、责任免除情形、给予保险企业优惠税收政策、壮大保险基金等[12]。阳雾昭分析了环境污染责任保险制度中最为重要的四个基本法律问题，分别为环境风险的可保性、环境风险承保范围的影响范围、环境污染特定损害的承保、环境污染责任保险模式[13]。竺效[18]、陈方淑[19]等提出环境污染强制责任保险制度的立法思路、法律体系设想与立法步骤等。2016 年以来，随着环境污染强制责任保险制度改革与立法进程的推进，研究开始向具体问题研究深化，比如程玉分析环境污染责任保险中渐进性污染的可保性问题[20]，孙宏涛等分析我国环境责任保险的除外条款[21]、邓嘉咏详细分析了《环境污染强制责任保险管理办法（征求意见稿）》中规定的赔偿范围[22]。

国际上，英国律师 Nick Lockett 全面分析了环境污染责任保险制度的关键法律问题，主要包括保险责任的触发问题、保单术语、污染场地与民事责任问题、环境责任风险评估与管理、保险责任范围以及立法监管等[23]。2003 年 OECD 提出了政府在对环境污染强制责任保险制度进行规范时需要注意的若干关键问题，主要包括可保性问题、事实与法律上的不确定性问题、保险中的道德风险与信息不对称问题、财务担保的多种方式、不同类型的环境损害是否可以通过保险机制解决的问题、监管替代问题等[10]。Paul K. Freeman 与 Howard Kunreuther 提出了环境污染责任保险特有的道德风险、逆向选择、关联风险以及风险定价方法等[24]。Michael G Faure 与 David Grimeaud 研究强制保险情形下的潜在风险，包括道德风险、保险市场的集中化等问题[25]。

根据环境污染强制责任保险制度立法的国际经验，以及保险法与环境风险管理的相关原理，以下主要讨论我国环境污染强制责任保险制度立法的重点问题。

（一）投保义务主体

实施环境污染强制责任保险制度，政府有义务通过法定方式明确划定投保主体。从国际经验看，开展环境污染强制责任保险的国家都是选择在本国具有最高优先级的风险活动，要求其提供法定的财务担保证明。

就立法而言，主要为通过列举法或清单制划定投保主体范围，比如美国是选择地下储罐，根据美国《联邦法规》第 40 篇第 H 章第 280 节，地下储油罐的所有者和经营者在主管机构进行经营登记时，必须声明将承担财务责任，清理泄漏并就因泄漏造成的任何财产损失和人身伤害向第三方提供补偿[26]。可用于满足财务责任条例的财务机制包括：财务测试、担保、保险、信用证、信托基金、保证金或州基金。目前，地下储油罐所有者和运营商主要使用保险或州基金作为其财务责任机制。德国是法定的高风险设施，德国《环境责任法》第十九条规定，法定设备持有人负有赔偿准备义务，赔偿准备义务是指，因由设备产生的环境侵害而致人死亡、侵害其身体或者健康，或者使一个物受到毁损的，对于因此发生的损害，附件二中所列举设备的持有人应当采取措施，以保证自己能够履行赔偿此种损害的法定义务。赔偿准备义务可以以下述方式做出：a.与一个在本法效力范围之内有权进行营业经营的保险企业订立责任保险；或者 b.由联邦或者州承担免责或者担保的义务；或者 c.由一个在本法效力范围之内有权进行营业经营的信贷机构承担免责或者担保的义务，但以其能够提供与责任保险相当的担保为限[27]。印度发布了《适用于公共责任保险法案的化学品名录与数量名录》(*List of Chemicals with Quantities For Application of Public Liability Insurance Act*)[28]。芬兰《环境损害保险指令》列举的主要是根据法律规定需要获得许可的私营企业。芬兰环境损害保险指令第一条列举的投保义务情形主要为：①根据《水法》第 10 章第 24 条或 31 条需要获得水事法庭许可的；②根据《环境许可程序法》或者在《环境许可程序法》生效前根据《空气污染控制法》所制定的《环境许可程序指令》的第一条的规定需要获得地区环境中心授权的环境许可的；③根据化学品法案第 32 条第一款或第二款的规定，由安全技术管理局授权的许可[29]。

《征求意见稿》采取列举方式规定投保范围，在内容上，投保范围的确定主要体现了两个思路：一是列举我国环境管理中有较为明确依据或范围的。主要包括危险废物、尾矿库、突发环境事件、《环境保护综合名录》《突发环境事件风险物质及临界量清单》等；二是列举环境风险较高的行业，主要包括从事石油和天然气开采，基础化学原料制造、合成材料制造，化学药品原料药制造，Ⅲ类及以上高风险放射源的移动探伤、测井；经营液体化工码头、油气码头；从事铜、铅锌、镍钴、锡、锑冶炼，铅蓄电池极板制造、组装，皮革鞣制加工，电镀，或生产经营活动中使用含汞催化剂生产氯乙烯、氯碱、乙醛、聚氨酯等。

从试点实践看，我国环境污染责任保险试点已经确立起"两级多类名单制"的投保义务主体确定方式。"两级"是指投保企业范围的确定分为中央和地方两个层级，国家层面的试点政策确定投保范围，地方层面在推动试点政策实施的过程中多数还要根据地方实际情况发布地方投保范围。"多类"是指投保范围包含多个种类的投保情形。"名单制"是指地方环保部门根据国家政策中规定的投保范围发布试点企业名单，并要求名单内企业投保。《征求意见稿》在修改论证会过程中，沿用了试点中通用的"两级多类名单制"方式，确立了国家与地方两个层级的法定投保范围，并要求地方生态环境部门编制并公布投保企业名单。其主要原因为，我国环境风险管理制度仍然在建立和发展过程中，从投保义务主体的确定上，可以分为两类：第一类是对于危险废物、尾矿库、突发环境事件以及某些行业的环境风险，其范围较为明确或环境风险后果较为确定，具有在全国范围内适用的条件；第二类是通过环境立法新近确立或仍在建立发展过程中的环境风险管理名录，各地的风险现状和管理水平差异较大。确立国家与地方两个层级的法定投保范围，可以最大限度地满足各地环境风险管理的差异性。另外，从明确投保企业义务的角度看，由于投保范围存在两级多类的差异，投保情形较为复杂，政府部门有义务根据投保范围发布具体的投保企业名单，对企业的投保义务进行明确并公开告知。政府确立并发布投保企业名单的行为为具体行政行为，受到相关法律法规的约束。

（二）法定责任范围

法定责任范围与责任限额是环境污染强制责任保险制度的核心内容，通过法定责任范围与责任限额确定立法明确保护的环境损害范围与额度。责任保险的承保责任为法律责任，保险责任范围的确定应当与该法域环境损害赔偿制度规定的环境损害赔偿的法律责任范围保持一致，本文称之为一致性原则。比如，美国联邦法规规定，石油地下储罐的所有者和经营者的财务责任包括突发与非突发事件导致的损害，主要包括环境修复行动费用以及第三者人身财产损害费用。由于其《超级基金法案》中规定了环境修复行动费用，所以其保险责任范围也包含此项赔偿。石油生产商、炼油厂或经销商应当为每次石油泄漏提供 100 万美元的责任限额，并且每年累计赔偿限额不得低于 100 万美元。德国《环境责任法》第十五条规定，对于致人死亡以及侵害身体和健康，赔偿义务人在总体上仅负担 8 500 万欧元的最高限额，对于物的毁损，同样在总体上负担 8 500 万欧元的最高限额，德国在物权法的法理上不承认生态环境损害赔偿的诉讼主体资格，因此，其责任范围并不包括生态环境损害。

《征求意见稿》第六条规定环境污染强制责任保险的保险责任包括四项，分别为第三者人身损害、第三者财产损害、生态环境损害、应急处置与清污费用。就第三者人身损害与第三者财产损害而言，将其纳入保险责任范围不存在特殊问题，立法论证过程中的焦点问题是渐进性污染是否纳入承保范围。从商业保险的角度而言，渐进性污染的可保性是一个经久不衰的话题，但对于强制性的环境污染责任保险而言，美国、德国等国家均不区分突发或渐进性污染，都将其纳入投保责任范围。究其原因，仍然是遵循上文所述一致性原则，在民事责任体系中，环境污染赔偿责任的承担并不区分是否突发或渐进，在保险责任范围中，应当将其纳入企业的投保责任范围。至于渐进性污染的可保性问题，是保险市场亟待解决的技术问题。随着承保技术的不断发展，渐进性污染的可保性问题可以通过诸多技术手段进行消解[30]。

（三）法定除外责任

规定除外责任是为了界定保险人承保风险的范围，有助于管理保险中的道德危险和心理危险因素，保持保险费率在一定的合理程度内[31]。在环境污染强制责任保险制度中对除外责任进行法定化，其主要原因为，在强制保险的情况下，投保人想要寻求最便宜的保单使他们能够满足法律要求，而根据价格来竞争业务的承保人也倾向于提供尽可能低的保险范围，因为越少的投保人对承保人提出索赔，保费就越低。这就会导致第三方索赔人的利益，从而损害整个环境污染强制责任保险制度的目标。因此，在界定环境责任风险范围与额度时，保险监管部门有必要干预并且限制市场上产生的除外条款和免责条款[32]。

《征求意见稿》规定的法定除外责任主要为不可抗拒的自然灾害导致的损害、环境污染犯罪直接导致的损害、故意采取通过暗管、渗井、渗坑、灌注等逃避监管的方式违法排放污染物直接导致的损害、环境安全隐患未整改直接导致的损害。在除外责任问题上，立法过程中的争议焦点是法定除外责任的法律效力问题，即法定除外责任与约定除外责任的关系。

除外责任可以分为法定除外责任与约定除外责任。从强制保险的角度看，法定责任范围加上法定除外责任，划定出了环境污染强制责任保险的保险责任边界。在上述法定除外责任之外，根据意思自治和契约自由原则，以及保险合同双方对于承保与投保风险的特殊需求，还可以约定除外责任。但是从投保企业履行投保义务的角度看，其保险合同约定的除外责任不能与法定责任范围与法定除外责任相抵触。

如果投保企业签订的保险合同通过约定的方式，将法定责任范围中的生态环境损害约定为责任免除条款之一，约定范围更为广泛的除外责任条款，比如，一般性的违法排污行为导致的环境损害、达标排污行为导致的环境损害等，将会导致两种后果，其一，该投保企业实际上并未依法履行法律要求其承担的按照责任范围投保的法定义务，将会依法承担相应的法律责任。其二，不同的企业，可能会发生其约定除外责任不同的情况，除外责任直接影响到保险产品的价格，由此就会导致前文所述，投保企业想要寻求最便宜的保单使他们能够满足法律要求，而保险公司也倾向于提供尽可能低的保险范围，保费就越低，保险合同责任范围的缩小影响的是环境污染受害方的利益，从而损害整个环境污染强制责任保险制度的目标。

（四）信息不对称的立法干预

在环境责任保险中，信息不对称问题极为突出。信息不对称会导致道德风险，从而可能会导致投保人购买了环境污染责任保险后将保单视为一种事实上的排污许可证，疏于对污染风险的预防或控制。

承保人为弥补信息不足，可以采取多种多样的风险评估与风险分类技术、免赔额、保单除外条款，并在可能的情况下，加强风险排查，以此来减少由于信息不对称导致的逆向选择与道德风险问题[33]。在理论上，处理道德风险问题，有两种途径：一种是采用提供不完全保险保障的方式；另一种是采用风险监控的方式预防损失[34]。其中，前者是责任保险中通用的解决方法，风险监控为环境责任保险所特有，有学者甚至认为，风险监控是环境污染强制责任保险制度中保险人应对道德风险的唯一手段[35]。在保险业，风险监控已经逐渐发展为独立的环境风险评估业务。

风险评估是指在承保过程中对被保险人的环境风险状况开展综合评估。在环境责任保险中，由于风险所具有的特殊不确定性，详细的风险评估已经构成了承保过程的重要组成部分[36]。为了掌握被保险人的风险信息，至少需要评估以下三方面的情况：第一，可能会导致企业丧失经营能力的环境行为及其风险，比如被吊销许可证的风险、发布禁令的风险、导致场地或生产设施破坏或受到污染的风险、因环境违法行为导致罚款、监禁等的风险等；第二，导致企业财产价值或财务能力减少的环境行为及其风险；第三，导致第三者损害或诸如清污费用等其他索赔的环境行为及其风险[37]。

风险评估与风险排查是保险公司为了解决环境污染责任保险中的信息不对称、预防道德风险而发展出的专门化的技术手段。从法律上看，投保前风险评估与投保后风险排查是保险公司的权利，是投保企业的义务，其履行情况直接决定了保险人的合同解除权、是否承担赔偿或给付保险金责任等重大事项，是保险人解决污染信息的不对称问题、防范道德风险的有效工具。从我国试点情况看，保险公司一般通过风险分类条款与除外责任防范道德风险。比如，目前环境污染责任保险产品基本都设定了环境污染责任保险的责任限额包括每次事故责任限额、每次事故人身伤亡责任限额、每人人身伤亡责任限额、每次事故财产损失责任限额、每次事故清污费用责任限额、每次事故紧急应对费用责任限额、每次事故法律费用责任限额、累计责任限额。过细的风险分类条款以及除外责任约定导致了投保企业发生保险事故后索赔时很多经济损失不能得到保险赔偿。

《征求意见稿》专章规定了风险管理，希望保险公司通过开展风险管理，减少对分类责任限额的依赖。将风险管理规定为应当，为保险公司的义务。希望通过促进风险管理而减轻保险公司对不完全保障的依赖，从而为投保企业留下足够的保障空间。

三、现行立法框架下环境污染强制责任保险制度实施路径

我国《保险法》第十一条规定："除法律、行政法规规定必须保险的外，保险合同自愿订立。"《环保法》第五十二条规定："国家鼓励投保环境污染责任保险。"《征求意见稿》在立法位阶上为部门规章，从立法路径上看，仅为过渡性解决方案。作为部门规章，《征求意见稿》初步确立了环境污染强制责任保险制度的框架，建立起了以投保义务主体、法定责任范围与责任限额、法定除外责任、投保企业环境风险管理为主要内容的立法框架，但其责任限额如何确定、是否有必要对保险条款进行监管等问题尚无法在此立法位阶进行规范。在此立法框架下，环境污染强制责任保险制度的实施仍有赖于以下几方面的进一步实施和完善。

首先，以适当方式对保险条款进行规范。是否以及如何对保险条款进行规范，需要理解环境污染责任风险的特有的法律不确定性的程度，保险事故的突发与渐进如何界定与解释、保险责任的触发条件在长尾责任时如何界定与解释、追溯日期等的定义与解释等影响了是否赔偿以及赔偿范围的大小，但上述保险关键术语的解释与适用并非一成不变，随着立法与司法对环境损害的认识水平不断变化。为了最大限度上解决环境污染保险术语与解释所带来的不确定性，可以由法律法规对强制保险保单的必备条款以及保单术语等进行规定，减少由于保单术语与解释所带来的不确定性。比如，美国州与地方固体废物管理官员协会（Association of State and Territorial Solid Waste Management Officials）于 2011 年发布了《储罐保险指南》[38]，该指南详细规定了用于强制保险的地下储罐保单的保单结构、保单术语以及保单的类型、在不同情形下的追溯日期如何起算等。我国现行立法框架下，可以由相关行业协会或者相关部门发布指南对保险术语进行引导或规范，比如《环境污染强制责任保险术语与解释》《环境污染强制责任保险保单指南》，在其中规定环境污染强制责任保险合同中的关键术语与解释、保单基本结构、保单必备条款等。

其次，政府部门对投保义务的监管形式需要进一步明确。从法律的执行看，监管者通过立法行为要求企业投保，但投保义务主体与保险人签订的合同是平等主体之间基于平等协商而建立起的民事法律关系，监管者要获知或确保投保主体已经履行投保义务，同时又不能以行政权力直接审查具有民事性质的保险合同。对此，有两种立法例：一种为法定承诺制，比如，美国立法规定投保人应当签订格式化的投保承诺书，并填写主要投保信息，同时规定，在监管部门有需要时，保险人应当提供保单原始文件与所有批单的复印件[39]；另一种为保险人报告制。比如《瑞典环境法典》规定，如果未能在法定要

求期限 30 日内支付保险金，保险人有义务将未支付保险费的情况向监管机构报告[40]。从我国实际情况看，可以采取承诺制，发布"企业投保环境污染强制责任保险承诺书"，承诺书载明保险公司名称、保险责任范围、保险除外责任、保险期限、责任限额、费率等主要事项。并载明此承诺应当与保险合同一致，在监管部门有需要时，保险人有义务提供保单原始文件与所有批单的复印件。

最后，推动责任限额制定。确定责任限额是环境污染强制责任保险制度的核心内容，是投保企业应当承担的法定投保义务的重要方面。现行立法框架未对责任限额做出实体或程序规定。投保责任限额由国家层面制定或授权地方层面制定、立法是规范责任限额制定程序还是直接制定出责任限额标准等、责任限额是分类制定还是统一制定等问题仍然存有疑问。现行立法框架下，应当加快推动制定责任限额的路径和方法。

参考文献

[1] 马宁. 环境责任保险与环境风险控制的法律体系建构[J]. 法学研究，2018，40（1）：106-125.

[2] 彭中遥. 环境污染强制责任保险有关问题及法治策略[J]. 湖南农业大学学报（社会科学版），2017，18（3）：98-104.

[3] 陈冬梅. 我国环境责任保险试点评析[J]. 上海保险，2016（1）：26-29.

[4] 张娟，贾惜春. 我国环境污染责任保险产品现状及推进措施[J]. 环境保护与循环经济，2014，34（4）：65-66.

[5] 贺震. 绿色保险"叫好不叫座"之惑[J]. 环境经济，2014（4）：10-18.

[6] Environmental Liability Insurance[OL]. [2016-07-07] http：//www. iii. org/article/environmental-liability-insurance.

[7] http：//www. armr. net/wp-content/uploads/2012/ 10/ historyins7-10-07. pdf.

[8] Benjamin J. Richardson. Mandating Environmental Liability Insurance[J]. Duke Environmental Law & Policy Forum：Spring 2002：298-299.

[9] Nick Lockett. Environmental Liability Insurance [M]. London：Cameron May，1996：78-79.

[10] OECD. Environmental Risks and Insurance：a comparative analysis of the role of insurance in the management of environment-related risks[M]. Paris：2003.

[11] 邹海林. 责任保险论[M]. 北京：法律出版社，1999：100.

[12] 熊英，别涛，王彬. 中国环境污染责任保险制度构想[J]. 现代法学，2007（1）：90-101.

[13] 阳雾昭. 环境污染责任保险基本法律问题研究[D]. 青岛：中国海洋大学，2011.

[14] Paul K. Freeman，Howard Kunreuther. Managing Environmental Risk Through Insurance，Kluwer Academic Publishers[M]. Norwell，1997：31-32.

[15] Financial Assurance Issues of Environmental Liability[EB/OL]. http：//www. docin. com/p-1722427747. html，p146，2018-06-11.

[16] Insuring environmental damage in the European Union|Swiss Re-Leading Global Reinsurer[EB/OL]. http：//www. swissre. com/library/111437999. html#inline.

[17] https：//www. ecfr. gov/cgibin/textidxSID=ea74582c786cccf10d8d9dea4cd22edc&pitd= 20160601 &node=sp40. 27. 280. h&rgn=div6#se40. 27. 280190，2017-09-10.

[18] 竺效. 论环境污染责任保险法律体系的构建[J]. 法学评论，2015，33（1）：160-166.

[19] 陈方淑. 环境责任保险法律制度研究[D]. 重庆：西南政法大学，2010.

[20] 程玉. 我国环境责任保险承保范围之思考：兼论渐进性污染的可保性问题[J]. 保险研究,2017(4)：102-117.

[21] 孙宏涛，林煜轩. 我国环境责任保险之除外条款研究[J]. 上海政法学院学报（法治论丛），2017，32（6）：113-122.

[22] 邓嘉詠. 论环境污染强制责任保险的赔偿范围——以《环境污染强制责任保险管理办法（征求意见稿）》为视角[J]. 中南林业科技大学学报（社会科学版），2018，12（1）：26-32.

[23] Nick Lockett. Environmental Liability Insurance[M]. London：Cameron May，1996.

[24] Paul K. Freeman，Howard Kunreuther. Managing Environmental Risk Through Insurance，Kluwer Academic Publishers[M]. Norwell：1997.

[25] Michael G Faure，David Grimeaud. Financial Assurance Issues of Environmental Liability（2000）[EB/OL]. http：//www. docin. com/p-1722427747. html，p151，2018-06-11.

[26] https：//www. ecfr. gov/cgibin/textidxSID=ea74582c786cccf10d8d9dea4cd 22edc&pitd= 20160601& node=sp40. 27. 280. h&rgn=div6#se40. 27. 280_190，2017-09-10.

[27] 杜景林. 德国环境责任法[M]. 国际商法论丛（第7卷）. 北京：法律出版社，2005：70.

[28] http：//envfor. nic. in/legis/public/public2. html，2018-06-11.

[29] http：//www. finlex. fi/en/laki/kaannokset/1998/en19980717. pdf，2018-06-19.

[30] 程玉. 我国环境责任保险承保范围之思考：兼论渐进性污染的可保性问题[J]. 保险研究,2017(4)：102-117.

[31] 陈欣. 保险法（第三版）[M]. 北京：北京大学出版社，2010：134.

[32] Benjamin J. Richardson，Mandating Environmental Liability Insurance，Duke Environmental Law & Policy Forum，Spring，2002：366.

[33] Benjamin J. Richardson. Mandating Environmental Liability Insurance[J]. Duke Environmental Law & Policy Forum，Spring，2002：304.

[34] Shavell S. On Moral Hazard and Insurance[J]. Quarterly Journal of Economics（QJE），1979：541-562.

[35] Michael G Faure，David Grimeaud，Financial Assurance Issues of Environmental Liability（2000）http：//www. docin. com/p-1722427747. html，p151，2018-06-11.

[36] David L. Guevara，Frank J. Deveau. Environmental Liability and Insurance Recovery，ABA Publishing，2012：527.

[37] Nick Lockett. Environmental Liability Insurance，Cameron May，1996：226-227.

[38] ASTSWMO State Funds Task Force. Guide to Tank Insurance，October 2011.

[39] CFR. 280. 97，https：//www. ecfr. gov/cgi-bin/text-idxSID=90e5668fb2106e66f653920e1fbf3968& pitd=20160601&node=se40. 27. 280_197&rgn=div8，2018-06-12.

[40] The Swedish Environmental Code，Ds 2000：61，https：//www. government. se/49b73c/contentassets/ be5e4d4ebdb4499f8d6365720ae68724/the-swedish-environmental-code-ds-200061，2018-06-12.

第五篇
环境价值评估与
生态补偿政策

环境价值及其量化是综合决策的基础①

李金昌

人类要健康地活下去，而且要活得越来越好，就必须走可持续发展的道路。这是国际社会经过长期痛苦磨难之后总结出来的一条历史性经验。

发展，是一个发展的、动态的概念，不同历史阶段、不同地区，其内涵不尽相同。但是，它有一个共同的、基本的特点，就是不断地提高人类生活质量和水平。所以，人们把发展分为贫困、温饱、小康、富裕、极富五个历史阶段。

毋庸置疑，发展中最重要的是经济发展。我国现代化建设的基本路线以经济建设为中心是完全正确的。但是，经济发展是在一定环境中的发展，环境恶化了，就不利于经济发展，甚至制约经济发展，这也是举世公认的。因为，环境污染、生态破坏、资源耗竭等环境恶化的后果，严重限制了经济发展的进程和质量。所以，在当前来说，持续发展的核心内容是环境与经济的协调发展。

为使人类社会健康持续地发展，国家的宏观决策必须是全面考虑各种有关因素的综合决策。其中经济因素是首要的，环境因素也是重要的。要使环境保护参与国家宏观决策，必须首先使它纳入经济发展决策。因此，需要讲环境价值、算环境价值、用环境价值，把环境价值与经济价值结合起来，使之融为一体。一句话，环境价值及其量化是综合决策的基础。

一、环境价值的概念

各种自然资源都是构成环境的要素，环境也是一种自然资源。所以我这里将环境和自然资源统称为环境。

环境价值的价值，是价值哲学中的价值。这种价值表示的是主体和客体之间的一种

---

① 原文刊登于《环境科学动态》1995 年第 1 期。

关系，即主体有某种需要，而客体能够满足这种需要，那么对主体来说，这个客体就有价值。所以，马克思曾说："价值这个普遍概念，是从人们对待满足他们需要的外界物的关系中产生的。"在人类和环境这一对关系中，人类是主体，环境是客体，环境能够满足人类生存、发展和享受所需要的物质性产品和舒适性服务。因此，对人类来说，环境是有价值的。而且，由于人类的需要大体是按生存需要、发展需要和享受需要的顺序逐步发展的，所以，环境的价值也就会越来越大。因为，人类处于较低发展阶段（如贫困阶段）时，整日为吃饭、穿衣等生存需要而挣扎，所注意的只是物质性产品的获得，而对环境及其舒适性服务，则不太讲究；到了极富阶段，人类社会的物质产品极大丰富了，人们用不着为吃、穿、用、住、行而操心，那时，人们对环境及其舒适性服务的需要就会达到一个空前的程度；在贫困与极富之间，依次是温饱、小康、富裕三个发展阶段，其间，随着经济社会发展水平和人民生活水平的不断提高，人们对环境及其舒适性服务的需要，或者说对它的认识、重视的程度和进行支付的意愿，会不断增加，特别是在小康阶段，更会急剧增长。环境价值的这种动态发展的特性，可以用直角坐标中一条类似生长曲线的 S 形曲线加以描述。

环境价值的产生来自两个方面：一是天然生成；二是人类创造。传统经济理论认为：没有劳动参与的东西没有价值；不能进行交易的东西没有价值。这两种说法都有偏颇，对环境保护不利，对持续发展不利。实际上，可以把劳动价值论和效用价值论结合起来，建立起环境价值的观念、理论和方法。其基本要点是：环境价值首先决定于它对人类的有用性，其价值大小则决定于它的稀缺性（体现为供求关系）和开发利用条件；不同的丰度、不同的品种、不同的质量、不同的地区、不同的条件、不同的时间，都对环境价值的大小有所影响。

环境价值可分为两个部分：一部分是比较实的物质性的产品价值，可以称为有形的资源价值，简称资源价值；另一部分是比较虚的舒适性的服务价值，可以称为无形的生态价值，简称生态价值。环境价值的构成如图 1 所示。

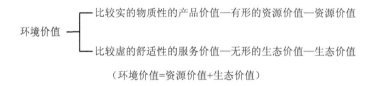

图 1　环境价值的构成

二、环境价值的计量

研究环境价值及其量化的基本方法之一，是分析综合的方法，即把看似千头万绪、错综复杂、无从下手的问题，分解成各个具体的因素并逐一加以解决，然后再将各项结果综合起来，整个问题便可迎刃而解。环境价值的计量就是一个复杂的问题。有时，我们可以整体计算环境价值，但在大多数情况下，这样做困难很大。因此，我们就把环境价值分解为有形的资源价值和无形的生态价值，并分别加以计算。环境容量，即环境自然净化污染物的能力的价值，属于无形的生态价值范畴。这部分价值在污染损失的计算和防治污染措施的费用效益分析中有重要作用，需要单独加以说明。环境价值的具体计算方法，主要是租金或预期收益资本化法、边际机会成本法和一系列替代法。需要特别说明的是，由于影响环境价值的有许多难以确定的因素，所以环境价值的计量不可能做得十分精确，在当前我们只要求大方向不错、数值大体准确，甚至有个大于 60% 的准确度就可满意了。

（一）资源价值的计量

资源价值就是环境价值中有形的比较实的物质性产品价值。它等于资源的实物量乘以价格（即单位资源的价值）。资源价格的计算可按租金或预期收益资本化定价法进行。也就是说，只要知道了租金或预期未来收益，用利息率或社会贴现率一除，就可以得到一个基本价，再用供求关系和时间价值加以调整，便可得到资源价格。这里有三点需要说明：一是资源的价值来自天然形成和社会投入产生两个方面，前者租金或收益的资本化是资源基本价 P 之 P_1，后者租金或收益的资本化是资源基本价之 P 之 P_2。没有任何投人的纯天然的资源，其 $P=P_1$，$P_2=0$；而纯人造的资源，其 $P=P_2$，$P_1=0$。这是一种特例。做这种划分，完全是为了从理论上说明没有劳动参与、未进入市场交易的资源也是有价值的。在实际应用时，完全可以不做这种划分。二是对供求关系的考虑。当供给量一定时，需求量大致与价格成正比，需求量处于分子的地位；当需求量一定时，供给量大致与价格成反比，供给量处于分母的地位。当供给量远远大于需求量时，价格会趋于零；当供给量远远小于需求量时，价格会趋于无穷大。这又是一种特例。通常的情况总是处于这两个极端之间。三是对利息率和贴现率的考虑。租金或收益资本化要用到利息率和贴现率，利息率和贴现率越大，其价值越小；利息率和贴现率越小，其价值越大。在用时间价值调整价格时，也要用到贴现率。一般来说，贴现率越大，贴现系数越小，未来价值折成的现值越小，人们越不重视后代享用资源的利益，对持续发展不利；贴现率越小，贴现系数越大，未来价值折成的现值越大，人们越重视未来价值，照顾后代享用资源的利益，对持续发展有利。所以，我们在计算资源价值时，通常采用当代与后世兼顾的贴现率。

（二）生态价值的计量

生态价值就是环境价值中无形的比较虚的舒适性的服务价值。要计算某个环境或生态系统的生态价值，需要先将其整个生态功能分解成各个单项功能，然后分别用相应的替代方法求出各单项功能的价值，再将这些单项功能价值加总起来，构成其生态价值最大值，最后再乘上一个相当于支付意愿的发展阶段系数，就得出了这个环境或生态系统的现时的生态价值。拿森林来说，它除了具有提供木材等有形的物质性产品的资源价值外，还具有提供涵养水源、保持土壤、防风固沙、调节气候、净化空气、制造氧气、旅游观光、保护生态多样性、供科学研究等多种无形的生态功能价值。这些价值随森林的存在而存在，随森林的消长而消长。我们可以用适当的替代方法把它的每一项生态功能价值计算出来。比如，要算其涵养水源的价值，可以先算出它涵养的水量，再用工程费用法算出修一个蓄同样水量的水库所需的投资，就相当于该森林涵养水源价值；要算其保持土壤的价值，可以先算出它保持土壤的数量，并按 30 cm 厚的土层铺开，用造水平梯田的办法，修造同样面积的梯田，其花费总额就算作该森林的保土价值；要算其制造氧气的价值，可以先算其制造氧气的数量，再用工厂制氧法算出同等数量氧气的价值。由于氧气是空气的重要组分，它无处不在，而且比较充裕，所以在不同的地区，人们对其重要性的感觉是不同的。为此，可设定一个在 0 与 1 之间的系数，在人多树少的工业城市附近，此值取得大些，在人少树多的林区，此值取得小些，在人、树居中的农村地区，可以取个中值。这样，用该系数乘以上述制氧价值，就可代表此森林的造氧功能价值；要算其旅游休憩价值，可以利用旅行费用法，先算出该森林在可持续利用情况下能容纳的最大旅游人数和平均每人到该林区旅游的花费，然后将二者相乘得到该森林的旅游休憩价格；依此类推，其他各项功能价值，都可用相应的替代方法算出其相应的生态功能价值。然后把以上各单项生态功能价值加总起来，即构成该森林生态功能价值的最大值。要知道其现时的生态价值，还需要考虑人们的支付意愿。国外计算支付意愿，是通过大量抽样调查进行的。我这里推荐一个更简单、更便于操作、更符合实际的计算方法，即用代表人民生活水平的恩格尔系数的倒数或代表经济社会发展水平的人均国民生产总值，和代表生态价值特性的生长曲线模型结合起来，求出发展阶段系数。最后，该森林的生态价值就等于它的生态价值最大值乘以发展阶段系数。同理，其他环境或生态系统生态价值，都可用类似的方法求出。

（三）环境容量价值的计算

环境容量价值，就是环境自然净化污染物能力的价值。它属于生态价值的范畴。只有当污染存在的情况下，这种价值才表现出来。在计算污染损失和防治污染措施的费用和效益时，就要用到这种价值的计量。过去，人们计算污染损失，只计算由于污染造成的生产损失，即产品数量减少、质量降低的损失；固定资产损失，即机器设备、厂房建筑等固定资产因污染腐蚀造成其维修费用增加、使用寿命缩短等损失；健康损失，即由于污染造成人们发病率、死亡率增高而形成的损失；而没有计算由于污染造成的环境质量下降形成的损失。实际上，污染造成的全部损失，应该包括生产损失、固定资产损失、健康损失和环境质量损失这四个部分。比如一条江河、一个湖泊遭到污染后，用其水者会有生产损失、固定资产损失和健康损失，而江河、湖泊的水质降低了也是一种损失，而且可能是一种更大的损失。因为，水质降低的损失，通常采用恢复费用法（或称复原费用法）计算，就是用使水质基本恢复到原来未污染状态所需的治理费用，来代替水质降低损失。可见，环境质量损失的计量也是环境价值计量的一个重要组成部分。

（四）资源产品价值的计量

以开采或采伐为界，之前是资源，之后是资源产品。以前，我国传统的生产价格定价法计算资源产品（如木材、煤炭等）的价格，都只计算开采或采伐的生产成本加上适当的利润，而不计算资源本身的价值，由此形成长期存在的"产品高价、原料（资源产品）低价、资源无价"的价格扭曲现象，进而造成资源损毁、生态破坏、环境恶化的严重后果。这是非持续发展的典型事例。按国外传统的边际机会成本定价法，也是只按资源产品的价格等于边际生产成本计算，同样不包括资源本身的价值。所以，国内外专家学者现在极力推广一种新的考虑环境因素的定价方法，即资源产品价格 P=边际机会成本 MOC=边际生产成本 MPC+边际使用成本 MUC+边际环境成本 MEC。还有另一种说法是：资源产品价格 P=边际社会成本 MSC=边际私人成本 MPC+边际耗竭成本 MDC+边际外部成本 MEC。这两种说法形式稍有区别，但内容是一致的。因为公式中的各项是互相对应的：MSC=MOC，MPC=MPC，MDC=MUC，MEC=MEC。这新的边际机会成本定价法，较之原来的边际机会成本定价法，由于考虑了环境因素，所以增加了资源的使用成本或耗竭成本，也增加了环境成本或外部成本。而且边际使用成本或边际耗竭成本与第（一）项的资源价格对应，边际环境成本或边际外部成本与第（二）、（三）项的生态价值和环境容量价值对应，边际生产成本或边际私人成本则相当于原来生产价格。可见，国内外环境专家的思路是相通的。

现在，国内外常用的一种计算资源价格的方法是逆算法。就是以资源产品的国际市场价格作为合理的价格标准，从中减去开采的生产成本、运输成本和经营费用，剩余部分作为资源的价格。从理论上讲，因为现行国际市场价格在定价时并没有考虑环境因素，即使在数值上得出看似合理的结果，在逻辑上也是讲不通的。但是，由于国际市场价格是在长期的国际贸易中形成的，也得到各国的承认，在考虑本国资源是保护起来还是进行开采，是进口还是出口问题时，这个方法还是可用的。用这个方法可以提供一个判别资源进出口的政策标准。具体公式是：边际使用成本 MUC 或边际耗竭成本 MDC 等于相当于边际机会成本 MOC 的国际市场价格 PW，减去边际生产成本（包括运输和经营费用）MPC，再减去边际环境成本或边际外部成本 MEC。一般来说，如果 MUC 或 MDC 小于或等于零，说明国际价格低于国内价格，则保护本国资源、进口资源产品，对本国有利；如果 MUC 或 MDC 大于零，说明国际价格高于国内价格，则开采本国资源甚至有适量出口，对本国有利。

三、环境价值的应用

既然环境有价值并会越来越大，而且与每个人都有关系，那么大家，特别是环保工作者、经济工作者和教育宣传工作者，就应该讲环境价值、算环境价值、用环境价值。既然价值问题是经济学的核心问题，环境价值是环境经济学的核心问题，那么它的应用领域就一定十分广泛。这里，仅就几个主要方面，略陈拙见。

（一）用于损益分析

过去，计算环境污染损失，仅仅计算了污染的生产损失、固定资产损失和健康损失，而没有计入环境质量的损失，这是不考虑环境价值的结果。按照这种算法得出的结果，就是现在人们常说的：我国每年污染造成的损失达 1 000 亿元。实际上，如果计入环境质量损失，我国每年因污染造成的损失，至少在 2 000 亿元以上。因为这个损失数字对领导决策者重视环境保护的程度有影响，所以，在污染损失的计算中不应该忽略环境质量损失。

对于环境保护措施的费用效益分析也是一样，过去大多也不考虑环境价值的损失和增值，因此其结果是不真实的。现在，应该在费用中加入环境质量损失，而在效益项中加入因采取环保措施而避免的环境质量损失，因为避免了损失就相当于效益。

我国建设项目的可行性研究，是从国外引入的。它应包括技术评价、经济评价（财务评价和国民经济评价）、社会评价和环境评价。现在，技术评价、经济评价的方法，比较完善，社会评价的方法正在逐步建立，至于环境评价，虽然立法、条例、规定和传统评价方法早已有之，但其中的环境经济分析评价方法却是一个薄弱环节，以致许多环境影响评价报告书中的环境经济分析都比较肤浅，不能为项目的决策提供有力的支持。这个问题，需要通过充分考虑环境价值问题加以解决。

（二）用于环保计划

现在，我国的环保计划，主要通过一些环保项目及其投资，列入国家经济和社会发展计划，而且列入国家计划的一些环保目标，都是实物量指标和相对量指标。严格来说，这不是真正的环境保护纳入国家计划，环保与经济仍然基本处于两张皮的脱节状态，很不利于环境与经济协调发展和持续发展。因为，国家计划中最重要的指标是国民生产总值、国内生产总值及其增长率等经济总量指标，它是国家经济社会发展宏观决策的主要依据，而环境保护在其中没有反映。要克服这种脱节状态，有两条途径是不能不考虑的：一是要将环境保护活动产业化，并计算它的投入和产出，和其他产业部门一样，汇入国家的投入产出总表；二是设置环保投资、环保产值、污染损失、环保效益、单位污染物损失、单位污染治理费用等环境价值量指标。单位污染物损失和单位污染物治理费用指标，可以通过典型地区的若干案例研究，用加权平均的办法求得。

（三）用于环境核算

环境核算或者说环境和自然资源核算，是环境与经济紧密结合、协调发展的纽带，是实施可持续发展战略的重大措施，也是环境保护参与国家宏观、综合决策的有效手段。因此，国际社会和我国政府对此非常重视。联合国环发大会制定的《21世纪议程》和我国随后制定的《中国21世纪议程》及十大环保政策，都把环境核算列为重要内容和优先项目。

环境核算之所以受到如此高度的重视，是因为它能够提供关于经济、社会和环境的比较全面、准确的信息，作为国家或地区宏观综合决策的主要依据。

绿色代表环境和环境保护，象征生命和活力。所以，国际社会把经过环境核算、包括了环境因素的GNP（国民生产总值），称为绿色GNP。绿色GNP现已成为国际社会的通用名词，它和它的增长率将成为衡量一个国家或地区持续发展的主要指标。

要进行环境核算，最重要的是在实物量核算的基础上进行价值核算，包括有形的资源价值量和无形的生态价值量的核算。环境污染、生态破坏和资源耗竭等问题，都可以通过其价值量的形式，在绿色GNP等总量经济指标中得到反映。这就要求环境保护的信息支持系统，必须在污染系统、生态系统和资源系统增设基层、中层、高层和与国民经济接口的环境价值量指标，并给出每项具体指标的测算方法，以利实际操作。

（四）用于环境管理

我国正在建立社会主义市场经济体制，国家对经济将更多地运用经济手段、法律手段和必要的行政手段进行宏观调控。环境保护是国民经济建设的重要组成部分。市场经济对环境保护有有利的一面，也有不利的一面。因为环境保护的公益性与市场经济的利益主体多元化和企业追求自身利益最大化的特性有矛盾，所以我们只能按照"经济发展靠市场，环境管理靠政府"的原则，扬长避短地适应市场经济，搞好环境保护。市场机制主要有价值决定机制、利益激励机制、供求调节机制和竞争淘汰机制。应该充分发挥这些机制的积极作用，避免它们的消极影响。其关键就是，在运用这些机制时充分考虑环境价值的因素。环境管理作为政府职能，也要更多地通过经济手段和法律手段加以实现。这就要求，价格政策或定价政策，要考虑环境价值的因素；确定环境税费的标准，要考虑环境价值的因素；在制定环保法规时，要提出基于环境价值的理论和量化依据，等等。

（五）用于深化改革

价格改革是整体改革的重要组成部分。由于传统观念和理论的影响，造成了我国"产品高价、原料低价、资源无价"的价格扭曲现象，由此更增加了环境恶化的后果。因此，价格改革的进一步深入，就必须考虑环境因素，把环境价值的考虑纳入成本和价格工作中。当前，应首先改革重要资源（如土地的价格）和重要资源产品（即原料），如供水、煤、石油和木材的价格，使其价格构成不仅有开采或采伐成本、运输和经营费用，以及适当的利润因素，还应有资源的使用（耗竭）成本和外部（环境）成本。

随着开放和对外贸易的扩大和我国将要加入关贸总协定，国内市场价格需要逐步和国际市场价格接轨。随着全球性环境意识的高涨和联合国、世界银行等许多重要国标组织的倡议和引导，国际市场价格的形成也将逐步由不考虑环境因素到考虑环境因素。所以，我国也应尽早考虑按照资源产品即原料的价格，等于其边际机会成本，等于其边际生产成本加边际使用成本，再加边际环境成本的思路，进行调整。

价值和价值规律是经济和经济规律的核心。由于传统经济学和环境经济学是在未考虑或未充分考虑环境价值的情况下形成的，现在有了环境价值、环境资产、环境产业和环境核算理论和方法，那么它就需要重新审视，并加以补充、修订和完善。也就是说，经济学和环境经济学也面临着改革的任务。

中国环境污染损失的经济计量与研究[①]

夏　光　赵毅红

一、方法与数据

环境污染造成的损害相当于一个经济价值量，因此，环境污染的经济损失值，应是从最小单元（如一个企业）起逐层统计、汇总加和的结果，这种统计尽管有误差，理论上讲却是"真值"。如确有这样一个统计体系存在并运行顺利，则环境污染的经济损失值就可直接得到了。

本文参照《公元二〇〇〇年中国环境预测与对策研究》[(1)]的计算方法，把环境污染分为水、大气、固体废物三大类分别进行估算，其中水污染损失分为人体健康、工业生产、农作物、畜牧业、渔业的经济损失；大气污染损失分为人体健康、农作物、家庭清洗、建筑材料腐蚀的经济损失；固体废物损失为占用土地的损失。其中有些地方有交叉，在计算中将剔除。除《公元二〇〇〇年中国环境预测与对策研究》中已用的公式外，本文还根据需要采用了其他一些公式。

二、水污染造成的经济损失

中国水污染的总体状况是，主要水系的干流水质较好，但较小水系和中小河流污染严重。1992 年，全国废水排放总量为 366.5 亿 t（不包括乡镇工业），其中 64%来自工业排放[(2)]。

---

① 原文刊登于《管理世界》1995 年第 6 期。

（一）水污染对人体健康的经济损失

水污染对人体健康的影响，主要有生物性污染和化学性污染两种，污染物可以通过饮水而使人群或发生急性和慢性中毒，也可以通过水生食物链或污水灌溉污染粮食和蔬菜等过程危害人群。将污水直接用于灌溉农田，是中国许多地方，特别是城乡交界地带的习惯做法，通过污灌可以获得一定量的水、肥资源，并使污水得到一定的净化。但污水灌溉的长期效应是令人担忧的，对农业环境和人体健康带来了污染和损害。从《中国环境状况公报1993》可知，中国污水灌溉使约330万 hm^2 农田受到，涉及人口约4 000万人。

计算水污染造成的人体健康损失需运用人力资本法。据卫生部门的有关资料，平均每位患者的医疗费用：癌症为5 595元，肝肿大为280元，肠道疾病为93元（以上均为每年的医疗费用）[3]；患者人均陪床日数为：癌症36日，肝肿大约25日，肠道病10日（家属陪床护理是中国特有的现象，所以误工损失应计算在内）；工作年损失：癌症12年，肝肿大为1年，肠道病15日[4]。又从中国统计年鉴得知，1992年农民平均净产值为1031元[5]，将此视为人力资本。同时，按一般理解，假定各种疾病均只治疗1年。将以上数据按人力资本法计算如下式：

$$S_i = P\sum T_i(L_i - L_{oi}) + \sum Y_i(L_i - L_{oi}) + P\sum H_i(L_i - L_{oi})M$$

式中，S_1 —— 环境污染对人全健康的损失值，亿元/a；

$\quad P$ —— 人力资本（取人均产值，元/（a·人）；

$\quad M$ —— 污染覆盖区域内人口数，亿人；

$\quad T_i$ —— 三种疾病患者人均丧失劳动时间，a；

$\quad Y_i$ —— 三种疾病患者平均医疗护理费，元/人；

$\quad H_i$ —— 三种疾病患者陪床人员的平均误工，a；

$\quad L_i$，L_{oi} —— 分别为污染和清洁区三种疾病的发病率，人/（10万人·a）[6]。

可得污灌区人体健康损失为

S_1 = 1 031(12×0.018‰+15/360×50‰)+(5 595×0.018‰+280×36‰+93×50‰)+

$\quad$ 1 031(36/360×0.018‰+25/360×36‰+10/360×50‰)×0.4

$\quad$ = (41.09+14.74+4.03)×0.4=24.1 亿元/a

除了污灌之外，水污染还通过饮用水水源而损害人体健康。这里有一个关键数据，即全国直接饮用受污染水体的人口数是多少。这一数据在统计资料中无法直接获得。《公元二○○○年中国环境预测与对策研究》提出了1985年的数据是1.5亿，但没有指明数据来源。本文考虑到 1992 年乡村人口比 1985 年增长了 5%[7]，同时《中华人民共和国环境与发展报告》指出 1988 年农村卫生饮水普及率为 66%，因此，可推算 1992 年饮用受污染水体的人口约为 2.8 亿。同时《公元二〇〇〇年中国环境预测与对策研究》又指出，饮用受污染水体人们的癌症（主要指肝癌和胃癌）发病率比饮用清洁水的高 61.5‰左右。但从直接经验上判断，这一数据高得太多了，因为癌症的发病率一般在万分之一的水平上，不可能达到 1%的数量级，因此，这一数据难以直接应用。我们在此采用一个推算的办法：可以认为污灌区的人口所饮用的水也受到污染，其受害程度应大于一般饮水受污染地区，最低限度上，假定受害程度相同，则经济损失应正比于人口数，由此可得出后者的损失应为前者的 7 倍（2.8 亿/0.4 亿=7），所以，饮用水污染造成的经济损失可推算为 24.1×7=168.7 亿元。

综上所述，水污染对健康的损失约为 192.8 亿元。

（二）水污染造成的工业经济损失

中国的潜在水资源总量为 2.79 万亿 m^3/a，居世界第六位，总量是丰沛的，但可有效利用的约为 1.2 万 m^3，现在每年用水总量为 5 532 亿 m^3，占潜在水资源量的 20%，占有效水资源量 46%[8]，因此，从总量上看，中国水资源供给并不成问题。但问题在于，中国水资源分布极不平衡，82%的地表水、70%的地下水资源分布在长江流域及其以南地区，而占全国土地面积 50%以上的华北、东北、西北地区水资源量只占全国的 18%，全国半数以上的城市水资源供给不足[9]，所以，中国北方和城市是缺水的，每年缺 360 亿 t[10]。

水污染造成的工业经济损失主要指由于水源受到污染使工厂停产带来的损失。所缺的水量中，由水污染引起的缺水量是一个关键的数据，但它无法从已有资料中直接查得，询问主管这方面事务的有关官员，也被告之"没有做这方面的专门统计或调查。"本文根据有关数据做如下推算：1985 年废水排放量为 327 亿 t[11]，1992 年为 367 亿 t[12]，增长了 12.2%；另外，1985 年由水源污染引起的供水短缺 10 亿 t[13]，因此 1992 年约为 11.2 亿 t。该值占年缺水量 3.1%，似偏低，但目前没有其他更有说服力的数据可替代。按文献（13）所指出的 1985 年污染引起缺水量为 10 亿 t，仅占当时总缺水量（500 亿 t）的 2%，比例更低。

这 11.2 亿 t 是包括在缺水总量 360 亿 t 之中的，而这 360 亿 t 中，有一部分是城市生活缺水量，一部分是工业生产缺水量，这就发生了一个问题：由于缺水引起工业损失是多少？其中由于水污染造成的缺水引起的工业损失是多少？这不是计算问题，而是个统计问题。鉴于没有这种分类统计，同时又考虑到城市生活用水都是从比较特殊的地方取得的，因此，我们可以假定水污染造成的缺水产生的影响全部发生在使工业失去获得净产值的机会上，而且，把失去的这部分净产值就视为污染造成的工业经济损失。当然，在这样假定时，还必须假定导致这些净产值产出的其他生产要素（如设备、原材料、劳动力等）都是已经齐备的。1985 年每缺 1 t 水造成的工业净产值损失为 6.5 元/t [14]，考虑到 1992 年价格指数为 1985 年的 188.9% [15]，因此将该值调整为 12.3 元/t。由此，由缺水造成的工业经济损失就可直接算得为 12.3×11.2=137.8 亿元。

（三）水污染造成的农作物损失

水污染造成农作物损失主要是粮食和蔬菜减产。据农业环境保护研究所 20 世纪 80 年代中期对 37 个污水灌区 38 万 hm² 污灌农田的调查，污灌农田与清灌农田相比，减产粮食 0.8 亿 kg，平均 210 kg/hm²。前面已经指出，1992 年中国污水灌溉污染的农田面积为 330 万 hm²，因此，据此可计算出该年由于污染造成的粮食损失量是 6.9 亿 kg。粮食的市场价格，1985 年平均为 0.32 元/kg [16]，根据国家统计局公布的物价指数，1992 年粮食类物价指数为 1985 年的 169.49，所以得知 1992 年粮食价格平均为 0.54 元/kg。但是，众所周知，1992 年粮食价格是由国家直接控制的，上述 0.54 元/kg 只代表了国家直接定价的水平，它严重偏离（低于）真实市场价格，如果按此计算粮食损失的价值，将会得到严重偏低的结果。根据 1992 年粮食在自由市场上的零售价格的一般水平，上述价格至少应提高一倍，因此，在本次计算中，设定粮食价格为 1.1 元/kg。因此，根据市场价值法：

$$S_2 = P \cdot Q$$

式中，S_2 —— 水污染造成的农作物损失价值；

    P —— 粮食市场价格，元/kg；

    Q —— 损失的粮食产量，kg。

将上述数据代入，可计算得到水污染造成的粮食损失值为 7.6 亿元。

用同样办法可以计算水污染造成的蔬菜损失值，这里的关键是得到每年水污染造成的蔬菜损失量。从中国统计年鉴可知，1992 年城镇居民人均消费鲜菜 124.91 kg，农村居民为 129.12 kg；同年城镇人口为 3.24 亿，农村人口为 8.48 亿 [17]，由此可估算全年蔬菜消费量约 1 500 亿 kg，其中城市消费量约占 27%。我们假定蔬菜消费量大致等于生产量。又知 1992 年全国蔬菜播种面积为 703 万 hm² [18]，所以，可估算 1992 年蔬菜单产量约 2.13 万 kg/hm²。我们知道，农民食用蔬菜基本为自产，且无污染，城镇居民所产蔬菜大部出于市郊，且这些地方是污灌范围，因此，假定由水污染造成的损失主要反映在城镇居民食用蔬菜的减少量上。从上面的数据中可推算出城郊蔬菜面积约为

189.8 万 hm², 按照有关资料的研究结论, 受污染区域内蔬菜的面积和产量损失系数均为 15%[19], 因此, 受水污染影响而损失的蔬菜约为 9.1 亿 kg。又知 1992 年蔬菜平均价格约 0.86 元/kg[20], 因此, 按市场价值法, 可知蔬菜损失价值约为 6.2 亿元。由此, 加上上述粮食损失, 水污染对农作物的损失约为 13.8 亿元。

(四) 水污染对畜牧和渔业的损失

这部分计算受到数据可得性的严重限制。20 世纪 80 年代中期《公元二〇〇〇年中国环境预测与对策研究》在计算该项损失时, 组织了专项调查, 得到了 1985 年前后的具体数据。本文在文献检索中未发现在 90 年代初期有类似专项调查, 因此经过辨识, 引用上述研究中的部分参数, 再从中国统计年鉴提供的 90 年代有关数据进行估算。

显而易见, 水污染对牲畜的影响发生在一切有水污染发生的地方。但一般认为, 在污水灌溉区内发生的影响占有绝大部分比例。因此, 在此只计算污灌区内牲畜的损失。根据上述 2000 年预测的研究, 污灌区主要集中在严重缺水的北方, 其中北京、天津、辽宁等地污灌区面积占全国污灌总面积的 80% 左右, 因此, 主要考虑上述三地的情况。根据中国统计年鉴得知, 1992 年年底上述地区的大牲畜为 429.1 万头。又知在污灌区内大牲畜的污染死亡率为 7%, 家禽为 10% 左右, 因此可计算得大牲畜因水污染而死亡数为 32.3 万头。按大牲畜 1985 年的市场价格为 1000 元/头[21] 和 1992 年禽畜收购价格指数为 1985 年的 179.3% 计[22], 则 1992 年大牲畜平均市场价格为 1793 元/头, 按市场价值法, 可计算在北京、天津、辽宁三地因水污染引起的牲畜损失为 5.8 亿元。在此基础上加 20%, 视为全国的损失值, 即 7.0 亿元。

关于水污染对渔业的损失, 我们主要考虑由水污染事故造成的直接经济损失和由于水污染造成的减产损失。根据中国环境状况公报, 1992 年全国共发生渔业污染事故近千起, 经济损失约为 4 亿元, 全国淡水养鱼由于污染造成死鱼面积达 32.7 万 hm², 死鱼数量达 4 550 万 kg; 又从中国统计年鉴得知 1992 年水产品零售物价指数为 1985 年的 284.3%, 而 1985 年的水产品市场价格约为 0.5 元/kg, 所以 1992 年约为 1.42 元/kg, 根据市场价值法, 计算得渔业减产损失为 6 461 万元, 加上上述渔业污染事故损失 (4 亿元), 渔业损失共为 4.6 亿元。

因此, 水污染对畜牧和渔业的损失约为 11.6 亿元。

综上所述, 1992 年水污染造成的经济损失约为 356.0 亿元。

三、大气污染造成的经济损失

中国大气污染的主要状况是，从地域上说，大气污染集中在城市，特别是北方城市；从来源上，主要是由煤炭燃烧引起的煤烟型污染。1992 年，全国废气排放量（标态）为 10.5 亿 m³（不包括乡镇工业），比上年增长 7.6%[23]。

对大气污染造成的经济损失，主要从人体健康损失、农业损失、物品损失几个方面估算。

（一）大气污染对人体健康的损失

大气污染对人体健康的影响，主要是引起人呼吸系统疾病的患病率上升，造成人力资本的损失，因此，同水污染损失估算中的情形一样，这里也采用人力资本法。在估算时，首先选定几种受大气污染影响较大的呼吸道疾病，它们是慢性支气管炎、肺心病、肺癌。其次，根据我国在大气污染区域内上述三种疾病和死亡情况以及有关的研究结果确定有关参数，其中，人力资本 P 以 1992 年我国职工平均货币工资代表，取值为 2 711 元[24]；污染覆盖区域内人口数 M 没有直接统计数，需作如下估算：假定受大气污染影响的人口都是城镇居民。1992 年城镇人口为 3.2 亿，显然并非所有这些人口都处在污染覆盖范围之内，在这里，假定约有 50% 是受污染影响的人口，即 1.62 亿。作出这个假定的理由之一是 1992 年中国环境状况公报指出，据 67 个城市统计，51% 的城市大气中总悬浮微粒（TSP）年日均值超标。严格地讲，这一假定仍是偏保守的，因为几乎每个城市都面临着大气污染问题。关于各种疾病患者人均丧失劳动时间，仍然采用 20 世纪 80 年代中期有关典型调查所提出的结果，即慢性支气管炎 1 年；肺心病 2 年；肺癌 11 年；关于陪床人员的人均误工时间，慢性支气管炎为 0.06 年，肺心病为 0.07 年；肺癌为 0.1 年[25]；关于人均医疗护理费用，慢性支气管炎为 2 110 元，肺心病 4 220 元，肺癌 1.27 万元[26]。关于污染区和清洁区三种疾病的患病率差值为：慢性支气管炎 9‰；肺心病 11‰，肺癌 8.33/10 万[27]。将以上数据运用于人力资本法公式（见水污染对人体健康损失部分），可计算大气污染对人体健康损失为 201.6 亿元。

（二）大气污染对农业的经济损失

大气污染对农业的损失主要体现在使粮食蔬菜、水果、桑蚕茧、畜牧业减产造成的损失上。这里，运用市场价值法对损失值进行估算，重列算式如下：

$$S_3 = \sum P_1 \cdot Q_1$$

式中，S_3 —— 水污染造成的农作物损失价值；

      P —— 粮食等的市场价格，元/kg；

      Q —— 损失的粮食等的产量，kg。

粮食和蔬菜的市场价格，在水污染损失估算中已分别确定为 1.1 元/kg 和 0.68 元/kg（见本文水污染造成的农作物损失部分）。关于水果、桑蚕茧的市场价格，通过以下过程确定：已知 1985 年的水果市场价格为 0.8 元/kg，桑蚕茧为 2.31 元/kg[28]，按国家公布的农副产品物价指数，推知 1992 年两者市场价格分别约为 1.5 元/kg 和 7.0 元/kg[29]。回顾 1992 年市场上水果销售的平均价格水平，上述水果价格是基本符合实际的。接下来需确定各种农作物因受污染而减产的量，而这先要确定各种农产品单位产量和农产品受污染影响的面积。从中国统计年鉴得知，粮食单产为 4 342 kg/hm^2；水果单位产量为 4 194 kg/hm^2（水果总产量为 2 440 万 t，果园面积 581.8 万 hm^2）。在水污染损失部分已计算得蔬菜单产量为 2.13 万 kg/hm^2。关于桑蚕茧，只查得总产量为 6.6 亿 kg。各农产品受污染影响的面积，根据污染影响系数来确定。1992 年粮食播种面积为 1.11 亿 hm^2，蔬菜面积 703 万 hm^2，果园面积 581.8 万 hm^2 [31]。根据有关研究，农田、蔬菜、果园受污染面积约为总面积的 10%[30]，据此，农田受污染面积为 1 110 万 hm^2，蔬菜为 70.3 万 hm^2，水果为 58.18 万 hm^2。又知上述三项农产品在大气污染条件下平均减产系数分别为粮食 10%，蔬菜 15%，水果 15%[31]，所以，考虑前述单位产量的数据，可知粮食约损失 48.2 亿 kg，蔬菜 15 亿 kg，水果 3.7 亿 kg。因此，以上述市场价格分别计算，知粮食损失 53 亿元，蔬菜损失 10.2 亿元，水果损失 5.6 亿元。对桑蚕茧的损失，按损失系数 7%[32]，计算其总产量中的污染损失为 4 620 万 kg，价值为 3.2 亿元。以上各项合计为 72.0 亿元。

（三）大气污染造成的对物品的经济损失

大气污染能够通过沾污性和化学性损害腐蚀和破坏各种器物，这些危害作用使得家庭清洗、洗衣、清洁车辆等工作量增加，建筑物、工厂设备等受到腐蚀而降低其使用年限。

大气污染物中，降尘会增加家庭清洗的工作量。在重庆市污染损失的估算中，大气污染使得每年每个劳动者家庭清洗时间增加 91 h[33]，前面已指出，大气污染所涉及的人口为 1.62 亿。同时，我国劳动人口率为 60%[34]，职工平均工资为 1.52 元/h[35]，因此，大气污染带来的家庭清洗费用可以按多支出的清洗劳动的工时价值来计算，这里按上述数据，可算得为 1.62（亿人）×60%×91（h）×1.52（元/h）=134.4 亿元。当然，这里所作的假定可能不是十分严密，主要是在确定究竟有多少人多支出清洗劳动时，没有实际发生的统计数，只能作总体上的推算，而且，用职工平均工资代替清洗劳动的价值，可能会略地高估算了清洗劳动的价值，因为并非每个家庭都雇用保姆来完成清洗工作。不过，20 世纪 90 年代，人们对休闲的价值评价已有所提高，即使是由自己来干清洗劳动，也被视为有较高的机会成本，所以，用以上方法估算，仍是基本合理的。因此，该项损失费用定为 134.4 亿元。

大气污染使穿戴的衣物更易变脏，增加洗衣的次数，这不仅缩短了衣物的使用年限，而且增加了水、电、洗涤剂等的经济支出。辽宁省环境保护科学研究所在《环境污染经济损失的理论方法及定量化研究》中指出，因大气污染，每人暴露在室外每天 1 h，则一年多支出的洗衣费用是 1.11 元（1987 年），同时，人群室外滞留时间加权平均值为 4 小时/人，在此，按水、电、洗涤剂等经济支出的价格指数调整为 1992 年的 1.64 元。前面已指出，大气污染所涉及的人口为 1.62 亿。为此，可算得大气污染带来的损失是 1.64×1.62×4=10.6 亿元。

同样，大气污染（主要是降尘）还会使车辆清洁的周期缩短，花费更多的人力、物力，增加了额外费用。《烟台市大气环境污染经济损失估算及环境保护对策费用效益分析》对车辆清洗费用与污染引起的增加的清洗次数之间的关系进行了社会调查，得到了一系列参数[36]。在本文中，采用这些参数并应用于全国，归纳得到表1。

表 1 全国大气污染引起的额外车辆清洗费用系数表

种类	全国总数/万辆	清洗水费/（元/次辆）	清洗次数/（次/a）
机动车	691.74	0.64	41
自行车	45 076	0.22	9

以表 1 中数据直接相乘计算可知大气污染增加的清洗机动车的费用为 0.64×41×691.74=1.8 亿元，自行车的费用为 0.22×9×45 076=8.9 亿元，之和为 10.7 亿元。

大气污染物特别是某些酸性污染物对钢材有较大的腐蚀作用。依据有关规定，在本底状况下，钢材的使用寿命是 44.4 年，而在污染状况下使用寿命降为 19 年[37]。钢材在社会的应用是广泛的，但对大气污染较敏感的主要是建筑物暴露在外的钢窗部分，所以在这里只以钢窗受腐蚀的损失为例。假定在 1992 年的污染状况下钢窗受腐蚀程度仍与上述结果一致。又知钢窗每平方米价格 160 元[38]，在正常状况下（44.4 年），平均每年损失 160/44.4=3.6 元/m²，在污染状况下，则平均每年损失 8.4 元，即每年平均多损失 4.8 元。由于 1992 年全国房屋建筑面积没有统计数据，在这里，以 46 个大城市新建房屋面积（20 亿 m²）作代表[39]，由此，算得全国每年大气污染引起的钢窗损失值为

4.8×20=9.6 亿元。

综上所述，大气污染引起的物品损失为 165.3 亿元。

（四）酸雨造成的经济损失

中国酸雨污染自 20 世纪 80 年代以来呈加重趋势，范围已从西南部扩大到长江以南，并有进一步北上趋势，已发现明显的经济损失。据《中国酸雨问题专家报告》，pH 小于 5.6 的降水面积从 1985 年的约 175 km^2 扩大到 1993 年的约 280 万 km^2。

对酸雨造成的经济损失进行估算，比对一般大气污染的损失估算更困难，因为它对人体健康等方面的作用，有的已经包含在上述一般大气污染影响之中，单独阐明酸雨的贡献是很复杂的，而且，酸雨没有独立的统计数据。不过，酸雨至今只出现在不大的范围内，因此，即使与一般大气污染的影响之间有些重合，对总的结论不会产生大的影响。1994 年，国家环保局组织 16 位专家对酸雨问题进行了研究，估算出每年酸雨造成的经济损失约为 140 亿元。这是经国家环保局认定的结论，虽然未说明这一结论具体针对哪一年，但一般认为它为近几年的平均结果，对 1992 年也是适用的，因此，这里采用这一结论，认为 1992 年酸雨造成的经济损失为 140 亿元。

总计，1992 年大气污染造成的经济损失为 578.9 亿元。

四、固体废物造成的经济损失

固体废物造成的环境损失主要是占用土地，对地下水和土壤的污染等，由于关于后者的统计数据几近空白，所以本文只计算占地损失。即使如此，现有固体废物方面的统计数据仍非常有限，且已有的数据不完全适合作经济损失估算，所以有必要作一些假设。据国家环保局的统计公报，1992 年，工业固体废物历年累计堆存量 59.19 亿 t，堆存占地 5.45 万 hm^2，由此知道平均每亿吨废物占地 920 hm^2。又从统计资料得 1992 年产生量 6.18 亿 t，其中综合利用 2.56 亿 t，排放 1.26 亿 t[40]，则净增堆存量 3.36 亿 t，相当于净增占地 3 091 hm^2。

固体废物大部分堆放在城市郊区，占用的土地都是种菜或产粮的农地，因此，可以用失去的这些土地的相应收益估算占地造成的损失。农地的收益情况在南北方有一定差异，我们以国家规定的各经济区域耕地的净收益来表示。国家计委和建设部在《建设项目经济评价方法与参数（第二版）》中指明每亩耕地在种植蔬菜时的净收益[元/（亩·茬）]：黄淮海区 1 018，长江中下游区 482，西南区 862，华南区 890，北京市 1074，天津市 1019，上海市 504，我们取其均值为 836，同时考虑每年种三茬，并将亩换算为公顷，则占地的单位损失为 37 620 元/（hm²·a）。上面已知固体废物占地为 3 091 hm²，故每年损失约为 1.2 亿元。由于耕地被占用是长期的损失，未来占地损失在当前的现值较高，所以需将未来损失贴现计算。本文取贴现率为 2.4%，则未来 1 元损失的长期累积损失现值为 42.67 元。由此可计算得固体废物占地损失为 1.2×42.67=51.2 亿元。

五、分析与评论

本文估算了中国环境污染造成的经济损失，1992 年损失值约为 986.1 亿元，其中水污染损失 356.0 亿元，占 36.1%，大气污染损失 578.9 元，占 58.7%，固体废物污染损失 51.2 亿元，占 5.2%，年损失值约占 1992 年 GNP 的 4.04%。具体结果列于表 2。

表2　1992 年污染损失一览

环境要素	损失值/亿元	损失百分比/%
总计	986.1（HK GNP4.04%）	100.0
水污染	356.0	36.1
人体健康	192.8	
工业	137.8	
农作物	13.8	
畜牧	7.0	
渔业	4.6	
大气污染	578.9	58.7
人体健康	201.6	
农业	72.0	
家庭清洗	134.4	
衣物	10.6	
车辆	10.7	
建筑物	9.6	
酸雨	140.0	
固体废物占地	51.2	5.2

但需要说明的是：①由于迄今为止国家的环境统计公报和环境状况公报都不包括乡镇企业的数据，所以乡镇企业引起的环境污染损失没有估算。②有些类型的污染，如噪声、放射性、恶臭等，由于难以计量，本文没有估算。因此，实际发生的损失是高于本文估算的上述结果的。

这一结果的基本含义是，由于环境污染的发生和存在，1992 年全社会多承受了相当于 986.1 亿元的代价，这种代价分布于全社会，虽然大部分并非直接以现金形式支付，但毕竟以生活质量和健康状况下降等形式表现出来。反过来说，如果消除了这些污染，就相当于全社会以生活质量和健康状况上升等形式获得了相当于近 1 000 亿元的福利。

引用资料说明：

（1）（4）（6）（11）（14）（19）（21）：国家环保局，《公元二〇〇〇年中国环境预测与对策研究》，清华大学出版社。

（2）：国家环境保护局，《中国环境现状公报 1992 年》单行本。

（3）：卫生部门的资料原来是 1985 年的数据，癌症为 3 000 元，肝肿大为 150 元，肠道疾病为 50 元，见（6），第 279 页，1992 年医疗和药品物价指数为 1985 年的 186.5%（《中国统计摘要 1993》），故上述数据调整为文中数据。

（5）：1992 年农业总产值为 9 085 亿元，农村人口为 84 799 万人。见国家统计局，《中国统计摘要 1993》，北京：中国统计出版社，1993 年，第 2 页和第 15 页。

（7）（15）：国家统计局，《中国统计摘要 1993》，北京：中国统计出版社，1993 年，第 15 页。

（8）（9）（10）：刘昌明等，中国水资源持续开发的若干问题。载牛文元等编，《二十一世纪中国的环境与发展研讨会论文集》；中国科学院 1994 年 5 月。

（12）（23）（40）：国家环保局，《中国环境状况公报 1992》，载《中国环境年鉴 1993》，北京：中国环境科学出版社，1994 年，第 59 页。

（13）（25）（27）（30）（31）（32）：过孝民等，《我国环境污染造成的经济损失估算》，载《中国环境科学》，1990 年第 10 卷第 1 期，第 57 页。

（16）：张慧勒等，《环境经济系统分析》，北京：清华大学出版社，第 267 页。

（17）（22）（24）（29）：国家统计局，《中国统计年鉴 1994》，北京：中国统计出版社。

（18）：国务院发展中心，《中国经济年鉴 1993》，北京：经济管理出版社。

（20）：按 1992 年对 1985 年的价格指数调整。

（26）（28）：刘鸿亮等，《环境费用效益分析方法及案例》，北京：中国环境科学出版社，1988 年，第 93 页。在该书中，列出的 1982 年三种疾病的人均医疗护理费用分别为 1 000 元、2 000 元、6 000 元。根据《中国统计年鉴 1994》提供的全国零售物价分类指数，药及医疗用品类指数 1992 年是 1982 年的 2.11 倍，故调整为文中数据。

（33）（34）：常永官，《重庆市环境污染造成的经济损失估算》（研究报告，未出版），1995 年，第 25 页。

（35）：烟台市环境保护科学研究所，《烟台市大气环境污染经济损失估算及环境保护对策的费用效益分析）》（研究报告，未出版），1992 年，第 38 页。

（36）：表中数据来自《烟台市大气环境污染经济损失估算及环境保护对策的费用效益分析》。

（37）（38）：辽宁省环境保护研究所，《环境污染经济损失的理论方法及定量化研究》（总报告，未出版），1990年。

（39）：国家统计局，《中国统计年鉴1994)），第313页（表10-8主要城市房屋建筑及住房情况），经计算我国46个大城市房屋建筑的面积是20亿 m²。

20世纪90年代初期中国污染损失估算和思考[①]

孙炳彦

一、概述

环境污染损失计量，从学科建设上讲，是联系环境系统和经济系统的"桥梁"工程之一，对于环境科学的学科建设具有重大意义；从决策上讲，它有助于人们定量地认识环境污染的危害程度和环境政策的有效性，直接关系到经济决策、环境决策和向环境系统的投入，是科学决策以至于实现持续发展的一项基础性的工作。然而，由于环境效果有直接与间接之分、内部与外部之分、有形与无形之分，其中有一部分难以有货币度量，而可以用货币度量的这一部分中，又缺少一个自下而上的（如从一个企业或从一个地区）、具有规范的统计指标的统计体系的支持，准确进行计量几乎是不可能的。本文是1997年完成的一份研究报告的简略摘要，该项工作基于我国20世纪80年代一些研究成果的计算方法，对其计算中漏算的项目进行补算，对于重复计算之处进行必要的修正，通过大量调查研究，估算了1990年、1992年、1994年的污染损失数值。按此种发展速度，世纪之交的中国污染损失将会超过一两亿万元。

二、估算与简要分析

估算结果汇总见表1。

---

① 本文修改后刊登于《面向21世纪的环境科学与可持续发展》（科学出版社）2000年8月。

表1　1990年、1992年、1994年全国污染损失汇总（现价）　　　单位：亿元

项目		1990年	1992年	1994年
污染损失总计		1 316.8	1651.0	2926.0
损失占GNP的比例		7.4%	6.9%	6.5%
大气污染损失	大气污染小计	482.6（占36.6%）	605.2（占36.7%）	903.3（占30.9%）
	人体健康损失	187.6	260.3	412.5
	农业损失	38.6	44.7	78.7
	酸雨及酸腐蚀损失	168.1	179.0	201.9
	清洗及衣物损失	61.7	90.4	155.9
	城市园林绿化损失	26.6	30.8	54.3
水污染损失	水污染小计	477.1（占36.2%）	584.5（占35.4%）	873.8（占29.9%）
	人体健康损失	248.0	307.3	433.2
	农作物减产降质损失	43.4	64.1	136.2
	工业经济损失	175.7	197.4	270.6
	渔业和畜牧业损失	10.0	15.7	33.8
其他	固体废物占地损失	14.6（占1.1%）	13.7（占0.8%）	13.7（占0.5%）
	其他污染损失小计	131.8（占10.0%）	182.6（占11.1%）	667.1（占22.7%）
	农村局部污染损失	72.2	117.1	552.8
	农用化学品污染损失	59.6	65.5	114.3
若干漏算损失		210.7（占16.0%）	265.0（占16.0%）	468.1（占16.0%）

由以上估算结果，可以明显得到如下几条结论：

（一）全国环境污染损失十分严重

1990年、1992年、1994年的污染损失值分别达到1 317亿元、1 651亿元、2 926亿元，约占当年全国GNP的7.4%、6.9%、6.5%。扣除价格上涨因素，若按1990年可比价计（计算表格省略），1990年、1992年、1994年的污染损失值分别为1 317亿元、1 510亿元、2 186亿元，约占当年全国GNP的7.4%、7.8%、7.7%（如果加上环境本身贬值，即用于控制污染的各种费用，全国环境污染引起的社会总费用所占GHP的比例大致与发展中国家所占的10%～15%的比例是相同的）。

（二）全国环境污染损失的发展速度十分惊人

假设今后几年的发展战略保持不变；经济增长方式保持不变；环境保护的工作力度保持不变。以1990年的损失值为基数，分别以现价和消除物价指数影响的污染损失值为依据，进行曲线拟合，其方程式分别为：

$$Y = 5.675\,0X^2 - 11.2X + 105.53 \qquad (R^2 = 1)$$
$$Y = -0.437\,5X^2 + 8.2X - 92.238 \qquad (R^2 = 1)$$

以此作污染损失趋势外推，到21世纪末全国污染损失可达5 000亿元（以1990年不变价）至8 000亿元（以三年现价），比1990年的污染损失估值增长四倍以上，这与党中央所决定的"2000年，实现人均国民生产总值比1980年翻两番"的奋斗目标是格格不入的。

（三）在污染损失结构中值得注意的几项损失

人体健康污染损失（无论是来源于大气污染或水污染）是一个损失大项，因此应当围绕人体健康损失开展深层次的研究；酸雨及酸腐蚀损失污染损失（包括二氧化硫引起的污染损失）也是一个损失大项，因此应当加强控制、减少二氧化硫污染的有关研究；其他污染损失发展很快，成为与大气污染、水污染基本接近的污染大项，其中主要来源于乡镇工业形成的污染损失，因此应当加强乡镇工业的环境保护对策研究，另外，农用化学品污染损失也不可忽视，这提醒我们应当更加重视农村生态环境保护工作。

三、几点重要的启示

（一）建立"绿色"国民经济核算体系，实现可持续发展战略

现行的GNP指标中，不但没有揭示一个国家为发展经济所付出的资源和环境代价，相反，环境越是污染，资源消耗得越快，GNP的增长也越快。例如，本文的估算值中，人体健康损失和酸雨及酸腐蚀污染损失占到总损失的60%以上，而污染引发疾病增加了医护费用，酸腐蚀加剧了耐用品的更新，都累计在GNP之内，促进了GNP的增长。因此，传统发展战略反映的经济繁荣是虚假的繁荣，是世纪之交出现巨大污染损失估值的战略原因。可持续发展战略要求经济和社会的发展与资源和环境相协调；要求发展应当对当代和后代的需要持续满足，实现当代与后代人类利益的统一。实施可持续发展战略，要求建立"绿色"国民经济核算体系，改变传统的发展模式和消费模式，从高层次、大范围控制环境污染，把污染损失减少到最小值。

（二）实现经济增长方式从粗放型向集约型的转变

从深层次上分析，粗放型的经济增长方式是环境损失骇人听闻的社会经济根源。尽管改革开放以来，党和政府对环境问题给予了很大关注，把环境保护列为我国的一项基

本国策，对环境的投入达到 GNP 的 0.7%。但是粗放型的经济增长方式不仅抵消了上述努力的大半成果，而且增加了许多新问题。从工业建设上看，热衷于铺新摊子，低水平重复建设，1953—1980 年，全国全民所有制固定资产投资增加了 22 倍，国民收入只增加了 5.1 倍，1981—1993 年，固定资产投资增加了 13.7 倍，国民生产总值只增加了 3.3 倍，实现利税只增加了 2.7 倍；从资源利用上看，全国工业整体技术水平低下，造成的结果是物耗高、流失大，比如矿产资源问题：采煤回收率 40%，煤炭利用率不足 20%，铁矿利用率 37%，有色矿利用率 25%，铜、铅、锌、镍等矿的综合回收率仅 10%～30%。

环境污染物是环境资源废弃化的结果。本文在计算全国污染损失时，每一个项目都涉及受污染的单元数量，即受污染的面积、生物量、受害的人群数等，减少污染物排放量就从广义上减少了污染损失数值。显然，从深层次上分析，粗放型的经济增长方式是造成环境损失的社会经济根源，必须实现经济增长方式从粗放型向集约型的转变，从主要依靠增加投入、铺新摊子、追求数量，转到主要依靠科技进步和提高劳动者素质上来，转到以经济效益为中心的轨道上来。

（三）必须坚决贯彻《国务院关于环境保护若干问题的决定》

面对世纪之交的骇人听闻的全国污染损失估值，除了从高层次上、从经济根源上寻求对策外，还必须加大环境保护的工作力度。除此之外，没有别的任何选择。《国务院关于环境保护若干问题的决定》是一项十分重要的、英明的决定，认真贯彻这项决定，对于减轻环境污染，从而减少环境污染损失有着直接的、立竿见影的作用。在我国，只要有起码的环境意识和法制观念，只要不只是关心短期"政绩"和抛弃种种把环境与发展对立起来的错误观念，不少的环境污染问题是可以避免的。因此，必须坚决贯彻《国务院关于环境保护若干问题的决定》。

（四）必须增加环境保护的资金投入

许多国际组织和环境专家认为，在现阶段，只要保持环境保护投入为 GNP 的 1%～2%，就可以控制环境污染的大部分，使环境保持在一个可以接受的水平上。根据本文测算，进入 90 年代后，全国环境污染损失为 5.7%～7.6%，而我国目前的投入水平仅有 0.7%～0.8%，显然是不足的。由于环境保护投资总量不足，旧的环境欠账无法还清，新的环境污染控制不住，造成的环境经济损失惊人。因此，在加强环境管理的同时，增加环境保护的资金投入成为减少环境污染经济损失的一个关键问题。

（五）必须增加环境保护的科技投入

从社会发展的高度看，自然界物质循环的过程是环境资源经过生产、消费两个环节变成废弃物最终回到环境的全过程。环境污染是这两个环节所排污废超过了环境容量而出现的。为了消除污染，"尾部"治理是一种消极的、被动的、低效的办法，积极、主动、高效的办法是增加环境保护的科技投入，把对环境保护的关注和努力移到生产、消费这两个环节的全过程。通过增加环境保护的科技投入，采用高效能、低消耗、小污染和相对比较清洁的新材料、新技术、新工艺，一是提高资源向产品的转化率；二是提高污废向资源或产品的转化率。通过这两个方面的工作，最终减少废弃物在环境中的存量，这是解决环境污染问题，减少以至消除环境污染损失的根本出路。

气候变化背景下典型草原自然保护区 生态系统服务价值评估[①]

王　敏　冯相昭　吴　良　郭　群　朱秋睿　田春秀

一、引言

气候变化背景下维持与保育生态系统服务功能是实现可持续发展的重要基础，分析与评价生态系统服务价值已成为当前生态学与生态经济学研究的重要方面[1-2]。自 20 世纪 90 年代起，国内外陆续展开了针对全球[3-5]、全国[6-8]及中小尺度[9-11]的生态系统服务价值评估研究，在生态系统服务评估的理论框架、方法及应用等方面均取得了重要进展。有关生态系统服务价值评估的研究方法大体可归纳为两类：基于生态系统服务产品，通过计算每一种生态系统服务产品价值来获得区域生态系统服务价值；基于单位面积，通过单位面积生态系统服务价值和各生态系统类型面积来获得区域生态系统服务价值。

目前，中国有关生态系统服务价值评估的研究主要是针对不同区域和不同生态系统类型（如森林[12-14]、草地[15-17]、湿地[18-21]、农田[22-23]、荒漠[24]、城市[25]等）的静态价值评估。近年来，生态系统服务价值的动态变化及其影响因素逐渐引起关注。乔旭宁等[26]研究发现渭干河流域农田生态系统服务价值呈增长趋势，其变化主要由农业现代化以及种植结构调整引起；徐劲草等[27]研究得出达赉湖地区气候变化的暖干化趋势和人类活动影响造成的湖面萎缩、草地退化是造成生态系统服务价值下降的主要原因。但是有关气候变化对生态系统服务价值影响的定量化研究接近空白。本文以锡林郭勒草原国家级自然保护区为研究对象，采用基于单位面积的生态系统服务价值估算方法，评估其自 1985 年建立以来的生态系统服务价值动态变化，在此基础上探讨气候变化对保护区生态系统服务价值的影响，以期为自然保护区生态补偿机制的建立提供较为可靠的数据依据，

---

① 原文刊登于《中国沙漠》2015 年第 6 期。

对制定合理的区域生态保护和经济开发政策、保护和恢复保护区生物多样性也具有重要意义。

二、研究区概况与研究方法

（一）研究区概况

锡林郭勒草原国家级自然保护区位于内蒙古自治区锡林郭勒盟锡林浩特市境内，保护区建立于 1985 年，1997 年升为国家级自然保护区，是目前中国最大的草原生态系统自然保护区，在草原生物多样性保护方面占有重要位置，并具有明显的国际影响。保护区以锡林河流域自然分水岭为界，总面积约 5 800 km^2，地理坐标为 43°26′~44°33′N、115°32′~117°12′E。保护区地处中国北方温带半干旱草原地带，呈明显的大陆性气候，年平均气温为–0.2℃，年平均日照时数 2 600 h；年降水量 350~450 mm，年内分布不均，且年际间变异较大；年蒸发量 1 694.7 mm，为降水量的 4~5 倍。

（二）数据来源与数据处理

土地利用数据。基于 Landsat-5 TM 遥感影像，结合植被生长旺盛月份（8 月）及影像质量，分别对锡林郭勒自然保护区 1987 年、2000 年、2011 年土地利用类型遥感解译。解译出的土地利用类别包括林地、高覆盖度草地、中覆盖度草地、低覆盖度草地、耕地、建设用地、湖泊、沼泽地、盐碱地、沙地和裸岩石砾地。

地上生物量数据（AGB）。基于 AGB 达到最大值月份（8 月）的 GIMMS（1985—2006 年，空间分辨率 8km）和 MODIS（2000—2014 年，空间分辨率 1 km）归一化植被指数数据（NDVI）以及保护区土地利用类型遥感解译结果，获得各个年份保护区草地生态系统单位面积的 NDVI 值，采用 AGB 与 NDVI 的回归关系式，得到保护区 1985—2014 年草地生态系统单位面积的地上生物量数据。

GIMMS 遥感影像 AGB 和 NDVI 的关系式为：

$$AGB = 18.87\exp(4.608\ 4NDVI_{GIMMS}) \tag{1}$$

MODIS 遥感影像 AGB 和 NDVI 的关系式为：

$$AGB = 16.061\exp(4.336\ NDVI_{MODIS}) \tag{2}$$

利用两种来源遥感数据相同时段（2000—2006 年）的分析表明，GIMMS 和 MODIS 数据具有很高的一致性，区域上相关系数可达 0.99（$NDVI_{GIMMS}= 1.01\ NDVI_{MODIS}$，$R^2=0.99$，$p<0.001$）。为精确分析该自然保护区生态系统服务价值多年的变化趋势，本

文采取了尽可能长时间序列的 AGB 数据，即在 1985—1999 年基于 GIMMS 影像采用式（1），在 2000—2014 年基于 MODIS 影像采用式（2），两种回归分析结果具有一致性，不会因遥感数据源不同而存在误差。

气象数据。来自气象数据科学共享网（http://www.cma.gov.cn/2011qxfw/2011qsjgx/）。

（三）研究方法

本文基于单位面积的生态系统服务价值评估方法，采用谢高地等[9]制定的中国陆地生态系统单位面积生态系统服务功能价值表，通过生态系统服务价值的生物量因子按下述公式来进一步修订生态系统服务单价：

$$P_{ij} = (b_j/B)P_i$$

式中：P_{ij} 为订正后的单位面积生态系统的生态系统服务价值，i=1，2，…，9 分别代表不同生态系统服务产品包括气体调节、气候调节、水源涵养、土壤形成与保护、废物处理、生物多样性保护、食物生产、原材料和娱乐文化的价值；j=1，2，…，n 分别代表森林、草地、农田、湿地、水体和荒漠生态系统类型；P_i 为中国陆地生态系统单位面积生态系统服务功能价值表中不同生态系统服务价值基准单价；b_j 为 j 类生态系统生物量；B 为中国一级生态系统类型单位面积平均生物量。

考虑到草地面积占保护区总面积的 90%左右，本文只对草地生态系统服务功能的单价进行订正，即基于锡林郭勒自然保护区草地 AGB 数据和中国一级草地生态系统类型单位面积平均生物量，得出订正系数，进而计算出锡林郭勒自然保护区草地单位面积生态系统服务价值。另外，本文将沙地、盐碱地和裸岩等同于荒漠生态系统的单位生态系统服务价值进行估算，建设用地的单位面积生态系统服务价值则视为 0。结合遥感解译得到的各土地利用类型面积，获得各生态系统类型的生态系统服务价值，最后求和得到 1987 年、2000 年、2011 年整个保护区生态系统服务价值。

本研究采用冗余分析方法（RDA）估算气候变化对草地地上生物量的影响，以期在一定程度上反映气候变化对保护区生态系统服务价值变化的贡献率。RDA 是一种直接梯度分析方法，能从统计学角度评价一个或一组变量与另一组变量数据之间的关系。气候变化对草原类自然保护区生态系统服务价值的影响不是一个简单的线性相关关系，而是各个气象因子之间相互作用的结果，其影响主要体现在土地利用面积及其地上生物量的变化。有研究表明，温度和降水对内蒙古草原面积及各类型面积变化有显著影响[28]，且内蒙古典型草原地上净初级生产力对生长季内（5—10 月）降水量、平均温度[29]及 1—7 月降水量[30]非常敏感。基于此，本文在进行 RDA 分析时自变量采用 1985—2014 年 1—7 月降水量、5—10 月降水量、年降水量和 1—7 月平均温度、5—10 月平均温度、年平均温度，因变量为保护区相应年份的草地地上生物量。

三、结果分析

（一）保护区土地利用及草地地上生物量动态

1. 保护区土地利用类型动态变化

锡林郭勒自然保护区 1987 年、2000 年、2011 年土地利用类型遥感解译结果如图 1 所示，草地是保护区最主要的土地利用类型，对生态系统的功能维护具有重要意义，在生态环境建设中具有敏感性。结合各时段各土地利用类型的面积及其变化（表 1）可以看出，1987 年以来，保护区草地面积持续减少，到 2011 年减少了 6%，减少的草地主要转化为沼泽地、耕地、沙地和盐碱地。其中，耕地面积增加了 1 倍，沙地面积增加了 9 倍之多。保护区总体上呈现出退化态势，但也存在一定的地区差异，如 2000 年以后部分区域的土地退化现象得到了缓解，出现逐渐好转现象，主要表现在 2011 年高覆盖度草地面积增加，说明草地质量状况有明显改善。

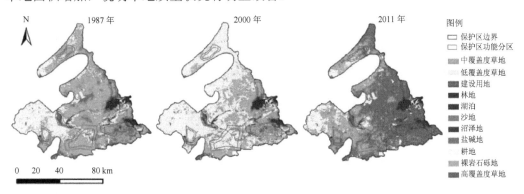

图 1　锡林郭勒自然保护区土地利用类型空间分布

表 1　1987 年、2000 年、2011 年锡林郭勒自然保护区各土地利用类型面积变化

土地利用类型	1987 年 面积/hm²	2000 年 面积/hm²	2011 年 面积/hm²	1987—2000 年 面积变化率/%	2000—2011 年 面积变化率/%
草地	618 871.7	598 456.2	579 066.9	−3.30	−3.24
林地	112.59	112.59	112.59	0.00	0.00
耕地	12 543.3	17 654.13	25 141.95	40.75	42.41
湖泊	652.05	322.65	631.35	−50.52	95.68
建设用地	773.53	920.19	1 345.05	18.96	46.17

土地利用类型	1987 年 面积/hm²	2000 年 面积/hm²	2011 年 面积/hm²	1987—2000 年 面积变化率/%	2000—2011 年 面积变化率/%
沙地	2 512.53	19 374.03	26 798.58	671.10	38.32
盐碱地	4 421.88	5 957.01	4 609.17	34.72	−22.63
沼泽地	17 910.63	12 970.71	18 052.56	−27.58	39.18
裸岩、石砾地	0	2 033.46	2 039.04	—	0.27
总和	657 797.2	657 797.2	657 797.2	—	—

2．保护区草地地上生物量动态变化

从锡林郭勒自然保护区草地 AGB 动态变化（图 2）可以看出，1985—2014 年，AGB 呈现显著减少趋势（$p < 0.01$），每 10 年约减少 440 kg/hm²，并且在 1985—1999 年，AGB 相对较高，均值达到 2 468 kg/hm²，而在 2000—2014 年，AGB 相对较低，均值仅为 1 369 kg/hm²。另外，保护区 1987 年 AGB 为 1 573 kg/hm²，2000 年为 814 kg/hm²，2011 年为 1 785 kg/hm²，与图 1 中草地覆盖解译结果所示现象一致，进一步说明保护区 2011 年草地质量要优于 1987 年和 2000 年。

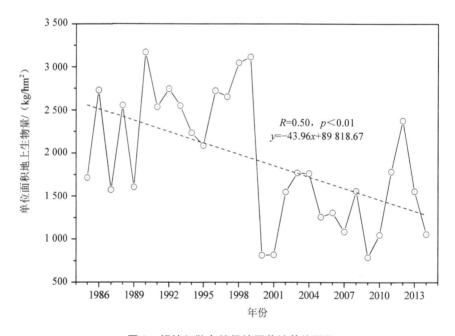

$R = 0.50$，$p < 0.01$
$y = -43.96x + 89\ 818.67$

图 2　锡林郭勒自然保护区草地单位面积

（二）保护区生态系统服务价值评估结果与分析

1．不同土地利用类型的生态系统服务价值

基于单位面积的生态系统服务价值评估方法，估算得到 1987 年、2000 年、2011 年锡林郭勒自然保护区的生态系统服务价值。不同土地利用类型的生态系统服务价值评估结果（表 2）表明，草地是该自然保护区生态系统服务价值最高的土地利用类型，其价值占保护区总价值的 80% 以上，沼泽地价值仅次于草地，占比达到 11%；耕地和湖泊的生态系统服务价值也相对较高，在 1 亿元左右；林地、沙地、裸地、盐碱地和建设用地因面积较小，生态系统服务价值也最少，均小于 0.1 亿元，仅占保护区生态系统服务总价值的 0.1% 左右。

表 2　1987 年、2000 年、2011 年锡林郭勒自然保护区各土地利用类型生态服务价值变化

土地利用类型	1987 年价值/亿元	2000 年价值/亿元	2011 年价值/亿元	1987—2000 年价值变化率/%	2000—2011 年价值变化率/%
草地	68.399 47	34.249 86	72.613 36	−49.93	112.01
林地	0.021 8	0.021 8	0.021 8	0.00	0.00
耕地	0.766 9	1.079 4	1.537 3	40.75	42.42
湖泊	1.323 7	0.654 8	1.281 6	−50.53	95.72
建设用地	0	0	0	—	—
沙地	0.009 3	0.071 9	0.099 6	673.12	38.53
盐碱地	0.016 5	0.022 1	0.017 1	33.94	−22.62
沼泽地	9.703 9	7.027 5	9.780 8	−27.58	39.18
裸岩、石砾地	0	0.007 6	0.007 6	—	0.00
总和	80.241 57	43.134 96	85.359 16	−46.24	97.89

从近 30 年锡林郭勒自然保护区生态系统服务价值的动态变化来看，1985—2000 年，生态系统服务价值减少了近一半，而在 2000—2011 年，生态系统服务价值增长了近一倍，比 1985 年还多 5 亿元。其中，决定保护区生态系统服务价值变化幅度的土地利用类型主要为草地，其次是湖泊。另外，若保护区各土地利用面积不变，1985—2014 年保护区生态系统服务价值会呈现出每 10 年减少 18 亿元的趋势。考虑到草地面积在持续减少，可以预测气候变化背景下保护区生态系统服务价值每 10 年至少减少 18 亿元。

2．不同生态系统服务产品的价值

从不同生态系统服务产品价值的评估结果（图 3）可以看出，土壤形成与保护、废物处理的价值最高，2011 年分别为 20.17 亿元和 16.52 亿元，分别占到保护区总价值的

24%和19%；其次是生物多样性保护、气候调节和水源涵养价值，均在11亿元以上，占比在13%以上；气候调节和食物生产的价值分别达到8亿元和3亿元以上；原材料和娱乐文化价值相对较低，在1亿元左右。

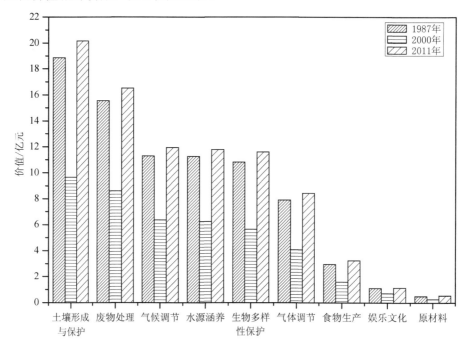

图3 锡林郭勒自然保护区不同生态系统服务产品价值变化

不同生态系统服务产品的价值动态变化与保护区总价值趋势一致。其中，决定保护区生态系统服务价值变化幅度的生态系统服务产品主要为土壤形成与保护和废物处理，生物多样性保护、气候调节和水源涵养次之。同样可以预测出近30年保护区各生态系统服务产品价值总体上呈减少趋势。

（三）气候变化对保护区生态系统服务价值的影响

1. 1985—2014年保护区气候变化

锡林郭勒自然保护区1985—2014年平均温度和降水量变化如图4所示。其中，年平均气温和1—7月平均气温在数值和变化趋势上较为接近，近30年上升趋势不明显；5—10月平均气温则呈现出极显著的上升趋势，每10年上升约0.5（$p < 0.01$）。保护区年降水量减少趋势不显著，但若除去降水较多的年份2012年，则每10年显著减少25 mm；1—7月降水量和5—10月降水量总体变化趋势不明显。另外，保护区降水量存在节分配不均的现象，如1987年年降水量为379.6 mm，5—10月降水量为354.7 mm，

而 1—7 月降水量仅为 159.6 mm。

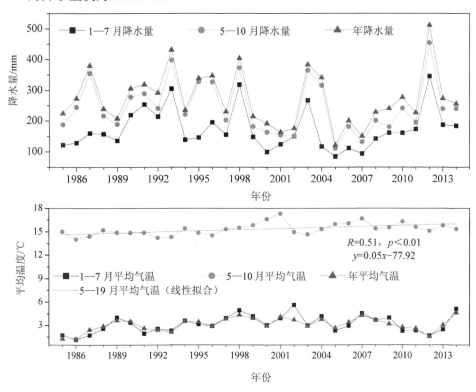

图 4　锡林郭勒自然保护区 1985—2014 年平均温度和降水量变化

2. 气候变化对保护区生态系统服务价值的影响

气候变化对保护区生态系统服务价值的影响途径主要表现为土地利用面积变化和地上生物量变化。由于本文只解译了 1987 年、2000 年、2011 年的土地利用类型，无法获得近 30 年保护区生态系统服务价值。鉴于草地价值占到保护区生态系统服务价值的 80%以上，且与其地上生物量显著相关（R^2=0.99）。分析气候变化对保护区草地地上生物量的影响能在一定程度上反映气候变化对保护区生态系统服务价值变化的贡献率。

从近 30 年平均温度、降水量与保护区草地地上生物量的线性拟合结果（图 5）可以看出，保护区草地地上生物量和 5—10 月平均温度极显著负相关（$p<0.001$），与 1—7 月、5—10 月及年降水量也表现出极显著正相关（$p<0.01$），而 1—7 月平均温度和年平均温度与草地地上生物量的相关性不显著。另外，本文基于 RDA 分析了降水和温度对保护区草地地上生物量变化的贡献率。结果表明，5—10 月平均温度对草地地上生物量变化的贡献率度最大，为 43.7%，其次是 1—7 月降水量，为 25.5%，年降水量和 5—10 月降水量的贡献率分别为 25.0%和 24.9%，以上对保护区草地地上生物量变化的总贡献

率为 52.5%，即在草地面积不变的情况下，平均温度和降水变化对保护区草地生态系统服务价值变化的贡献率为 52.5%。

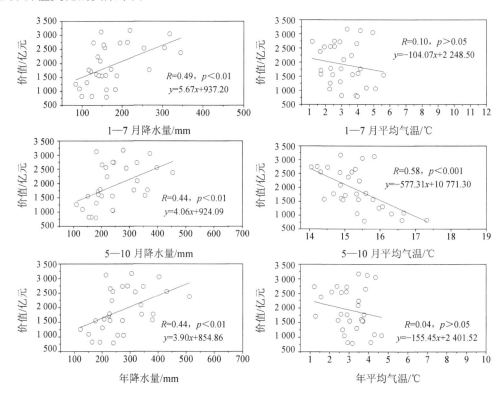

图 5　锡林郭勒自然保护区草地地上生物量和温度及降水量的相互关系

考虑到气候变化背景下，保护区草地面积在逐渐减少，且气候变化对其他土地利用类型的生态系统服务价值也有影响，可以认为锡林郭勒自然保护区损失的生态系统服务价值中至少有 52.5% 是由平均温度和降水变化引起的，即保护区每 10 年因气候变化损失的生态系统服务价值至少为 9.5 亿元。

四、结论

本文采用基于单位面积的生态系统服务价值评估方法，对锡林郭勒草原国家级自然保护区 1987 年、2000 年、2011 年生态系统服务价值进行了评估，并探讨了气候变化对保护区生态系统服务价值的影响，得出以下 3 个主要结论：①保护区草地面积占 90% 左右，但近 30 年在持续减少，且减少的速率没有变小，减少的草地主要转化为沼泽地、耕地、沙地和盐碱地；保护区生态系统服务价值总体上呈减少趋势，每 10 年至少减少

18 亿元。②5—10 月平均温度以及降水量对保护区草地地上生物量有显著影响，保护区生态系统服务价值偏低的年份往往伴随着生长季降水量较少而平均气温偏高。冗余分析得出保护区草地地上生物量变化的 52.5%是由降水量和温度变化引起的，可以预测平均温度和降水对保护区生态系统服务价值变化的贡献率至少为 52.5%，即保护区每 10 年因气候变化损失的生态系统服务价值至少为 9.5 亿元。③保护区在 1999 年之后逐渐加大了生态保护建设和管理力度，草地质量有明显改善，2011 年保护区生态系统服务价值较2000 年增长近一倍。这说明保护区自 1999 年之后采取的一系列生态保护措施在一定程度上减轻了保护区生态系统服务功能的压力。但是气候变化背景下，保护区仍需加大生态保护投入，才有望缓解气候变化对其生态系统服务功能的长期影响。

　　分析气候变化对保护区生态系统服务价值的影响，有助于整体把握其生态系统服务功能的演变趋势，并可为保护区综合管理与生态环境保护政策的制定提供数据支持和决策参考。但由于数据、资料的获取难度较大，现有数据资料无法满足进行更深入的价值评估研究的需要，本文只解译了保护区 3 年的土地利用类型，并且只针对草地生态系统单位面积生态系统服务价值进行了地上生物量订正，估算结果在时间尺度以及精度上仍有待提升。另外，本文虽然尝试分析了温度和降水对保护区生态系统服务价值变化的贡献率，但未能结合其他气候因子（如积温、极端高温、降水日数）以及人为干扰因素（如牲畜数量等）对保护区生态系统服务价值的影响因素进行整体分析，后续研究中会陆续开展。

参考文献

[1] Pimentel D，Harvey C，Resosudarmo P，et al. Environmental and economic costs of soil erosion and conservation benefits[J]. Science，1995，267：1117-1123.

[2] 李晶，任志远. 陕北黄土高原土地利用生态服务价值时空研究[J]. 中国农业科学，2006，39（12）：2538-2544.

[3] Costanza R，d'Arge R，de Groot R，et al. The value of the world's ecosystem services and natural capital[J]. Nature，1997，387：253-260.

[4] Pimentel D，Wilson C，McCulum A. Economic and environmental benefits of biodiversity[J]. Bioscience，1997，47（11）：747-757.

[5] Sutton P C，Costanza R. Global estimates of market and non-market values derived from nighttime satellite imagery，landcover，and ecosystem service valuation[J]. Ecological Economics，2002，41（3）：509-527.

[6] 余新晓，普绍伟，靳芳，等. 中国森林生态系统服务功能价值评估[J]. 生态学报，2005，25（8）：

2096-2102.

[7] 谢高地，张忆仅，香春霍，等. 中国自然草地生态服务价值[J]. 自然资源学报，2001，16（1）：47-53.

[8] 毕晓丽，葛剑平. 基于 IGBP 土地覆盖类型的中国陆地生态系统服务功能价值评估[J]. 山地学报，2004，22（1）：48-53.

[9] 谢高地，鲁春霞，冷允法，等. 青藏高原生态资产的价值评估[J]. 自然资源学报，2003，18（2）：189-196.

[10] 李涛，胡天华. 宁夏贺兰山自然保护区生物多样性及价值效益研究[J]. 宁夏农林科技，2002（4）：9-10.

[11] 徐慧，蒋明康，钱谊，等. 鹤落坪自然保护区非使用价值的评估[J]. 农村生态环境，2004，20（4）：6-9，14.

[12] 薛达元，包浩生，李文华. 长白山自然保护区森林生态系统间接经济价值评估[J]. 中国环境科学，1999，19（3）：247-252.

[13] 茹永强，哈登龙，熊林春，等. 鸡公山自然保护区森林生态系统服务功能及其价值初步研究[J]. 河南农业大学学报，2004，38（2）：199-202.

[14] 杨丽雯，何秉宇，黄培祐. 和田河流域天然胡杨林的生态服务价值评估[J]. 生态学报，2006，26（3）：681-689.

[15] 许中旗，李文华，闵庆文，等. 锡林河流域生态系统服务价值变化研究[J]. 自然资源学报，2005，20（1）：99-104.

[16] 孙慧兰，陈亚宁，李卫红，等. 新疆伊犁河流域草地类型特征及其生态服务价值研究[J]. 中国沙漠，2011，31（5）：1273-1277.

[17] 叶茂，徐海量，王小平，等. 新疆草地生态系统服务功能与价值初步评价[J]. 草业学报，2006，15（5）：122-128.

[18] Turner R K，Vanden B J，Soderqvist，et al. Ecological-economic analysis of wetlands：scientific integration for managementand policy[J]. Ecological Economics，2000，35（1）：7-23.

[19] Woodward R T，Wui Y S. The economic value of wetlandservices：a meta-analysis[J]. Ecological Economics，2001，37（2）：257-270.

[20] 马国军，林栋. 石羊河流域生态系统服务功能经济价值评估[J]. 中国沙漠,2009,29（6）:1173-1177.

[21] 任娟，肖红浪，王勇，等. 居延海湿地生态系统服务功能及价值评估[J]. 中国沙漠，2012，32（3）：852-856.

[22] Bjorklund J，Limburg K，Rydberg T. Impact of production in-tensity on the ability of the agricultural landscape to generate ecosystem services：an example from Sweden[J]. Ecological E-conomics，1999

（29）：69-291.

[23] 杨正勇，杨怀宇，郭宗香. 农业生态服务价值评估研究进展[J]. 中国生态农业学报，2009，17（5）：1045-1050.

[24] 程磊磊，郭浩，卢琦. 荒漠生态服务价值评估研究进展[J]. 中国沙漠，2013，33（1）：281-287.

[25] 宗跃光，周尚意，温良. 区域生态系统可持续发展的生态价值评价——以宁夏灵武市为例 [J]. 生态学报，2002（10）：1573-1580.

[26] 乔旭宁，顾羊羊，唐宏，等. 渭干河流域农田生态服务价值变化及其影响因素分析[J]. 干旱地区农业研究，2015，33（2）：237-245.

[27] 徐劲草，许新宜，王红瑞，等. 达赉湖自然保护区生态服务价值变化研究[J]. 西北大学学报（自然科学版），2014，44（1）：131-134.

[28] 牛建明. 气候变化对内蒙古草原分布和生产力影响的预测研究[J]. 草地学报，2001，9（4）：277-282.

[29] 张存厚，王明玖，乌兰巴特尔，等. 内蒙古典型草原地上净初级生产力对气候变化响应的模拟[J]. 西北植物学报，2012，32（6）：1229-1237.

[30] Bai Y F，Han X G，Wu J G，et al. Ecosystem stability and com-pensatory efforts in the Inner Mongolia grassland[J]. Nature，2004，431：181-184.

大气能见度的环境经济价值评估：
研究评述与展望[①]

黄德生　　张世秋

空气污染对大气能见度影响极大，颗粒物（尤其是 $PM_{2.5}$）浓度的增加会导致能见度下降[1-5]，从而对社会生产和生活会带来不同程度的影响[6,7]。例如，在低能见度条件下，航空和道路交通受到限制，观光景点旅游业受影响，甚至影响人们的心情和工作效率。雾霾及低能见度问题已受到广泛关注和热议，学术界也对能见度问题展开了不少研究，包括对能见度变化趋势、能见度与空气污染相关性、人们对能见度的感知和认知等方面的研究。

然而，目前中国对大气能见度的环境经济价值评估研究仍非常欠缺，无论在理论和方法研究方面还是在政策应用和实践方面都还很不足，迫切需要开展更多深入地研究。能见度是一个典型的环境经济学学科所定义的舒适性资源。对于舒适性资源的理论分析及其价值评估的研究，既是环境经济学研究的一个经典领域[8]，也是重要的学术前沿。作为一种典型的舒适性资源，大气能见度除具有已被直观认识到的满足人们物质性的效用（例如，适宜的能见度可以保证正常的交通运输）之外，更重要的是良好的能见度可以为人们提供包括美学和心理等方面的舒适性服务，是生活质量的重要组成部分。因此，评估大气能见度的价值，对其区别于其他普通物质性资源的需求偏好特征进行探索研究，是环境经济学研究中的重要领域和学术前沿，也有助于为当前和未来环境质量的供求和管理提出新的思路和要求。

本文在对国内外能见度价值评估研究和实践进程进行系统梳理的基础上，比较了能见度价值评估方法及其进展，并对中国开展大气能见度价值评估研究工作提出一些方向和建议。

---

① 原文刊登于《生态经济》2016 年第 12 期。

一、大气能见度价值评估研究与实践进程

国外对大气能见度的价值评估研究和实践较多，特别是美国、加拿大和新西兰等。总体而言，国际上的研究和实践大致经历了三个阶段，即研究探索阶段（1990 年以前）、发展阶段（1990—2000 年）和拓展与应用阶段（2000 年以后）。

（一）研究探索阶段

美国对大气能见度研究开展得较早。20 世纪 70 年代起，美国在空气质量相关法规中已开始纳入大气能见度控制和管理的内容，其中最具代表性的包括 1970 年颁布的《清洁空气法》（Clean Air Act，CAA）及后来的修正案。美国环保局（EPA）颁布了大量与能见度相关的法规，并采取了许多措施提高能见度水平，对能见度的科学研究和价值评估开展了基础性和探索性的实践。

《清洁空气法》要求美国环保局制定国家空气质量标准并治理区域灰霾，以保护人类健康和其他福利。1977 年《清洁大气法》修正案首次在国家法规中提出减少大气能见度损害相关措施的规定，成为第一个突出强调能见度保护的联邦法律。其间开展了部分研究以能见度或污染物浓度作为空气质量的表征，通过模型和大量数据建立空气质量和房地产价值之间的联系，对能见度或空气质量进行价值评估[9-14]；而部分研究则利用条件价值评估方法开展了问卷调查，通过人们的支付意愿评估能见度的价值[15-21]，其中最具代表性的是 Rowe 等的研究，被认为是美国开展能见度经济评估的重要基础。1980 年，美国环保局开始颁布针对能见度的法规，要求各州采取措施控制造成能见度下降的各类大气污染源，可视为能见度保护项目的第一阶段。

（二）发展阶段

在前期研究探索和环境价值评估方法创新应用的基础上，20 世纪 90 年代大气能见度价值评估得到了快速发展和突破，取得了丰富的科研成果，其中 Chestnut & Rowe，Mc Clelland 等，Chestnut & Dennis 三个经典研究在大气能见度价值评估研究和实践进程中具有里程碑式的重要意义[22-24]。这些研究成果是美国环保局对政府相关法规影响的经济评估中能见度效益分析的基础，也成为国际上大气能见度经济分析的主要参考和数据来源。基于三大经典研究，美国 EPA 在 20 世纪 90 年代末就《清洁空气法》开展了两次具有代表性的成本效益分析，并对《区域灰霾防治法》的政策影响进行分析，大大地推进了能见度价值评估研究和实践。虽然方法和数据均具有局限性和不确定性，且前两者

研究结果均未公开发表，但它们均得到了较大程度的认可并得到广泛应用或引用。

在美国旅游业中，国家公园观光旅游是重要部分，但是人们的参观游乐体验受到能见度下降的影响。1990 年，在进一步修正《清洁空气法》过程中，为突出对国家公园和荒野地区（国家一级保护区）的能见度的保护，美国 EPA 特别引入区域灰霾管制措施并开展能见度研究。1999 年美国颁布了《区域灰霾防治法》，要求各州设立提高国家公园和荒野地区的能见度的目标，制定能见度改善的政策措施，并开展《区域灰霾防治法》的政策影响分析。

在《清洁空气法》（CAA，1970—1990 年的回顾性分析和 1990—2010 年的展望性分析）以及《区域灰霾防治法》等法规政策的影响分析中，能见度价值评估研究成为经济分析的重要依据，并得到广泛应用[25-27]。

（三）拓展与应用阶段

2000 年之后，大气能见度价值评估进入评估总结和拓展应用阶段，美国空气质量相关法规中不仅明确将能见度作为其中一个重要的部分，并在成本效益分析或政策影响评估的研究中纳入其费用效益评估。其中，2003 年美国针对《晴空法》的经济评估报告[28]和针对 2006 年、2012 年两次修订《国家空气质量标准》的经济分析报告[29,30]，均对能见度价值评估研究进行了评估总结，并用单独篇章进行了深入探讨。

由于空气污染对能见度下降影响较大，加拿大开发了空气质量价值评估模型（AQVM）评估健康和能见度的影响。由于受限于基础数据的不足，加拿大国家层面对能见度的评估几乎仍是参考借鉴美国的研究及结果。直到 2000 年以后，加拿大才陆续开展了本国地区层面的独立研究[31]。但国家层面加拿大仍需要更多更深入的针对当地能见度变化的价值评估，才能为其空气质量政策提供本土研究的支持。

新西兰对大气能见度的研究也相对较多，主要原因也是能见度下降造成了国家风景区旅游收入下降。2001 年，新西兰环保部运用条件价值评估法评估由于能见度下降对旅游收益造成的潜在损失，3.5 亿～6.2 亿美元。2003 年，新西兰环保部开发了能见度指标用于评估能见度及其影响[32]。

在亚洲，很少对能见度影响开展针对性经济分析研究。韩国的 Yoo 等曾利用选择实验方法对首尔空气污染的影响进行了研究，其中对能见度变化进行了经济价值评估[33]。Amalia 设计了包含健康、能见度和尾气臭味这三个属性的选择实验，调查了雅加达居民在可能实施的三种交通政策下的支付意愿，但未能获得可靠的结果[34]。而在中国目前仅发现黄德生与张世秋[7]、于尢尢等[35]对大气能见度开展过价值评估的相关研究。

欧洲对能见度的经济评估和研究也极少。具有深远影响的欧洲清洁空气项目（clean

air for Europe programme，CAFE）本有望开展能见度的经济效益分析并为政策决策提出建议[36]，但由于数据获取和量化评估的难度和不确定性，能见度评估最终并未纳入该项目中。

总体而言，能服务于成本效益分析所需的能见度的价值评估研究还远远不够。一方面，人们已经认识到能见度的经济效应和福利影响，需要纳入决策考量中；但另一方面，可靠与可信的研究不足，不仅是方法需要进一步改进，而且，能见度对民众福利的影响机理、民众对其感知和认识以及偏好的识别和评估等方面都还需要更深入和系统的研究，才能有效提供决策支持。

二、大气能见度价值评估方法研究进展

适用于大气能见度价值评估的常用方法主要包括：揭示偏好法中的内涵资产价值法（hedonic price，HP）、陈述偏好法中的条件价值评估法（contingent valuation，CV）、联合分析法（conjoint analysis，CA）和选择实验法（choice experiment，CE）。在能见度价值评估研究历程中，HP 和 CV 较早得到了开发和应用，并在 20 世纪 90 年代得到较大的发展；20 世纪 80 年代，CA 尤其是 CE 已广泛应用于市场分析和交通研究等领域，但直到 20 世纪 90 年代末才较多应用于资源和环境价值评估领域，近年来逐渐在能见度价值评估研究中得到开发运用。

（一）内涵资产价值法（HP）

作为揭示偏好法中一种重要方法，HP 方法的基本思想是，人们赋予环境的价值可以从他们购买的具有环境属性的商品价格中进行推算[37]，往往通过房屋销售价格和周边环境质量的关系来估计环境质量的价值。Ridker & Henning 的研究被认为最早运用 HP 方法研究空气质量和房价之间的关系，揭示了空气污染对房价具有显著的负影响[9]。后来 Rosen 从理论上阐述并发展了 HP 方法，Freeman 又在 Rosen 研究的基础上对该方法进行了更全面系统的总结。他们从经济学理论基础出发，对如何应用 HP 方法来评估环境公共物品价值进行了详细阐述，并建立了多阶段 HP 方法[10,11]。随后大量的研究对 HP 方法进行了推导验证、模型修正，对空气质量和房价之间的关系进行了更精细化的估算和验证[38]。大量的研究分析了空气质量对房屋售价的影响[39,40]，Smith & Huang 总结了 1967—1988 年 37 个对空气污染影响的 HP 研究，并开展了 Meta 分析，但是针对大气能见度开展的 HP 研究却并不多[41]。

Brookshire 等基于经济学理论设计了一个实验，用空气污染物浓度和能见度水平来

表征空气质量,同时运用 HP 方法和 CV 方法开展洛杉矶的城市能见度价值评估并比较,结果发现两种方法评估的结果具有一致性[12]。Beron 等则针对能见度对房地产价值的影响,以空气污染物中的臭氧、总悬浮颗粒物的浓度和能见度水平作为自变量,结合房屋价格等变量进行计量回归分析,揭示出能见度是影响房地产价值的一个主要因素。结果表明,1980—1995 年,能见度对洛杉矶城市地区房屋售价的影响为总房价的 3%～8%,如果当地年平均能见度提高 20%,能够让平均每户房屋价值每年提高 875～3 178 美元[42]。Zheng 等也通过 HP 方法研究了中国空气污染和房地产价值之间的关系,但并非以能见度作为主要指标[43]。

(二)条件价值评估法(CV)

CV 方法较早地应用于大气能见度的价值评估,目前发展相对成熟且应用较广,其研究结果也常被学术界和政府机构所引用,尤其是在对政策或项目的经济分析、成本效益分析中发挥着重要作用[44]。CV 方法可通过问卷调查技术直接获得人们对能见度改善(或为避免能见度恶化)的最大支付意愿(WTP)或者接受能见度恶化的最小补偿意愿(WTA)。Randall 等研究被认为大气能见度经济价值评估中最早的 CV 研究[45],后来 CV 方法在能见度研究领域得到了快速的应用和发展,先后开展了不少重要研究[7,12,15-18,20-24,46-53]。其中,被认为能见度价值评估领域的三大经典研究均采用了 CV 方法,为此后能见度价值评估研究和应用提供了重要参考。

Chestnut & Rowe 综合分析了两类对美国国家公园能见度改善的经济评估的 CV 研究,其中一类是仅针对公园能见度的当地使用价值(on-site-use-value),而不包括其他任何非使用价值;另一类是对一个或多个公园的能见度价值进行评估,既包括使用价值(对参观者或潜在参观者而言)也包括非使用价值(非潜在参观者)。研究总结评估了人们对国家公园能见度改善的支付意愿,并揭示了能见度改善除了具有显著的使用价值外,也具有可观的非使用价值[22]。Mc Clelland 等则采用精细设计的 CV 研究评估了居住地区的能见度价值。该研究在对此前相关研究以及存在问题总结评估的基础上,对问卷设计和实际调研过程进行了更好的质量控制,通过支付意愿评估能见度的价值[23]。与 Chestnut & Rowe 研究方法不同的是,Mc Clelland 等采用数字 1～7 表示不同的程度,在问卷中设计了大量对能见度感知和评价的内容;同时,在支付意愿核心问题上,尝试让被访者对空气质量相关的能见度价值和健康价值进行区分,以便让被访者明确针对能见度进行判断和评估。Chestnut & Dennis 则应用 CV 方法评估了美国东部城市在《清洁大气法》修正案的酸雨控制目标情景下,SO_2 减排对能见度改善带来的经济效益。结果表明人们对能见度改善具有支付意愿,该酸雨控制计划能够为居住区和国家公园均带来可观的经济效益。而且他们在研究方法上提出了两个重要建议：一是能见度价值评估中能见度变化要被感知需要有一定的变化幅度，建议至少为 10%～20%；二是受能见度影响的多个地区（或国家公园）的能见度效益可以通过各个地区（或国家公园）的能见度效益加总进行估算[24]。

基于 Chestnut & Rowe 于 1988 年对美国东部能见度价值评估的 CV 调研[22]，Kumar 等于 2006 年再次运用 CV 方法开展了美国东部大规模的能见度价值评估调研[50,51]。该研究对问卷设计和调研技术进行了方法改进，设计了 5 个版本的问卷开展平行调研，就能见度参考基准、收入预算约束、整体与部分评估等问题进行了比较研究，并对这些问题的进一步研究提出了相关建议。Simpson & Hanna 则针对光污染导致夜空能见度下降问题，采用 CV 方法对夜空能见度的变化开展了支付意愿调查[52]。在总结了这些研究的基础上，黄德生与张世秋运用 CV 方法首次针对中国大气能见度开展了价值评估研究，设计了三个不同版本的问卷，开展了三个平行子样本的调研和比较分析，估算了居民的支付意愿和受偿意愿及其影响因素[7]。该研究探讨了在中国当前社会经济发展阶段，人们对大气能见度这种舒适性资源的认识和选择的偏好特征，并针对环境价值评估中的关键学术问题和研究难点，基于规范的环境经济学理论和前沿，构建了适用于中国的大气能见度价值评估方法，力图识别影响大气能见度价值赋值的影响因素及其影响机理，在理论和实证研究上进行了有益的探讨和尝试。而 Yu 等后来也采用 CV 方法研究了中国居民对能见度的认知及相关的支付意愿和受偿意愿，并对影响因素进行了分析[53]。

（三）联合分析法（CA）和选择实验法（CE）

CA 和 CE 同属陈述偏好法，可以说是基于 CV 方法的基础上经过改进和扩展而发展起来的[54,55]。它们都是在被访者对所评估物品的不同属性组合进行判断或选择的基础上，揭示出被访者对物品各属性的选择偏好和所赋予的价值。CA 是对不同的属性组合（往往不包括价格属性）按照偏好或重要性程度进行评分或者排序，是基于对被访者的"评判数据"（judgment data）的分析；而 CE 是在不同的属性组合中（包括价格或支付金额属性）选择一种最符合被访者偏好的组合，是基于对被访者的"选择数据"（choice data）的分析。从本质上而言，CE 是源于 CA 而发展起来的一种应用相对广泛的新方法。

在能见度价值评估中，CA 研究并不多，较有针对性的主要有 Rae[16]、Muller 等[56]和 Haider 等[31]的研究。Rae 运用 CA 中的条件排序法针对能见度进行了价值评估，通过被访者对能见度和支付金额组合的排序来分析他们的偏好和支付意愿，对能见度价值评估方法进行了重要拓展。Muller 等则侧重从偏好异质性和认知难度等方法学讨论的角度，利用 CA 方法对空气质量的健康、能见度、气味和支付价格等属性组成的选择集进行排序，来评估美国汉密尔顿地区居民对能见度改善的支付意愿。Haider 等运用 CA 方法开展了加拿大地区能见度价值评估，并估算了能见度提高给居民带来的经济效益。

最近几年 CE 方法在空气质量相关的能见度或健康的价值评估研究中不断得到应用和发展[33,34,57-59]。Yoo 等通过 CE 方法评估了首尔地区包括能见度在内的空气污染的各类影响，发现能见度对居民造成了显著影响，而且能见度提高越多的空气质量改善政策，越可能得到居民的支持。该研究设计有助于对空气污染的其他影响（如健康等）与能见度的影响进行区分评价，但选择集中各属性的高度相关性也给估算结果造成一定的偏差[33]。Amalia 则首先利用模型量化模拟了雅加达可能实施的三种交通政策带来的空气质量改善及对健康、能见度和臭味三个方面的影响，然后通过 CE 方法估算居民的支付意愿，并进行政策的福利分析，但结果发现人们的支付意愿与能见度的关系并不具有统计显著性[34]。Rizza 等运用 CE 方法对智利空气污染影响进行价值评估，结果表明居民对能见度改善具有正的支付意愿；且该研究还发现，能见度和健康作为空气污染影响的两个重要方面，尽管能见度的价值仅为健康总价值的 1%左右，但是能见度价值与健康价值中减少疾病风险的价值是相当的，并提出应充分重视对能见度价值及其评估方法的进一步改进[57]。选择实验法在中国运用得并不多，在对空气质量的健康价值评估研究中，北京大学环境经济学与政策研究小组曾设计了选择实验对空气污染造成的死亡风险和疾病风险进行价值评估，并从多个角度对中国统计寿命价值开展了研究，但该系列研究未纳入对能度的价值评估的设计[58,59]。

（四）研究方法比较总结

表 1 对大气能见度价值评估的主要方法进行了总结和比较。总体而言，它们既有一定联系又各有其特点和差异，在大气能见度价值评估中具有各自的应用条件、优势和不足，并在研究中得到了不断地发展和完善。

表 1　能见度价值评估的主要方法比较总结

方法	应用条件	优势	局限性
内涵资产价值法（HP）	（1）房地产市场比较活跃，自由竞争市场；（2）购房者事先对当地能见度现状和能见度潜在影响有所了解；（3）购房时能将考虑到能见度作为房屋价值的潜在因素	（1）数据来源于真实市场交易，能够反映人们的实际选择偏好，容易让人信服；（2）理论基础扎实，机理明确，模型和分析方法相对成熟；（3）成本花费相对较低，不需要进行大量问卷设计和抽样调查等相关工作	（1）能见度与空气污染其他影响（如健康等）难以区分；（2）数据要求高，具有完备信息的交易数据难获得；（3）通常市场并非完美的自由竞争市场，市场扭曲带来的偏差不易控制；（4）能见度数据变异性较小

方法	应用条件	优势	局限性
条件价值评估法（CV）	（1）人们对能见度的感知和判断比较敏感，对能见度问题感兴趣并受到能见度一定的影响；（2）问卷调查设计和操作经验丰富，研究资金、人力和时间充足	（1）评估对象明确指向能见度；（2）可根据研究问题和数据需要，在问卷中自由设计针对性问题；（3）可对能见度的变异性进行一定的设计，直接诱导出支付意愿/受偿意愿	（1）能见度与其他与空气污染相关的因素（如健康等）难以区分；（2）假想市场支付意愿是一种支付倾向，与真实市场实际支付存在潜在差异；（3）能见度变异性仍较有限
联合分析法（CA）或选择实验法（CE）	（1）人们能够比较敏感地感知和判断能见度，对能见度问题感兴趣并受到一定的影响；（2）问卷调查设计和操作经验丰富，研究资金、人力和时间充足	（1）可较好区分能见度与其他与空气污染相关的因素（如健康等），并明确评估其价值；（2）可根据问题和数据需要，在问卷中自由设计针对性问题；（3）可对能见度的变异性进行更多的设计，形式更接近现实	（1）多次评分/排序/选择可能带来选择疲倦和厌烦情绪，可能影响数据质量；（2）研究设计和实验较复杂，研究成本可能相对更高；（3）模型设定和数据处理分析相对更加复杂

HP 方法用于评估能见度价值，是基于人们的真实购买和市场选择行为来确定的，其理论基础和数据基础都更容易让人信服。但是，这种方法在应用中也具有其局限性。比如要求房屋交易市场是自由竞争并且信息充分的（即价格是由市场决定的），而且能见度确实受到购房者考虑或影响了人们在市场上的交易行为和交易决策；另外，由于是从房屋内涵价值中揭示出能见度的价值，这种方法仅能对居住区的能见度价值进行评估，而难以对非居住区（如自然风景观光区）能见度进行评估。

CV 方法在能见度价值评估研究中具有一定优势和较广的适用性，可以针对能见度问题本身进行相对灵活的问卷设计，包括能见度的变化和不同情景的设计，能够直接设计针对性的问题并通过问卷调查来获得所需变量的目标数据，基于人们的选择偏好和支付意愿评估能见度的价值。但除了方法本身存在的问题外，在能见度价值评估中如何将健康等价值进行区分评估仍是 CV 研究面临的难点和挑战。

CA 或 CE 方法通过让被访者对不同程度的能见度变化及相应的价格属性组合进行多次排序、评分或选择，从而估算出每一个属性的部分价值（效用）及其边际支付意愿。与 HP 或 CV 方法相比，运用 CE 方法评估能见度具有一些优势，比如能够区分空气质量价值中能见度和健康等不同属性的部分价值，能够通过受访者的多次选择有效获得相对稳定的偏好特征等，是未来大气能见度价值评估研究中颇具开发和应用前景的方法。

三、结语与展望

能见度不仅与生活质量相关，且随着收入提高，它对生活质量的影响不断增大。能见度效益也已经成为部分国家空气质量改善政策制定的重要考量因素。但除美国和加拿大之外，各国在空气质量控制和管理政策制定和实施过程中，能见度影响往往不受重视甚至被忽略，也很少将能见度改善的效益量化并纳入经济分析框架。由于美国对能见度的研究和实践开始得较早，研究也相对深入，美国的能见度研究为其他国家提供了重要的参考。这些研究结果可以通过转换和调整，用于美国其他地区的能见度价值评估，但是，由于影响能见度价值及价值判断的因素在不同社会经济文化背景下可能存在较大差异，这些研究结果通过效益转换应用于其他国家或地区时可能会存在较大的偏差和不确定性，各国有必要根据实际情况开展本国的能见度价值评估研究，这对大气污染严重、能见度普遍较差但人们对良好能见度的需求日益增加的中国显得尤其重要。

第一，大气能见度不仅是一种舒适性资源，同时也是衡量空气质量优劣的一个重要指标，并直接影响空气质量改善政策措施的成本效益，但是由于对大气能见度变化的社会经济和民众生活质量影响的研究甚少，能见度难以纳入空气质量决策和政策制定的费用-效益分析中，迫切需要开展更多更系统深入的研究。对能见度开展价值评估研究，不断丰富并发展环境价值评估理论和方法，完善中国空气污染控制政策措施的费用-效益分析框架体系，既是环境经济学研究中的重要领域和前沿，也将有助于为当前和未来国家资源环境的保护和管理提供决策参考。

第二，针对大气能见度进行价值评估兼具学术研究层面和现实政策层面的必要性和迫切性，无论是在理论上还是方法上都还存在不少学术难点，这不仅与能见度的非市场物品属性和区别于物质性资源的舒适性资源特征密切相关，也涉及影响能见度价值判断的多种不确定性因素的潜在影响，包括人们对能见度的感知和认知、对能见度的客观测量和主观感受的一致性、基准能见度水平和变化情景的设计、人们对舒适性的选择偏好及其稳定性等。特别重要的是如何在空气质量价值评估过程中将它从更具"物质性"特征的健康影响中"分离"出来，从而得到纯粹意义上更具"舒适性"特征的能见度价值。正因为如此，能见度的价值评估更需要进一步开发、合理改进并熟练运用价值评估方法，通过精细化的研究设计、优化的计量经济模型和高质量的数据，获得稳定可靠的研究结果。

第三，目前应用于大气能见度价值评估的方法主要有内涵资产价值法、条件价值评估法、联合分析法和选择实验法，它们具有各自的应用条件、优势和不足，并在研究实践中不断得到发展和完善。目前被认可和广泛引用的研究主要是美国开展的条件价值评估研究（例如早期的三大经典研究），最近几年选择实验法逐渐被引入能见度的价值评估中。虽然仍存在一些难点，但作为对能见度价值评估方法的补充和改进，选择实验法有望突破其他方法的局限性，尤其是为区分评估空气质量改善中的能见度效益和健康效益提供了更有效可行的技术，或将成为未来能见度价值评估的重要方向。

参考文献

[1] Malm W C. Introduction to visibility[R]. Cooperative Institute for Research in the Atmosphere，NPS Visibility Program，Colorado State University，1999.

[2] Song Y，Tang X Y，Fang C. Relationship between the visibility degradation and particle pollution in Beijing[J]. Acta Scientiae Circumstantiae，2003，23：468-471.

[3] 吴兑，毕雪岩，邓雪娇，等. 珠江三角洲大气灰霾导致能见度下降问题研究[J]. 气象学报，2006（4）：510-517.

[4] Huang W，Tan J，Kan H，et al. Visibility，air quality and daily mortality in Shanghai，China[J]. Science of The Total Environment，2009，407：3295-3300.

[5] Wan J M，Lin M，Chan C Y，et al. Change of air quality and its impact on atmospheric visibility in central-western Pearl River Delta[J]. Environmental Monitoring And Assessment，2011，172：339-351.

[6] 吴兑. 近十年中国灰霾天气研究综述[J]. 环境科学学报，2012（2）：257-269.

[7] 黄德生. 大气能见度价值评估方法与实证研究——以北京市为例[D]. 北京：北京大学，2013.

[8] Krutilla J V. Conservation reconsidered[J]. The American Economic Review，1967（4）：777-786.

[9] Ridker R G，Henning J A. The determinants of residential property values with special reference to air pollution[J]. The Review of Economics and Statistics，1967，49（2）：246-257.

[10] Rosen S. Hedonic prices and implicit markets：Product differentiation in pure competition[J]. The Journal of Political Economy，1974，82（1）：34-55.

[11] A M F. Hedonic prices，property values and measuring environmental benefits：A survey of the issues[J]. The Scandinavian Journal of Economics，1979，81（2）：154-173.

[12] Brookshire D S，Thayer M A，Schulze W D，et al. Valuing public goods：A comparison of survey and hedonic approaches[J]. The American Economic Review，1982，72（1）：165-177.

[13] Trijonis J，Thayer M，Murdoch J，et al. Air quality benefit analysis for Los Angeles and San Francisco based on housing values and visibility[M]. Sacramento，CA：California Air Resources Board，1984.

[14] Murdoch J C，Thayer M A. Hedonic price estimation of variable urban air quality[J]. Journal of Environmental Economics and Management，1988，15（2）：143-146.

[15] Rowe R D，D'Arge R C，Brookshire D S. An experiment on the economic value of visibility[J]. Journal of Environmental Economics and Management，1980，7（1）：1-19.

[16] Rae D A. Benefits of visual air quality in Cincinnati[R]. Boston：Report to the Electric Power Research Institute by Charles River Associates，1982.

[17] Schulze W D，D'Arge R C，Brookshire D S. Valuing environmental commodities：Some recent experiments[J]. Land Economics，1981，57（2）：151-172.

[18] Schultze W D，Brookshire D S，Walther E G，et al. Economic benefits of preserving visibility in the national parklands of the southwest[J]. The Nat. Resources Journal，1983，23：149-173.

[19] Rowe R D，Chestnut L G. Valuing environmental commodities：Revisited[J]. Land Economics，1983，59（4）：404-410.

[20] Tolley G A，Randall A，Blomquist G，et al. Establishing and valuing the effects of improved visibility in the Eastern United States. Prepared for the US[R]. Washington，DC：Environmental Protection Agency，1984.

[21] Rahmatian M. Extensions of the disaggregate bid experiment：Variations in framing[J]. Journal of Environmental Management，1986，22（3）：191-202.

[22] Chestnut L G，Rowe R D. Preservation values for visibility protection at the national parks[R]. Research Triangle Park，NC：US Environmental Protection Agency，1990.

[23] Mc Clelland G，Schulze W，Waldman D，et al. Valuing eastern visibility：A field test of the contingent valuation method[R]. Cooperative agreement CR-815183-01-3. Washington，DC：Draft report to the US Environmental Protection Agency，1991.

[24] Chestnut L G，Dennis R L. Economic benefits of improvements in visibility：Acid rain provisions of the 1990 Clean Air Act Amendments[J]. Journal of the Air & Waste Management Association，1997，47（3）：395-402.

[25] USEPA. The benefits and costs of the Clean Air Act，1970 to 1990[R]. Prepared for US Congress by USEPA，1997.

[26] USEPA. The benefits and costs of the Clean Air Act，1990 to 2010[R]. EPA Report to Congress，1999a.

[27] USEPA. Regulatory impact analysis for the final Regional Haze Rule[R]. 1999b.

[28] USEPA. Technical Addendum：Methodologies for the benefit analysis of the Clear Skies Act of 2003[R]. 2003.

[29] USEPA. Particulate matter national ambient air quality standards：Scope and methods plan for urban visibility impact assessment[R]. EPA-452/P-09-001，2009.

[30] USEPA. Regulatory impact analysis for the final revisions to the national ambient air quality standards

for particulate matter[R]. EPA-452/R-12-005，2012.

[31] Haider W，Moore J，Knoweler D，et al. Estimating visibility aesthetics damages for AQVM[R]. Report for the Environmental Economics Branch，Environment Canada，2002.

[32] Clue LS. Evaluating the economic cost of visibility impairment[R]. Hong Kong：Published by the Civic Exchange Limited，2004.

[33] Yoo S H，Kwak S J，Lee J S. Using a choice experiment to measure the environmental costs of air pollution impacts in Seoul[J]. Journal of Environmental Management，2008，86（1）：308-318.

[34] Amalia M. Designing a choice modelling survey to value the health and environmental Impacts of air pollution from the transport sector in the Jakarta metropolitan area[R]. Economy and Environment Program for Southeast Asia（EEPSEA），2010.

[35] 于亢亢，钱程，高健，等. 公众大气能见度认知下的支付意愿及影响因素[J]. 环境科学研究，2014（10）：1095-1102.

[36] Holland M，Hunt A，Hurley F，et al. Methodology for the costbenefit analysis for CAFE：Consultation-Issue 3-July 2004[R]. Draft for Consultation and Peer Review，2004.

[37] 张世秋. 环境价值评估方法[A]//马中. 环境与自然资源经济学概论[M]（第 2 版）. 北京：高等教育出版社，2006.

[38] Smith V K，Huang J C. Hedonic models and air pollution：Twentyfive years and counting[J]. Environmental and Resource Economics，1993，3（4）：381-394.

[39] Anderson R，Crocker T，Anderson R. Air pollution and residential property values[J]. Urban Studies，1971，8（3）：171-180.

[40] Harrison D. Hedonic housing prices and the demand for clean air[J]. Journal of Environmental Economics and Management，1978，5（1）：81-102.

[41] Smith V K，Huang J C. Can markets value air quality？A metaanalysis of hedonic property value models[J]. Journal of Political Economy，1995，103（1）：209-227.

[42] Beron K，Murdoch J，Thayer M. The benefits of visibility improvement：New evidence from the Los Angeles metropolitan area[J]. The Journal of Real Estate Finance and Economics，2001. 22（2）：319-337.

[43] Zheng S Q，Cao J，Kahn M E，et al. Real estate valuation and crossboundary air pollution externalities：Evidence from Chinese cities[J]. The Journal of Real Estate Finance and Economics，2014，48（3）：398-414.

[44] Paterson C，Neumann J，Leggett C. Recommended residential visibility values for the Section 812 second prospective analysis[R]. Industrial Economics，Incorporated，2005.

[45] Randall A，Ives B，Eastman C. Bidding games for valuation of aesthetic environmental improvements[J]. Journal of Environmental Economics and Management，1974，1（2）：132-149.

[46] Crocker T D，Shogren J F. Exante valuation of atmospheric visibility[J]. Applied Economics，1991，23（1）：143-151.

[47] Loehman E T，Park S，Boldt D. Willingness to pay for gains and losses in visibility and health[J]. Land Economics，1994，70（4）：478-498.

[48] Hill L B，Harper W，Halstead J M，et al. Visitor perceptions and valuation of visibility in the Great Gulf Wilderness，New Hampshire[R]. Ogden，VT：USDA Forest Service，Rocky Mountain Research Station，2000.

[49] Smith A E，Kemp M A，Savage T H，et al. Methods and results from a new survey of values for eastern regional haze improvements[J]. Journal of the Air&Waste Management Association，2005，55（11）：1767-1779.

[50] Kumar N，Smith A，Tombach I. Economic valuation studies of visibility improvement[J]. Em-Pittsburgh-Air and Waste Management Association，2007（9）：28-31.

[51] Kumar N，Shaw S L. Comments on the particulate matter national ambient air quality standards：Scope and methods plan for urban visibility impact assessment[R]. 2009.

[52] Simpson S N，Hanna B G. Willingness to pay for a clear night sky：Use of the contingent valuation method[J]. Applied Economics Letters，2010，17（11）：1095-1103.

[53] Yu K K，Chen Z H，Gao J，et al. Relationship between objective and subjective atmospheric visibility and its influence on willingness to accept or pay in China[J]. PLOS One，2015，（10）：1-22.

[54] Gan C，Luzar E J. A conjoint analysis of waterfowl hunting in Louisiana[J]. Journal of Agricultural and Applied Economics，1993，25（2）：36-45.

[55] Louviere J J，Hensher D A，Swait J D. Stated choice methods：Analysis and applications[M]. Cambridge：Cambridge University Press，2000.

[56] Muller R A，Robb A L，Diener A. Inferring willingness-to-pay for health attributes of air quality using information on ranking of alternatives and cognitive ability of respondents[R]. 2001.

[57] Rizzi L I，Maza C D L，Cifuentes L A，et al. Valuing air quality impacts using stated choice analysis：Trading off visibility against morbidity effects[J]. Journal of Environmental Management，2014，146：470-480.

[58] 谢旭轩. 健康的价值：环境效益评估方法与城市空气污染控制策略[D]. 北京：北京大学，2011.

[59] 黄德生，谢旭轩，穆泉，等. 环境健康价值评估中的年龄效应研究[J]. 中国人口·资源与环境，2012（8）：63-70.

中国环境决策费用效益分析的工具选择及应用[①]

安　祺

　　从经济学的角度看，环境，作为人类活动不可或缺的有限的资源，既可视为生产部门开展生产活动所必要的要素投入，也可当作消费部门的一种公共消费品。因此，相对于"产生污染、损害环境质量"的传统意义上的经济活动，环境保护是起到降低污染、减少环境损害作用的经济活动，其核心作用在保护和提高环境自我修复能力，使环境质量维持在一个稳定状态。由于环境保护具有经济活动的属性，其相关决策的影响效果必然通过关联部门波及企业行业、产品服务、国内国际的不同层面，与社会福祉、民生健康等各个领域紧密相关，以费用或效益的形式反映到经济核算中去。

　　基于环境保护活动的经济属性，本文旨在探讨经济学分析方法对我国环境决策费用效益分析的应用，尝试建立与我国环保工作需求相对应的分析工具体系。主要内容包括三部分。第一部分，介绍投入产出分析、可计算一般均衡分析、成本效益分析法以及基于多主体建模的模拟仿真等方法在环境领域的应用。第二部分，比较分析各类工具的理论基础、应用领域、适应条件及特点、局限性等。第三部分，结合我国实际要求，研究工具选择及设计应用步骤、流程。

一、经济学分析方法在环境领域的应用

　　投入产出分析、可计算一般均衡分析、基于多主体建模的模拟仿真方法以及成本效益分析法等都是基于基本的经济学原理，具备较强的适用性和应用实践效果。这里将介绍上述方法在环境领域的应用。

[①] 原文刊登于《环境与可持续发展》2017 年第 2 期。

（一）投入产出分析

投入产出分析（Input-Output analysis，IO），研究具有相互关联关系的各个经济系统部分，反映生产或消费各部门、行业、产品等之间相互作用。资源和环境问题越来越突出，经济学界开始重视这些曾经被忽略的外部不经济，为了研究经济发展与环境保护的关系，将 IO 分析应用到环境保护领域，建立了一系列包括环境内容的投入产出模型。

国外学者 Maria Liop（2007）运用投入产出分析方法对西班牙制造系统的水政策的变化对经济造成的影响进行了分析，进而对相关政策的完善进行了探讨。Jordi Roca（2006）采用投入产生方法研究了经济增长与环境压力之间的复杂关系。Chen Lin（2008）提出了一种新的混合投入产出模型用以研究废水的产生和处理与环境之间的关系。Binsu 等（2009）利用投入产出分析方法研究了国际贸易中相关能源的二氧化碳排放情况，并以中国和新加坡的进出口行业为例，确定了在相关活动中二氧化碳排放量较大的部门。

（二）可计算一般均衡模型

可计算一般均衡模型（Computable General Equilibrium model，CGE），描述各个经济部门、各个核算账户之间的相互关联关系，模拟和预测经济活动和相关政策对这些关系的影响、效果。随着电子信息技术飞速发展，特别是数据基础的改进和计算程序的完善，使 CGE 模型的应用迎来了黄金时期，在能源、环境及税收政策分析方面等新兴领域，也取得了良好的应用效果。

环境 CGE 始于 20 世纪 80 年代末，主要用于模拟环境与经济之间的互动影响，包括分析公共经济政策（如税收、政府开支等）对环境的影响及环境政策（如环境税收、补贴和污染控制等）对经济的影响。90 年代，代表性学术成果增多，结果表明，CGE 在环境政策模拟方面取得了很多成果，环境 CGE 较为准确地分析和模拟这些政策实施的结果。尤其是在定量分析环境方面的经济政策对我国经济带来的影响方面，有着绝对的优势。

（三）基于多主体的模拟仿真技术

基于多主体模拟仿真技术（Agent-Based Simulation，ABS）。ABS 是多主体理论与仿真方法的融合，以若干多主体模拟客观世界的个体系统，以多主体间的交互模拟反映系统动态性和复杂性。与另一门新兴学科——实验经济学相结合，借助计算机平台，模拟人们的行为规律与价值取向。

Moira L.Zellner（2008）构建了一个进行环境决策分析的模型，并以地下水管理中的假设应用为例对 ABS 模型的潜力和局限性进行了探讨。Eheart J.Wayland 和 Cai Ximing 等（2010）开发了一个与流域水文模型相关联的 ABS 模型用于计算模拟不同场景下的碳氮交易，回答有关的成本效率和氮和碳交易项目的环境效益的基本问题。

（四）成本效益分析

成本效益分析（Cost-Benefit Analysis，CBA），又称费用效益分析，是通过比较项目的全部成本和效益来评估项目价值、支持决策的方法。目的是寻求在投资决策上如何以最小的成本获得最大的收益。其效益与成本计算方式，在结合投入产出分析、CGE 模型，甚至 ABS 技术等方法来更加精准、全面地评估项目或方案，换句话说，上述方法被作为成本效益分析中测算经济、环境成本效益的有效工具而使用。

20 世纪 80 年代以来，有关环境成本效益分析的研究广泛开展。梅纳德·胡弗斯密特和约翰·迪克逊 1983 年的《环境、自然资源与开发：经济评价指南》《环境的经济评价方法——实例研究手册》较为系统地介绍了环境影响经济评价的理论和方法，并且进行了相关的案例研究。A. M. 弗瑞曼 1993 年在《环境与资源的价值评价》中介绍了对环境与资源进行价值评估的经济理论基础，并对各种价值评估方法进行了系统的理论阐述。

二、经济学分析方法的比较研究

（一）理论基础

IO 分析的理论基础来源于两方面：其一，瓦尔拉斯一般均衡理论。该理论认为，一种商品的价格变动不仅受到自身供求关系的影响，还受到其他商品的供求关系的影响。不同行业之间的"棋盘网格关系"，实际上反映了这种"牵一发而动全身"的交错关系。其二，以马克思再生产理论为依据的前苏联计划平衡思想。

CGE 与 IO 相同是瓦尔拉斯一般均衡理论，将理论中的商品简化为部门，模型的部门涵盖经济系统中的全部部门，所采用的基础数据也来源于 IO 表。CGE 引入了均衡价格，价格影响供需关系。居民，政府都根据效用最大化来选择购买的商品，不再是 IO 模型中固定的比例系数关系。CGE 模型形态上千差万别，但具有共同特征。①把经济系统整体作为分析对象，研究内容包括系统内所有市场、价格及各种商品和要素的供需关系，并要求所有市场都结清。②从结构看，包括反映供给量、需求量和供求关系的三组方程，虽然没有显性的目标函数，但优化行为分散在各个部门的生产、投资以及消费决策中完成。③经济主体的行为要满足"在技术约束下，生产者追求利润最大化；在收入约束下，居民追求效用最大化"。④数据结构上，数据主要取自 IO 表，要求建立社会核算矩阵。

ABS 理论基础主要来源人工智能领域的主体及多主体系统思想，随着分布式人工智能的研究而兴起的，该思想在经济学、社会学、生态学等领域产生了广泛的影响。Minsky（1986）提出了 Agent 即主体的概念，认为社会中的某些个体经过协商之后可以求得问题的解，这些个体就是 Agent，具有社会交互性和智能性。ABS 的基本出发点是：许多系统是由多个自治的主体构成，主体之间的相互作用是系统宏观模式出现的根源，通过建立主体模型，可以更好地理解和解释这些系统。

CBA 的指导思想是福利经济学中的"消费者剩余"。经济学家认为稀缺性赋予商品或劳务以价值。如果某种东西能够满足任何想要消费它的人，那么无论多么被需要，它都不具备经济价值，而一旦其不再被随意享用，便具有了经济价值。"环境质量"类似于一种正在变得稀缺的商品，当具备市场需求时，其稀缺性便通过价格来反映。"消费者剩余"的基本的想法是通过人们愿意支付的费用而不是实际支付的费用来评估环境的价值。CBA 方法具体评估时，采用工程经济学中的概念，比如内部收益率、净现值与效费比等。这些指标主要是用来评估具有不同年限与不同风险程度的项目在经济上的优劣。

从这四种方法的理论基础会发现，IO 分析、CGE、CBA 都具有一定的经济学基础，ABS 则是人工智能思想和技术在社会经济领域的应用。从应用的角度看，CBA 是直接针对明确的项目的评估，IO 分析与 CGE 则是针对宏观经济政策来模拟分析的，ABS 似乎更适合做理论探讨，发掘总体的行为规律。

（二）应用领域

IO 技术的主要应用：经济计划编制，特别是中长期计划；结构分析、经济预测；重要政策对经济的影响；产品价格的确定；一些专门的社会问题，如环境污染、人口、就业、收入分配等。CGE 从传统的宏观经济政策分析拓展到社会、区域发展、能源和气候变化、环境经济评估政策等诸多领域。环境 CGE 分析环境政策对整个经济的影响，研究对特定部门的影响，测算相对合理的环境政策的社会成本。还可以刻画经济体中不同的产业，不同消费者对环境政策冲击引发的相对价格变动的反应。ABS 较适合描述复杂系统：包含中等数量的个体，个体往往是异构的、利用局部化信息进行决策、个体可能具有学习能力，个体在空间上分布，之间存在灵活的交互，通过计算机多次试验运行，观察呈现的宏观模式，归纳提炼后得到一般规律。CBA 往往被作为环境影响评价的最后一步。其目的是将环境影响的货币化价值纳入项目整体的经济分析中，以判断项目的这些环境影响将在多大程度上影响项目、规划或政策的可行性。

（三）适用性：特点和局限性

IO 分析的特点：①既能做局部分析，又能做综合研究。②能深入分析产业间、行业间和产品间的相互依存关系和主要结构及比例关系，揭示各种经济活动间的连锁反应。③全面计算人、财、物的直接投入、占用以及完全投入和占用，能揭示常规方法难以认识和揭示的经济规律。④数学模型和参数可以用来为指定政策预测、计划提供重要数据资源。局限性：①同质性假定和比例性假定是对应数学模型的基本要求和前提，并能保证每个部门投入结构的单一性和投入系数的相对稳定性，但与实际情况有一定的差异。当技术进步较快和经济结构变动较剧烈的情况下，其应用效果将会受到明显的影响。②不能解决动态和优化问题。③来自现行统计制度和经济管理水平方面的限制。

CGE 模型的优点：①更好地反映市场运作机制。②基于瓦尔拉斯一般均衡理论的价格调整，使商品和要素的供求达到平衡。③供需函数分别由基于厂商利润最大化和居民效用最大的行为导出，具有微观经济学基础。④模型通常是多部门和非线性的，包含资源约束，如劳动力、土地以及资本等不是无限供给的，与现实更加符合。机制选择更多样化。局限性：①数据的整理比较困难。②计算的复杂性。

ABS 模型提供了一个可控的、完全透明的实验环境，可以设定包括经济制度、个体类型等所有环境变量。特点：①空间拓扑没有限制。②主体具有一定的自治性。③主体往往是异质的。④主体之间的交互方式灵活多样。⑤主体行为是并发的、异步的。用于环境经济政策仿真中时满足以下条件：①经济系统模型可以用 ABS 建模。②模拟系统中的计算变量与政策控制变量具有可映射性，即政策控制变量与系统中的计算变量之间的影响可度量。③评估的政策可度量。此外，校验是一大难点，包括模型输出的描述、关注瞬间动态特性、非线性与脆弱性、验证数据的不可得（不易得）。ABS 的主要意义在于提供了一种有益的补充，即至少这些答案为进一步深入研究提供了某些"启示"和"线索"。

CBA 的应用不仅包括对项目进行环境成本效益分析，而且对规划和立法进行成本效益分析，国外已将环境成本效益分析作为环境决策的重要工具，在重大项目和重大环境决策中已普遍推行，并以立法作为保证。但是，由于该方法在环境问题的估值上存在着很大的"裁量空间"，从而有可能会导致不同的人给出的估值相差较大，这或许也是 CBA 最需要避免的缺点。总的来说，应用时应注意以下几点：①结合我国的国情。②注意环境价值评估方法的选择是否适用。③考虑环境影响的长期性特点。

综上所述，各种方法工具的特点与局限性如表 1 所示。

表 1　各种方法的特点与局限性

方法/维度	维度	优点及特长	适于解决的问题	难点/局限性
IO	行业层面	多部门交叉关联，体现结构关系	产业关联与结构变化、指标核算，比如拉动系数，感应力系数等	地区、国家间产业关联的建立，相关数据拆分整合
CGE	宏观层面、自上而下	在 IO 基础上，引入微观经济机理建模并具备非线性关系，体现不同行业产品之间的不完全替代、宏观结果	财税货币政策、汇率变动等模拟，获得宏观经济、环境影响，如行业、就业、居民收入、消费等	数据整理及计算平台建立
ABS	微观层面（个人、企业等经济个体、自下而上）	微观层面，细致到经济个体（个人或企业），反映大量异质个体间相互作用，统计得到宏观结果；自下而上建模，刻画复杂系统，使微观行为和宏观涌现现象有机结合；模型可塑性、可重用性强，使用灵活	理论与机理探索，企业对环境政策的响应	确定围观行为规则及计算平台建立；验证困难，可信性差；具有路径依赖的特点，输出结果收到所使用的软硬件平台的影响；可再现性差，具有不确定性
CBA	综合	财务经济概念明确，计算步骤规范	具体项目的经济效益评估（针对环境问题，需要量化环境影响）	成本、效益范围的界定存在一定随意性；需要的信息数据量大；科研基础方面要求有较多支持

三、工具应用的一般步骤和流程

各种分析方法具有不同的适用范围和优劣特点，针对不同层面和领域的环境问题要选择适宜的方法。如图 1 显示，不同方法虽然有各自的特点，但在实际应用中，就工具开发应用流程来说，可以分为预评估、评估和结果评价三个阶段。

（一）预评估

在这一阶段需要完成三个方面的工作，①问题识别和描述；②列举备选方案；③选择、确定工具和评价指标。如图 2 所示，需要根据问题需要，对各个方法进行预评估。

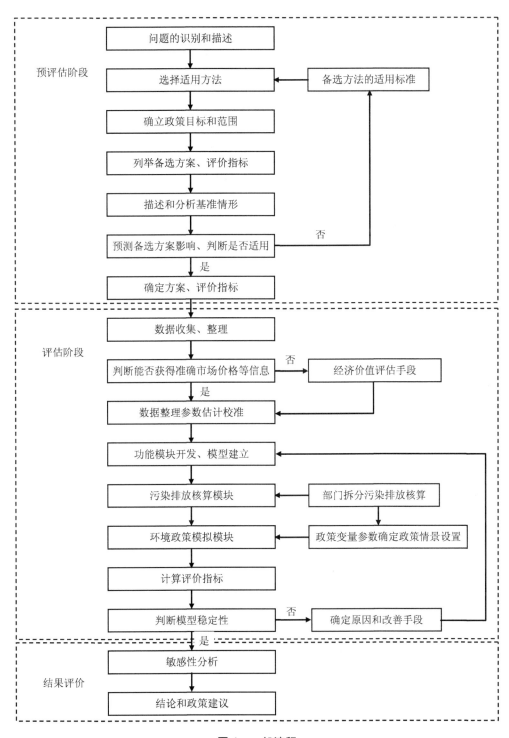

图 1 一般流程

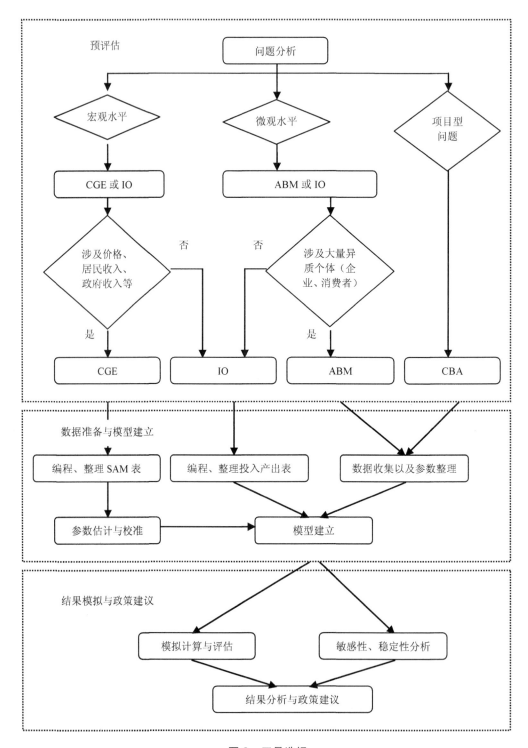

图 2　工具选择

如果明确是要评估对整个宏观经济的各个方面做影响评估，比如政府收支变化，居民收入变化，企业的收入情况，就业的变化情况等，采用 IO 分析或者 CGE 模型就比较合适。采用成本收益方法来处理，可能就比较烦琐，有些项目的成本与收益也比较难以加以确定。采用 ABS 方法，可能面太广，在参数设置上会有很大的不确定性。如果明确要考虑变化率的幅度较大时，采用 CGE 是比较合理的。因为 CGE 不仅在机制上要比 IO 全面，更为主要的是，CGE 的非线性机制能够更加准确地描述市场机制。IO 分析的线性模型，在变化率较大的情况下，可能偏离实际比较多。如果明确是要评估环境税的征收在企业层面上会有多大的影响，则考虑采用 ABS 方法较为合理。因为，ABS 能够针对企业的不同特征，对不同的个体赋予不同的属性，即能够体现所模拟对象的异质性，同时，个体可以具备空间属性。它在处理这些问题上比较灵活。在环境社会方面综合评估实施某项工程的可行性，则比较适合采用成本效益法。

（二）评估

1. 数据准备与模型建立

不同的模型对数据的要求各不相同。但就一般流程步骤而言，每个模型都不可避免地要有数据准备的过程。数据收集程度决定了模型的功能和结果。图 2 中列举了本文涉及工具所需主要数据的来源与构成。对 IO 模型来说，需要编制相应的 IO 表，一般采用国家统计局或地方统计局出版的投入产出表为基础，再通过统计年鉴或者其他环境数据经行适当加工得到。对于 CGE 而言，需要以 IO 表为基础来编制更为全面也更为复杂的社会核算矩阵，综合参考资金流量表，人口统计年鉴等来实现整合。同时，CGE 还需要另外的一组数据，即参数，这需要根据历年的数据获取。ABS 则需要实际的特征数据，比如个体类型，风险偏好程度等。还需要一套行为规则，就是个体面对不同的环境时应该如何决策。CBA 分析需要有关项目的一些数据。如项目建设期与维护期的时间长度，成本以及效益的核算范围，贴现率等。其中贴现率可以用来反映风险的大小，一般认为风险大的项目，应该会相应地确定其贴现率较高一些。

模型建立与数据准备没有明确的谁先谁后。因为建模与数据准备总是相互制约又相互促进的。再好的模型，没有数据的支撑，只能停留在理论层面，没有实用价值。但如果数据过于细化，也未必能与模型结合的上。对于 CGE 来说，知道某个行业的企业数量与规模对模型的求解并不带来多大的影响。当然，如果能知道各个部门每年的排污数量，甚至是治理的成本等，对构建环境 CGE 来说将是非常大的帮助。模型和数据往往越细致越好，但总受限于一定的规模尺度。很显然，用 CGE 来模拟单独一个企业对经济政策的影响，是很不现实的事情。但是，用来分析这个企业所在的行业对经济政策的影响却是很合理的。所以，一个类型的模型可以解决的问题很多，但采用这四种方法来研究环境问题，建立模型时，既需要考虑数据的问题，也需要考虑问题的规模尺度。

2. 模拟计算与评估

这一步相对来说比较简单一点。主要是构建计算平台，模拟或计算得到结果，并最终给出分析。对 IO 来说，一般使用 Excel 来计算，也可以利用 MATLAB 等计算平台。CGE 实现的平台有 GAMS、GEMPACK、MATLAB、C#等。ABS 有 Repast、Swarm、Net-logo、Mason 等平台。CBA 比较灵活，可以用 Excel，也有一些针对特殊问题的专业化软件。需要提醒一点的是：结果分析不能单纯的看结果，一定要结合实际背景。各个方法并不是相互排斥的。很多时候，可以综合利用各个方法来做一个环境问题的评估。例如中国国家电网研究中心就分别采用了 ABS 技术、CGE 技术以及 CBA 技术用于分析电力需求预测，电力行业涨价的经济影响分析。

（三）结果评价

对所得到的结果进行分析总结，说明结果的环境、经济、政策含义并给出政策建议。许多政府采用CGE与IO技术用于决策支持的一个重要原因是这些模型能给出比较详细和明确的政策指导意见。而 ABS 往往揭示运行规律，CBA 则给出不同方案的费效比。同时，针对某些问题，还要结果可靠性分析、敏感度分析等。所有的模型都依赖参数的设定和取值，因此，有必要考虑到这些参数的变动对结果的影响。由于这部分分析涉及数理和经济理论的多方面内容，根据篇幅关系在此仅做如下简单说明。

对于 IO 来说，一般无须考虑 IO 模型的灵敏度问题。只是，投入产出的感应力指标、乘数指标实际也是灵敏度的一个反映。此外，动态模型或者情景分析中，直接消耗系数的变动也有着直接的经济意义。CGE 模型的参数都是依据基准年的数据校准与估计的，某种意义上是均衡状态下各种经济特征的反映，因此，直接简单的变动 CGE 中参数理论上是不可取的。但是，可以将参数的变动作为一个外生冲击作用于系统，如可以分析技术进步对经济带来的影响等，是可行的，对于灵敏度分析也具有意义。ABS 参数的不确定性较大，需要对参数的灵敏度分析给出说明。一般来说，建模者多通过构建众多的情景来模拟分析。在 CBA 分析中，贴现率是作灵敏度分析的一个关键参数。这个参数的大小往往会左右费效比的大小，甚至决定费效比是否大于 1。在 CBA 中分析灵敏度的另一个作用是评估风险。

四、总结

在研究过程中，我们越发认识到，当前中国环境领域的决策急需成熟的环境问题分析与相关政策评价的技术工具体系作支撑，而该体系的建立远非简单地照搬国际经验就可以做到。正是因为先前的匮乏，推进中国环境决策费用效益分析的方法体系建设才显得尤为必要。

在梳理了笔者以往研究体会的基础上，本文尝试建立了一套以投入产出分析、一般均衡模型、多主体模拟仿真、成本效益分析等工具为支柱，能够从国家、地区、产业关联和产品服务等不同维度，开展环境问题分析与相关政策工具的效果预测及评估的工具应用体系。该体系具有通过宏观经济影响分析，评价环境政策对经济增长和社会分配等方面的影响，说明在既定政策下能否实现环境与经济协调发展的问题；通过成本效益分析，评价环境政策的技术经济可行性和相对于政策目标的政策效率问题；通过环境效果分析，评价政策的具体实施效果等多方面的作用。

当然，该体系在环境费用效益分析中的应用需要满足一定的条件。因此，作为服务于环境政策制度设计、制定和实施评价及修改等相关工作需求的工具应用体系，即使不是推进环境保护领域科学决策、科学评估的唯一途径，也是实现科学决策目标的一项重要实践。希望本文能够起到抛砖引玉的作用，为填补我国环境决策分析方法论的空白，将过去复杂、定性的政策研究，转变为宏观与微观结合、经济影响与环境、社会影响结合、定性与定量结合的研究，提高环境政策设计、制定的科学性，为环境决策整体水平的提升奠定一定的基础。

参考文献

[1] Wang F，Dong B，Yin X，et al. China's structural change：A new SDA model[J]. Economic Modelling，2014，43：256-266.

[2] 安祺，冯晓. 环境经济动态模型分析[C]. 环境经济学分会年会，2013.

[3] 安祺，王飞，李娜. 开放经济条件下能耗与碳排放的测算方法研究及应用——基于2007年中国投入产出数据的实证分析[J]. 环境经济与政策，2012，4：20-29.

[4] 李继峰，安祺. 环境政策的经济学分析方法及应用——焦炭行业环境税的减排效果和经济影响分析[J]. 环境经济与政策，2012，4：80-96.

[5] 王飞，安祺. 机电产业的结构分析及其对社会经济发展的作用[J]. 国家统计局科学研究所研究参考资料，2011（84）.

[6] 任勇，安祺. 经济增长与环境退化关系的趋势分析[J]. 环境经济，2009，72.

[7] An C. A Study on Economic Growth and Social Environmental Change in Urban Area of China[J]. Journal of Human Environmental Study，2006，1（4）：61-69.

[8] An C. Catch-up and Regional Disparity in Economic Growth[J]. Forum of International Development Studies，2005，30：35-50.

建立生态补偿机制的战略与政策框架①

任　勇　俞　海　冯东方　孔志峰　高　彤　杨姝影

在我国着手建立生态补偿机制的初期，有两大问题需要首先解决好：一是恰当界定生态补偿机制概念的内涵和外延，内涵决定着相关政策制定和实践的内容和方向，外延决定着相关工作的边界；二是构建一个建立生态补偿机制的国家战略和政策框架，以发挥路线图作用，指导相关工作的进程。较科学规范并符合政策性要求的生态补偿机制的内涵可以表述为：生态补偿机制是为改善、维护和恢复生态系统服务功能，调整相关利益者因保护或破坏生态环境活动产生的环境利益及其经济利益分配关系，以内化相关活动产生的外部成本为原则的一种具有经济激励特征的制度。

在对生态补偿机制概念做上述界定后，我国建立生态补偿机制的战略与政策框架应该包括 7 个部分：战略定位、目标、原则和步骤；优先领域；法律和政策依据；补偿依据和标准；政策手段；责任赔偿机制和管理体制等。

一、战略定位、目标、原则和步骤

1．定位

建立生态补偿机制不仅是完善环境政策、保护生态环境的关键措施，而且是落实科学发展观、建立和谐社会的重要途径，各级政府应予以高度重视。

2．目标

现实目标是解决诸如重要生态功能区、流域和矿产资源开发等区域生态环境保护问题，恢复、改善、维护生态系统的生态服务功能。战略目标是调整相关利益主体间的环境与经济利益的分配关系，协调生态环境保护与发展的矛盾，促进和谐发展。工作目标是争取用 5～8 年的时间，建立生态补偿的政策框架，使生态补偿政策效果与全面建设

---

① 原文刊登于《环境保护》2006 年第 19 期。

小康社会的进程相一致。

3．遵循的原则

一是以调整相关利益主体间的环境与经济利益的分配关系为核心，以内化相关生态保护或破坏行为的外部成本为基准，以经济激励为目的，坚持"受益者或破坏者支付，保护者或受害者被补偿"的原则；二是以改革和完善现有相关政策为基础，逐步建立新的补偿制度。

4．步骤

用 3 年左右的时间，在全国范围内选择优先领域（如水源涵养区和自然保护区等重要生态功能区、跨省界中型流域等）开展国家级和地方级试点示范，重点摸索建立上级政府协调机制、地方横向财政转移支付、市场机制等方面的政策经验。同时，在国家层面，研究改革重要公共财政政策（如财政转移支付），研究制定国家建立生态补偿综合指导政策（如国务院相关文件）和一些新的公共政策（如国家生态补偿专项），研究建立生态补偿管理体制等重要问题。在试点示范和专项研究的基础上，争取用 5 年左右的时间初步建立国家生态补偿的关键政策，并逐步形成框架体系，开始全面推进生态补偿工作。

二、补偿类型及优先领域

恰当的标准是对生态补偿问题类型划分的前提，标准的确定要服从两个目的：一是帮助对现实存在问题的认识；二是有利于制定政策，即分类本身具有一定的政策含义。分类可以是多层次的，但必须是一个框架体系。根据上述原则，首先将生态补偿问题分为国际生态补偿问题和国内生态补偿问题两大类。国内生态补偿问题又主要包括 4 类：区域补偿类、重要生态功能区的补偿类、流域生态补偿类和生态要素补偿类。

1．区域补偿类

我国的区域补偿问题由两个方面的原因造成：一是某些地区是全国生态环境安全的重要屏障，如西部地区；二是由于计划经济体制造成某些资源开发地区曾向其他地区输送了大量廉价的资源，却承受着开发遗留的生态环境破坏的危害，经济发展也未能切实受益，如西部地区和东北地区等。

2．重要生态功能区补偿类

我国有 1 458 个对保障国家生态安全具有重要作用的生态功能区，包括水源涵养区、土壤保持区、防风固沙区、生物多样性保护区和洪水调蓄区，约占国土面积的 22%，人口的 11%。

3．流域生态补偿类

可进一步细分为 4 个二级类。①长江、黄河等 7 条大江大河，其最大特点是流域涉及几至十几个省，受益和保护地区界定困难，补偿问题非常复杂。②跨省界的中型流域，即跨两个省市界且保护与受益关系明确的中等规模的流域，至多不超过 3 个省市，否则其利益关系界定就会变得像大江大河一样复杂。③城市饮用水水源类。这类补偿的特点：一是涉及饮用水水源这一重要问题；二是只涉及两个利益主体——水源保护区和饮用水供水区，二者可能隶属同一个行政辖区，也可能是两个辖区。④地方行政辖区内的小流域。其特点是流域小，利益主体关系比较清晰，辖区政府较容易协调其利益关系。

4．生态要素补偿类

这是按照生态系统的组成要素建立生态补偿机制的一类，如森林、矿产资源开发、水资源开发和土地资源开发等。

有两个因素决定着对上述补偿问题的政策途径：一是利益主体关系的清晰程度，或者说利益主体的数量；二是保护主体提供或受益者分享的生态服务功能的性质，即公共物品属性。

按照公共物品理论，我国的生态补偿问题可以分为 3 类：①属于纯粹公共物品的生态补偿类型，包括部分国际补偿问题、区域补偿问题和国家重要生态功能区补偿问题；②属于准公共物品的流域生态补偿类型；③属于准私人产品的生态补偿类型，主要指要素补偿问题。从各生态补偿问题的相关性看，区域补偿和大江大河补偿问题暂时可不作为优先领域考虑。这是因为，如果建立了重要生态功能区和资源开发的生态补偿机制，区域补偿的问题就得到了较大程度的解决。理由是，在地理分布上三者基本上是一致的，主要是西部和北部地区；而且前两者是造成后者需要补偿的原因。大江大河的补偿对象主要是江河源头和部分上游地区，这些地区基本上都属于国家重要生态功能区，所以，只要建立了重要生态功能区的生态补偿机制就可以基本涵盖了大江大河的补偿区域。

因此，中央政府应重点解决重要生态功能区、矿产资源开发和跨界中型流域的生态补偿机制问题，重要生态功能区以国家自然保护区和水源涵养区为重点；地方政府主要建立好城市水源地和本辖区内小流域的生态补偿机制，并配合中央政府建立跨界中型流域的补偿问题。

三、法律和政策依据

生态功能分区清晰定位了接受或支付生态补偿的区域和人群，同时，提供了补偿的生态环境保护要求；在生态功能分区基础上的经济主体功能分区，明确了这些区域为什么被补偿或支付补偿的经济发展原因，这就是我国建立生态补偿机制的法律与政策的依据。因此，国家应尽快批准全国生态功能区划方案，并研究和颁布相应的经济发展区划。

同时，国家还应将建立生态补偿机制问题纳入环境保护法或其他相关法律之中，增强实践的法律推动力。在立法条件和时机不成熟的情况下，以国务院决定或指导意见的方式，形成专门的政策文件，推动中国建立生态补偿机制的进程。

对重要生态功能区或禁止及限制开发区，摒弃唯 GDP 论英雄的传统观念，实行绿色国民经济核算体系，建立地方官员绿色政绩考核制度。这不仅是切实实施生态和经济功能分区战略的重要保障措施，也是顺利推动建立生态补偿机制的关键制度。

四、补偿依据和标准

生态服务功能价值应该是生态补偿的基本依据。关于此方面的量化研究已有 20 多年的历史，但有关价值评估的方法还不成熟，仍在发展之中，特别是用这些方法评价的结果较难为社会所接受，难以运用到生态补偿机制的具体政策设计当中。然而，按照边际机会成本理论，可以为生态补偿政策设计构建一个概念性的依据，对确定具体补偿标准有重要的实际指导意义。

对于重要生态功能区和流域等生态保护活动产生外部经济的补偿类型生态补偿的依据应包括生态建设和保护的额外成本和发展机会成本的损失。在实际操作中，保护者付出的额外成本与其应承担的相应成本可以不做严格区分；保护者损失的发展机会成本的确定可以参照国家或地区的平均发展水平、保护者的生活水平与受益者生活水平差距等指标。这两部分补偿依据的具体标准数值，可以依据受益者的经济承受能力、实际支付意愿和保护者的需求通过协商确定。

对于矿产资源开发造成的外部不经济性的补偿类型相关政策的补偿依据有两个含义：一是恢复和治理那些开发者无法治理和恢复的或是历史上形成的大规模生态景观破坏及其生态功能的成本；二是矿产资源开发对当地居民生活和发展造成的损失。在实施补偿的同时，不免除开发者治理和恢复开发过程造成的点源污染和点源生态破坏的责任。

五、政策手段

根据国内外经验和现有政策结构状况，有两大类共 7 种政策手段可以用于实现生态补偿目的，但它们针对重要生态功能区、矿产资源开发、跨界中型流域、城市水源地和地方政府辖区内的小流域等建立生态补偿机制的5个优先领域的适用性各不相同。另外，这7种政策手段并不是以生态补偿为主要目的或唯一的政策，往往是借助这些政策实现生态补偿的要求。

（一）公共政策

1．公共财政政策

有3种依靠经常性收入的公共支出财政政策可以用于生态补偿目的。①纵向财政转移支付，指中央对地方，或地方上级政府对下级政府的经常性财政转移。该政策适宜用于国家对重要生态功能区的生态补偿，实现补偿功能区因保护生态环境而牺牲经济发展的机会成本。②生态建设和保护投资政策，包括中央和地方政府的投资。中央政府的生态建设和保护投资政策主要适用于国家生态功能区的生态补偿，实现功能区因满足更高的生态环境要求而付出的额外建设和保护的投资成本。③地方同级政府的财政转移支付，适宜用于跨省界中型流域、城市饮用水水源地和辖区小流域的生态补偿。与纵向财政转移支付的补偿含义不同，受益地方政府对保护地方政府的财政转移支付应该同时包含生态建设和保护的额外投资成本和由此牺牲的发展机会成本。

2．税费和专项资金

税费既是内化外部成本和激励主体改变行为的经济手段，又是政府财政的重要来源。向所有公民和组织征收生态税，并建立专项资金（基金）用于国家履行生态补偿的职责是一个好的政策方向。但考虑到中国目前的财税政策改革思路，开征新的税种有较大困难，需要时日。然而，针对矿产资源开发造成的严重生态环境问题开征生态补偿费，或在现有资源补偿费的基础上增加一个生态补偿费是非常必要的。征费收入可以建立专项基金，用于治理矿产资源开发引发的大规模生态环境问题及其历史遗留问题。

3．税收优惠、扶贫和发展援助政策

对被补偿地区实行税收优惠、扶贫和发展援助是生态补偿政策的重要辅助手段，主要目的是补偿发展机会成本的损失。税收优惠包括税收分成比例调整和税收减免两个方面。将现有扶贫和发展援助政策向补偿地区倾斜和集中，就可以发挥生态补偿的作用。国家的税收优惠、扶贫和发展援助政策主要向国家重要生态功能区倾斜，地方的相关政策可以向所属补偿区域倾斜。

4．经济合作政策

开展经济合作是解决跨省界中型流域、城市饮用水水源地和辖区小流域生态补偿问题的重要辅助政策，其目的是补偿流域上游地区牺牲的发展机会成本。根据地方经验，经济合作的形式是多种多样的，如建立"异地开发"区、清洁型产业发展项目投资、人

力资源培训、创造就业机会等。

（二）市场手段

1．一对一的市场交易

该模式适合于跨省界中型流域、城市饮用水水源地和辖区小流域的生态补偿问题。由于流域生态服务最直接和最综合地体现在上游提供的优质足量的水资源，所以上下游政府间的水资源交易是这种市场交易的主要形式，当然，水资源交易也可在企业与社区之间展开。

2．可配额的市场交易

在重要生态功能区的生态补偿领域，我国应该积极探讨可配额的市场交易模式，如《联合国气候变化框架公约》及其《京都议定书》下的碳汇清洁发展机制项目、配额生物多样性保护和湿地保护交易机制等。在探讨中，如何将生态服务这一补偿标的转化成可计量的和可分割的交易单位（类似排污量）是关键。

3．生态标志

生态标志制度是一项广泛发展的制度，可以作为生态功能区和流域生态补偿的一种创新政策工具加以应用。这里，广义的生态标志物品和服务既包括产品生态标志，如生态（有机）农产品，也包括旅游景区和文化或生物遗产地标志。所以，应鼓励生态功能保护区和较大流域水源保护区积极发展生态标志物品和服务，将当地的生态优势转化为产业优势，并由广大的消费者支付生态补偿的费用。

六、财政政策和管理体制设计

公共财政政策对我国建立生态补偿机制发挥着非常广泛和重要的作用。根据国家公共财政政策改革的方向，改革财政体制政策，将生态补偿内容纳入中央对地方的纵向财政转移支付制度之中；调整财政支出政策，在相关地方政府间，实行生态补偿的横向财政转移支付；调整财政收入政策，建立国家生态补偿专项（基金）是可行的。为了保证这类财政政策的有效实施，建立针对生态补偿问题的财政管理体制必须要首先到位。

生态补偿管理体制设计有 4 个方面的理由和事务，需要一个新的体制或专门机构来协调和管理。①生态补偿机制不只是环境保护的常规手段，更是直接触及重新调整许多方面的环境和经济利益关系的重大问题，影响广泛而深刻，是落实科学发展观和建立和谐社会的重要措施，必须认真和科学对待。②生态补偿政策不是某一个或几个独立的政策，大部分政策是依附于现有许多部门政策和国家综合政策之中，涉及许多部门利益，关系到全国生态功能和经济发展功能分区，需要综合协调。③一些紧迫的生态补偿问题的机制形成（如流域），都需要上一级政府的协调，搭建利益主体的协商平台。④一旦国家或地方建立了公共财政补偿政策（如财政转移支付和专项基金），就需要监督管理和实施的绩效评估。

因此，建议在国务院下设生态补偿委员会，负责上述 4 项事务的协调管理、仲裁有关纠纷、为重大决策提供咨询意见等。委员会由国家环保总局、发改委、财政部、水利部、农业部、林业局等相关部委领导组成，下设办公室，作为常设办事机构。考虑到业务性质，办公室设在国家环保总局，还可外设一个由专家组成的技术咨询委员会，负责相关政策和事务的科学咨询。生态补偿工作量比较大的省市，可参照国家的生态补偿委员会，设置相应机构。

纵向财政转移支付制度的生态补偿改革　纵向财政转移支付政策适宜用于国家对重要生态功能区的生态补偿，实现补偿功能区因保护生态环境而牺牲经济发展的机会成本。建议在财政转移支付改革中，增加农村社会保障支出、生态功能区因子和现代化指数 3 个因子，以便使中央对地方的财政转移支付具有生态补偿功能。这种改革，还会给地方政府一个明确的政策信号，保护生态环境也能得到好处，增强保护的积极性。

生态补偿的横向财政转移支付制度设计　生态补偿的横向转移支付主要是在流域上下游地区之间发生，其依据包括两个：上游地方政府和居民为保护生态环境而付出的额外建设与保护的投资成本；因保护丧失的发展机会成本。额外投资成本是可以被计量的。根据下游对上游出水水质的要求、上游生态建设和保护计划，可以测算出达到该要求所需的生态建设与保护成本；同时，以上下游相同的水质标准为基线，也可以测算出相应的成本。这两个成本之差，就是额外成本。对于发展机会成本的损失，同样可以用上下游或者上游与同类地区在产业结构水平、政府财政收入水平和居民生活水平等指标上的差距来考虑。

在实际确定转移支付的额度时，真正的机制是靠上下游政府在上述依据的基础上协商确定。当发展机会成本有其他方式（如经济合作）来补偿时，横向转移支付的依据可以主要考虑额外成本方面。在上下游政府协商过程中，实际的协商代理人可以由其下设的生态补偿委员会完成。这时上一级政府下设的生态补偿委员会就需要发挥重要的协调和仲裁作用。在支付方式上，与纵向转移支付不同的是，不是直接转移，而是先进入上一级政府的生态补偿委员会的账户，并设立专门的基金，由基金所在的生态补偿委员会和横向转移的两地政府的生态补偿委员会共同监督管理。被补偿地（上游）对基金的使用，必须根据专门的生态环境保护规划，以具体项目的方式申请，经共同监督管理代表批准后方可使用。如果转移支付中包含了对发展的补偿，申请项目可以包含发展及提高当地福利水平方面的用途。

在横向财政转移支付方式上做这样的管理体制安排，主要目的是确保受益地政府所支付资金的正确支出和增加透明度。同时，以基金方式管理，还可以募集社会资金，如捐赠、无偿援助等。

国家生态补偿专项（基金）设计　建立国家生态补偿专项（基金）的目的是为国家实施生态补偿任务，建立固定的资金来源，其作用有 3 个：①整合现有不同渠道的发挥着一定生态补偿作用的资金，消除生态补偿政策部门化所带来的弊端，集中使用方向、领域和地区，提高有限资源的使用效果；②调整现有有关可以发挥一定生态补偿政策的使用方向，扩大实现生态补偿目的的政策范围；③增加新的资金来源，提高国家生态补偿的能力。根据财政政策改革要求，国家生态补偿基金的建立需要坚持两项原则：一是减轻企业负担，提高人民收入，即至少不能增加公民负担和影响社会福利水平的提高。资金的筹集需要在现有收入渠道的框架下，谋求调整和改革。二是新的资金源的开辟必须与内化社会经济活动的外部成本的原则相一致，例如在财政改革中关于资源有偿使用的思路下寻找渠道。

因此，国家生态补偿基金的主要资金来源可以包括 4 个渠道：①将现有中央财政每年投入的生态建设与保护工程资金全部纳入基金中，并作为经常项目，按财政收入增长的幅度，每年增加一定的比例；②借鉴浙江等地经验，将国家对林业、水利、农业、扶贫等专项补助金和相关收费（如水资源费、水土保持收费）收入的一定比例放入基金中，有效利用好这类资金中可以发挥生态补偿功能的部分；③根据资源有偿使用的思路和矿产资源开发造成严重的生态环境问题的现实，开征矿产资源生态补偿费，或在现有资源补偿费的基础上，提高一个增量，其收入全部划入基金；④基金接受社会捐赠和海外发展援助等资金。

基金的使用方向主要有 3 个方面：①生态建设与保护。在全国生态功能和经济发展主体功能区划的基础上，制定 5 年全国生态环境建设与保护规划，基金向规划确定的建设和保护项目提供资金。生态环境建设与保护规划包括植被建设与保护、自然保护区、生物多样性保护区、土壤保持区、防风固沙区等。这样一来，所有的生态建设与保护项目都是在国家的统一规划下开展的，都是以国家重要生态功能区为目标，避免了"西边种树、东边打坝、南边封山、北边最需要补偿却没有措施"的各自为政的局面，提高资源的配置效率。②用于治理和修复大规模的或历史遗留的矿产资源开发造成的生态环境问题。③用于国家认为需要进行生态补偿的其他领域和地区。

可以看出，建立生态补偿基金并不影响现有体制下各部门使用有关资金的既得权力和利益，只是使用的方式有所变化，即在国家统一规划下，从一个专项资金渠道支出，但仍由各部门按职责分工和规划使用；同时，该专项资金是一个经常性资金渠道，保证了稳定的资金来源。所以，这样的改革不应该遇到较大阻力。地方政府可以参照国家生态补偿基金的方式建立地方生态补偿基金。

七、责任赔偿机制

生态补偿机制和相关责任赔偿机制是一个问题的两个方面，二者相辅相成，缺一不可。责任赔偿机制就是对享受了生态补偿机制的经济利益但不履行相应的生态环境保护责任和义务的行为进行惩罚的机制。

生态补偿的理论基础：一个分析性框架①

俞 海 任 勇

生态补偿是当前中国社会各界广泛关注的热点问题。从中央到地方政府对于建立系统的生态补偿机制和政策框架都具有迫切的需求。许多学者在生态补偿领域做了很多有价值的研究和探索，包括理论分析、内涵、外延以及国家战略和政策框架等[1-3]。国家要建立切实可行的生态补偿战略和政策框架，需要清楚地界定生态补偿的内涵、外延和政策边界等。然而，在此之前，更需要对生态补偿的基本理论依据进行分析，从而能够更好地理解和把握生态补偿的内在本质和客观规律，进而科学地构建国家战略和政策框架。本文拟在前人研究的基础上，综述和分析生态补偿的基本理论依据，其目的：一是阐释生态补偿的内在逻辑和本质特征；二是佐证其内涵关键要素界定的科学性；三是对确定生态补偿的政策工具和路径提供方向性指导。

一、自然资源环境利用的不可逆性是生态补偿的自然要求和生态学基础

自然资源与生态环境是人类生存和发展的基本需要。这里的自然资源和生态环境既包括土地、水、生物、矿产等具体的要素禀赋资源，也包括环境容量、景观、气候、生态平衡调节等综合的环境资源。

人类社会的生存和发展特别是经济活动与自然资源环境从来都是密切联系的。一方面，人类的经济再生产活动不断地从自然界获取生产所需的自然资源，另一方面，又将产生的废物排入环境损害环境资源。从人类社会几乎无限增长的需求看，自然资源环境-社会系统的物质能量交换关系的表现为不可逆的，它从本质上规定了资源的"单流向"特征，自然资源环境作为供体总是被消耗[4]。

---

① 原文刊登于《城市环境与城市生态》2007 年第 2 期。

从系统论的观点看，人类社会和自然环境之间在漫长的自然演变中达成某种动态的稳定的平衡，在自然环境-社会系统中，自然环境存在承载人类活动负荷的一个阈值或极限，人类活动对自然环境的影响一旦超过这个阈值，系统的局部甚至全局的平衡就被打破，被破坏的自然环境反过来就会危及人类社会的发展甚至生存。这就是自然资源环境的生态潜力和人类社会经济潜力相互联系和转化的因果关系。

这里所谓的生态潜力主要是指满足经济持续增长所需的充裕数量和质量的自然资源，以及在自然环境中建立起来的有利于人类生活和生存的相互联系的持久性，保证经常遭到人类活动破坏的自然环境状况得以恢复和在经济活动过程中被利用的自然资源能够更新的稳定性[5]。可以说，只有生态潜力的增长速度超过经济潜力增长的速度，上述自然环境-社会系统的平衡才能得以维系。

中国目前自然资源环境利用的现实情况是经济潜力的增长速度远远超过了生态潜力的增长速度，已经导致局部甚至全局性的自然环境-社会系统的失衡。恢复和维护已经受到破坏的自然资源环境和生态潜力是中国当前的迫切需要。而生态补偿就是最终补偿生态损失，维系生态潜力的一种有效的制度和经济途径。

二、环境资源产权权利界定是生态补偿的法理基础和制度经济学基础

界定环境资源产权主要是权利的初始分配，而通过权利的初始分配就可以确定谁应该负有补偿的责任，谁应该具有被补偿的权利。

按照法律规定，任何人（包括自然人和法人）都有平等地保护生态，维持生态平衡的基本义务。这些人也都具有平等地获取和享受生态服务功能这种公共物品的基本权利，或者说具有利用其所实际占有或使用的自然资源或生态要素来满足其基本需要的权利，即追求和实现其利益最大化的权利，或者说平等的发展权利。

但是，环境资源产权界定或者说权利的初始分配不同造成了事实上的发展权利的不平等。通常，流域上游的生态保护者比下游的人需要遵守更为严格的法律规定或更少的权利分配，如遵守更为严格的水质标准等，因而需要对他们的行为做出一定限制和调整，这种调整或限制实际上造成这部分人上述权利的部分或完全丧失，从而使生态服务功能其他享受者或受益者的权利得到保障。因此需要一种补偿来弥补这种权利的失衡。

在具体的政策实践中，生态功能区划或定位就是一种环境资源产权的界定或权利的初始的分配。在不同的生态功能区类型，规定了谁有权利做什么以及不能做什么。根据这种区划，就可以确定不同类型下补偿和被补偿的义务和权利。

三、公共物品属性是生态补偿政策途径选择的公共经济学基础

普遍认为，自然资源环境及其所提供的生态服务具有公共物品属性。纯粹的公共物品具有两个本质特征：非排他性（non-excludability）和消费上的非竞争性（non-rivalousness）。非排他性是指在技术上不易于排斥众多的受益者，或者排他不经济，是指不可能阻止不付费者对公共物品的消费。消费上的非竞争性是指一个人对公共物品的消费不会影响其他人从对该公共物品消费中获得的效用，即增加额外一个人消费该公共物品不会引起产品任何成本的增加。公共物品的 2 个特性意味着公共物品在消费上是不可分割的，它的需要或消费是公共的或集合的，如果由市场提供，每个消费者都不会自愿掏钱去购买，而是等着他人去购买而自己顺便享用它所带来的利益，这就是"搭便车"问题。如果所有社会成员都意图免费搭车，那么最终结果是没人能够享受到公共物品，因为"搭便车"问题会导致公共物品的供给不足。

但是，公共物品并不等同于公共所有的资源。在现实世界中，存在大量的介于公共物品和私人物品之间的一种物品，称作准公共物品或混合物品（quasi-public goods）。准公共物品可以分为 2 类：一类其特点是消费上具有非竞争性，但是可以较容易地做到排他，如公共桥梁、公共游泳池和公共电影院等，称为俱乐部产品（club goods）。另一类与俱乐部产品相反，即在消费上具有竞争性，但是却无法有效地排他，如公共渔场、牧场等，这类物品通常被称为共同资源（common resources）。俱乐部产品容易产生"拥挤"问题（congestion），而共同资源容易产生"公共地悲剧"问题（tragedy of the commons）。"公共地悲剧"问题表明，如果一种资源无法有效地排他，那么就会导致这种资源的过度使用，最终导致全体成员的利益受损。

自然资源环境及其所提供的生态服务所具有的公共物品属性决定了其面临供给不足、拥挤和过度使用等问题，生态补偿就是通过相关制度安排，调整相关生产关系来激励生态产品的供给、限制共同资源的过度使用和解决拥挤问题，从而促进生态环境的保育，促进自然和社会生产力的发展。

生态补偿问题的公共物品属性可以帮助我们确定在不同生态补偿问题类型下补偿的主体是谁，其权利、责任和义务是什么，从而确定相应的政策途径。

四、外部性的内部化是生态补偿的核心问题和环境经济学基础

无论是纯粹的公共物品，还是俱乐部产品和共同资源，它们共同的问题是在其供给

和消费过程中产生的外部性。这是生态补偿所要解决的核心问题。

福利经济学创始人庇古（Pigou）（1920）用现代经济学分析方法从福利经济学角度系统论述了外部性理论。庇古通过分析边际私人净产品（marginal private net product）和边际社会净产品（marginal social net product）的背离来阐释外部性。他认为，在一种资源的一切用途中，边际社会净产品都相等，而且每种用途中边际社会净产品和边际私人净产品也相等，那么社会资源配置就能达到最优效率状态，从而实现社会福利的最大化。如果边际社会净产品大于边际私人净产品，就会产生边际社会收益，在这种情况下，投入既定用途的资源会少于最优数量；当边际社会净产品小于边际私人净产品时，就会产生边际社会成本，在这种情况下，投入既定用途的资源会超过最优数量。这两种情况都不能实现资源的最优配置以及社会福利的最大化。

外部性分为正外部性（外部经济）和负外部性（外部不经济）两种。正外部性是指某一经济主体的生产或消费使其他经济主体受益而又没有得到后者补偿；负外部性是指某一经济主体的生产或消费使其他经济主体受损但是没有补偿后者。

自然资源利用以及生态环境保护行为具有明显的外部性特征。生态保护所发挥或提供的生态效益或生态服务（如保持水土、涵养水源、调节气候以及美化景观等）是一种无形的效用，保护者所带来的边际社会收益远远大于边际私人收益，而由于这种效用的非排他性和非竞争性的特征，受益者无须向保护者支付任何费用就可以获得这种效用，这种正外部性造成私人对生态保护的投入以及生态效益或生态服务的供应量减少，导致社会福利损失。还有一种情况是由于破坏生态环境所产生的负外部性，如森林砍伐等造成的水土流失、流域上游污水排放造成的流域下游的污染、自然资源开发利用对当地社区及居民生产生活环境的破坏等。此时，生态环境损害者的行为所带来的边际社会成本远远大于边际私人成本。如果生态环境破坏或损害者不向受害者支付相应的赔偿或补偿来弥补所受到的损害，损害者的行为得不到有效的纠正，其对资源的利用和生态环境的破坏就会加剧，生态环境会进一步恶化，同样导致社会福利的损失。

生态补偿就是要通过各种有效的制度安排和政策手段，为生态环境保护或损害者调节其行为提供激励，将生态保护或损害的外部性予以内部化，实现资源的最优配置和社会福利的最大化。

五、自然资源环境资本论是生态补偿的价值基础和确定补偿标准的理论依据

前面提到，自然资源环境的外部性是在利用自然资源以及保护或损害生态环境的过

程中，某个经济主体对其他经济主体所产生的外部影响，这种影响未能通过市场交易和价格机制反映出来。生态补偿就是要把这种外部性进行内部化，从而保护生态环境，促进自然资本或生态服务功能增值，最终促进生态潜力和经济潜力的增长。这里暗含的假定或前提是自然资源以及生态环境具有经济价值。自然资源环境的经济价值是生态补偿标准或补偿量确定的重要理论依据之一，是生态补偿的价值基础。自然资源环境的价值可以从自然资源的稀缺性、效用价值论、劳动价值论、级差地租以及自然资本等不同的角度进行阐述[6, 7]。

现代的观点普遍承认，自然环境资源包括作为生产资料的天然自然资源、自然环境条件、环境容量等是一种生产要素，而且随着经济发展，其稀缺程度不断提高。稀缺性是自然资源环境的价值基础和市场形成的基本条件。

从效用价值论的观点看，自然资源环境价值是一种主观心理评价，表示人对自然资源环境满足人的欲望能力的感觉和评价。自然资源环境价值来源于其效用，又以其稀缺性为条件。衡量自然资源环境价值的尺度是其边际效用。

马克思的劳动价值论认为，价值是商品交换中体现的人与人之间的关系。商品价值取决于物化在商品中的社会必要劳动，包括劳动者在创造产品时劳动力的消耗和消耗在劳动对象和劳动资料上的社会必要劳动时间，即活劳动和物化劳动。传统观点认为自然资源环境不是劳动的产物，没有价值。从现代观点看，自然资源环境具有价值，其价值是凝结在自然资源环境中的人类抽象劳动，具体表现为人们在自然资源环境发现、保护、开发以及促进生态潜力增长等过程中投入的大量的物化劳动和活劳动。

从地租理论的观点看，绝对地租是土地所有者凭借土地所有权获得的收入。这里的"土地"实际上可以泛指一切自然资源，地租就是一种资源租金，自然资源环境的不同价值就体现在这种资源租金中。按照马克思的级差地租理论，资源级差地租是由于自然资源环境的优劣程度不同而造成的等量资本投入等量的资源体上所产生的个别生产价格和社会生产价格的差额，即较优等的自然资源投资的收益与劣等的自然资源投资收益的差额。级差地租可分为Ⅰ、Ⅱ两种形态。资源级差地租Ⅰ是由于资源的自然丰度和地理位置的差别而形成的级差地租；资源级差地租Ⅱ是由于在同一资源体上连续追加投资引起的资源生产率不同而形成的级差地租。

无论是在上述哪种理论框架下，自然资源环境作为一种生产要素，其价值的载体可称之为自然资本，自然资本是构成财富的有机成分之一。自然资本的概念认为，除了传统的加工资本、金融资本、人力资本以外，还存在第四种形式的资本即自然资本，是由自然资源、生命系统和生态构成[8]。在世界银行界定的自然资本要素中，主要包括土地、水、森林、石油、煤、金属与非金属矿产等。但这些仅仅是自然生态系统为人类提供服务的一部分。中国科学院扩展了世界银行对自然资本内涵的界定，认为自然资本是给予人类或者可为人类利用的自然物质和能量以及它所提供的生态服务的总称。自然资本存量随着时间的推移而保持基本恒定是人类可持续发展的前提和基础。

无论哪种价值基础，他们都是对自然资源或生态要素所产生的生态服务功能价值的理论分析。这些价值基础可以作为确定生态补偿标准的理论参考依据之一，并不能直接转化为可操作的政策手段。

总的来看，环境与自然资源价值或者生态服务功能价值的评估方法在不断发展和进步，对于生态补偿政策设计具有很高的理论价值。但是必须认识到，这些方法本身还存在一些缺陷，根据这些理论以及相应的价值评估方法所得到的生态服务功能的货币价值还不能直接作为生态补偿的标准。因此，需要在现实的政策设计中另辟蹊径，选择具有可操作的、现实可行的生态补偿标准。

参考文献

[1] 毛显强，钟瑜，张胜. 生态补偿的理论探讨[J]. 中国人口·资源与环境，2002，12（4）：38-41.

[2] 沈满洪，杨天. 生态补偿机制的三大理论基石[N]. 中国环境报，2004-03-02（4）.

[3] 任勇，俞海，冯东方. 生态补偿机制的概念需界定[N]. 中国环境报，2006-09-15（4）.

[4] 李金昌，仲志伟. 资源产业论[M]. 北京：中国环境科学出版社，1990：30-31.

[5] [苏联]图佩察. 自然利用的生态经济效益[R]. 徐志鸿，译. 北京：中国环境管理、经济与法学学会，1984.

[6] 张小蒂. 资源节约型经济与利益机制[M]. 上海：上海三联书店，1993：144-148.

[7] 沈满洪，陆菁. 论生态保护补偿机制[J]. 浙江学刊，2004，12（4）：217-220.

[8] Hawken Paul，Amory Lovins，L.Hunter Lovins. 自然资本论：关于下一次工业革命[M]. 王乃粒，诸大建，龚义台，译. 上海：上海科学普及出版社，2000：150.

中国生态补偿：概念、问题类型与政策路径选择^①

俞 海 任 勇

一、引言

当前，生态补偿已经成为社会广泛关注的热点问题。2005 年 12 月颁布的《国务院关于落实科学发展观 加强环境保护的决定》和 2006 年颁布的《中华人民共和国国民经济和社会发展第十一个五年规划纲要》等关系到中国未来环境与发展方向的纲领性文件都明确提出，要尽快建立生态补偿机制。2007 年 8 月国家环境保护总局发布了《关于开展生态补偿试点工作的指导意见》，努力推动生态补偿机制的建立。许多地方也在进行试验示范，积极探索相关实践经验。可以看到，从中央到地方政府对于建立系统的生态补偿机制和政策框架都具有迫切的需求。许多学者在生态补偿领域做了很多有价值的研究和探索，包括理论分析、内涵、外延以及国家战略和政策框架等[1-3]。但是中国在生态补偿机制和政策框架的构建方面总体上仍然处于起步和探索阶段。在理论上，不同领域的学者以及不同层次的政府官员或者说政策制定者对生态补偿问题存在不同的认识和理解。在试点示范中，特别是在政策试验过程中，对生态补偿的内涵、外延的界定以及具体政策实施的边界不清楚，表现为模糊生态补偿的本质特征，混淆生态补偿与生态建设甚至传统环境保护的概念，在具体实践中将生态补偿概念以及政策手段作用的范围无限扩大，甚至不加区别地将传统的环境保护政策手段、工具和原则纳入生态补偿的范畴中。从广义上讲，生态补偿应该是生态环境保护政策的一个部分，但是它具有作为一个概念或政策所独有的区别于其他政策手段的本质特征和政策范围。以上这两种状况和倾向无论对于生态补偿政策本身发展、目标和效果的实现，还是对于其他的生态环境保护政策的实施都是不利的。国家要建立切实可行的生态补偿战略和政策框架，需要清

---

① 原文刊登于《中国软科学》2008 年第 6 期。

楚地界定生态补偿的内涵、外延和政策边界等。本文的目的就是在前人研究的基础上，努力澄清生态补偿的内涵、外延，梳理不同的生态补偿问题类型，对不同类型的生态补偿问题厘清其政策边界，最后提出中国国家层次生态补偿政策路径选择以及总体政策思路。

二、生态补偿的概念界定

对于生态补偿概念，国内许多学者和政策制定者做了大量的探索和研究，从不同视角给出了一些不同的定义和理解。这里生态补偿概念界定的目的并不是谋求各界对此问题完全一致的赞同，而是在我们的研究中为后面的问题分析和政策途径的提出找到一个最基本的、合理的支持和解释。

（一）生态补偿的词义辨析

界定生态补偿的内涵和概念，首先应弄清"生态"和"补偿"的词义是什么。本文中，生态补偿中的"生态"一词可以理解为生态要素或生态系统所产生或提供的生态效应或生态服务功能。

生态效应是生态系统中某个生态因子对其他生态因子、各生态因子对整个生态系统以及某个生态系统对其他生态系统产生的某种影响或作用。生态效应可能是正面的，如森林调节气候、保持水土等；也可能是负面的，如温室效应等[4]。

生态服务功能是指人类从生态系统中获得的惠益，包括生活必需品服务功能、调节服务功能、文化服务功能、支持性服务功能等[5]。

比较而言，生态效应更侧重于自然属性的描述，而生态服务功能则更多体现了经济和社会的属性。生态补偿作为一项社会经济政策，其最终目的应是改善和维护生态系统的生态服务功能。

"补偿"的词义是指在某方面有所亏失，而在另一方面有所获得；与此相关的"赔偿"是指因自己的行动使他人或集体受到损失而给予补偿[6]。从本质上看，二者是一致的，都是对损失的一种弥补，最终达到一种平衡。补偿侧重于强调受益者的支付行动，而赔偿侧重于强调破坏者的支付行动。

在现实中，"生态补偿"已经作为一个具有特定含义的现象或行为术语被人们广泛接受，并逐渐演化成一种约定俗成的政策或制度表达。

（二）生态补偿的内涵表述

生态补偿是一个具有自然和社会双重属性的概念。从自然属性角度，生态补偿也可称为自然生态补偿（natural ecological compensation），其内涵被界定为生物有机体、种群、群落或生态系统受到干扰时所表现出来的缓和干扰、调节自身状态使生存得以维持的能力，或者可以看作生态负荷的还原能力[4]。可以看到，自然生态补偿的概念具有"调节、还原和维持系统平衡"之意，是一种自然生态系统内在的"压力-状态-响应"机制。

对于社会属性的生态补偿概念，尽管国内有多种被学者或决策者在一定程度上接受或认可的表述，但还没有一个较为明确或统一的关于生态补偿概念的定义。生态补偿概念理解上的差异对于实践中政策的导向和选择是不同的，因此，厘清对概念的认识和理解有利于在实践中准确地把握政策方向以及更好地确定具体政策制度的设计和选择。

总体看来，国内对生态补偿概念主要有两种不同层次和方向的理解和认识。这种理解和认识的差异的关键点在"应该补偿谁或者说应该向谁补偿"。一种理解认为生态补偿就是对生态环境本身或生态环境价值或生态服务功能的补偿[7,8]，这也是对生态补偿词义的一种直观解释。在这种理解下，生态补偿就表现为"人-物"甚至"物-物"关系。如果把自然资源或生态环境看作生产要素，那么在这种定义下，生态补偿就仅仅是对相关生产力的一种调整和促进。

另一种理解认为生态补偿是将生态保护的外部性内部化，是一种对行为或利益主体（自然人/法人或利益集团）的补偿[1, 9]。在这种理解下，生态补偿实质上表现为"人-人"关系，而不是简单或直接的"人-物"或"物-物"关系。那么，生态补偿就不是对相关生产力的直接调整或促进，而是对相关生产关系的调整和改善。这是一种对生态补偿更深和更高层次的理解，这种理解实际上也更有利于在实践中具体政策的制定和选择。

现实情况中，在生态环境保护领域或生态产品供给和消费方面，外部性问题没有得到有效解决，核心在于相关生产关系滞后于生产力的发展，最终制约或限制了生产力的发展。生态补偿实质上是通过对相关生产关系的调整和改善最终促进生产力的发展。

基于以上的认识判断，我们可以对生态补偿作如下界定或表述：生态补偿是通过调整损害或保护生态环境的主体间的利益关系，将生态环境的外部性进行内部化，达到保护生态环境、促进自然资本或生态服务功能增值目的的一种制度安排，其实质是通过资源的重新配置，调整和改善自然资源开发利用或生态环境保护领域中的相关生产关系，最终促进自然资源环境以及社会生产力的发展。

（三）生态补偿与现有环境政策及其若干概念的关系

前面提到，目前在生态补偿理论和实践中存在概念混淆和政策实施边界不清楚的情况，因此有必要澄清生态补偿与其他环境政策及相关概念的联系与区别。

1. 生态补偿与国内其他环境政策及相关概念的关系

经过 30 年的发展，中国在传统的环境污染治理方面已经建立了较为完整的政策体系，包括命令控制型和市场化的经济手段，基本体现了"污染者付费"的原则，这些政策更多地具有惩罚性的特征，通过这些惩罚性政策工具来促使污染者将环境成本内部化。但是在生态保护领域，由于生态保护与破坏的非点源特征，传统的环境污染治理和控制政策难以适用，将生态保护与破坏的外部性内部化的政策尚属空白。因此，在生态保护领域，更适宜采用激励性的政策工具和手段来调节相关主体的利益关系，调动生态保护者的积极性，生态补偿政策就是通过调整损害或保护生态环境的主体间的利益关系，将生态环境的外部性进行内部化的一种经济激励政策手段。

在生态保护的政策领域，生态建设和生态补偿具有本质的区别。生态补偿的终极结果是维护和促进自然资本或生态服务功能的增值，但是其政策机理是调节相关利益主体之间的利益关系，政策直接作用于人，而不是直接作用于物（如森林、水源等生态要素）。这也是区别于生态建设与保护的本质特征。后者的特点是行为主体（包括政府、企业、个人以及非政府组织等法人或自然人）对生态要素进行直接投资，如生态保护中的基础设施建设、育林种草、水土保持的建设投资等。尽管在概念内涵上二者的区分是清晰的，但在实践中，两种政策手段往往是结合在一起共同实施。

生态补偿政策区别于传统的环境污染治理与控制政策以及生态建设，其好处在于可以保持原有环境政策体系和执行的独立性以及整个环境政策体系的完整性和清晰性。如果把生态补偿政策混同于其他原有的环境政策，不加区别地把这些政策内容都纳入生态补偿政策的范畴中，势必引起与现有环境政策的冲突和重叠等，整个环境政策体系可能需要重构，政策的执行也会因政策边界不清而引起混乱。

2. 生态补偿概念与生态服务付费概念的关系

实际上，国内提出的生态补偿概念与国际上所谓的生态服务付费概念（payment for environmental/ecosystem services，PES）在本质上是一致的，区别在于考虑问题的出发点、强调的重点以及概念提出的背景、条件和政策实施方向不同。

总的来说，生态补偿概念比生态服务付费概念更为宽泛，既包括受益者向保护者的补偿，还包括破坏者对受损者的赔偿，而生态服务付费主要关注前者。生态服务付费侧重于在市场机制下利益主体间的自愿协商与交易，生态补偿则是根据问题的不同类型而选择不同的政策手段。在中国的现阶段，生态补偿采用更多的政策工具可能是政府的财政转移支付。但二者的核心目标是一致的，都是促进生态服务功能的改善，调整的都是生态保护者与受益者的环境及其经济利益关系。因此，生态服务付费的一些政策手段和作法可以借鉴用于国内生态补偿的政策设计中。

三、生态补偿的问题类型划分

生态补偿类型的划分是建立生态补偿机制以及制定相关政策的基础。生态补偿类型的不同划分方法和标准对政策设计和制度安排的系统性、目的性以及可操作性有很大的影响。当前，国内学术界对生态补偿问题的类型划分还没有统一的体系，根据不同标准和目的有若干不同划分或表述：

中国环境规划院[10]按照实施主体的不同，将生态补偿划分为国家补偿、资源型利益相关者补偿、自力补偿和社会补偿。前三者都属于利益相关者补偿，具有强制补偿的性质，而社会补偿属于非利益关联者补偿，属于自愿补偿的范畴。同时其从政策选择的角度，将生态补偿分为西部补偿、生态功能区补偿、流域补偿、要素补偿等。

这种分类方法表面上思路很清晰，但是每种类型下的所要解决的具体生态补偿问题并没有描述清楚，人们不易理解每种类型下生态补偿问题的本质特征以及其中的利益关系，这种类型划分不利于针对某个具体的生态补偿问题制定系统政策，不利于确定生态补偿政策的优先领域。

沈满洪和陆菁[11]根据不同的标准对生态补偿类型做过详细的划分，包括：①按补偿对象，可划分为对生态保护做出贡献者进行补偿、对在生态破坏中的受损者进行补偿和对减少生态破坏者给予补偿；②从条块角度，可划分为"上游与下游之间的补偿"和"部门与部门之间的补偿"；③从政府介入程度，可分为政府的"强干预"补偿机制和政府"弱干预"补偿机制；④从补偿的效果，可分为"输血型"补偿和"造血型"补偿。

这种划分方法触及了生态补偿的核心，但不足之处是同样地没有描述清楚生态补偿所要解决的实际问题，划分标准比较零散，缺乏系统性和分类的主线，不利于政策的整体架构。

可以看到，确定标准是划分生态补偿问题类型的前提，而标准确定要遵循两个原则：一是有助于对现实问题的认识；二是便于政策的制定，即分类本身要具有一定的政策含义。根据这个原则，我们确定了两个划分标准：①地理尺度和生态要素；②公共物品属性。

（一）基于地理尺度和生态要素划分的生态补偿问题类型

从地理尺度和生态要素看，现实存在的生态补偿问题首先可分为两大类：国际生态补偿问题和国内（中国）生态补偿问题。

国际补偿问题包括全球森林和生物多样性保护、污染转移（产业、产品和污染物）和跨界水体等引发的生态补偿问题。

国内生态补偿问题可分为三类：

1. 重要生态功能区生态补偿类

重要生态功能区是指在保持流域、区域生态平衡，防止和减轻自然灾害，确保国家和地区生态安全方面具有重要作用的江河源头区、重要水源涵养区、自然保护区、生态脆弱和敏感区、水土保持的重点预防保护区和重点监督区、江河洪水调蓄区、防风固沙区、重要渔业水域以及其他具有重要生态功能的区域。中国有 1 458 个重要生态功能区，约占国土面积的 22%，人口的 11%。如：青海、云南、广西等的江河源头区；内蒙古的草原生态脆弱区、陕西的黄土高原水土保持区、甘肃的秦岭自然保护区等。这些地区的共同特点是生态战略地位显著，但是经济普遍落后，保护生态和发展地方经济的矛盾突出。

2. 流域生态补偿类

这类问题可以细分为 4 个小类：一是国家尺度上大江大河流域的生态补偿问题。主要指长江、黄河等具有全局性影响的或者跨 3 省以上的江河流域。这类问题的特征是流域涉及几个到十几个省，受益和保护地区界定困难，补偿问题非常复杂；二是跨省际的中尺度流域的生态补偿问题。跨省际的中小流域不涉及生态全局，通常关系到流域上下游的两个省份，如江西—广东的东江流域；安徽—浙江的新安江—钱塘江水系；云南—广西—广东的珠江水系；跨陕西和湖北的汉江流域；跨青海、甘肃和内蒙古的黑河流域等。主要包括流域上下游的生态补偿和上下游的污染赔偿问题；三是省以下一个行政辖区内的小流域生态补偿问题。其特点是流域小，利益主体关系比较清晰，辖区政府较容易协调其利益关系；四是城市饮用水水源保护地的生态补偿问题。这类问题涉及饮用水安全；此类只涉及两个利益主体，水源保护区和饮用水供水区，二者可能隶属同一个行政辖区，也可能是两个辖区。

3. 生态要素补偿类

前面两类基本上是根据不同的生态经济系统和地理区位、区域来确定问题类型。这一类是按照生态系统的组成要素作为划分的标准来进行分类，如矿产资源开发、水资源开发和土地资源开发等。

（二）基于公共物品属性特征划分的生态补偿问题类型

按照地理尺度和生态要素划分的生态补偿问题类型虽然可以将需要解决的问题大致勾画清楚，但还是不太容易从中梳理出较为系统地解决问题的政策思路。考虑到生态补偿的本质是促进生态服务功能这种公共物品的提供，而公共物品属性也是公共政策制定的理论依据之一，我们就从生态补偿所要解决的实际问题出发，根据其公共物品属性来进一步划分生态补偿类型。

根据非排他性和消费的非竞争性特征，经济学将物品分为两大类：公共物品和私人物品。在两者之间还可以划分出准公共物品（quasi-public goods）和准私人物品（quasi-private goods），而准公共物品又可分为俱乐部产品和共同资源两类。根据这一理论，可以对现实存在的上述生态补偿问题分为以下几类。

1. 属于纯粹公共物品的生态补偿类型

纯粹公共物品同时具有非排他性和消费的非竞争性两个特征。国家级重要生态功能服务区的生态保护，其生态功能和地位是保障和维系整个国家全局的生态安全。首先，从非排他性看，无法排除他人获得或享受这些地区生态保护所产生的生态效用；其次，从消费的非竞争性看，在全局上，增加一个人不会影响其他人对这些生态效用的消费。因此，国家重要生态功能区所提供的生态服务属于典型的纯粹公共物品。

部分国际补偿问题，如全球森林和生物多样性保护问题也具有纯粹公共物品的特性。对于全球森林和生物多样性保护所产生的生态服务，应该是所有受益国共同购买，通常可以通过多边协定实现；对于某种可以定量并标准化的生态服务，如森林吸收二氧化碳功能，可以采用开放市场贸易的方式进行补偿，如《京都议定书》下的清洁发展机制和排放贸易机制。

2. 属于共同资源的生态补偿类型

共同资源的基本特征是在消费上具有竞争性，但是却无法有效地排他。跨两省的中尺度流域上的生态补偿所解决的问题主要包括跨省际的流域上下游的生态补偿和上下游的污染赔偿问题。原因是，首先对这种流域性自然资源特别是水资源的利用在技术上很难排除他人的进入；其次，对这些资源的过度使用和消耗最终影响全体成员的利益或者说影响他人的消费。

实际上，这种划分标准并不是绝对的，而是相对的。属于共同资源的生态补偿类型中，有些问题更接近于纯粹公共物品类型，如大江大河等较大流域的生态保护等；有些则更接近于俱乐部产品，如南水北调工程中的水源涵养等，其保护和受益主体相对更为明确，关系较为单纯。

3．属于俱乐部产品的生态补偿类型

俱乐部产品的特征是可以较为容易地做到排他，但是具有非竞争性。省以下一个行政辖区的小流域以及城市水源地保护的生态补偿问题可以归为这个类型。比如，由于地理空间距离的遥远，其他地区的人难以进入该区域获得其生态服务，可以较为容易地做到排他；但是增加一个人可能并不影响其他人的消费，即具有一定程度的消费的非竞争性。在这里，俱乐部还有一个可能的含义，即生态补偿中的利益主体非常明确，容易通过市场交易或自愿协商的途径来解决外部性。

需要注意的是，这种类型是相对整个国家尺度而言，地方性公共物品更倾向于俱乐部产品。如果把一个省作为一个全局，地方政府对其辖区内的生态问题仍可按照上述思路细分为纯粹公共物品、共同资源以及俱乐部产品，然后采取相应的政策途径和手段。

4．属于准私人产品的生态补偿类型

矿产资源等开发的生态补偿问题具有准私人产品的性质。矿产资源开发过程及其产品具有私人产品性质，其产生的生态环境问题大部分属于点源污染，责任主体明确；但是它又具有一定的公共物品性质，因为矿产资源产权属于国家所有，资源开发所产生的生态问题的影响部分地具有公共物品的性质。总体上，在矿产资源开发中，损害方和受损方的关系较为明确，主要是代理国家行使权利的开发者、当地生态环境的代理人和责任人——政府以及当地社区和居民的利益关系。

生态补偿问题类型的具体划分详见表1。

表1　生态补偿问题类型分类

基于地理尺度和生态要素的分类	基于公共物品属性特征的分类
第一层次：全球尺度	
1. 国际生态补偿：全球森林和生物多样性保护、污染转移、跨界河流等	绝大部分属于纯粹公共物品类
2. 国内（中国）生态补偿	
第二层次：国家尺度——国内生态补偿	
1. 重要生态功能区补偿：水源涵养区、生物多样性保护区、防风固沙、土壤保持区、调蓄防洪区等	纯粹公共物品类
2. 流域补偿	
3. 生态要素补偿：包括矿产资源开发、水资源开发、土地资源开发等	准私人物品类
第三层次：地区尺度：流域补偿	
1. 长江、黄河等大江大河	纯粹公共物品类/共同资源
2. 跨省界的中尺度流域	共同资源/俱乐部产品类
3. 地方行政辖区内的小流域	俱乐部产品类
4. 城市饮用水水源地	俱乐部产品类

四、不同生态补偿问题的政策边界分析

在具体实践中，一个关键问题是不同的生态补偿问题类型下到底哪部分利益或损失需要得到补偿。这是生态补偿政策边界所要解决的问题，也就是所谓的政策作用的范围，这对于实际的政策框架设计至关重要。否则，可能会引发生态补偿政策的偏差，甚至导致整个环境保护领域政策的混乱。

（一）对于属于纯粹公共物品类型的国家重要生态功能区生态补偿的政策边界

国家重要生态功能区包括江河源头区、国家自然保护区、生态敏感和脆弱区以及大江大河水系等。这种类型的生态补偿政策所要解决的问题可以分为两个层次。

第一层次，首先，从产权权利初始分配和界定或法律责任的角度看，按照法律规定，这些地区当地政府和社区居民有法律责任和义务来保护当地生态，维持生态平衡，或者说至少不主动地破坏生态。我们在强调这些地区的当地政府和社区居民遵守其义务的同时，需要考虑到，这些主体具有利用其所实际占有或使用的自然资源或生态要素来满足其基本需要的权利以及实现其利益最大化的权利，即与生态服务功能的其他享受者平等地具有发展的权利。但是由于其所处地区的特殊性（生态服务功能的提供地区），国家对其自然资源或生态要素利用的法律约束更严格，如对上游水质要求比下游的更高，这种限制自然地使这些地区当地政府和社区居民部分地或完全地丧失了其与生态服务功能其他享受者或受益者平等发展的权利，从而出现由于生态利益的不平衡而产生的经济利益的不平衡，形成事实上的社会不公平。因此生态补偿政策应该对这种发展权利的丧失进行补偿。

这一层次的生态补偿应该是激励当地政府和社区居民，使其能够基本履行其法律责任和义务，满足国家对生态服务功能的最低要求，这也是生态补偿的最低标准。如果没有这种生态补偿的激励，可能最基本的法律要求都难以得到遵守，从而导致或加剧生态的退化和破坏。这里存在一个问题，即能否用"庇古税"中的征税方式解决生态破坏所产生的负外部性，如森林砍伐、草原过牧所产生的水土流失、荒漠化等生态问题？仅就生态保护来说，由于生态破坏的非点源特征以及生态破坏的原因极其复杂，其监督和控制的成本非常高，生态破坏的行为主体难以确定，即政策实施的对象不明确，因此不宜通过征税这种类似于惩罚的机制来解决生态破坏的负外部性。在这个领域，更适合用补贴这种激励的方式来促进生态服务功能的维护与改善。

第二层次，除上面提到的平等的发展权以外，从人具有平等的责任角度出发，理论上，生态服务功能提供者和受益者具有平等的保护生态的责任和义务，如流域上下游都应该保持同等的水质标准。在这种情况下，流域上下游对于保护水质或生态所付出的直接成本可能是基本相同的，也不存在谁补偿谁的问题。但在事实上，由于在环境资源权利的初始界定中，对流域上游地区生态保护的要求比下游的更为严格，因此，流域上游地区生态服务功能的主要提供者可能要比下游的人付出一些额外的生态保护或建设的成本才能达到这个更高的标准和要求。生态服务功能的受益者也应对这些由于保护责任不同而导致的额外的生态保护或建设成本给予补偿。

就此类问题的补偿主体而言，由于国家重要生态功能区所提供的生态服务功能是由全体人民共同享受的，而中央政府是受益者的集体代表，因此，中央政府应是此类生态补偿问题类型中提供补偿的主体；而接受补偿的主体应是提供生态服务功能的地方政府、企业法人和社区居民等，因为在提供生态服务功能的过程中，除了相关法人和自然人承担其机会成本损失和额外的投入成本外，地方政府也由于限制发展等而承担一定的机会成本损失。

（二）对于属于共同资源类型的生态补偿政策边界

属于共同资源的生态补偿类型主要是跨省际（2 省）中尺度流域上下游的生态补偿和上下游的污染赔偿问题。流域上下游生态补偿的政策边界类似于国家重要生态功能区的生态补偿，只不过利益主体范围更窄。这里重点讨论流域上下游的污染赔偿问题。

如果按照权利的初始界定或法律要求，流域上游地区有义务履行法律责任促使本区域的水质达到国家要求。上游地区可采取典型的环境保护政策手段（如总量控制、浓度标准）以及"庇古税"中的环境税费（如排污费等）来促使排污企业的排放达标。对于可能丧失的发展权，可采取上述生态补偿的方式进行弥补。

当上游地区没有履行其责任或义务而对下游地区造成污染时，上游地区应对这种污染负责，应赔偿对下游造成的损失，弥补这种外部性。这是流域上下游污染赔偿政策所要解决的主要问题。

流域上下游的生态补偿中，提供补偿的主体应是下游受益地的地方政府，因为地方政府是受益人群的集体代表；接受补偿的主体应是上游提供生态服务功能的地方政府、其他法人和社区居民等。

流域上下游的污染赔偿中，提供赔偿的主体应是上游产生污染的地方政府和污染企业，而接受赔偿的应是下游遭受损失的地方政府、其他法人和社区居民等。

（三）对属于俱乐部产品类型的生态补偿政策边界

属于俱乐部产品类型的生态补偿问题主要是指省级及以下行政辖区内小尺度的生态补偿问题。前面提到，这种类型是相对整个国家而言，如果把一个省作为一个全局，地方政府对其辖区内的生态问题仍可细分为纯粹公共物品、共同资源以及俱乐部产品。因此这种类型的生态补偿政策边界应与国家尺度上的类型相似，只不过政策实施的主体主要限于行政辖区内部。

（四）对属于准私人产品类型的矿产资源开发问题生态补偿政策边界

这是生态补偿政策最具有争议的地方。我们从分析矿产资源开发所可能产生的生态环境问题或负外部性问题入手。矿产资源开发可能产生的生态环境问题或负外部性可分为3类：第一类是矿产资源开发所直接造成并且能够由矿产资源开发企业主体治理或解决的空气、水、地表等生态要素的污染和破坏等；第二类是矿产资源开发企业主体造成的且无法由其自身进行治理或解决的区域性的生态环境问题，如地下水的破坏、区域性的地表塌陷等；第三类是由于生态环境污染或破坏引发的对矿山周边居民生产生活造成的负面影响和损失。

第一类生态环境问题属于典型的环境污染和破坏问题，完全可以通过传统的典型的环境污染治理政策进行解决，通过"污染者付费"原则使开发企业主体自行将外部性内部化，如矿山复垦等。矿山复垦押金或保证金制度应属于这种政策的延伸，不具有生态补偿或赔偿的性质。

第二类生态环境问题则是破坏了当地的生态服务功能的提供能力，企业无法通过自身解决，这就需要对当地的生态服务功能的产权代理人——当地政府进行补偿。

第三类负外部性问题是对周边居民生产生活造成的负面影响和损失，也应由开发企业主体进行补偿。

因此，矿产资源开发生态补偿政策应着眼于解决第二类和第三类问题，第一类问题和政策不应归为生态补偿范畴。

矿产资源开发中的生态补偿中，提供补偿的主体应是造成生态破坏的矿产开发企业，接受补偿的主体应是遭受生态破坏的地方政府和社区居民。

五、生态补偿的政策路径选择

(一) 政策路径选择

生态补偿问题的核心是将自然资源利用以及生态环境保护或损害的外部性进行内部化。但是，许多经济学者认为"外部性"概念的意义不明确，对外部性理论存在一定的争议。对外部性的不同认识和理解决定了生态补偿具有不同的政策选择。理论上，生态补偿政策可以有两种截然不同的路径选择："庇古税"路径和"产权"路径。

庇古税路径强调政府在生态补偿政策中的干预作用，即通过政府补贴或征税方式对保护者和受损者予以补偿或赔偿，把生态保护或破坏中的外部性进行内部化。在现实的政策设计中，特别是在解决正外部性的生态补偿政策中，外部收益很难直接进行量化或货币化。可以从成本弥补的角度来考虑代替对外部收益的补贴，包括生态建设和保护的额外成本和发展机会成本的损失等。

在庇古税理论中，外部性通常被认为是单向的，而且可以通过政府干预得到消除。以科斯为代表的新制度经济学家从新的视角和方法扩展了对外部性的认识，对庇古税理论进行了批判，提出了解决外部性的新的政策途径，即在一定条件下，解决外部性问题可以用市场交易或自愿协商的方式来代替政府采取的庇古税手段，政府的责任是界定和保护产权。

庇古税理论和科斯的交易成本理论对于生态补偿具有很强的政策含义。在实际的生态补偿政策路径选择中，不同的政策途径具有不同的适用条件和范围，要根据生态补偿问题所涉及的公共物品的具体属性以及产权的明晰程度来进行细分。如果通过政府调节的边际交易费用低于自愿协商的边际交易费用，宜采用庇古税途径，通过政府干预将外部性内部化；反之，则采取市场交易和自愿协商的方法较为合适；如果二者相等，则两种途径具有等价性。

(二) 生态补偿政策的总体思路与逻辑

根据以上的分析和讨论，按照生态补偿问题的不同公共物品的属性以及政策选择路径，可以架构如下的政策思路：

第一，国家首先要界定产权，即做好"初始权利的分配与界定"工作。全国重要生态功能区的划分就是一种初始权利的分配与界定，其核心内容是哪些区域属于国家层次的生态环境保护问题，属于为全民提供生态服务功能的，是严格禁止开发的；哪些区域属于限制开发；哪些区域可以优先开发等。在此基础上，才能够进一步确定哪些问题需要国家的政策干预，哪些问题由利益主体自行协商或市场交易。

第二，对于属于纯粹公共物品的生态补偿类型，国家是这种公共利益或者受益主体的代理人，必须由国家来承担补偿的责任和义务，通过公共财政和补贴政策激励这种生态产品和服务的提供。当然，补贴政策可以有不同的表现和实施形式，但核心应该是国家公共财政支持。这种类型的补偿方应是国家或中央政府，被补偿方应是在这些领域实施保护的政府、社区和居民。

第三，对于属于共同资源的生态补偿类型，可采取中央政府协调监督下的生态保护或损害利益主体的协商谈判这种思路。对于较接近于纯粹公共物品的共同资源，国家应担负主要的补偿责任；对于接近于俱乐部产品，其利益主体较为明确的共同资源，如江西—广东的东江源保护，南水北调工程水源涵养等，应主要由当事方担负主要责任。在当前权利义务关系界定尚不完善、市场机制还未完全建立的情况下，中央政府的干预力度应强化；在产权界定比较明确、市场经济程度较高的情况下，可逐步侧重于自愿协商的解决途径。

第四，对于属于俱乐部产品或者地方性公共物品的生态补偿类型，可由地方政府来解决，中央政府的职能是宏观法律和制度的约束，而非具体的公共财政支持。地方政府可按公共物品的属性对区域内的生态补偿类型进行划分，采取相应的政策手段和制度安排。

第五，对于属于准私人物品的矿产资源开发生态补偿类型，其中的损害方和受损方的关系较为明确，主要是代理国家行使权利的开发企业和当地政府、社区和居民的利益关系，问题的规模和影响都是区域性和局部的，并不涉及生态保护的全局。国家在该领域的重点是调整矿产资源开发的利益分配关系，确立开发企业和当地政府、社区以及居民的平等的谈判协商地位，生态补偿主要通过他们的自愿协商来解决。

参考文献

[1] 毛显强，钟瑜，张胜. 生态补偿的理论探讨[J]. 中国人口·资源与环境，2002，12（4）：38-41.

[2] 沈满洪，杨天. 生态补偿机制的三大理论基石[N]. 中国环境报，2004-03-02（4）.

[3] 任勇，俞海，冯东方，等. 建立生态补偿机制的战略与政策框架[J]. 环境保护，2006（10）：18-23.

[4] 中国环境科学大词典编委会. 环境科学大词典[M]. 北京：中国环境科学出版社，1991.

[5] Millennium Ecosystem Assessment Board. Ecosystems andHuman Well-Beings：Biodiversity Synthesis[R]. Washington DC：World Resources Institute，2005：19.

[6] 汉语大词典编委会. 汉语大词典[M]. 北京：汉语大词典出版社，1995.

[7]　庄国泰，高鹏，王学军. 中国生态环境补偿费的理论与实践[J]. 中国环境科学，1995，15（6）：413-418.

[8]　章铮. 生态环境补偿费的若干基本问题[A]//国家环境保护局自然保护司. 中国生态环境补偿费的理论与实践[C]. 北京：中国环境科学出版社，1995：81-87.

[9]　洪尚群，马丕京，郭慧光. 生态补偿制度的探索[J]. 环境科学与技术，2001（5）：40-43.

[10]　中国环境规划院. 生态补偿机制与政策方案研究[R]. 北京：中国环境规划院，2005：35.

[11]　沈满洪，陆箐. 论生态保护补偿机制[J]. 浙江学刊，2004，12（4）：217-220.

第六篇
绿色消费政策

可持续消费与可持续生产是实施可持续发展的战略基础[①]

曹凤中

人类的经济活动不断重复进行，经济活动中的物质消耗要不断地得到补偿，而部分人类经济活动是以牺牲环境这一不可替代资源为代价实现其自身发展的。人类这一传统的生存模式，已经得到大自然的报复，人们已经认识到人与自然的协调是生存的必然选择。

1987 年 7 月，前挪威首相布伦特兰夫人发表了《我们共同的未来》。提出了公平性、可持续性、共同性三项原则，主张：资源的公平分配，兼顾当代与后代的需求建立保护地球自然系统基础上的持续经济增长模式，达到人与自然的和谐相处。她提出了可持续发展的概念："满足当代人的需求，又不损害后代满足其需求能力的发展。"1992 年在巴西环境与发展会议上，上升为国家间的准则："各国拥有按其本国环境与发展政策开发本国自然资源的主权，并负有确保在其管辖范围内或其控制领土上的活动，不致损害其他国家或在各国管辖范围以外地区的环境责任。"

1992 年巴西里约会议之后，可持续发展已被世界各国所接受。随后，绿色生产、绿色产业、绿色标签、绿色设计、绿色消费、绿色能源、绿色包装……风靡全球，而这些"绿色"即和可持续发展有着密切关系，在一定意义上可以说"绿色"是可持续发展的代名词。

一、可持续消费与可持续生产是环境管理进入新的阶段的重要标志

什么是可持续生产？它的定义是："力求满足消费者对产品需求而不危及后代对资源和能源的需求。"他的主体思想是，对每一种产品的产品设计、材料选择、生产工艺、生产设施、市场利用、废物产生和售后服务及处置都要有环境意识，都要有可持续发展的思想。可持续生产是"源头控制"概念的补充和完善。

[①] 原文刊登于《环境科学动态》1995 年第 4 期。

正像防治污染（源头控制）的趋势已经取代了优先进行废物处理（尾部控制）一样，当今可持续性生产是污染防治策略的进一步发展和完善。可持续消费与可持续生产是解决环境问题的根本举措。

什么是可持续消费？当人们生活水准随着富裕程度的增加，消费需求由低层次向高层次递进，由简单稳定向复杂多变转化。这种消费需求的多样化和商品的多样化体现着社会经济发展中出现的带有实质性的变化。多样化发展意味着人的价值观念演变。在购买物品时，一方面，人们更注意对自身健康有益的生存环境；另一方面，社会将负担过度消费引起的负效应。因此，市场不但要适应这种变化。同时也有责任引导消费向有利于环境保护，有利于生态平衡的方向发展。

企业对消费的引导作用主要表现在两个方面：①向消费者提供有关产品、服务和企业的信息，引导消费者的购买方向；②向消费者灌输、宣传、渗透某种有关产品、服务或企业本身的观念，促进消费者对于产品、服务和企业、技术的正确认识以及对自己需求的认识，刺激和创造消费者的需求。随着社会的发展，企业对消费的引导已不局限于传统的产品信息传播方式。通过微观的、单纯产品性能的传播促进消费者加深对企业整体形象的正确认识，更具有宏观效应和长远社会效应。因此，"绿色消费"观念在现代企业经营观念的基础上，更强调对生存环境的保护、对社会、经济持续发展的影响。

二、可持续生产的主要内容

可持续生产主要包括：环境设计，清洁生产，市场和售后服务。

1．环境设计

在环境设计中要最大限度地考虑资源的循环利用，把废物产生量降至最低，减少对有毒化学品的使用，减少产品的生产周期。

2．清洁生产

充分利用资源和能源，对生产全过程进行"从摇篮到坟墓"的全过程控制。

3．市场和售后服务

产品进入市场后，研究产品的归宿，最大限度地使产品能够回收和提纯，能够拆卸或循环使用。

减少包装量，增加包装材料的重复使用部分，节约原材料并降低产品的价格。除此之外，还需要考虑到包装材料本身是否可回收，印刷油墨、包装形状和尺寸，以及在产品中间运输过程中的包装材料是否可回收。

开展产品的售后服务，延长产品使用寿命，尽量使产品能够再回收。

三、可持续消费和生产的模式

可持续消费和生产模式，目前已成为国际环境与发展议程上的重要问题。在 1994 年经济合作与发展组织的会议上，联合国可持续发展委员会号召对可持续消费和生产模式提出一个可行的工作计划，并对其中的基本要素作出详细阐述。在这个问题上普遍认为发达国家在改变消费和生产模式方面必须起到带头作用。

1. 制定可持续消费和生产议程

可持续消费和生产并不是新问题，《21 世纪议程》中第四部分描述了可持续消费的模式，关于改变消费模式的磋商，曾一度在发达国家和发展中国家产生严重的分歧。最近各国政府、商业界和非政府组织把可持续消费和生产看作一个战略问题，认为消费和生产模式的改变，可以在维持生活水平的同时，通过加强竞争力和经济行为加以实现。

人们已意识到最终的消费者并不仅仅是个人和家庭，商业界和政府对改变消费结构起着重要的作用，因此要对供给者和需求者之间的联系做认真的研究。实现可持续消费和生产的关键是要重视机遇，而不是面临的威胁，要重视提高个人对责任和选择的认识，而不是降低认识水平。对改变消费模式的社会因素、人口因素、经济因素、文化因素和技术因素的理解是至关重要的。对一些政策（如能源政策、运输政策、废物和产品政策）所要实现的目标要做明确的说明。

一般来说，消费者看不到因为消费而造成的环境影响，因此在公众中要大量收集、分析和交流有关的信息，使消费者对自己的消费能做出有意识的决定。传统的政策是通过提高消费者的意识和适当的经济刺激手段来促进消费行为的转变，但收效有限。因此要特别重视目前制约消费者作出非可持续消费选择的自然因素（如交通），以及能促进消费者习惯的社区网（例如全球生态小组行动计划）。人们已认识到目前的成绩，并且力求提高消费者的经验和意识。

发达国家所采取的一些措施对发展中国家的可持续发展造成的潜在影响需要在一个系统的基础上加以考虑。传统的环保措施，如生态标志、包装要求等，主要注重的是国内的需要，这对于一个全球化的经济来说已不再适合。因此对国际经济的发展来说，面临着新的挑战。

政府所采取的行动是改变消费和生产模式的一个杠杆。一些大公司把环境质量和人员素质的标准融进其产品政策之中，从而获得新的效率和市场优势。私有企业是新兴经济实体获得外来投资和技术转让的主要来源。国际上的大公司对全球环境标准的制定，为发展中国家的企业提供了样板。消费者运动，如通过产品测试检验产品对环境的影响、教育消费者、提倡消费者利益，以及研究产品的寿命等对改变消费和生产模式也产生一定的影响。

2. 改变消费和生产模式的手段

将消费和生产模式同可持续发展结合起来，就需要重新考虑传统的政策手段。有四项政策值得考虑：

（1）扩大信息的收集和分析：要制定适当的行动目标，并对评价"非可持续"的行为提供资金，就要求对消费趋势和改变消费模式的驱动因素加以很好地认识。要在许多领域内更好地收集和分析信息，包括家庭、地区和各国的消费模式对环境造成的影响，同类产品不同的生产厂家和服务所造成的不同的环境影响等。各国在对需求方的管理、生态标志和产品政策方面的经验也十分重要。各国政府还应评价改变消费模式政策的有效性。

（2）改变消费行为的政策：要在规章、经济和社会各政策之间达成协同作用。利用产品全过程控制方法及同消费者广泛联系的综合的产品政策是政府应重视的领域。应对引入经济刺激手段加以重视，以便使价格反映出环境费用，还应取消对非可持续消费模式的保护性补贴。要重视有助于改变消费模式的社会因素。

（3）监测、交流和改善性能：正如其他政策的讨论一样，要选择明显的指标来衡量可持续消费和生产方面的进展情况。刚开始的时候，可以制定宏观的方向，随后再作进一步缩小。

（4）通过实践证明产生的效果：随着国际社会对改变消费模式的重视，这意味着要注意对成功的示范项目的加以支持和宣传，同时还要制定相应的政策加以推广。

四、我国可持续性生产的进展

长期以来，我国采用的是传统的速度型发展战略，经济发展速度虽快，但资源、能源消费大、劳动生产率低，不但造成环境污染而且不能持续发展。

当前，我们面临的一个突出矛盾是：一方面能源、原材料短缺，建设资金十分紧张；另一方面，各种消耗指标很高，环境污染严重，资金利用率低，可以说是投入多，产出少。我们的发展战略要转到效益型上来，就是把各种消耗指标降下去，把各类效率指标提上来，使每一单位的投入能够得到尽可能多的产品。降低消耗是提高经济效益的主要目的，也是解决污染问题的重要途径。降低物质消耗，可用同样多的原料、材料和能源就可以生产出更多的产品；降低劳动消耗，即提高劳动生产率，意味着在同样的劳动时间内产生出更多的产品。不论前者还是后者，都会使产品成本降低。发达国家工业生产成本是物耗占 40%～50%，我国高达 80%～85%，近年来且有继续上升趋势，这表明我们的经济效益太低。以我国现在的工业生产规模，物质消耗降低 1%，即可增加净产值 30 亿元左右，降低到 1980 年的水平即可节省上百亿元；工业劳动生产率每提高 1%，即可增长产值 100 多亿元，并使单位产品成本降低 0.2%～0.3%。发展战略转向效益型，要做到同样投入其产出量越来越多，或同样的产出其投入量越来越少，投入少，产出多的产品所占比重越来越大，而环境污染也越来越轻。

随着改革开放和现代化进程加快，全国国民生产总值（GNP）年均增长率为 10%，很多地方实际已经远远超过这一水平。从长远看，经济高速增长有利于增加改善环境的能力。但是，近期必然加大对环境的需求和对环境的压力。在这种情况下，环境投入却没有相应增加，抑制环境恶化的要求和环保投入的不足之间的矛盾十分突出。据测算，要使污染基本得到控制，环保投入一般应保持在 GNP 的 1%～2%的水平。1993 年全国环保投入 200 多亿元，相当于 GNP 的 0.7%。由于环保投入明显不足，全国环境质量呈逐步下降趋势，加之环境法制不健全，执法力度不够，在一些省普遍出现老污染尚未得到治理、新污染又接踵而至的局面。国外不少报道认为，中国的环境污染已类似发达国家五六十年代水平，称"中国正在成为公害大国"。从发展趋势来看，能源、交通、原材料工业是制约国民经济的"瓶颈"，亟待发展，但它们又是重污染行业。如按现在的单位能耗、物耗和排放量计算，如不采取有效措施，达到 2000 年的生产规模时，我国脆弱的生态环境将面临难以承受的境地。因此，如此严峻的环境形势要求刻不容缓地正视环境问题，调整产业结构，推行清洁生产技术，进行技术改造，开发高新技术，切实增加环保投入，全面实施可持续发展战略。

1994 年我国召开了工业污染防治会议，明确了我国工业污染防治的方向，推行清洁生产走可持续发展的道路。与工业发展走资源节约型、科技先导型和质量效益型道路相适应，中国工业污染防治策略也将实行三大转变：

一是在污染防治环节上，从以往侧重于污染的末端治理逐步向生产全过程控制转变；

二是在污染物"量"的控制上，从侧重浓度控制逐步转向浓度和总量控制相结合方向转变；

三是在污染源治理上，从侧重于点源治理逐步向点源治理和集中控制相结合的方向转变。

落实以上任务，关键在于加强企业环境管理和依靠科学技术的进步。

五、可持续消费与可持续生产，我国政府的原则立场

树立可持续消费与可持续生产的观念，建立可持续消费与可持续生产的模式，是实行可持续发展战略的基础。我们要把关于可持续消费与可持续生产的迫切性，把消除贫困纳入实现可持续发展，使全球走向可持续消费的轨道。我国还有 8 000 万人处于贫困状态，对于发展中国家来讲首先是消除贫困才能可持续发展。我们愿意与各国朋友真诚合作，为推进可持续消费与可持续生产作出不懈努力。

制定可持续消费与可持续生产的目标，要与各国经济发展的阶段和水平相适应。对许多国家来说，发展经济、消除贫困是当前的首要任务。发达国家在工业化过程中过度消耗资源，大量排放污染物，造成了本国和全球的环境问题。发展中国家在努力实现工业化目标的进程中，应该吸取发达国家的经验和教训。但是，不能忽视不同的发展水平对实现一个共同目标的差异性。国际社会只有作出切实努力，帮助发展中国家改善在债务、贸易、资金等方面面临的问题，缩小发展阶段和消费水平之间的距离，才能实现真正的可持续消费与可持续生产。

实行可持续消费与可持续生产，要与继承和发扬民族优良传统相结合。各国和各民族的生产和消费者有自己的传统和特色。凡是有利于可持续消费与可持续生产的观念和模式，都应成为全世界共同的文化遗产。中国人口众多，人均资源水平不高，即使经济发展了，也不能采用高消耗和高消费模式。

推进可持续消费与可持续生产，发达国家应加快实质性工作的步伐。一个显然的客观事实是，发达国家不论是从总量还是人均水平来讲，资源的消耗和生活的消费都大大超过发展中国家。《21 世纪议程》强调了发达国家率先转变的特殊责任。我们希望看到发达国家在提供资金、促进技术转让推进可持续消费与可持续生产方面采取实质性的行动。

中国政府高度重视可持续发展。联合国环境与发展大会之后，中国政府在可持续发展领域采取了一系列重要举措：

一是制定环境与发展十大政策和中国 21 世纪议程，明确摒弃传统的发展模式，实施可持续发展战略。

二是采取有效措施，提高能源利用率。主要进行的工作有：利用世界银行、亚洲开发银行和其多边、双边资金渠道，开发和引进清洁燃烧技术，建设一批示范项目；加快城市集中供热和煤气化的步伐，我国已有近 1 亿城市居民用上了煤气；制定电力工业 2000 年发展规划，发展大机组，对老火电厂进行改造；发展清洁能源，继续在东南沿海

发展核电，举世瞩目的长江三峡水电工程已经全面施工；加强法制，通过修改《大气污染防治法》，对燃煤造成的煤烟污染和二氧化硫的排放都作出了严格控制要求，增加了选煤、脱硫、发展型煤和集中供热、热电联供等有利于提高能源利用率的法律条款。

三是破除资源能源低价的传统观念，开展资源核算和煤炭资源、水资源和森林资源三类资源的定价政策研究，逐步使资源开发利用和资源定价真实反映环境成本。

四是把推进清洁生产作为 20 世纪 90 年代工业污染防治的重要战略任务。从 1992 年起，国家环保局通过世界银行资助、联合国环境规划署技术咨询，积极而有步骤地推进清洁生产项目。到目前为止，清洁生产在中国数十个省市的不同行业有计划地推开。

五是开展绿色消费和环境标志，鼓励在满足需求和提高生活质量的同时，降低资源消耗和污染物的排放，鼓励企业开发和生产有益于环境的产品，引起公众消费模式的转变。

六是开展生态农业县建设促进农业可持续消费与可持续生产。1993 年，中国政府六个部门共同成立了全国生态农业县建设领导小组，组织开展了全国 50 个生态农业建设示范工程。生态农业是把传统农业和现代农业先进技术相结合，利用各地自然和社会资源优势，因地制宜地规划、设计和组织实施综合农业发展体系。它体现了农业、林业、牧业、渔业和水利建设等各业的互相支持、协调发展，促进生态系统物质、能量的多层次利用和良性循环，从而实现农业可持续消费与可持续生产。

中国政府在推进可持续消费与可持续生产领域，将继续从以下几个方面采取行动：

首先实施环境与发展综合决策，加速推进发展战略的转变。中国坚持将环境与发展一体化考虑，促进环境与经济协调发展。中国正在制定 1996—2000 年以及至 2010 年国民经济和社会发展目标并将可持续消费与可持续生产目标纳入总体目标之中。

其次利用经济手段，促进可持续消费与可持续生产。改革现行排污收费制度，基本的思路是实现"四个转变"：由超标准排污收费向排污收费转变，由浓度收费向浓度与总量相结合转变，由单因子收费向多因子收费转变，由静态收费向动态收费转变，以此促使企业承担保护环境的责任，适时开征"污染产品税"，对氯氟烃（CFC）和含铅汽油征收污染产品税，以促进 CFC 替代产品和无铅汽油的生产。同时，坚持改革现行的环境管理制度，改革重点为污染源头控制和推行清洁生产。

近 10 年来，中国在经济快速发展中始终坚持改革创新，大胆借鉴各国的先进经验，孜孜以求地探索适合中国国情的可持续消费与可持续生产的道路。中国在保护环境、提高民众生活水平和社会福利方面，仍然面临艰巨的任务。为了后代的健康和幸福，为了维系我们赖以生存的地球的生态系统，我们愿与世界各国一起，携手走向可持续消费与可持续生产的社会。

影响可持续消费的因素分析[①]

曹凤中　周　新

人类经济活动是以牺牲环境为代价实现其自身发展的。这种生存模式，已经得到大自然的报复。人们已经认识到人与自然的协调是生存的必然选择。

什么是可持续消费？当人们的生活水准随着富裕的程度增加，消费需求将由低层次向高层次递进，由简单稳定向复杂多变转化，这种消费需求的多样化和商品的多样化体现着社会经济发展中出现的带有实质性的变化。多样化发展意味着人的价值观念在发生演变。在购买物品时，一方面人们更注意对自身健康有益的生存环境，另一方面，社会将负担过度消费引起的负效应。因此，市场不但要适应这种变化，同时也有责任引导消费向有利于环境保护、有利于生态平衡的方向发展。

可持续消费和生产并不是新问题。关于改变消费模式的磋商，曾一度在发达国家和发展中国家产生严重的分歧。最近各国政府、商业界和非政府组织把可持续消费看作一个战略问题，认为消费模式的改变，可以在维持生活水平的同时，通过加强竞争力和经济发展得以实现。"可持续消费"为环境与经济的结合提供了一种有效的纽带。对可持续消费的定义必须明确，同时要区分非可持续和可持续的消费模式之间的区别，以及消费水平、消费行为及消费变化的速度之间的区别。

一、可持续消费理论初步探讨

关于"消费"的经济学理论有两个基本原则：一是收入直接影响消费；二是收入影响消费的线性函数。但是，在这里没有考虑到环境因素，也没有考虑到经济转轨国家的特殊情况。所以在这里我们探讨影响可持续消费的因素。

中国人均 GDP 水平的增长，1980—1998 年，人均 300 美元增长到 840 美元。经济

---

① 原文刊登于《环境科学动态》1999 年第 4 期。

的高速增长推动了社会消费总量的增长。

中国居民的整体消费结构已从满足"温饱型"向"小康型"转变，相当一部分高收入群众开始向"富裕型"转变。消费者的消费意向正在发生变化。消费重点由衣、食为主转向使、用、行为主；由简单消费转向包括服务在内的复杂消费；由大量的普及型消费转向追求时尚、个性化消费。随着消费需求重心进一步向高档化转移，价位在万元、十万元级的不同档次消费品，逐渐成为各类消费者的主流消费，但消费能力处于积蓄和培养过程，消费热点尚未形成。

近年来，我国进入一个内外需求不足和增长速度趋缓的新阶段。在需求约束的新型条件下，必须要有足够的可持续性需求带动。

人们的消费观念正在发生较大的变化，建立可持续发展的消费观，对保护环境的追求，将成为未来消费的时尚。环境因素必将加速产业结构调整，推进可持续性生产，扩大可持续消费，创造人类新的文明。

二、可持续消费与生态文明观

生态文明是基于生态学原理，综合协调人类与生态环境要素之间的互动关系，以谋求人类在较高生产力水平上与生存环境协同进化、共同发展的文明。

生态文明比工业文明更具有理性的哲学观。生态文明强调人类在生产和生活中应遵循生态学原理，实现人与自然的互利共生、协调发展。

生态文明比工业文明有更合理的价值观。生态文明要求形成"人与自然"的整体价值观，强调人对自然的依赖性。

生态文明比工业文明有更发达的科学技术。生态文明要求把握生命整体与其生存环境的复杂的网络系统，最终能满足人类物质和精神的需求。

要实施可持续消费，必须建立生态文明观，只有改变观念，才能改变人们的消费行为。

三、可持续消费与政府导向

实现人与自然相协调的经济、环境和社会可持续发展目标，推进可持续消费，政府的地位与作用是举足轻重的。

汽车工业是国民经济的支柱产业。发展汽车工业的效益是巨大的，它不仅可以带动国民经济上游产业的发展，也可以带动国民经济下游产业的发展。据有关专家分析，增加 100 万辆轿车，可以增加 500 亿～1 000 亿元人民币的产值，带动 1 350 亿～27 750 亿元人民币的相关工业产值。根据我们估算，由于汽车工业的发展而造成的污染成本占 GDP 的 0.3%～0.7%，而对 GDP 的贡献率达 3%。从产业政策导向来看，有必要发展汽车工业，但必须解决污染问题。北京市率先实行新的汽车排放标准，加大污染控制力度，从长远观点来看，既有利于经济，也有利于环境。可持续消费，不是不要"高消费"，而是达到经济和环境双赢的消费，这就是可持续消费。

推行可持续消费，政府通过颁布法令、标准、政策来强制规范人们的行为，实现可持续消费。

政府所采取的行动是改变消费和生产模式的一个杠杆。一些大公司把环境质量和人员素质的标准融进其产品政策之中，从而获得新的效率和市场优势。私有企业是新兴经济实体获得外来投资和技术转让的主要来源。国际上的大公司对于全球环境标准的制定，为发展中国家的企业提供了样板。消费者运动，如通过产品测试检验产品对环境的影响、提倡消费者利益，以及研究产品的生命周期等对改变消费和生产模式也产生一定的影响。

众所周知，减少温室气体排放是国际社会瞩目的问题。对于中国如何在推进经济发展的同时减少温室气体的排放，就是我们当前应当研究的问题。这也是可持续消费的重大举动。

为了解决 SO_2 污染，许多专家研究脱硫技术、节能技术、洗煤、选煤技术等。我们可以换个角度，是否可用其他燃料替代煤？在这方面我们也进行了可行性研究，我们认为，要从根本上解决环境问题，必须改变燃料结构。从长远来看，用天然气、煤制气代替煤不但在环境上必要而且在经济上可行，关键在于政府的导向和支持。

可持续消费的重大举动，没有政府的支持是行不通的。

四、可持续消费与公众参与

法律是强制规范人们的行为，而意识、道德是让人们自觉地规范人们的行为。可以说，全民族可持续消费意识的提高是解决环境问题的基础。

关于"白色污染"问题、废弃物回收问题，以及在日常生活中一些其他问题已引起了人们的极大关注，认为这不是可持续消费，应规范人们的行为，这只能靠"道德""意识"的力量自觉规范人们的行为，在某些情况下，加上政府行为也可变为"强制性"，如"罚款"。

最近，我们对"绿色冰箱"进行了一次调查，有 80% 的人们宁可多花 200～300 元去购买同等质量的"绿色冰箱"。虽然其中 20%～30%的人是受从众心理的影响，但它也充分说明中国人的环境意识还是提高了。最近，有中学生反对使用一次性筷子，提出筷子与树木的关系，希望保护环境，也得到许多人赞同。这些都充分说明可持续消费没有公众的参与是不可能得以发展的。

一般来说，消费者看不到因为消费而造成的环境影响，因此在公众中要大量收集、分析和交流有关的信息，使消费者对自己的消费能做出有意识的决定。

中国大多数消费者已经认识到，环境受到破坏，最终必定会危害到人类自己的生存，所以有"环境标志"的产品畅销。冬天北京大气污染严重，也成为公众所关注的话题。传统的政策是通过提高消费者的意识和适当的经济刺激手段来促进消费行为的转变，但收效甚微。因此要特别重视目前制约消费者作出非可持续消费选择的自然因素，以及能促进消费者改变消费习惯的社会制约因素。人们已认识到目前的成绩，并且力求提高消费者的经验和意识。

发达国家所采取的一些措施对发展中国家的可持续发展造成的潜在影响需要在一个系统的基础上加以考虑。传统的环保措施，如生态标志、绿色包装要求等，主要注重的是国内的需求，这对于一个全球化的经济来说已不再适合。因此对国际经济的发展来说，面临着新的挑战。

五、可持续消费与市场机制

追求最大利润是企业家的目标，利用市场机制激励企业家进行可持续生产，推行可持续消费是完全必要的，也是可能的。

新飞冰箱厂，在 20 世纪 80 年代末开始"绿色冰箱"的研究，并于 1993 年开始投产，对执行蒙特利尔议定书有超前的思想准备，所以在 90 年代初发达国家禁止有 CFC 冰箱进口时，并没有影响该厂的出口。这说明该厂有市场经济的头脑。

国家可以采用市场经济手段，给有利于环境的产品扩大市场，例如北京市提高煤炭的价格。

企业对消费的引导作用主要表现在两个方面：①向消费者提供有关产品、服务和企业的信息，引导消费者的购买意向；②向消费者灌输、宣传和渗透某种有关产品、服务或企业本身的观念，促进消费者对于产品、服务和技术的正确认识以及对自己需求的认识，刺激和创造消费者的需求。随着社会的发展，企业对消费的引导已不局限于传统的产品信息传播方式。通过微观的、单纯产品性能的传播促进消费者加深对企业整体形象的正确认识，更具有宏观效应和长远的社会效应。因此，"绿色消费"观念在现代企业经营观念的基础上，更强调对生存环境的保护，对社会、经济可持续发展的影响。

六、改变传统消费模式的手段

将消费模式同可持续发展结合起来，就需要重新考虑传统的政策手段。有五项政策值得考虑：

（1）扩大信息的收集和分析：要制定适当的行动目标，并对评价"非可持续"的行为提供依据，就要求对消费趋势和改变消费模式的驱动因素加以很好的认识。要在许多领域内更好地收集和分析信息，包括家庭、地区和各国的消费模式对环境造成的影响，同类产品不同的生产厂家和服务所造成的不同的环境影响等。国家在对需求方的管理、生态标志和产品政策方面的经验也十分重要。政府还应评价改变消费模式政策的有效性。

（2）改变消费行为的政策：要在环境、经济和社会各政策之间达成协同作用。利用产品全过程控制方法及同消费者广泛联系的综合的产品政策是政府应重视的领域。应对引入经济刺激手段加以重视，以便使价格反映出环境成本，还应取消对非可持续消费模式的保护性补贴。要重视有助于改变消费模式的社会因素。

（3）判定可持续消费进展：正如其他政策的讨论一样，要选择明显的指标来衡量可持续消费的进展情况。刚开始的时候，可以制定宏观的方向，随后再作进一步缩小。

（4）通过实践证明产生的效果：随着国际社会对改变消费模式的重视，这意味着要注意对成功的示范项目加以支持和宣传，同时还要制定相应的政策加以推广。

（5）加大对可持续消费一些理论的研究：例如资源核算、环境税、可持续消费指标体系及公众参与的力度分析等。

推动消费绿色转型，环境政策将大有作为[①]

沈晓悦　赵雪莱　刘文佳

当前随着我国经济快速发展，我国居民消费水平迅速增加，消费正逐渐成为我国经济增长的主要动力。但与此同时，不合理的消费结构和消费方式对资源、环境造成的负面影响日益凸显。在环境保护领域，过去一直比较重视生产领域的政策手段，对消费领域关注较少，事实上，以社会终端为主体的消费结构和消费需求对生产行为具有决定和引导作用，消费的绿色转型将带动生产行为的绿色转型，并最终实现整个经济的绿色发展。在生态文明建设的总体要求下，环保部门应对推动消费绿色转型进行总体把握，主动从经济和社会层面应对消费升级带来的资源环境挑战，为解决环境问题开辟新途径。

一、消费正在成为我国经济增长的主要动力

改革开放以来，我国经济增长的主要动力来源于投资和净出口，"三驾马车"中的消费需求始终是短板。而在 2011 年，消费贡献率达到 55.5%，比投资贡献率的 48.8%高出 4.3 个百分点，改变了过去十年中经济增长主要依靠投资拉动的局面，消费正逐渐成为我国经济增长的主要动力；2013 年中国《经济蓝皮书》也指出，个人消费增长超出预期，成为 2012 年我国宏观经济保持平稳增长的亮点（图 1）。

随着"十二五"时期我国扩大内需战略的逐步落实，消费的高速增长势头将得到进一步增强，消费成为经济增长的主要动力是未来的发展趋势。

[①] 原文刊登于《中国环境战略与政策专报》2013 年第 14 期。

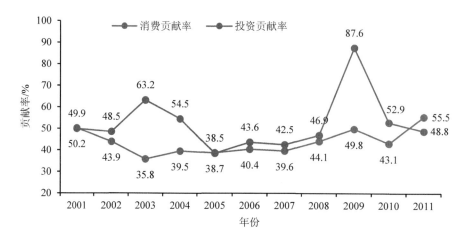

图 1　我国 2001—2011 年消费和投资对国内生产总值增长的贡献率

数据来源：中国统计年鉴 2012。

二、不合理消费方式对我国资源环境产生重要影响

由于我国人口基数大、消费水平提速快，不合理的消费方式给资源和环境带来的压力不断增加。

（一）居民消费总量增加使生态环境负担加重

随着经济的不断发展，我国居民消费支出总量迅速增加，尤其是近 10 年来，增速持续增加。1978 年，我国居民消费总支出为 1 759.1 亿元，2011 年为 164 945.2 亿元。由于我国现阶段消费结构中，物质性消费比重过大，而物质性消费又是以资源、能源消耗和生态问题为前提，因此，居民消费总量的迅速增加使生态环境压力加大（图 2）。

由世界自然基金会完成的《中国生态足迹报告 2012》指出，自 20 世纪 70 年代初，中国消耗可再生资源的速率开始超过其再生能力，出现生态赤字。2008 年，中国人均生态足迹为 2.1 ghm^2，虽然低于全球平均的人均生态足迹（2.7 ghm^2），但由于人口数量大，其生态足迹总量是全球最大的；尤其是人均生物承载力超出全球平均水平（0.87 ghm^2）将近 2.5 倍，而不断增长的人均消费正是导致中国生态足迹总量增加的重要原因。

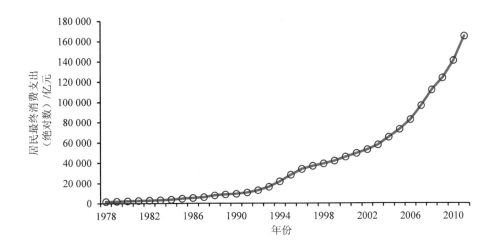

图2　1978—2011年我国居民最终消费支出

数据来源：2012年《中国统计年鉴》。

（二）以物质消费为主的消费结构使环境问题更加突出

随着经济持续高增长，居民生活水平不断提高，我国消费模式正处在由"追求生存消费为主"向"追求发展和享受消费为主"的方向发展，居民物质性消费迅速增加。1990—2011年，我国私人汽车拥有量从81.62万辆迅速增加到7 326.79万辆，年均增加345.01万辆，尤其是2008年之后，年均增加1 275.13万辆；同样地，其他大件消费品的消费量也在不断攀升，1990—2011年，城镇居民家庭平均每百户年底摩托车拥有量从1.74辆增加到20.13辆、电冰箱拥有量从42.33台上升到97.23台、空调拥有量从0.34台上升到122.00台。

统计数据表明，1990—2011年，我国城乡居民消费总支出中物质性消费占60%以上，服务性消费占比近年来虽有增加，但一直低于40%。可见，受制于经济发展阶段等多方面影响，我国居民消费仍以物质性消费为主（图3）。

消费结构中物质性消费比重过大，必然造成资源、能源的大量消耗。有研究表明，目前北京市机动车保有量达530万辆，对雾霾的贡献达22.2%。全国每年机动车、电动自行车废弃的铅酸蓄电池超过200万t，但只有约40%进入正规危险废物回收渠道，大部分电池因消费者缺乏对铅酸电池为危险废物的认知以及监督薄弱等原因流入非法渠道，对土壤、水体等造成污染。同时，随着我国电子产业飞速发展以及人们对时尚生活要求的不断提高，手机、家电等电子产品的拥有量和更新率持续攀升，有调查显示，购买手机的人中，约70%是"喜新厌旧"，超过半数的人使用过三部以上手机，随之而来的是电子废弃物与日俱增。

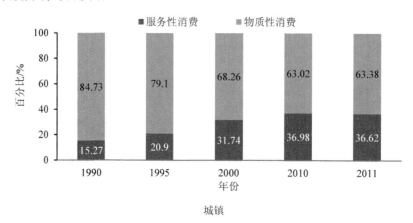

城镇

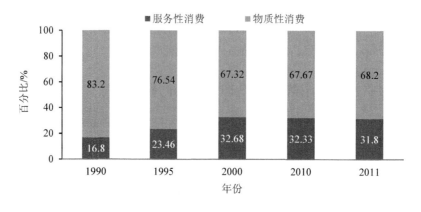

农村

图 3　我国城乡居民 1990—2011 年现金消费支出构成

数据来源：2012 年中国统计年鉴。

（三）过度和奢侈型消费加剧资源环境问题

资料表明，一些地区大量使用人工造雪来维持滑雪场的正常运营，耗能、耗水，北京周边十余家滑雪场全年有效开放时间只为 2～3 个月，用水量高达 40 多万 m^3。有数据显示，1 m^2 高尔夫球场草坪的维护用水，就相当于一个三口之家的用水量。2010 年，仅北京一个城市高尔夫球场的耗水量就约为 4 000 万 m^3，相当于 100 万人的用水量。为了维护球场，施用化肥、农药的种类多达十余种，单个球场每年使用量达数十吨，这些农药和化肥随着灌溉水和雨水下渗外排，极易造成环境水质污染。另据不完全统计，全国每年浪费食物总量折合粮食约 500 亿 kg，可养活约 3.5 亿人。浪费食物的背后承载的是大量水资源、能量消耗和农药化肥施用带来的污染。

（四）不良消费和生活习惯增加环境压力

餐饮排放对 $PM_{2.5}$ 来源的贡献可达 10%～15%，高的时候能达到 17%，烧烤为主要贡献源。许多人喜欢露天烧烤，烧烤为不完全燃烧，会产生一氧化碳、氮氧化物、硫氧化物等。在城市及周边地区，烧烤出摊大多在晚上，此时会有逆温效应，排出的烟气不容易扩散，造成的污染比白天更严重。

三、对促进消费绿色转型尚缺乏战略性谋划及规范

1994 年我国发布了《中国 21 世纪议程》)，其中第七章"人口、居民消费和社会服务"中明确提出要引导建立可持续的消费模式。此后，我国也出台了一些推进绿色消费的政策，但总体来看，我国促进消费绿色转型政策比较零散、针对性不强，甚至很多是以促进消费为目标，而非以保护环境为目标。主要问题有以下方面：

1. 国家缺乏促进可持续消费的总体战略和行动方案

《中国 21 世纪议程》提出了关于可持续消费的理念和行动计划，但 20 年过去，许多方面已不能完全适应目前我国经济社会发展要求。"十二五"规划被认为是绿色规划，但也没有关于绿色消费的相关理念和目标要求，多年来我国对消费及生活方式的绿色转型缺乏全面系统的政策引导和规范。

2. 对可持续消费缺乏明确的法律法规

当前，我国与可持续消费相关的法律及法律规范很少，零星分散在《循环经济促进法》等法律中，但在与消费直接相关的《中华人民共和国消费者权益保护法》《中华人民共和国产品质量法》《环境保护法》等均没有关于鼓励或促进可持续消费的规定，导致我国推行可持续消费的目标及相关概念、范畴、主体等缺乏规范和明确界定，政府、企业和个人在推进可持续消费方面承担什么责任和义务无章可循。

3. 政策存在偏差，节能政策较强而环保政策偏弱

近年来我国在促进节能方面出台了不少政策，如对空调、冰箱、平板电视、洗衣机、电机等十大类高效节能产品的财政补贴等，取得了良好的市场和节能效果，但关于减少环境污染方面的相关消费政策较少，对生产者和消费者的刺激都较弱。对于以降低环境污染为目标的环境标志产品政策，缺乏财政等支持，完全靠消费者自身环保意识提高而做出自愿选择，政策效果较弱。针对商品过度包装和居民生活垃圾分类等方面的问题，目前大多只是尝试通过教育引导解决，未能从法律责任方面予以规范和强化。

4．现行消费政策多以扩大消费为目的而非真正的绿色消费

近年来我国出台了一系列消费新政，其中不乏有节能环保等要求，如家电以旧换新、家电下乡、家具以旧换新等，但这些政策的目标主要以拉动消费为目的，而非真正的绿色消费政策。据商务部统计，2011 年全国家电以旧换新共销售五大类新家电 9 248 万台，拉动直接消费 3420 多亿元。由于对进入以旧换新或下乡产品的节能环保准入要求不高、监管不严，使得大部分活动成了流于形式的变相打折，并未起到激励绿色产品的作用。

5．经济政策激励不足，调控作用有限

我国与可持续消费相关的经济政策整体发展较晚，对消费者行为的激励和调控作用不强，主要表现在：第一，消费税范围窄，计征方式不合理。我国自开征消费税以来，在引导消费方向方面发挥了积极的作用。但是，随着社会经济发展水平及文明发展程度的不断提高，消费税在调节消费结构方面越发显得力不从心。目前我国仅对一次性木质筷子、大排量汽车、少量奢侈型商品（如游艇、实木地板等）征收 5%～10%的消费税，范围有限、税率水平偏低并采取价内计征方式，大多数消费者并不清楚所购买产品价格中包含的消费税，政策作用非常有限。第二，价格政策缺乏具体实施方案，调控作用不足。以阶梯式电价制度为例，当前，我国多省已经发布了居民阶梯式电价的实施意见或听证方案。但是，目前各省阶梯电价实施方案中虽已提出鼓励居民执行峰谷电价，但是鼓励措施不足，且多数省市尚未出台峰谷电价实施的具体规定或管理办法，无法发挥经济手段"削峰平谷"的作用。第三，政府绿色采购的范围有限，对市场带动力不够。我国政府采购对环境标志产品只为自愿采购而非强制。在政府会议宾馆、公务车辆、办公设备、家具等大宗采购中对产品或服务是否符合环保标准均无硬性要求。政府既然如此，更何谈对公众有绿色要求。

四、环保部门推动消费绿色转型的政策切入点

推动消费绿色转型是一项系统工程，涉及环保、发改、财政、商务、住建等多个政府部门。在当前环境问题凸显、消费快速升级的态势下，环保部门应当在生态文明建设的总体要求下，对推动消费绿色转型进行总体把握，主动应对消费升级带来的环境挑战，通过消费绿色转型"倒逼"生产绿色转型，为解决环境问题开辟新途径。为此，提出以下建议：

1．推动建立国家可持续消费总体战略

我国应制定国家可持续消费发展战略并纳入生态文明建设总体战略部署，由国务院发布关于推进可持续消费的指导性文件，明确可持续消费与国家经济和社会发展的关

系，明确促进可持续消费的政策与监督保障机制。应在《环境保护法》《消费者权益保护法》等法律修改中，将可持续消费理念以及政府、企业、个人的可持续消费权利义务以法律形式固定下来，成为制定和完善相关法律法规和政策的依据。

2. 将践行绿色生活作为推动生态文明建设的重要抓手，从道德建设和社会管理层面提升环保战略高度

绿色生活是一种新型价值观，是一种行为习惯，更是一种社会公共行为准则。在党中央推动生态文明建设总体目标下，在全社会广泛宣传和弘扬中华民族勤俭节约的传统美德、推行绿色消费、践行绿色生活是环保部门的应尽责任。面对当前严峻的环境形势，环保部门应抓住重要机遇，可以"建设生态文明践行绿色生活"为主题与中央文明办等部门联合向全民发出绿色生活行动倡议，在全国形成绿色消费、绿色生活的文明风尚。同时应与教育部门协调将绿色生活理念作为国民教育的基本内容，纳入城镇职业教育、农村教育、妇女教育以及中小学和幼儿园教育等各类学校教育、社会教育和培训体系，引导不同社会群体建立绿色生活价值观。

3. 将促进消费绿色转型作为实行最严格环境保护制度解决人民群众最关心环境问题的重要着力点，推动出台一批绿色消费政策

大气雾霾、土壤、重金属污染、生活垃圾等都是人民群众最关心的突出环境问题，也与人们日常生活方式和消费行为密切相关。配合当前大气污染防治行动计划以及下一步的清洁水和农村污染防治计划，积极推动制定针对消费领域的配套政策：一是加快完善并提高产品绿色标准。如环境标志产品技术标准、绿色宾馆饭店认证标准、绿色采购标准、绿色建筑节能设计标准等，引导企业为消费市场提供丰富和可靠的绿色产品及服务。二是扩大政府绿色采购强制范围。将环境标志认证产品以及绿色饭店、绿色印刷、新能源汽车等纳入政府强制采购范围。三是强化生产者责任延伸制度，根据《固体废物污染环境保护法》等相关法律要求，加快出台《强制性回收产品和包装物目录》。四是扩大消费税征收范围，提高税率。将目前尚未纳入消费税征收范围的资源性、高能耗、高污染的产品，如含磷洗涤剂、车用铅酸蓄电池、高毒性农药化肥、含高 VOC 的家装建材等纳入消费税征收范围，计税方式应从对生产环节计征改为在批发或零售环节计征，应从价内计征改为价外计征，引导消费者自愿购买节能环保产品。五是推进绿色消费信贷发展，积极开发多层次绿色消费信贷品种。就消费者选择大宗绿色消费品，如新能源汽车、节能环保认证家电、太阳能热水器、小户型及节能环保型住房等给予折扣或较低的借款利率以及便捷的融资服务等信贷优惠支持；转变过去倚重抵押品的融资模式，探索通过节能环保的预期收益抵押等方式扩大民用节能产品购买的融资来源。

4．推动建立跨部门绿色消费政策协调机制

建议环保部发挥在环境监管、环境经济政策制定、环境宣传教育以及环境服务、环境标志认证等方面的职责和优势，在部内明确归口管理部门，统筹分散在不同部门的管理职能，形成部内推动合力。同时还应推动在国家部委层面建立绿色消费跨部门协调机制，环保部应在其中发挥主导作用。

推进我国消费绿色转型的战略框架与政策思路[①]

沈晓悦　赵雪莱　李　萱　黄炳昭

一、绿色消费的概念与内涵

国内外对绿色消费并无统一定义。1988 年，英国的约翰·艾利奇（John Kinghton）和居里亚·赫尔兹（Julia Flailes）出版的《绿色消费者指南》的书中，首次明确提出"绿色消费"——能避免使用下列商品的消费就称为绿色消费：第一，危害到消费者和他人健康的商品；第二，在生产、使用和丢弃时，造成大量资源消费的商品；第三，因过度包装，超过商品本身价值或过短的生命周期而造成不必要消费的商品；第四，使用出自稀有动物或自然资源的商品；第五，含有对动物残酷或不必要的剥夺而生产的商品；第六，对其他国家尤其是发展中国家不利的商品。

我国 1994 年发布《中国 21 世纪议程》，在第七章"人口、居民消费和社会服务"中提出要引导建立可持续的消费模式，同时明确了引导建立可持续消费模式的目标和行动。《中国 21 世纪议程》提出的可持续消费与绿色消费在内涵上不尽相同，可持续消费不仅强调产品的绿色性质，更强调消费在发展上的可持续性，《中国 21 世纪议程》还是从消费理念、消费模式上极大地推动了绿色消费在我国的实践。2001 年，中国消费者协会在全社会倡导绿色消费，提出绿色消费的三层含义，被社会各界广泛引用：一是倡导消费者在消费时选择未被污染或有助于公众健康的绿色产品；二是在消费过程中注重对垃圾的处置，不能形成环境污染；三是引导消费者转变消费观念，崇尚自然，追求健康，在追求生活舒适的同时注重环保。

---

① 原文刊登于《经济参考研究》2014 年第 26 期。

二、我国现阶段消费发展态势分析

（一）我国居民消费现状

1. 我国居民消费率长期偏低

消费率是指一个国家或地区在一定时期内，用于居民个人消费和社会消费的总额占当年国民支出总额或国民收入使用额的比率。尽管改革开放以来我国居民消费保持了较快的增长，但却低于同期经济增长速度。由于居民消费慢于经济增长，使居民消费率（即居民消费占 GDP 比重）呈不断下降的趋势。1978 年居民消费率为 48.79%，20 世纪 80 年代基本都在 50% 左右波动，但 90 年代以后，逐年下降，2009 年降至 35.11%，比 1978 年下降了 13.68 个百分点。来自世界发展报告的数据显示，从世界平均水平来看，中国居民消费率一直比世界居民消费率平均水平低 10% 左右，且呈下降趋势。我国居民消费率长期偏低说明我国消费水平和消费能力偏低，消费结构不够合理，消费对经济的带动作用明显不足，消费领域发展仍有巨大的提升空间（表 1、图 1）。

表 1　居民消费率的国际比较　　　　　　　　　　　　　　　单位：%

年份	1980	1990	2000	2001	2003	2004	2005	2006	2007
中国	51	50	49	48	44	42	49	44	34
低收入国家	60	67	69	70	68	69	65	63	74
中等收入国家	64	59	62	59	60	58	58	59	60
高收入国家	60	59	62	61	63	63	62	62	62
世界平均	61	59	62	61	62	62	62	61	61

数据来源：世界银行《世界发展报告》（2002—2009）、世界发展指标（2002—2004）。

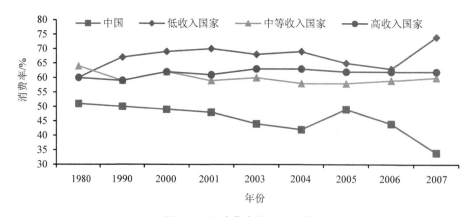

图 1　居民消费率的国际比较

数据来源：世界银行《世界发展报告》（2002—2009）、世界发展指标（2002—2004）。

2．我国消费水平两极分化日益严重

我国目前消费水平两极分化现象严重，由于文化、地理和区域经济发展不平衡等原因，我国现阶段客观上存在着显著的消费差异，呈现高消费与低消费并存的态势。

一方面，城乡居民消费差距日益扩大。2000 年城镇居民人均消费支出为 4 998.00 元，农村居民人均消费支出为 1 670.10 元，城乡居民消费水平差距为 3 327.90 元；而 2011 年城镇居民人均消费支出为 15 161.00 元，农村居民人均消费支出为 5 221.00 元，城乡居民消费水平差距扩大为 9 940.00 元。可见，我国经济不断地发展，而城乡居民消费水平差距却日益扩大：城镇居民人均消费支出显著增加，而农村居民人均支出增长相对缓慢，且规模偏小，消费仍显不足（图 2）。

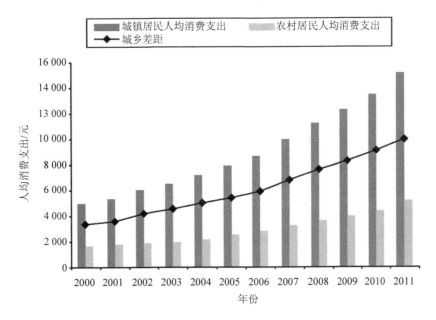

图 2　我国城乡居民 2000—2011 年人均消费支出情况

数据来源：2001—2012 年《中国统计年鉴》。

另一方面，地区间消费差距明显增大。统计数据显示，1990—2008 年，我国东部地区居民消费总量由 4 319 亿元上升到 59 683 亿元，西部地区居民消费总量由 1 724 亿元上升到 15 131 亿元，东西部差距由 2 794 亿元增加到 44 552 亿元，东西部比值由 2.83 上升至 3.94。由于我国东西部居民在收入水平、社会保障及社会习惯等方面的差异，东部居民收入水平较高，消费能力较强，因此消费水平较高；而西部居民收入水平较低，消费能力不足，加上社会保障程度较低等，总体消费水平不高，由此导致地区间消费差

距明显增大（图3）。

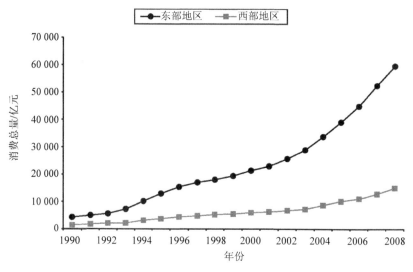

图3　1990—2008年我国东西部地区消费总量

3．物质性消费在我国居民消费结构中仍占主导

总体来看，受制于经济发展阶段等方面的影响，我国居民消费仍以物质性消费为主，1990—2011年，我国城乡居民消费总支出中物质性消费占60%以上，相应地，服务性消费占比近年来虽有增加，但一直低于40%（图4）。

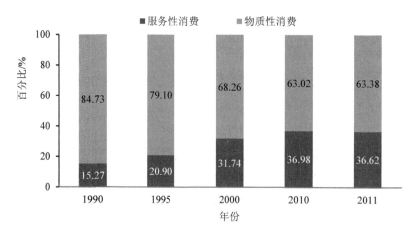

城镇

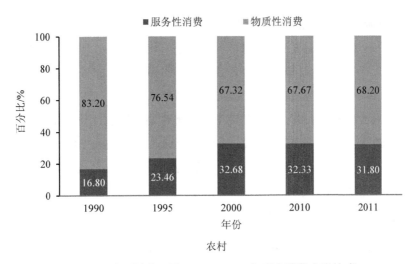

图 4　我国城乡居民 1990—2011 年现金消费支出构成

数据来源：2012 年《中国统计年鉴》。

4. 居民消费能力提高，生活方式正由生存型向享受型过渡

随着我国居民收入的不断增长，居民消费增长步伐加快。2006—2011 年，中国城镇居民人均可支配收入从 11 759.5 元增加到 21 809.8 元，农村居民人均纯收入从 3 587.0 元增加到 6 977.3 元。在消费水平上，1978—2011 年农村居民消费水平增长 7.7 倍，城镇居民消费水平增长 7.9 倍。2006—2011 年，中国城镇居民消费水平从 10 618 元上升至 18 750 元；农村居民消费水平从 2 950 元上升至 5 633 元（图 5）。

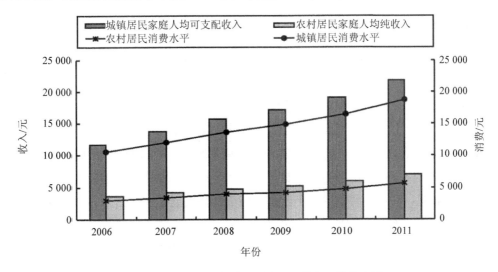

图 5　2006—2011 年中国城乡居民收入及消费水平

数据来源：2012 年《中国统计年鉴》。

同时，随着城乡人民生活水平的不断提高，消费重点及生活方式也发生很大变化，居民消费和生活方式已开始由生存型向享受型发展。这表现在，一方面我国居民总消费支出中，用于吃、穿、用三项基本生活支出的比重明显下降，服务性消费占比增加趋势明显，其中，城镇居民现金消费支出中服务性消费所占比例从 1990 年的 15.27%提高到 2011 年的 36.62%；而农村居民现金消费支出中服务性消费所占比例从 1990 年的 16.80%提高到 2011 年的 31.80%。教育、娱乐、文化、交通、通信、医疗保健、住宅、旅游等服务性消费增长迅速；另一方面挥霍性消费、超前消费、污染型消费问题日益突出，2008年，我国奢侈品消费额占全球的 18%，其中豪华汽车占 40%，豪华住宅占 38%；公款吃喝、铺张浪费现象严重，扩大消费过程中的资源环境问题日益突出。

（二）我国消费发展趋势及实现绿色转型要求

1. 扩大消费需求已成为推动我国经济发展的重要引擎

消费、投资和净出口是拉动经济增长的"三驾马车"，而发达国家始终把扩大国内消费、促进消费升级、培育消费热点作为发展经济的重要任务。国际经验表明，经济发展到一定阶段，生产方式和消费方式都将发生新的变化。近些年，我国经济增长过分依赖投资和出口，而消费的拉动作用相对较弱，消费不足仍是当前经济运行的主要问题。为此，"十二五"规划纲要明确提出，要建立扩大消费需求的长效机制，营造良好的消费环境，增强居民消费能力，改善居民消费预期，促进消费结构升级，进一步释放城乡居民消费潜力。2011 年 10 月，商务部、财政部和中国人民银行联合发布《关于"十二五"时期做好扩大消费工作的意见》。明确提出到 2015 年，我国社会消费品零售总额达到 32 万亿元，年均增长 15%，专家据此测算，到 2020 年，再翻一番的可能性比较大。届时，我国消费总规模将达到 64 万亿元，消费对经济的拉动作用将进一步增强。

2011 年我国消费对经济增长的贡献率达到 56.5%，比投资贡献率的 47.7%高出 8.8个百分点，改变了过去 10 年中经济增长主要依靠投资拉动的局面，2012 年，我国消费贡献率为 55.0%，投资贡献率为 47.1%，消费贡献率高出投资贡献率 7.9 个百分点。据麦肯锡全球研究院最近发布的针对中国消费发展未来的研究预测，中国消费水平在 2025年将提高到大约占 GDP 的 50%[①]，中国消费总量占全球消费份额可能会增加到 11%～13%。可以预见，我国消费需求的不断扩大将为经济发展注入新活力，同时不断扩大的消费需求也使资源环境面临新的压力和挑战。如何在扩大消费与绿色消费之间找到最佳平衡点，实现经济发展与生活方式生态化并举是摆在我们面前的重要课题。

---

① 麦肯锡全球研究院：《如果你挣到了，就花掉它：解放中国消费者》。

2．不合理消费方式对我国资源环境产生巨大压力

由于我国人口基数大、消费水平提速快，不合理的消费方式给资源和环境带来的压力不断增加。

一是居民消费总量增加使生态环境负担加重。随着经济快速发展，我国居民消费支出总量迅速增加，尤其是近10年来，增速持续增加。1978年，我国居民消费总支出为1 759.1亿元，2011年为164 945.2亿元。居民消费总量的迅速增加使生态环境压力加大。由世界自然基金会完成的《中国生态足迹报告2012》指出，中国的人均生态足迹虽然低于全球平均水平，但是已经超过自身生物承载力（自然资源再生及吸收碳排放的能力）1倍。改革开放以来，中国人均消费水平随着城镇化和收入的提高而迅速拔高，而生产效率的提高速度则远低于人均消费水平，不断增长的人均消费与人口是导致中国生态足迹总量增长的原因。如果中国追随美国和英国的消费增长方式，那么中国的生态足迹将增加2～3倍。

二是以物质消费为主的消费结构使环境问题更加突出。我国消费模式正处在由"追求生存消费为主"向"追求发展和享受消费为主"方向发展，居民衣、食、住、行等物质性消费迅速增加。统计数据表明，1990—2011年，我国城乡居民消费总支出中物质性消费占60%以上，服务性消费占比近年来虽有增加，但一直低于40%。物质性消费主要以资源、能源消耗为前提，并会产生大量废弃物，如不采取措施必然会加剧水、大气、固废、土壤等环境问题。

三是奢侈型、浪费型消费及不良消费习惯加剧资源环境问题。随着人们生活水平不断提高，一些人追求所谓"高大上"生活方式，与消费相关的环境问题日益突出。机动车尾气污染已成为我国空气污染的重要来源，其对$PM_{2.5}$贡献达22.2%，2013年我国汽车保有量已达1.37亿辆，私家车达8 500万辆，比10年前增长13倍。很多人依然愿意购买大排量汽车，2008年以来，我国SUV销量持续增加。全国每年机动车、电动自行车废弃的铅酸蓄电池超过200万t，但只有约40%进入正规危险废物回收渠道，大部分电池因消费者缺乏对铅酸电池为危险废物的认知以及监督薄弱等原因流入非法渠道，对土壤、水体等造成污染。同时，随着我国电子产业飞速发展以及人们对时尚生活要求的不断提高，手机、家电等电子产品的拥有量和更新率持续攀升，有调查显示，购买手机的人中，约70%是"喜新厌旧"，超过半数的人使用过三部以上手机，随之而来的是电子废弃物与日俱增。许多城市周边滑雪场、高尔夫球场云集。北京周边十余家滑雪场全年有效开放时间只为2～3个月，用水量高达40多万m^3。数据显示，1 m^2高尔夫球场草坪的维护用水量，与一个三口之家的用水量相当。

3．消费绿色转型是建设生态文明的必然要求

党的十八大报告首次从中国特色社会主义经济建设、政治建设、文化建设、社会建设、生态文明建设"五位一体"总体布局出发作出全面部署，对确保到 2020 年实现全面建成小康社会宏伟目标提出了新目标和新要求。到 2020 年我国国内生产总值将突破 80 万亿元，城乡居民人均收入翻一番。全面建成小康社会，既包括经济社会的发展，打造强盛中国，也包括人民生活水平的提高，建设幸福中国，一方面人民的消费能力和水平要有较大提升，另一方面，消费活动将从单纯追求消费规模和消费量向消费质量同步方向发展，从而促进消费结构不断优化、扩大绿色消费，使消费可持续性得到增强。全面建设小康目标以及生态文明建设总体要求为促进可持续消费提供了前所未有的良好机遇，也对可持续消费提出了新的更高要求。

生态文明要求的消费和生活方式，是以维护自然生态环境的平衡为前提、在满足人的基本生存和发展需要基础上的一种可持续的消费模式。其核心是消费与生活的"可持续性"，具体表现在：消费品本身是可持续型的，即通常所说的绿色环保型商品；消费品的来源是可持续的，即生产用的原材料和生产工艺、生产过程对环境无害；消费过程是可持续的，即在消费品的使用过程中不会对其他社会成员和周围环境造成伤害；消费结果是可持续型的，即消费品使用后，不会产生过量的垃圾、噪声、废水、废气等难以处理的、对环境造成破坏的消费残存物。可消费模式的可持续化转向是生态文明建设的必然要求，推动绿色消费方式是生态文明建设的重要组成部分，也是建设生态文明的重要途径。

4．实施绿色消费正在成为人们追求的目标

随着公众环保意识不断提高，加之国际绿色消费和生态生活方式的影响，我国公众对绿色消费和生态生活方式的认知和认可度越来越高。通过政府主导、市场调节、群众参与等方式，中国积极倡导可持续消费理念，消费者的可持续消费意识有所增强。一方面，政府积极发挥节能示范带动作用。2004 年，中国政府开始实施节能产品优先采购政策；2007 年，建立了政府强制采购节能产品制度。到 2010 年，共发布 8 期节能产品政府采购清单，605 家企业的 26 671 个型号、28 种产品纳入了节能产品政府采购清单。另一方面，通过媒体宣传、教育培训等各种途径，在全社会广泛普及可持续消费理念，引导社会团体和公众积极参与。组织开展节能减排全民行动、全国节能宣传周、全国城市节水宣传周及世界环境日、世界地球日、世界气象日等宣传活动，加大资源环境国情宣传教育，提高全体公民节能环保意识，为树立"可持续消费"理念，践行生态化生活方式创造了良好条件。

三、我国绿色消费政策与管理体制及主要问题

（一）政策现状

1. 我国已针对 11 大类产品出台了绿色消费相关政策

我国主要在 11 大类产品领域实施推行绿色消费的政策，涉及主要政策 70 多项，主要领域包括：①推广节能环保型产品，主要包括高效节能产品、高效照明产品、节能与新能源汽车、低污染排放小汽车、有机肥产品、废矿物油再生油品、利用废弃的动植物油生产纯生物柴油、滴灌带和滴灌管产品等；②节能省地型住宅，主要包括绿色建筑、绿色农房、绿色建材等；③绿色食品、有机食品、有机农产品、无公害农产品等；④推广绿色消费场所，主要包括绿色饭店、绿色市场；⑤绿色政府采购，包括优先采购与强制采购；⑥绿色印刷，主要包括中小学教科书绿色印刷与票据票证绿色印刷；⑦资源回收利用，主要包括报废汽车回收、废弃电子产品回收处理、再制造产品"以旧换再"、老旧汽车报废、黄标车提前报废、汽车以旧换新、家电以旧换新等；⑧居民非基本用水；⑨居民非基本用电；⑩过度包装，目前实施的主要在月饼包装、食品化妆品包装领域；⑪资源性产品与消耗能源污染环境的产品，主要有塑料袋、成品油、实木地板、木质一次性筷子等。从产品数量以及管理手段种类看，节能环保产品在目前的绿色消费产品中占据首位；其次是资源回收利用相关产品或服务。

2. 主要以财政补贴等经济手段进行管理和调控

国际上较为常用的绿色消费政策工具主要为如下五类：①战略及行动方案。②监管手段，主要包括环境质量标准、技术/排放标准、限制和禁令。③经济工具。④信息化政策工具。⑤自愿协议。自愿协议可以包括奖励和（或）处罚或制裁。

（二）政策存在的主要问题

1. 绿色消费缺乏系统的法律规定，政策缺乏支撑和依据

当前，我国并没有有关绿色消费的专门法律，与绿色消费相关的法律及法律条文很少，在《环境保护法》《水法》《矿产资源法》《可再生资源法》等重要资源环境法律中也没有做出关于促进绿色消费的任何规定，导致推行绿色消费的目标及相关概念、范畴、主体等缺乏规范和明确界定，推行可持续消费的各类政策缺乏法律依据，政府、企业和个人在推进可持续消费方面的责任和义务无章可循。

2. 绿色消费政策尚未形成体系，政策作用不够明显

从可持续消费相关政策回顾可以看出，我国可持续消费政策大多为不同政府部门颁发的管理办法、通知、指导意见等规范性文件，门类不够齐全，政策层次效力较低，目前尚未形成由法律法规、政策、标准、技术规范以及监督和责任追究制度等构成的完善政策体系。政策相对分散，主线和方向不强，政策范围偏窄，在一些消费的关键领域或关键环节仍为空白，政策间缺乏协调与配合，政策作用不够明显。在政策领域方面，对绿色服务性消费，如生态旅游、环境服务、绿色设计等缺乏政策性规范、支持和引导。以政府采购制度为例，我国已推行政府绿色采购制度，但由于对绿色环保产品实施政府采购缺乏法律强制性，政府绿色采购产品门类有限，绿色宾馆、绿色饭店及咨询服务等未进入政府绿采范围，并且缺乏监督和责任追究制度。

3. 节能政策力度较强，环保政策力度偏弱

目前我国绿色消费相关政策中大多针对节能领域，注重资源和能源的节约，但是在减少环境污染方面的政策相对较少。在所梳理的政策中，促进节能产品生产和使用的政策较多，并附以较明确的支持性手段，如对空调、冰箱、平板电视、洗衣机、电机等10大类高效节能产品的财政补贴等，取得了良好的市场和节能效果。但对于以降低环境污染为目标的环境标志产品政策，缺乏财政等支持，完全靠消费者自身环保意识提高而作出自愿选择，政策推进效果偏弱。针对商品过度包装和居民生活垃圾分类等方面问题目前大多只是尝试通过教育引导解决，未能从政策层面予以强化。

4. 以市场为基础的经济政策调控作用不强、范围较窄

我国与可持续消费相关的经济政策整体发展较晚，对消费者行为的激励和调控作用不强。我国现行绿色消费政策大多以财政补贴为主，市场力量参与程度低，资金效率低。消费税征收范围少、力度弱，在调节消费结构方面越发显得力不从心。一些高能耗、高污染和资源性大部分产品并没有纳入，消费税对消费模式调节作用的仍有较大发挥空间。

5. 配套政策不完善，政策执行力弱

在法律、制度实行的过程中，与之相配套的政策是整个政策体系中不可或缺的组成部分，也是保证其顺利实施的必要手段。目前我国可持续消费政策的配套政策仍不完善，大大影响了政策实施的效果。这主要体现在直接配套政策和监督政策的欠缺。

表 2　我国绿色消费主要政策工具

绿色消费政策工具框架	主要政策工具	适用政策领域
经济工具	财政补助或补贴	高效照明产品 高效节能产品 节能与新能源汽车 节能环保汽车 再制造产品"以旧换再" 废旧商品回收 老旧汽车报废更新 汽车以旧换新 家电以旧换新
	税收	成品油 实木地板、木制一次性筷子 有机肥产品 废矿物油再生油产品 废弃动植物油生产纯生物柴油 滴灌带和滴灌管产品 油品质量升级
	差别价格与阶梯价格	非基本用水 非基本用电
	废弃物处理基金	废弃电子产品回收处理
监管手段	标准	
	指令与禁令	政府绿色优先采购 政府绿色强制采购 中小学教科书绿色印刷 票据票证印刷 报废汽车回收 塑料袋 月饼过度包装 食品化妆品过度包装
信息化政策工具	有机食品 绿色食品 有机产品 无公害农产品 绿色饭店 绿色市场 绿色建筑 绿色农房	
自愿协议	无	
战略及行动方案	无	

（三）导致政策问题的主要原因

1．可持续消费理念尚未纳入各级决策层视野

国家决策层的理念直接影响着政策的走向，科学的政府决策能够培育良好的社会环境。目前我国虽然已有一系列鼓励可持续消费的政策的出台并实施，但是，与发达国家相比，我国可持续管理还处于初级阶段。

政府是实施可持续消费的引导者，因此，要想推动我国可持续消费的进程，政府决策层必须树立可持续消费理念，并将其纳入国家经济社会发展总体战略中，积极发挥宏观调控及监督作用，加快立法进程，制定可持续消费发展战略，进行有针对性的政策引导，给企业和消费者实施可持续消费施加外部压力、输入内部动力。

2．我国地区间、城乡间消费水平不平衡，增加了政策制定难度

我国不同地区之间、城乡之间消费水平存在较大差距，城乡居民消费差距是目前我国居民消费领域最主要或最显著的差异。这种差异是由我国目前城乡二元经济结构决定的，目前我国农村居民的消费水平至少要滞后于城镇居民 10～15 年。由于受目前消费环境、收入水平、消费观念的影响，我国城乡居民在消费结构上存在显著差异。农村居民偏向于满足吃、住等基本生存条件的消费，而城镇居民则偏向于衣着、精神文化等高质量生活的消费。在我们选定的四类居民主要消费品（食品、居住、衣着、用及服务性支出）中，近 10 年农村居民的食品消费支出（恩格尔系数）和居住消费支出比重普遍高于城镇居民。就地区而言，地区之间居民人均消费水平差距明显，2008 年我国居民人均消费水平最高的地区是上海市，达 27 343 元，高于全国平均水平（8 183 元）的 2.3 倍，比同期人均消费水平最低的地区西藏（3 504 元）高出 6.8 倍。[①]我国可持续消费刚刚起步，消费水平的差异和不平衡，给政策制定者提出了更高的要求，政策必须要充分考虑不同地区，以及城乡间不同的消费需求和消费能力，实施分类管理和分步骤的政策目标，这需要对政策目标和解决问题的着力点有更清楚的认识和把握。

3．资源环境成本尚未真正计入生产和消费成本，影响政策本质

长期以来，我国没有建立真实地反映市场供求关系和资源稀缺程度的价格形成机制，资源开发使用的外部成本没有得到合理补偿，环境要素价值过低，环境保护成本没有纳入企业成本予以核算，资源、能源等上游产品价格与工业制成品等下游产品价格相比过低。近年来，我国虽说已出台一些政策（如差别化或惩罚性水价、电价等），旨在反映资源环境的成本，并产生了一定的积极作用，但总体来说，政策力度不够大、政策

---

① 王智：《解决消费者"差异"是加快消费升级转型的关键》，载于《中国信息报》，2010 年 9 月 20 日。

作用面不够广，我国资源环境成本并未真正反映在企业原材料使用、生产过程中以及消费环节，绿色产品往往因成本等原因，难以与一般非绿色产品竞争。这类问题如果不从根本上得到解决，我国环境经济政策也只能是蜻蜓点水，好看不好用，有些经济政策，如针对化肥农药的补贴政策、一些退税政策等，甚至发挥了相反的作用。

4. 消费者绿色意识尚待提高，政策基础不牢固

消费者的绿色意识是影响消费者可持续消费行为的重要内部因素，也是制定和执行政策的重要基础。目前我国消费者对可持续消费概念的理解较为肤浅，对现有可持续消费相关知识了解较少，造成当前对相关政策的配合不够，消费行为仍然比较盲目，对绿色产品没有准确的判断能力及主动的购买行为。中国社会调查事务所近日在北京、上海、天津、广州、武汉、南京、重庆、青岛、长沙、南宁等城市开展了一项有关绿色消费观念及消费行为的专题调查表示，在被调查的 1 800 多个调查对象中，有 70%的被调查者对绿色产品的节能环保特征有共识，但只有 23.1%的消费者对绿色家电表示关注，38.7%的消费者喜爱绿色食品。[①]这些数字是远低于欧美国家的。消费者如不能正确认识和理解选择绿色产品对个人健康以及对生态环境的积极作用，政策实施将缺乏必要的基础和保障。

5. 相关研究缺乏，政策支持保障力不够

我国可持续消费刚刚起步，专家学者对此理念的认识也不深，针对中国具体国情的可持续消费政策研究极少，许多研究只是停留理念等宏观层面，或对其他国家可持续消费政策的评述上，对政策设计的支撑作用严重不足。

四、以生态文明要求为指导，加快推动我国消费绿色转型的总体思路

党的十八大提出生态文明建设总体要求，在当前环境问题凸显、消费快速升级的态势下，相关决策部门应牢牢把握国家全面深化改革重大战略机遇，发挥部门宏观管理职能，加快推动我国消费绿色转型。

（一）总体目标

促进我国绿色消费的总体战略目标就是要以生态文明为指导，通过法律、经济、技术和宣传教育相结合的综合手段，充分发挥政府部门在可持续消费中的引领和示范作用，形成企业和社会公众三位一体的协同力量。环保部门要会同商务、发改、财政等部门在推进绿色消费中发挥宏观调控、统一协调的作用，要将严格的环境管理制度纳入消费各领域

---

① http://app.3see.com/free-report/reportview.php？fid=3866

和各环节，引导和倒逼消费绿色转型，在全社会形成节约为本，绿色为先，适度消费的良好消费风尚，使污染型消费和过度型消费得到有效控制，绿色产品及服务性（或非实物性）消费所占比例明显提高，使我国消费实现与全面建成小康社会目标相适应的绿色转型。

（二）战略框架

实施消费绿色转型应成为一项国家战略，是中国绿色发展总体战略的重要组成部分，其具有明确的战略目标、重点任务、政策手段和执行主体，构成一套相互支持、紧密配合的框架体系（图6）。

1. 重点领域

基于中国经济社会发展阶段和基本国情，结合推动可持续消费要实施的目标来看，我国推动消费绿色转型的重点领域选择应从以下原则出发：一是消费相关环节资源、能源及环境问题突出的领域；二是污染少、资源能源消耗低的领域；三是消费规模较大；四是与政府部门及人民群众日常生产关系密切。基于以上原则，促进我国绿色消费的重点领域应包括：

——主要生活消费用品（如低能源、低污染汽车、家电、洗涤用品等）；

——食（餐饮节俭、绿色）；

——出行（绿色公交出行）；

——居住（如绿色宾馆饭店、节能建筑等）；

——服务性消费（如文化娱乐、体育健身、生态旅游）等。

2. 政策工具

中国可持续消费战略目标将通过一套系统的政策手段和工具来推进，包括法律法规与行政命令手段、基于市场的经济手段以及以宣传教育为主的引导和自愿性手段，不同政策手段即可独立发挥作用，又可相互配合。

（1）法律法规与行政命令。政府政策命令与控制手段实际上就是政府自己作为公共资源的所有者，直接管理资源的使用，将其定义为通过管理生产过程或产品使用、限制特定污染物的排放或在特定时间内和区域限制某些活动等直接影响污染者环境行为方面的制度措施。这类手段包括三种形式：第一类是建立和完善相关法律、法规和技术标准，如在国家重要法律中纳入明确可持续消费理念和推进总体战略等，同时制定相关标准和技术规范，如制定汽车尾气排放标准、环境标志产品技术标准等，这一类具有较高的强制性和约束性；第二类是政府发布的与促进可持续消费相关的文件或通知等，向社会传达了有关制度目标的重要信号，对相关工作进行部署和安排；第三类是通过制定规划或签署政府间、政府与企业间的协议等推进可持续消费。

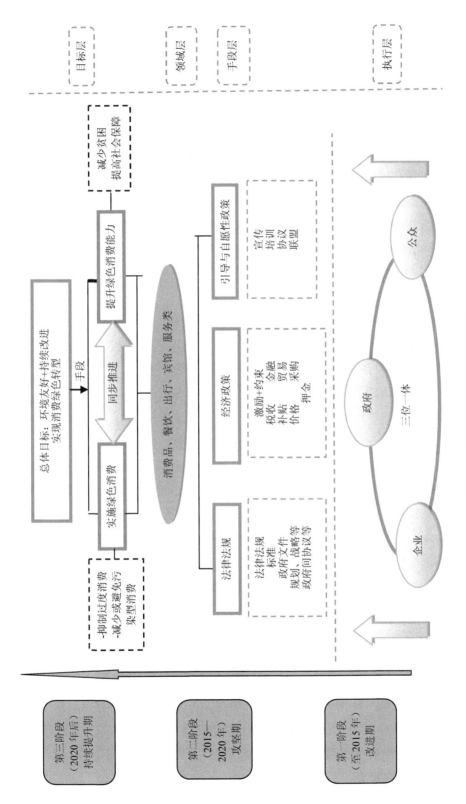

图 6　中国可持续消费战略框架体系

（2）基于市场的经济手段。经济政策发挥作用具有一定的滞后性，但会在较长的时期内通过持续影响行为主体的利益得失来激励或制约其行为选择。在促进可持续消费领域的市场手段包括：税收手段、收费手段、差别价格、押金—退款手段。这些以市场为基础的经济手段通常具有较强的弹性，具有激励和惩罚双重功能。

税收手段可以分为以下几类：第一，对环境、资源和资源产品以及污染征税；第二，对有利于环境和资源保护行为实行税收减免；第三，对不同产品实行差别税收，即对于有益于环境的产品实行低额收税。绿色消费税的主要功能不是为政府增加收入，而是为市场参与者提供有关成本的准确信息。

收费制度旨在通过对有害于环境和资源的产品和活动征收一定的费用。主要包括：第一，对污染排放征收的排污费；第二，对那些在制造或消费过程中产生污染的产品收费（包括对化石燃料费、产品包装、消耗臭氧层化学物质等）；第三，经济主体支付有关的管理活动的费用等。

押金—退款制度是事先向生产者和消费者收费的方式（根据其可能造成的损害），一旦证明生产者和消费者已经履行了有关规定，个人或厂商就可以获得其押金的退款，从而把控制、监测和执行的责任转嫁到单个生产者和消费者身上。该手段可以用于能被重复利用，再循环或用后必须回收以便分解的产品或物质。这一制度在处理有毒、污染废物时，鼓励消费者科学地处理有毒废物，并寻求较为有益于生态环境的代替品。在回收饮料容器、铅酸电池、电器零件等方面，这一制度是非常有效的。

（3）引导与自愿手段。通过政府、媒体、社区活动等途径使个体的价值观、态度与行为规范发生变化，从而形成有利于环境保护的心理特征，协助和引导消费者做出有利于环境的消费选择。教育和道义劝告的作用在于促进消费者在决策过程框架中观念优先性的改变，将生态环境价值内化到当事人的偏好结构中。因此，教育和道义劝告等手段是通过对人的深层价值系统发生作用而影响和引导行为转变。对大多数的可持续消费行为来说，教育所产生的行为效应具有间接性和长期性，因此必须与其他手段综合起来加以运用才会达到较为理想的效果。

（三）任务与建议

1. 推动建立国家绿色消费总体战略，促进绿色消费法律化

制定国家绿色消费发展战略并纳入生态文明建设总体战略部署。将推动消费绿色转型重要理念和部署纳入"十三五"国家经济社会发展规划，由国务院发布关于推进绿色消费的指导性文件，明确绿色消费与国家经济和社会发展的关系，明确部门管理职能，明确促进可持续消费的政策与监督保障机制。

加快制定并完善绿色消费相关法律和政策。在《环境保护法》《消费者权益保护法》《大气污染防治法》等法律修改中，将可持续消费理念以及政府、企业、个人的可持续消费权利义务以法律形式固定下来，成为制定和完善相关法律法规和政策的依据。

2．强化政府责任，提高政府在绿色消费方面的推动力和影响力

政府既是可持续消费的推动者，又是可持续消费的实践者。因此，政府在推动和促进可持续消费中担负着规范市场和身体力行这双重使命和责任。

第一，政府要抓紧建立和完善我国可持续消费法律和政策。一是要加快建立有利于可持续消费的法律法规、政策和标准体系，使我国可持续消费领域有法可依、有章可循；完善对不可持续消费行为的监督及责任追究制度；二是要建立健全有利于可持续消费的监督保障体系，积极推动节能和环境标志产品、绿色食品、绿色宾馆饭店、绿色印刷、绿色旅游景点等认证工作，加强市场监督和规范，营造公平的市场竞争环境，保证绿色产品和服务质量和可信度。三是要加快建立有利于在全社会树立可持续消费理念的宣传教育体系，在全社会形成节约环保为荣、挥霍浪费可耻的氛围。

第二，作为可持续消费的实践者，政府应身体力行，加快完善并推动政府绿色采购制度，在全社会起到引领和示范作用。一是要尽快扩大政府绿色采购范围，在废物产生量大、污染重以及资源能源消耗大的领域做到"应采尽绿"，对政府定点采购宾馆、车辆、印刷等应实行绿色采购；二是建立政府绿色采购情况评估制度，将政府绿色采购情况纳入各级政府绩效考核评估范围，作为考核政府主要负责人的指标；三是加强政府绿色采购情况的信息公开，引入社会及第三方监督机制。

3．完善全民意识培养和宣传教育体系，将消费绿色转型作为推动生态文明建设的重要切入点

将绿色生活理念作为国民教育的基本内容，纳入城镇职业教育、农村教育、妇女教育以及中小学和幼儿园教育等各类学校教育、社会教育和培训体系，引导不同社会群体建立绿色生活价值观。

环保部等相关部门应与中央精神文明办共同以"建设生态文明践行绿色生活"为主题向全民发出绿色生活行动倡议，在全国形成绿色消费、绿色生活文明风尚。

4．将促进消费绿色转型作为解决人民群众最关心环境问题的重要着力点，建立和完善推动消费绿色转型的政策措施

大气雾霾、土壤、重金属污染、生活垃圾等都是人民群众最关心的突出环境问题，也与人们日常生活方式和消费行为密切相关。配合当前大气污染防治行动计划以及下一步的清洁水和农村污染防治计划，积极推动制定针对消费领域的政策。

一是加快完善并提高产品绿色标准。如环境标志产品技术标准、绿色宾馆饭店认证

标准、绿色采购标准、绿色建筑节能设计标准等，引导企业为消费市场提供丰富和可靠的绿色产品及服务。

二是强化生产者责任延伸制度，根据《固体废物污染环境保护法》等相关法律要求，加快出台《强制性回收产品和包装物目录》。

三是扩大消费税征收范围，提高税率。将目前尚未纳入消费税征收范围的资源性、高能耗、高污染的产品（如电池、含磷洗涤剂、含 VOC 建材、农药等）纳入消费税征收范围，调整高排量车辆等税率，改革计税方式，引导消费者自愿购买节能环保产品。

四是进一步完善差别化价格政策，拉大级差，对高耗水、高耗能、高排放的单位和个人实行惩罚性收费，利用市场机制抑制高消费导致的资源环境问题。

五是推进利用金融手段进入绿色消费领域，促进绿色消费信贷，积极开发多层次绿色消费信贷品种，提出绿色消费信贷指导目录，引导金融机构有序进入。就消费者选择大宗绿色消费品、小户型及节能环保型住房等给予折扣或较低的借款利率以及便捷的融资服务等信贷优惠支持。

5. 推动建立跨部门绿色消费政策协调机制

环保部发挥在环境监管、环境经济政策制定、环境宣传教育以及环境服务、环境标志认证等方面的职责和优势，在部内明确归口管理部门，统筹分散在不同部门的管理职能，形成部内推动合力。同时还应推动在国家部委层面建立绿色消费跨部门协调机制，环保部应在其中发挥主导作用。

整合职能构建多元化推进机制创新推动绿色消费①

沈晓悦　贾　蕾　侯东林

2017 年 5 月 27 日中共中央政治局就推动形成绿色发展方式和生活方式进行第 41 次集体学习，习近平总书记强调"推动形成绿色发展方式和生活方式，是发展观的一场深刻革命。其任务首先就要加快转变经济发展方式，根本改善生态环境状况，必须改变过多依赖增加物质资源消耗、过多依赖规模粗放扩张、过多依赖高能耗高排放产业的发展模式。"我国居民消费明显进入升级转型阶段，并正逐渐成为经济增长主要动力。与此同时，不合理消费结构和消费方式带来的资源环境问题日益凸显，消费对环境的影响在诸多方面超过了生产领域。在新的消费模式形成阶段，将推动绿色消费摆上国家生态文明建设和引领经济新常态的重要议事日程就显得尤为重要。

一、绿色消费的概念和基本内涵

（一）绿色消费概念提出

1988 年，英国的约翰·艾利奇和居里亚·赫尔兹出版的《绿色消费者指南》的书中，首次明确提出"绿色消费"——能避免使用危害人体健康、造成资源浪费、使用稀有动物或自然资源商品的消费就称为绿色消费，这是以一种负向列表方式表明绿色消费的概念。1992 年 6 月《里约环境与发展宣言》提出："为了实现可持续发展，使所有人都享有较高的生活素质，各国应当减少和消除不可持续的生产和消费方式。"表明可持续消费和可持续生产是实现可持续发展的两个基本领域和基本条件。联合国经社理事会（UNDESA）2003 年在纽约发布《联合国保护消费者准则》（简称《准则》）给出的可持续消费定义是："可持续消费包括以经济、社会和环境可持续的方式满足今世后代对商

---

① 原文刊登于《环境与可持续发展》2017 年第 6 期。

品和服务的需求。"强调"发达国家应率先实现可持续消费形式；发展中国家应设法在其发展进程中实现可持续消费形式"。

1994 年中国发布了《中国 21 世纪议程》第七章"人口、居民消费和社会服务"中明确提出要引导建立可持续的消费模式。2001 年，中国消费者协会在全社会倡导绿色消费，提出绿色消费的三层含义，被社会各界广泛引用：一是倡导消费者在消费时选择未被污染或有助于公众健康的绿色产品；二是在消费过程中注重对垃圾的处置，不能形成环境污染；三是引导消费者转变消费观念，崇尚自然，追求健康，在追求生活舒适的同时注重环保。

2016 年，国家发改委等十部门印发《关于促进绿色消费的指导意见的通知》（发改环资〔2016〕353 号）（简称《指导意见》）中明确提出，绿色消费是指以节约资源和保护环境为特征的消费行为，主要表现为崇尚勤俭节约，减少损失浪费，选择高效、环保的产品和服务，降低消费过程中的资源消耗和污染排放。

中国绿色消费与国际上可持续消费的概念总体一致，但更强调资源节约和环境保护的绿色内涵。

（二）绿色消费的基本内涵

"十三五"规划提出"倡导合理消费，力戒奢侈浪费，制止奢靡之风。在生产、流通、仓储、消费各环节落实全面节约。深入开展反过度包装、反食品浪费、反过度消费行动，推动形成勤俭节约的社会风尚"。"十二五"规划也对绿色消费模式做了专章阐述，主要内容是："倡导文明、节约、绿色、低碳消费理念，推动形成与中国国情相适应的绿色生活方式和消费模式。鼓励消费者购买使用节能节水产品、节能环保型汽车和节能省地型住宅，减少使用一次性用品，限制过度包装，抑制不合理消费。推行政府绿色采购。"绿色消费模式是资源节约型、环境友好型的消费模式，是符合可持续发展战略的消费模式。推行绿色消费模式，包括衣、食、住、行等向勤俭节约、绿色低碳、文明健康的方式转变。

绿色消费的主要内涵包括以下几个层面：

（1）在消费理念上，绿色消费鼓励可持续和绿色化。一方面，消费在代内和代际之间可持续，同时避免消费不足和过度消费的现象；另一方面，加大宣传和教育，提倡购买简易包装等资源节约型和低污染的环境友好型产品。

（2）在消费总量上，绿色消费体现适度性和减量化。一方面，提供的消费品和服务满足基本生活需要和提高生活质量；另一方面，消费所需的自然的、有毒的材料使用量最小化，资源效率和环境友好程度最大化。

（3）在消费结构上，绿色消费体现合理性和平衡性。一方面，消费结构注重产业间消费结构合理，三产消费比重均衡，生产与消费的相互平衡；另一方面，还要体现消费在代内和代际之间的相互平衡，当代的消费尽量不影响后代消费的能力和可能性。

（4）在消费模式上，以消费环节带动生产、流通及处置全过程绿色化。提倡绿色供应链，在产品消费的全生产过程中注重环境友好、绿色生产、污染的减量化和可循环，从产品延伸到上游、下游产业链的供应商和消费者，以绿色消费带动全过程绿色化。

二、推动绿色消费的意义和作用

绿色消费是实现经济绿色发展的重要动力，有利于树立人们的绿色消费观，有利于建立绿色消费模式，有利于促进绿色生产，有利于制定符合中国实际的绿色消费战略策略和政策，有助于引领绿色经济发展新模式。

（一）绿色消费是生态文明建设和全面建成小康社会的基本要求

党的十八大报告从中国特色社会主义经济建设、政治建设、文化建设、社会建设、生态文明建设"五位一体"总体布局出发作出全面部署，对确保到 2020 年实现全面建成小康社会宏伟目标提出了新目标和新要求。到 2020 年中国国内生产总值将突破 80 万亿元，城乡居民人均收入翻一番。全面建成小康社会，既包括经济社会的发展，打造强盛中国，也包括人民生活水平的提高，建设幸福中国，一方面，人民的消费能力和水平要有较大提升，另一方面，消费活动将从单纯追求消费规模和消费量向消费质量同步方向发展，从而促进消费结构不断优化、扩大绿色消费，使消费可持续性得到增强。全面建设小康目标以及生态文明建设总体要求为促进绿色消费提供了前所未有的良好机遇，消费绿色转型提出了新的更高要求。

前不久印发的《中共中央　国务院关于加快推进生态文明建设的意见》（以下简称《意见》）提出，"培育绿色生活方式。倡导勤俭节约的消费观。广泛开展绿色生活行动，推动全民在衣、食、住、行、游等方面加快向勤俭节约、绿色低碳、文明健康的方式转变，坚决抵制和反对各种形式的奢侈浪费、不合理消费。"这是对生态文明建设规律认识的深化，是对符合生态文明消费方式的科学诠释。以绿色消费助推生态文明建设。

（二）绿色消费是推进供给侧结构性改革和实现绿色发展的重要动力

绿色消费是供给侧结构性改革的重要手段。供给侧结构性改革的含义是用改革的办法推进结构调整，减少无效和低端供给，扩大有效和中高端供给，增强供给结构对需求变化的适应性和灵活性，提高全要素生产率，使供给体系更好适应需求结构变化。供给侧结构性改革旨在调整经济结构，使要素实现最优配置，提升经济增长的质量和数量。

大力发展绿色消费，不仅顺应国内消费升级的趋势，而且通过总需求管理，适度扩大需求总量，积极调整改革需求结构，促进供给需求有效对接，形成对经济发展稳定而持久的内需支撑。发挥绿色消费对经济的引领作用是畅通经济良性循环体系、构建稳定增长长效机制的必然选择。

（三）绿色消费是促进环境质量改善，提升环境治理能力和水平的重要途径和手段

绿色消费提升对绿色产品、服务的认知和利用，减少不必要的资源浪费和环境污染，一定程度上改善环境质量。消费具有下游效应，减少消费能成几何级数地减少资源投入，还可以减少数十倍以上的污染排放。这对于保护生态环境、实现可持续发展的意义是十分重大的。消费具有弹性效应，消费数量的增加，往往会抵消提高生产效率、节约资源投入的效果。各种工业产品都可以通过实施清洁生产、循环经济提高资源利用率，减少资源消耗量和污染排放量。控制盲目的、不顾环保的消费需求，对于建设资源节约型、环境友好型社会十分重要①。

通过在政府、企业和社会公众之间搭建绿色消费创新模式，实现环境污染治理的多元共治，不断提升环境治理水平。绿色消费的创新模式，是建立在政府绿色采购、公众绿色产品购买消费、企业绿色供应链等多种模式相辅相成的基础上的。通过充分调动多元化社会力量，更多的人能加入绿色消费行列中，通过实际行动为改善环境污染、提升环境治理能力做出贡献。

三、中国推动绿色消费存在的主要问题

（一）缺乏系统谋划和顶层设计

一是国家缺乏促进绿色消费的总体战略和行动方案。《中国21世纪议程》提出了关于绿色消费的理念和行动计划，但20年过去，许多方面已不能完全适应目前中国经济社会发展要求。"十三五"规划被认为是绿色规划，提出了生产方式绿色化理念，也提出了促进消费升级的措施，但关于如何在消费升级中促进绿色消费缺乏全面系统的部署

---

① 资料来源：《人民日报》（2015年6月11日07版）环境时评：以绿色消费助推生态文明建设。

规划和制度安排。

二是对绿色消费缺乏明确的法律法规。首先，中国与绿色消费相关的法律及法律规范很少，零星分散在《循环经济促进法》等法律中，但在与消费直接相关的《中华人民共和国消费者权益保护法》《中华人民共和国产品质量法》《环境保护法》等均没有关于鼓励或促进绿色消费的规定，导致中国推行绿色消费的目标及相关概念、范畴、主体等缺乏规范和明确界定，政府、企业和个人在推进绿色消费方面承担什么责任和义务无章可循。其次，中国绿色消费政策大多为不同政府部门颁发的管理办法、通知、指导意见等规范性文件，门类不够齐全，政策层次效力较低，目前尚未形成由法律法规、政策、标准、技术规范以及监督和责任追究制度等构成的完善政策体系。政策相对分散，主线和方向不强，政策范围偏窄，在一些消费的关键领域或关键环节仍为空白，政策间缺乏协调与配合，政策作用不够明显。在政策领域方面，对绿色服务性消费，如生态旅游、环境服务、绿色设计等缺乏政策性规范、支持和引导。

以政府采购制度为例，中国已推行政府绿色采购制度，但由于对绿色环保产品实施政府采购缺乏法律强制性，政府绿色采购产品门类有限，绿色宾馆、绿色饭店及咨询服务等未进入政府绿色采购范围，并且缺乏监督和责任追究制度。

（二）国家对绿色消费的驱动力不足，导致宏观环境对绿色消费引领作用不突出

在绿色消费领域，资源能源相关政策多、效果好而环保相关政策少、效果弱。近年来中国在促进节能方面出台了不少政策，如对空调、冰箱、平板电视、洗衣机、电机等十大类高效节能产品的财政补贴以及差别水价、电价等，取得了良好的市场和节能效果，但关于减少环境污染方面的相关消费政策较少，对生产者和消费者的刺激总体较弱。对于以降低环境污染为目标的环境标志产品政策，缺乏财政等支持，完全靠消费者自身环保意识提高而做出自愿选择，政策效果较弱。针对商品过度包装和居民生活垃圾分类等方面的问题，目前大多只是尝试通过教育引导解决，未能从法律责任方面予以规范和强化，政策成效不够明显。

经济政策激励不足，调控作用有限。中国与绿色消费相关的经济政策整体发展较晚，对消费者行为的激励和调控作用不强，主要表现在：第一，消费税范围窄，计征方式不合理。中国自开征消费税以来，在引导消费方向方面发挥了积极的作用。但是，随着社会经济发展水平及文明发展程度的不断提高，消费税在调节消费结构方面越发显得力不从心。目前中国仅对一次性木质筷子、大排量汽车、少量奢侈型商品（如游艇、实木地板等）征收 5%~10% 的消费税，近期新增对电池和涂料加征消费税，但总体范围有限、

税率水平偏低并采取价内计征方式，大多数消费者并不清楚所购买产品价格中包含的消费税，政策作用非常有限。第二，政府绿色采购的范围有限，对市场带动力不够。中国政府采购对环境标志产品只为自愿采购而非强制。在政府会议宾馆、公务车辆、办公设备、家具等大宗采购中对产品或服务是否符合环保标准均无硬性要求。政府既然如此，更何谈对公众有绿色要求。

（三）绿色消费政府职能分散，环保部门相关作用有待提升，政策及管理碎片化问题较为突出

管理部门多，职能分散。在消费领域是一个庞大体系，共有十余个政府部门负有管理职能，具体涉及宏观调控、市场运行、市场监督、产品质量监督以及具体政策执行等，职能较为分散。部门职能关系见表1。

表1 主要政府部门在绿色消费相关领域的管理职能

部门	相关职能	领域
环保部	统筹协调、宏观调控、监督执法和公共服务 科技标准司：管理环境标志认证工作。指导和推动循环经济、清洁生产与环保产业发展、绿色消费和政府绿色采购等相关工作	污染防治、环境标志认证、政府绿色采购
商务部	承担组织实施重要消费品市场调控和重要生产资料流通管理的责任，负责建立健全生活必需品市场供应应急管理机制，监测分析市场运行、商品供求状况，调查分析商品价格信息，进行预测预警和信息引导，按分工负责重要消费品储备管理和市场调控工作，按有关规定对成品油流通进行监督管理	重要消费品市场调控、重要生产资料流通管理
发改委	承担重要商品总量平衡和宏观调控的责任；推进可持续发展战略，负责节能减排的综合协调工作。组织拟订发展循环经济、全社会能源资源节约和综合利用规划及政策措施并协调实施，参与编制生态建设、环境保护规划，协调生态建设、能源资源节约和综合利用的重大问题，综合协调环保产业和清洁生产促进有关工作	商品总量调控、资源节约综合利用、环保产业
财政部	负责制定政府采购制度并监督管理	政府采购、财税政策
住建部	加强城乡规划管理，推进建筑节能，改善人居生态环境，促进城镇化健康发展 建筑节能与科技司：拟订建筑节能的政策和发展规划并监督实施；组织实施重大建筑节能项目。指导房屋墙体材料革新工作	建筑节能、人居环境
工信部	工业、通信业的节能、资源综合利用和清洁生产促进工作	工业、通信业节能、资源综合利用

部门	相关职能	领域
农业部	组织实施农业各产业产品及绿色食品的质量监督、认证	绿色食品
国家林业局	组织、指导陆生野生动植物资源的保护和合理开发利用	野生动植物资源
国家质检总局	管理产品质量监督工作；管理和指导质量监督检查；负责对国内生产企业实施产品质量监控和强制检验	产品质量监督
国家食品药品监督管理总局	加强食品安全制度建设和综合协调	食品安全
国家工商总局	负责市场监督管理和行政执法的有关工作；承担监督管理流通领域商品质量责任，组织开展有关服务领域消费维权工作，保护经营者、消费者合法权益。指导广告业发展，负责广告活动的监督管理工作	市场监管、消费者维权

环保部门促进绿色消费尚缺乏有力抓手。根据《关于促进绿色消费的指导意见》，在践行绿色生活方式和消费模式、推进公共机构带头绿色消费和推动企业增加绿色产品服务供给领域，提出了八大方面的重点任务，在"积极引导居民践行绿色生活方式和消费模式""大力推动企业增加绿色产品和服务供给"和"强化企业社会责任"等任务方面，环保部门可发挥积极作用，但与工信、发改等部门存在职能交叉，环保部门在绿色消费整体工作中的定位和抓手尚不够清晰。

（四）环境标志产品认证等相关工作与环保重点工作领域结合不紧密，作用潜力尚未发挥

环境标志产品认证初衷是由具有高度权威和可信度的第三方对终端消费品的环境特性进行评价和认证，帮助消费者识别什么产品对环境更有益，通过消费者的选择性消费，保护了环境并使相关生产者受益。环境标志制度与现行的其他环境管理手段最大的不同在于它是自愿性的，而不是强制性的。目前，环境标志产品认证实践尚未对污染减排发挥最大效果的原因有四个方面。

一是环境标志认证的产品涉及行业有限，涵盖范围不足，且产品类别与环境质量改善目标对应性不强。环境标志在发展之初，根据国际环境标志经验，开展标准制定工作主要根据企业和社会需求，主要选择与百姓日常生活相关的行业和产品，如家电、家居等，节能、资源及健康等指标多，在已开展环境标志认证产品类别中，节能属性突出的类别，如家电、电子办公设备等占比达30%以上，在污染大、能耗高产品方面的环境标志标准及认证偏少，纺织、食品、造纸等行业既与人民生活密切相关，也是污染大户，但食品行业仅有软饮料一类开展认证；纺织行业仅生态纺织品和毛纺织品两类；造纸及纸制品行业也仅一次性餐具、再生纸制品和壁纸三类，消费量大的新闻纸、办公用纸、

生活用纸等均未纳入，环境标志认证与环境管理重点存在一定偏差，在一定程度上也影响了对环境管理支撑作用的体现。

二是环境标志产品认证领域与大气、水、土壤污染防治的重点领域结合弱。我们将已开展环境标志认证的产品按照国民经济行业分类目录进行行业归并，并将相关行业与大气十条、水十条和土十条的重点任务进行匹配后发现：作为已开展的环境标志认证产品，其实现了环境标志基本目标，即对污染减排和人体健康保护有具体要求，并对已开展认证的产品均有相应规定和规范。但由于环境标志产品门类比较具体，很难与环保重点工作行业要求能够直接有一一对应关系。我们将产品归并后，对环境标志产品所属行业类别与环保重点工作进行对应，发现有明确指向性的产品类别较少，能够直接与大气、水、土壤污染防治重点任务要求对应的产品类别占已开展认证产品类别不足50%，传统产污排污大户的工业行业占比较少。

三是环境标志在生产性消费及快递等新领域涉及较少。产品的生产性消费对环境的影响突出，但尚未纳入环境标志认证标准中。产品生产过程涉及环节多、工艺技术复杂、中间产品众多、污染排放及处理过程繁杂，生产性消费环节是产生环境污染和排放最突出也是最显著的环节，钢铁、水泥、平板玻璃、陶瓷以及农药、化肥等属大宗生产性消费品，也是环境污染最突出的行业。目前除水泥外，这些产品基本没有纳入环境标志认证范围。近年来，快递业发展迅速，快速包装大量产生，环境问题日益突出，环境标志尚未涉及快速包装领域，没有发挥出市场引导作用。可降解包装袋的价格将是不可降解包装袋的4~5倍，在缺乏政策规定的情况下，政府、企业或是消费者都不愿为昂贵的环保材料买单。同时，二次包装和过度包装带来了大量的浪费和对环境的污染。

四是环境标志产品认证与现行环境管理政策关联不紧密。一方面，环境标志产品认证多是基于产品的评估，要求企业做到守法和达标排放并通过环评审批，但与产品生产过程中的排污许可证、环境监管、上下游企业生产责任延伸等环境管理要求关联较少。另一方面，在目前环境管理相关工作中，环境标志认证结果被监管部门采信程度低，也很难享受环保优惠政策。除了正在启动的环保"领跑者"制度实施方案中，将产品符合环境标志产品标准作为基本条件外，其他相关制度并没有直接或间接采纳环境标志相关结果，制度之间衔接性和关联性不足。

从污染减排的角度看，环境标志产品认证实践中存在的上述问题，既有实施层面的问题，也与该制度设计的初衷有关，但改进和强化的空间很大。

（五）绿色消费内生动力不足

一是企业与公众对中国绿色消费市场成熟度认识分歧较大。成熟的绿色消费市场是发展绿色供应链的基础。过去，政府与企业均在很大程度上认为中国的绿色消费市场是缺失的，远未达到推动市场绿色变革的要求。但事实上，由于中国环境问题的冲击与社会化演变，中国的绿色消费市场已进入高速发展时期，公众对绿色消费的渴求正在蔓延。由于政府、企业和公众对绿色消费市场的判断不同，其推行的消费政策也有所不同，这在一定程度上导致了中国绿色消费市场建设的延缓和绿色供应链管理体系发展的滞后。

二是全民绿色消费理念尚处在培育阶段。当前中国普通消费者对于绿色消费理念的认识尚处在培育阶段，环境知情权的概念也远未得到普及，多数消费者仅满足于追求产品是否"绿色"，是否安全，而对于企业供应链的物流环节是否绿色并没有给予足够的重视，因此，难以给予企业足够的压力，使其改变自身供应链上存在的环境问题。

三是行业绿色消费自身发展动力不足。以绿色供应链为例，目前中国多数企业，特别是广大中小企业对绿色供应链概念仍较为陌生，中国绿色供应链管理尚处于萌芽阶段。由于缺乏政府引导、市场参与，一些企业在绿色供应链发展之初就遇到了技术、管理、经验、资金等方面的强大阻碍。企业发展绿色供应链面临多重挑战，具体表现为：一方面，如何强化企业参与绿色供应链管理的自愿性行为。虽然中国部分具备市场实力并兼具经济战略眼光的供应商已着手实施绿色供应链的管理模式，并取得了良好的市场成效，但对多数中小企业来说，绿色供应链尚是一个全新概念。企业环境污染引起的经济成本远小于实施绿色供应链引发的管理成本，导致多数企业仍以经济利益为主要追求目标，只有在政策或法律的强制规制下，才会采取相关措施。为此，如何进一步加强政府引导、市场参与，更好地通过经济约束、财税刺激等手段使企业参与到绿色供应链管理进程中来，是今后亟须解决的问题。另一方面，企业上下游之间的环境商业合作有待加强。中国多数企业在进行绿色供应链管理时，多选择一两个环节进行改善，且大多数企业更为注重的是企业内部环境管理，对供应商的选择及与供应商在环境方面的合作虽有所关注，但关注度不够，更无法提供直接的市场奖惩措施。

四、推动绿色消费政策建议

（一）强化立法，将绿色消费内涵体现在国家法律体系中

在相关法律修改中增加绿色消费的原则性规定，界定相关主体的责任和义务；同时，

要明确以绿色消费带动生产、流通、消费和资源回收各环节绿色化的制度安排。特别是在《政府采购法》中，明确政府绿色采购的约束性规定，建立配套细则和制度。

（二）整合职能，提升环保部门对绿色消费的引领和推动

一是扩展政府绿色消费协议制度。在邮政、医院、学校等领域，探索建立政府绿色消费协议制度，在公共服务部门优先使用绿色家具、桌椅、纸张、餐具、快递等。

二是强制实施政府绿色采购，加快形成绿色消费市场。以政府部门为重点，强制实施政府绿色采购，扩大政府绿色采购范围；建立政府绿色采购评估制度，将政府绿色采购情况纳入各级政府绩效考核评估范围；加强政府绿色采购情况的信息公开，引入社会及第三方监督机制。

（三）在"大气、水、土壤"三大行动计划重点领域任务中，增强与绿色消费重点工作的匹配度与结合性

一是环境标志产品认证要进一步围绕"水、气、土"三大行动计划的重点行业产品展开。注重吸收环保"领跑者"等先进政策的经验，提升环境标志标准的引领作用；与环评、排污许可等相关环境监管政策相衔接、相配合，形成激励与约束并重的污染减排组合政策。

二是积极引导并推动重点行业或产品绿色供应链试点，创新以大带小、企业管企业模式。通过建立绿色供应链制度，让供应链上的核心企业在环保达标、污染减排、资源利用等方面对其供应商提出要求，可以引领和带动供应链下游众多企业持续改善环境绩效，提高资源能源利用效率，起到以大带小、企业管企业的作用。

三是积极探索生产性大宗消费品环境标志认证可行性，促进认证标准从终端产品向生产全过程扩展。未来中国环境标志认证应逐步探索向生产性大宗消费品扩展，研究出台相关自愿性认证标准，同时应将环境标志产品认证与环保"领跑者"遴选紧密结合，加快出台与之配套激励政策，推动生产全过程管理标准体系建设。

四是落实生产者和消费者责任，建立产品设计、生产、消费与回收处置一体化综合管理体系。针对当前及未来中国汽车、家电及电池等配件大量报废的特点和趋势，加快建立完善的产品设计、生产、使用及回收利用一体化政策机制和技术支撑体系，建立生产者责任与消费者责任分担制度，发挥经济杠杆作用，实现产品供给、消费使用、处置利用等各环节政策的有效配合、紧密衔接和相互支撑。

（四）培育和激发绿色消费的内生动力，实现正向激励和底线约束相互配合

一是强化企业环境信用评价，实施联合激励与惩戒。强化企业环境信用评价，对企业进行守信激励、失信惩戒。对通过环境标志认证、环保"领跑者"以及实施绿色供应链的企业应加大环境经济类政策的支持力度，对环保不良企业加强约束和警示。

二是严格限制污染型和过度型消费，积极扩大非物质性消费。扩大加征消费税力度和范围，将污染严重的产品纳入消费税征税范围。研究提出绿色消费信贷指导目录，鼓励引导金融机构有序进入绿色消费领域。同时，积极发展网络服务、电子采购等，加强规范与监督。

三是减少环境友好企业监管频次，排污许可审核实施绿色通道。对于积极实施绿色供应链管理、通过基于生命周期标准认证的环境标志产品认证企业，适当减少日常执法监管频次，同时可在企业申领排污许可证、获得环保专项资金支持等方面给予优先考虑。

四是由环保与金融部门合作开展试点，推动绿色供应链金融创新模式。将绿色供应链上的核心企业及其相关的上下游配套企业作为一个整体，根据绿色供应链中企业的交易关系和行业特点制定基于货权及现金流控制的整体金融解决方案。

（五）明晰权责，建立政府、企业及公众三位一体的推进体制

一是以环境质量改善为重点，明晰环保部门权责。环保部以环境标志、绿色供应链、环保"领跑者"制度为抓手，从消费端推动重点行业污染减排，对生产实施全过程管理。

二是建立政府、企业和公众协调机制，发挥好第三方机构作用。进一步强化企业和公众绿色消费的主体责任，积极鼓励企业和公众的环保自律和公开承诺，建立政府、企业和公众对话机制。同时，充分发挥环境标志认证机构等第三方机构的作用。

（六）加大绿色消费宣传力度，鼓励公众参与社会监督

一是开展绿色消费主题活动，扩大企业环保信息公开。利用消费者权益保障日、世界环境日等时机，开展一系列绿色消费的重大宣传活动；将绿色消费知识和信息纳入生产者、经销商的产品宣传之中，营造全社会关注绿色消费的氛围。

二是建立企业—零售商—消费者互动机制。开展企业—零售商—消费者的对话和信息沟通，及时反馈消费者对绿色产品的需求以及绿色产品供给。建立企业绿色产品相关信息公告制度，定期公开发布绿色产品相关信息。

三是发挥行业协会作用，推动企业及公众环保自律。通过企业环境绩效进行业内排

名、对污染严重、超标违规的企业进行业内曝光等，对企业的生产行为起到约束作用，督促企业绿色供应链的实施和完善。

参考文献

[1] 钱易. 环境时评：以绿色消费助推生态文明建设[N]. 人民日报，2015-06-11（07）.

[2] 沈晓悦，赵雪莱，刘文佳，等. 推动我国消费绿色转型的政策思考[J]. 环境与可持续发展，2014，39（2）：12-15.

[3] 沈晓悦，赵雪莱，李萱，等. 推进我国消费绿色转型的战略框架与政策思路[J]. 经济研究参考，2014，26.

[4] 中国环境与发展国际合作委员会. 可持续消费与绿色发展课题组报告[R]. 2013.